谦德国学文库

五种遗规

在官法戒录

〔清〕陈宏谋◎撰　中华文化讲堂◎注译

团结出版社

目 录

卷 四

《在官法戒录》序

　　天下之人无过善、不善之两途，而人之慕乎善，而远不善也，则不外于法、戒之两念。予有四种遗规①之刻，盖冀天下人，无男女少长、贵贱贤愚，均有所观感，兴起见善者而以为法，见不善者而以为戒也云尔。

　　既又思之，人有在四民②之外，势所不能无，而又关系民生之利害，吏治之清浊，不可以无化诲者，则官府之胥吏③是也。

　　【注释】①四种遗规：作者所辑《养正遗规》《教女遗规》《训俗遗规》《从政遗规》四书。②四民：旧称士、农、工、商为"四民"。③胥吏：旧时官府中办理案卷、文书的小官吏。

　　【译文】天下的人不外乎两种：善和不善。人们之所以向往敬仰善而远离不善，不外乎两种想法；效仿有善行的，把别人所犯的错误引以为戒。我以前辑录了四种遗规（《养正遗规》《教女遗规》《训俗遗规》《从政遗规》），希望天下的人，无论男女老少还是高贵贫贱、贤良愚痴，都能够看到，看到后有所感动，因感动而奋起，看到善的就以他们为榜样去效仿，看见不善的，就（把别人所犯的错误）引以为戒，如此而已。

　　再来想想，（有那么一类人），他们不属于士、农、工、商普通的百姓，从社会形势来说又缺少不了他们，而且他们还关系着普通百姓民生的好坏，吏治的清廉和腐化。这种人不能不去感化和教诲，这就是官府中的胥吏啊。

古者三百六十之属，皆有府史^①胥徒^②府掌廪藏^③者，即今之库吏^④也；史掌文案者，即今之吏典^⑤也。胥，即今之都吏^⑥，为徒之什长，徒即今之隶卒^⑦也。

【注释】①府史：古时管理财货文书出纳的小吏。②胥徒：本为民服徭役者，后泛指官府衙役。③廪（lǐn）藏：意指廪蓄。④库吏：指掌管库房的小官员。⑤吏典：元、明、清时期，府县的吏员。⑥都吏：汉职官名。督邮的别称，主祭视责罚之事。⑦隶卒：衙门里的差役或衙役。

【译文】从前政府部门有三百六十多个种类的小部门，都有府史、胥徒、府掌、库藏等来掌管，也就是现在掌管仓库的官吏。掌管文书的官员就是现在的吏典。胥，就是现在的都吏，是徒的什长。徒就是现在的隶卒。

是为庶人在官，其禄同于下士^①，其田在远郊之地，充人^②掌之春秋月吉^③读法，书其孝友睦姻，得与于乡举里选之列故。当时僚隶^④舆台^⑤之守法循分，岂惟风俗之醇，抑上之人教养成就之有其具也。

【注释】①下士：职官名。古代天子、诸侯皆设士，分上士、中士、下士三等，地位在大夫之下。秦以后仍沿用。②充人：官名。周代置此官、掌饲养牲畜，以供祭祀之用。隶属地官。③月吉：农历每月初一或指正月初一。《周礼·地官·族师》："各掌其族之戒令政事，月吉，则属民而读邦法，书其孝弟睦姻有学者。"郑玄注："月吉，每月朔日也。"④僚隶：僚与隶，皆为服苦役的罪人。因以"僚隶"泛指奴隶。⑤舆台：古代将人的阶级分为十等，舆是第六等，台是第十等。故以舆台指服贱役、地位低微的人。后来泛指奴仆及地位低下的人。

【译文】平民百姓在职为官，他们的俸禄和下士相同，他们的田地在较远的郊区。充人在他所掌管的一年中，每月的初一，号召百姓读法律条文，努力行孝，和睦亲族，做到以上这些才能进入乡举里选的行列。当时的僚、隶、舆、台都遵纪守法，难道只是民风醇厚？还是在上位的教导培养造就这些人有他的方法吧？

秦燔①诗书，人以吏为师②。汉制能讽书③九千字以上乃许为吏，当时刻史、守相自辟其属，恒求其贤者以为吏而进，达之，而吏亦皆束身自好，以蕲不负上之知，故一时名公巨卿起家掾吏者，不可胜纪。

【注释】①燔（fán）：焚烧。②以吏为师：以吏为师，是李斯的发明，经秦始皇认可，便成了秦朝的国家政策。③讽书：背书。

【译文】秦朝焚烧经书，百姓和一般官吏把官吏当作老师。汉朝的制度是能背书九千字以上才允许做吏，那时候史官、代理丞相各自在自己所领导的部门征召有才能的人授予官职，持久的求取那些有道德有才能的人进入官府来作官，使他得到显要的地位，官吏也都保持自身纯洁，以祈求不辜负上级领导对自己的知遇之恩，因此在那个时代有名望的权贵从掾吏晋升为官员的，数不胜数。

两汉吏治最为近古，非由吏之得人而然乎？魏晋而后，流品①遂分上品②无寒门，下品无世族，吏始不得与清流③之班，沿及隋唐以降，科贡之势重而吏之选益轻矣。

【注释】①流品：品类；等级。本指官阶，后亦泛指门第或社会地位。秦汉以前官和吏并无太大区别。许慎在《说文解字》中如此解释官和吏的区别："官，事君之吏也"、"吏，治民者也"，在许慎的解释中，官和吏只有职权范围不同的区别，并无流品高下之分。"流品"除了造成"基层官员"和"高级官员"之间的隔阂外，就是在"高级官员"之间也有恶劣影响。②九品：泛指九个等级。中国古代官吏的等级，始于魏晋。指把人物分成九等，即上三品：上上、上中、上下；中三品：中上、中中、中下；下三品：下上、下中、下下。③清流：喻指德行高洁负有名望的士大夫。

【译文】西汉和东汉的吏治最接近古代，难道不是由于得到德才兼备的人才而来的吗？从魏、晋以后，官阶的区分导致分上品没有寒门，下品没有世族，吏才不能和士大夫站在一起，（这种现象）流传到隋朝和唐朝才慢慢减少。（从隋唐开始）用科举选拔人才的情况越来越重，而对做吏的人才选拔重视程度越来越轻了。

然国家设官置吏①，官暂而吏久也，官少而吏众也。官之去乡国常数千里，簿书钱谷或非专长，风土好尚或多未习，而吏则习熟而谙练者也，他如通行之案例，与夫缮发文移，稽查勾摄②之务，有非官所能为，而不能不资于吏者。则凡国计民生系于官，即系于吏，吏之为责不亦重乎？

【注释】①官吏：通过国家选拔后由吏部任命的官员称为官，地方上的"官"是很少的，大多数都是吏。说白了，"官"类似于现在的科长、处长直到国务院总理，而"吏"就是普通科员，只不过是科长自己雇佣的。②勾摄：逮捕、拘捕。

【译文】这样，国家设立官员和小吏，官员都是暂时的（因为要调整升迁），而小吏却是长久的，官员少而小吏却很多。官员离开家乡常常有千里之远，撰写公文管理钱粮或许不是他所擅长的，当地的风土人情或许有许多不熟悉，可是这个地方的小吏却非常熟悉并且做起事来历练老成。另外像普遍发生的案件，和那些誊写后发公文，检查非法活动并逮捕的事情，有许多不是官员自己所能亲力亲为的，但又不能不依赖于小吏去处理的。那么，凡是国计民生的重任就全在于官员，也就是在于政府各个部门的小吏，小吏的差使不也很重要吗？

　　而为吏胥者，类皆有机变之才智，不能安于畎亩耕凿之朴，以来役于官。因盘据其间，子弟亲戚转相承授，作奸犯科，相习熟为固然，而不知礼义之可贵。

　　【译文】而作为地方官府中掌管簿书案牍的吏胥，全都有随机应变的才能智慧，（他们当初）不满足在朴实的田间耕作，才来到官府做事。因为他们占据其中，他们的子弟亲戚相互承继传授，为非作歹、违法乱纪，相互之间看惯了听惯了，认为本来就这样，不以为奇，却不知道礼义的可贵。

　　为官者亦多方防闲之，摧辱之，几若猛兽搏噬之不可驯扰。夫防之愈严，作弊亦愈巧，摧之愈甚，自爱之意愈微。将嚣然丧其廉耻之心，以益肆其奸猾狡黠之毒，官吏相蒙国计民生于焉。交困而贪昧陋劣之员，受其牢笼牵鼻沦胥以败也，又不足言矣。昔刘晏①以吏人不可用，谓吏无荣进则利重于名。

　　【注释】①刘晏：字士安。曹州南华（今山东菏泽市东明县）人。唐代著名经济改革家、理财家。

　　【译文】当官的人也多方面防范他们、折辱他们，几乎像猛兽扑咬却驯服不了。且防范的越严密，吏作弊的手段也越巧妙，摧毁的越厉害，他们自爱的意图越微弱。这样他们将会更加得意，完全丧失廉耻之心，更加放纵他们奸诈虚伪狡猾的危害，官吏们互相欺骗和隐瞒国计民生。各种困难同时出现的时候，那些贪财昧利、见识浅陋的人，被下圈套的人牵着鼻子走，从而沦丧导致失利（触犯法律银铛入狱），实在不足以言说。从前，唐朝宰相刘晏以吏人不能用，来说吏，没有荣升高位的就把得到利益看作重于我的声誉。

我国家立贤无方，吏员一途咸有进身之阶，惟其才之所宜，未尝限其所至，则固有荣进之可期矣，即或不尽荣进而其爱一时之小利，必不如其爱身家子孙之大利，更不如其畏身家子孙之奇祸。

【译文】我们国家推举贤人没有常法，地方官府中的这些吏员都有提升的台阶，只要他的才能适当，未曾限制他升官，那么本来就有荣升高位（加官进爵）的希望，即使不都荣升高位而他贪恋一时的小利，一定不如他爱自己家的子孙的大利，更不如他害怕自己家的子孙出现横祸。

今试语人以于公治狱①之阴德②，而子孙驷马高车③充溢门闾，未有不欣然慕效者也。语以王温舒④舞文巧诋⑤奸利受财，而鼻至于五族，未有不悚然易虑者也。特无以提醒之迁善远罪之良心，无缘而动耳，上以君子长者之道待人，而人不以君子长者之道自待者，非人情也。

【注释】①于公治狱：于公，东海郡郯县人，西汉丞相于定国之父，曾任县狱吏、郡决曹。他精通法律，治狱勤谨，以善于决狱而成名，无论大小案件，他都详细查访，认真审理，触犯法网而被于公依法判刑的人，没有因不服而心怀怨恨的。②阴德：暗中做的有德于人的事，深信因果的人指在人世间所做的而在阴间可以记功的好事，也指暗中做的好事。传说阴德虽不为人知，但冥冥中自有鬼神记载，因此若某人多积阴德，天必报答他。③驷马高车：驷马，一车所驾的四匹马。套着四匹马的高盖车。旧时形容有权势的人出行时的阔绰场面。也形容显达富贵。④王温舒，汉武帝时的酷吏，阳陵（今陕西咸阳市东)人。⑤舞文巧诋：玩弄文字以诋毁构陷他人。

【译文】现在试着告诉大家汉朝于公审理案件公平而累积阴德，他的子孙因此而显贵，没有人不心生羡慕而效法的。把王温舒玩弄文字陷害他人、非法谋取利益、收受他人财物，最后被诛灭五族（的事）告诉人们，人们没有不恐惧地改变主意的。只是不停地提醒他们应该改过向善、远离罪恶，唤醒他们的良心，没有理由的立即行动罢了。在上位的用君子长者的宽厚仁慈对待人们，而人们不能用君子长者的宽厚仁慈对待他人，这实在不是人之常情。

矧^①吏胥多读书识字粗知义理，习典故明利害，视田野之愚氓，闺门之妇孺，其化诲当更易易。为官者，方日资其心思才力，以成其政治。而顾视为化外之人，不一思所以化诲之，听其日习于匪僻，于心何安，而于事又宁有济乎？

【注释】①矧（shěn）：另外，况且，何况。

【译文】况且吏胥大多读书识字，大致明白伦理道德的行事准则，熟习典故明白利害，比照农村的愚昧百姓、家庭的妇女儿童，他们的感化教诲应当更容易改变。这些当官的人，开始时都全力以赴地施展自己的智慧和才华去做事，希望事业上能够有所成就。但是如果把他们看成化外之人，不去思考怎么教化他们，任凭他们习惯于陈规陋习，这样良心上又怎么会安？对事情上又怎么会有帮助呢？

余于听政之暇采辑书，传所载吏胥之事，各缀论断衰为四卷，名曰《在官法戒录》，广为分布，以代文告。

【译文】我在处理政事的闲暇时间搜集整理各种典籍，把书中所记载的吏胥的事情，各自加工整理编为四卷，名为《在官法戒录》，希望广为流传，以代替政府部门的通告。

《书》^①曰："作善降之百祥，作不善降之百殃"。孟子曰："仁则荣，不仁则辱"。观是录者，善恶灿陈^②，荣辱由己，何去何从，必有观感而兴起者矣。

乾隆八年夏四月桂林陈宏谋题于豫章使署

【注释】①书：《尚书》。②灿：耀眼，此指做好事光宗耀祖。陈：陈旧，此指做坏事羞辱门楣。

【译文】《尚书》上说："做好事随之而来的是百事祥顺，做坏事随之而来的是各种灾难。"孟子说："有仁义就光荣，没有仁义就耻辱"。看看这些记录的事，好事光宗耀祖、坏事羞辱门楣，是光荣是耻辱全在于自己应该怎么选择，看了之后该何去何从，相信其中一定会有看了感动而暗下决心去奋发有为的人。

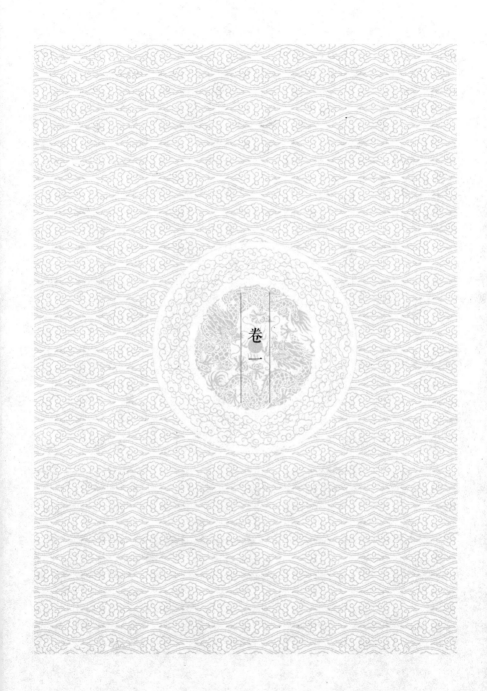

卷一

总 论

1.太公阴符①曰：治乱之要，其本在吏②。吏有重罪十。一、吏苛刻。二、吏不平。三、吏贪污。四、吏以威力胁民。五、吏与史合奸。六、吏与人无惜。七、吏作盗贼，使人为耳目。八、吏贱买贵卖于民。九、吏增易于民。十、吏震惧于民。

【注释】①太公阴符：《太公阴符经》是西周的姜尚所著，又称《太公阴谋》。与《太公金匮》、《太公兵法》合称《太公》。《太公》一书多佚，仅存《六韬》传世，即《太公兵法》。②吏：官员的通称。汉以后，指低级官员或吏卒。

【译文】《太公阴符经》上说：国家治乱的关键，其根本在于官吏。吏有十条严重的罪行：一、吏过于严厉刻薄；二、吏不公正；三、吏贪污；四、吏用武力威胁百姓；五、吏和史狼狈为奸；六、吏对人民不爱惜；七、吏自己作盗贼，使人做自己的耳目；八、吏从事商业，把东西低价买进，高价售给百姓；九、吏和百姓以物易物时要多换。十、吏用权力恐吓百姓。

夫治者有三罪，则国乱民愁。尽有之，则民流亡而国不可守。又曰，为吏守职。为民守事。各居其道，则国治。国治，则都治。都治，则里治。里治，则家治。家治，则善恶分明。善恶分明，则国无事。国无

事，则外不怀怨，内不徼^①争。(《后汉书注》)

【注释】①徼（jiǎo）：通"缴"。纠缠，徼绕不明。

【译文】吏有其中的三条罪，那么国家就会混乱，百姓就会愁苦。如果（这十条罪）都有，百姓就会流离失所，四处逃亡，国家不能保持安定。又说，作为吏尽职尽责，作为百姓用心做事，各自做好自己的事，那么国家就安定。国家安定，那么京城就安定。京城安定，那么街坊就安定。街坊安定，那么家庭就和睦。家庭和睦，那么善恶就会分得很清楚。善恶分得清楚，那么国家就没有战争和灾难。国家没有战争和灾难，那么对外就没有心怀怨恨的敌人，内部也不会相互纠缠争斗。

周官自府吏胥徒^①，以至鄙师^②县正^③之属，皆所谓吏也。太公所言十重罪，已尽后世作吏之弊。天下治乱^④，实基于此。为吏者，当知己与命官，虽有尊卑，其为民生休戚所系则一，不可不自勉也。

【注释】①周官：《尚书·周书》的篇名。②鄙师：官名。出自《周礼》设于鄙，职掌同于乡师、遂师。为治理"遂"及居住在"遂"的"野人"之官。③县正：官名。《周礼》谓为一县之长。④治乱：安定及动乱。

【译文】《周官》中从府吏胥徒，一直到鄙师、县正之类都是所说的吏。太公所说的十种严重的罪行，已说尽后代所有吏的弊端。天下的安定和动乱，实际上根本原因全在这些吏。做吏的人，应当知道自己和任命的官，虽然有地位上的高低，但是关系到百姓的欢乐和忧愁是相同的，不可不自我勉励啊。

2.王仲宣^①曰：大凡执法之吏，不窥先王之典；缙绅^②之儒，不通律令之要。彼刀笔之吏^③，岂生而察刻哉？起于几案之下，长于官曹^④之间，无温裕文雅以自润，虽欲无察刻，弗能得矣。竹帛之儒，岂生而迁缓也？起于讲堂之上，游于乡校之中，无严猛断割以自裁，虽欲不迁缓，弗能得矣。

【注释】①王仲宣：王粲，字仲宣，山阳高平人，三国时曹魏名臣，也是著名文学家。与鲁国孔融、北海徐干、广陵陈琳、陈留阮瑀、汝南应玚、东平刘桢，合称"建安七子"。王粲为七子之冠冕，文学成就最高。他以诗赋见长，《初征》、《登楼赋》、《槐赋》、《七哀诗》等是其作品的精华，也是建安时代抒情小赋和诗的代表作。②缙绅：原意是插笏（古代朝会时官宦所执的手板，有事就写在上面，以备遗忘）于带，旧时官宦的装束，转用为官宦的代称。缙，也写作"搢"，插。绅，束在衣服外面的大带子。③刀笔之吏：指代办文书的小吏。④官曹：官吏办事机关，官吏办事处所。

【译文】王仲宣说：大凡执法的吏，不看先王的律典。作为士大夫的儒生，不懂法律条令的关键。那些刀笔小吏，难道天生就刻薄吗？只不过从开始经常办理案件，到长久地生活在官府之间，没有温和宽容文雅来滋润自己，即使想不苛刻，也不可能做到。饱读诗书的儒生，难道一生下来就行动舒缓吗？只不过起始于讲堂之上，奔走在乡校之中。没有严厉决断的事来自作决定。即使想不舒缓，也不能做得到。

为吏者，熟悉律例，可以断狱决疑，此用其所长也。若用以舞文①，或务为深入，则流毒便不可当，非法之有弊，乃心之无良也，可弗戒与？

【注释】①舞文：玩弄文字，曲解法律。

【译文】做吏的人，熟悉法律条例，可以在审理案件时解决疑难问题，这是用他们所擅长的。如果让他们玩弄法律条文，或者利用法律条文给别人妄加罪名，那么，这样的流毒就不可抵挡，这不是法律有弊端，而是他们的心地不善良，怎么可以不引以为戒呢？

3.范蔚宗[①]曰：曾子云，上失其道，民散久矣。如得其情，则哀矜而勿喜[②]。夫不喜于得情，则恕心[③]用。恕心用，则可寄枉直[④]矣。夫贤人君子断狱，其必主于此乎？郭躬起自佐史[⑤]，小大之狱必察焉。原其平刑审断，庶于勿喜者乎？若乃推己以议物，舍杖以探情。法家之能庆延于世，盖由此也。（《后汉书·郭躬传论》）

【注释】①范晔，字蔚宗，顺阳（今河南南阳淅川）人，南朝宋官员、史学家、文学家。范晔才华横溢，史学成就突出，其《后汉书》博采众书，结构严谨、属词丽密，与《史记》《汉书》《三国志》并称"前四史"。②哀矜勿喜：哀矜，怜悯。指对遭受灾祸的人要怜悯，不要幸灾乐祸。③恕心：仁爱之心。④枉直：曲与直。比喻是非、好坏。⑤佐史：汉代地方官署内书佐和曹史的统称。

【译文】范晔说，曾子曾说："在上位的丧失道义，民心已经离心离德很久了！如果了解了百姓受屈犯法的实情，就应当同情他们，而不要因为明察而沾沾自喜啊。"得到实情不沾沾自喜的官员，就能用仁恕的心来处理政事。能用仁爱的心处理政事，就可以让这样的官员审理案件。贤人君子审理案件，他必定会把仁爱心放在首位啊。郭躬从佐史一步步升起来，大小案件一定要明察。公平地处理案件并判决，对于罪犯常怀怜悯之心而不幸灾乐祸，设身处地的替别人着想，舍弃严刑拷打刑讯逼问，改用实地调查实情。执法的官吏之家之所以能福泽绵延，正是由于执法时有仁爱之心啊！

狱吏虽微，而其操生杀之权，与大吏等，且凡狱之成，皆以初上之狱辞为据，轻重出入之间，尤不可以不慎也。范史论郭氏之兴，而归本于察狱平刑，哀矜勿喜，其所以示劝者深矣。

【译文】狱吏虽然职位卑微，可是他掌握着别人的生杀大权，这点和大官一样。而且所有案件的立案审理，都以刚进入监狱的供词为依据，判决的轻重全在于狱吏，尤其不可不慎重啊。范晔说郭氏的提拔重用，归根结底在于他审理案件仔细、判决公平，对于罪犯常怀怜悯之心而不幸灾乐祸，这就是他用郭躬的事来劝勉别人，用意深远啊。

4.刘公非^①曰：东西汉之时，贤士长者，未尝不仕郡县^②也。自曹掾、书史、驭吏、亭长、门干、街卒、游徼、啬夫^③，尽儒生学士为之。才试于事，情见于物，则贤不肖较然^④。故遭事不惑，则知其智；犯难不避，则知其节；临财不私，则知其廉；应对不疑，则知其辩。如此，则察举^⑤易，而贤公卿大夫，自此出矣。（《文献通考》）

【注释】①刘公非：北宋史学家刘攽（1023年～1089年），字贡夫，一作贡父、赣父，号公非。江西省樟树市黄土岗镇荻斜墨庄刘家人。司马光纂修《资治通鉴》，充任副主编，负责汉史部分，著有《东汉刊误》等。②郡县：古代两级行政单位，大体相当今天的省与县。秦始皇统一天下后，废除封建，改行郡县制度，将全国分成三十六个郡，郡以下置县，官员由中央任免。③曹掾：分曹治事的属吏，胥吏。其负责人员正者称掾，副者称属。书史：记事的史官，亦指掌文书等事的吏员。驭吏：指驾驭车马的役吏。亭长：秦汉之制，每十里一亭，亭有长，掌理捕劾盗贼。属于低于县二级的行政建制长官，级别相当于现在的乡长。门干：守门的吏役。街卒：掌管街道治安、扫除等事的差役。游徼：乡官之一。掌巡察缉捕之事。啬夫：职官名。秦置为乡官，职掌听讼收取赋税等事情，汉有虎圈啬夫等。④较然：明显，显著。⑤察举：古代选拔官吏的制度，由官吏荐举，经过考核，任以官职。

【译文】刘公非说：东、西汉时期，德行高有才能的人，没有不在郡县做过官的。从曹掾、书史、驭吏、亭长、门干、街卒、游徼到啬夫等官职，全部是儒生来做。通过做事能试出他们有没有才能，通过见到财物有没有动心能试出他们的品行，那么品德高尚有才能的和品行不好没有出息的就可以比较出来了。所以遇到事情不困惑，就知道他们的才智。处在困难的环境之中不躲避，就知道他们的节操。见到财物不占为己有，就知道他们的廉洁。回答问题不犹豫，就知道他们的口才。像这样，选拔官员就容易了，而贤明的公卿大夫，都是这样层层选拔出来的。

曹有东西曹、功曹、贼曹诸名①，如今之各房科②是也。掾者，属吏之称；书史，主录记；驭吏，驭车者；亭长，收捕盗贼；游徼，循禁奸盗；啬夫，主赋役，平争讼；街卒，如今之巡兵；门干，门下办事小史也。此皆近世所称为贱役，而古昔则儒生学士，往往为之。诚以人之树立，各视其志，不系乎职之贵贱耳。汉公卿多起小吏，而两京人才之盛，吏治之隆，后世莫能及，岂不可慕而可法哉？

【注释】①功曹：职官名。负责选署功劳工作。汉代有功曹史，为郡属吏，北齐以后多称功曹参军，至宋代时废除。贼曹：职官名。汉代郡太守之属吏，掌逐捕盗贼之事。②房科：旧时官衙里的下级办事人员。

【译文】曹有东曹、西曹、功曹、贼曹各个名称，就是现在衙门里的各个房科。掾是属吏的名称；书史负责记录；驭吏负责驾驶马车；亭长负责追捕盗贼；游徼负责巡察缉捕盗贼；啬夫负责收取赋税徭役、公正的处理纠纷；街卒就是现在的巡逻兵；门干是衙门口办事的小吏。所有这些就是近代所称的贱役，而古时儒生往往也做过这样的官。确实让人树立远大的理想，应看看各自的志向，不在于职位的高低罢了。汉朝的公卿多从小吏做起，而两汉人才的兴盛，官员的作风普遍正直，后世几乎无法达到，难道没有令人美慕而可以效法的吗？

5.苏东坡知徐州，上言：汉法，郡县秀民①，推择为吏。考行察廉②，以次迁补。或至二千石③，入为公卿。古者不专以文词取人，故得士为多。黄霸起于卒史，薛宣奋于书佐，朱邑选于啬夫，邴吉出于狱史④，其余名臣循吏，由此而进者，不可胜数。

【注释】①秀民：德才优异的平民。②察廉：举孝廉，汉朝选用官吏的一种方法，由郡国荐举廉洁之士，经过考察，任以官职。③二千石：汉官职，又为郡守的通称。汉代内自九卿、郎将，外至郡守、尉，俸禄皆为二千石，其中又分三等：中二千石、二千石、比二千石，约当于后世的三品官，地位并不显赫。后因称郎将、郡守、知府为"二千石"。④黄霸：字次公，汉族，淮阳阳夏（今河南太康）人，西汉大臣，事汉武帝、汉昭帝和汉宣帝三朝。黄霸善于治理郡县，为官清廉、外宽内明，文治有方，政绩突出，后世常将黄霸与龚遂作为"循吏"的代表，并称为"龚黄"。薛宣：字赣君，东海郯县（今山东郯城）人，西汉丞相，朱邑：字仲卿，庐江舒县（今安徽庐江）人，西汉官员。丙吉：字少卿。鲁国（今属山东）人。西汉名臣。为麒麟阁十一功臣之一。卒史：卒史指官名，秦、汉官署中的属吏。书佐：官名，主办文书的佐吏。又称为门下书佐，位掾、史之下。啬夫：官职名。秦置为乡官，职掌听讼收取赋税等事情，汉有虎圈啬夫等。狱史：决狱的官。

【译文】苏东坡在徐州为官时，向皇帝提出建议说：汉朝的制度，郡县里面德才兼备的百姓，可以推举选拔为吏。考察他们的行为事迹，推举孝廉，按照先后次序升官补缺。有人升到了郡守，还有人进入京城担任了公卿。古时候不专门以文章选取人才，所以得到有才能的人很多。黄霸是从卒史提拔起来的；薛宣是从书佐提拔起来的；朱邑是从啬夫提拔起来的；邴吉是从狱史提拔起来的，其余有名的贤臣和奉公守法的官吏，通过这种途径得到提拔的，数也数不过来。

唐自中叶以后，方镇①皆选列校②以掌牙兵③。是时四方豪杰，不能以科举自达者，皆争为之。往往积功以取旌钺④。虽老奸巨盗⑤，或出其中。而名卿贤将⑥，如高仙芝、封常清、李光弼、来瑱、李抱玉、段

17

秀实之流^⑦，所得亦已多矣。

【注释】①方镇：指掌握兵权、镇守一方的军事长官。②列校：是指东汉时守卫京师的屯卫兵分作五营，称北军五校，每校首领称校尉，统称列校。③牙兵：即亲兵或卫兵，从"牙旗"一词引申而来，是唐末和五代时期特有的一种军队名称。④旄钺（máo yuè）：白旄和黄钺，借指军权。⑤老奸：指极为奸诈的人。巨盗：臭名远扬的强盗，大盗。⑥名卿：有声望的公卿。贤将：贤良的将领。⑦高仙芝：唐朝中期名将，高句丽人。封常清：蒲州猗氏（今山西省猗氏县）人，唐朝名将。李光弼：营州柳城（今辽宁省朝阳）人，契丹族。唐朝中期名将。来瑱（zhèn）：邠州永寿人，四镇节度使，唐朝中期官员、将领。李抱玉：初名安重璋，河西人，唐朝将领。段秀实：字成公。陇州汧阳（今陕西千阳）人。唐代中叶名将。

【译文】唐朝自从中期以后，各方镇都选拔列校来掌管牙兵。当时各个地方才智出众的人，不能通过科举得到提拔的，都争着到他这里（当方镇的列校），纷纷用积累的功劳来换取军权。即使是那些奸诈的人和臭名远扬的强盗，有的人也在这里面。而有声望的公卿和贤能的将领，如高仙芝、封常清、李光弼、来瑱、李抱玉、段秀实这一类的人，被提拔的也已经很多啊。

今世胥史^①牙校^②，皆奴仆庸人者。无他，以不用故也。今欲用胥史牙校，而胥史行文书、治刑狱钱谷^③，其势不可废鞭挞。鞭挞一行，则豪杰不出于其间。故凡士之刑者不可用，用者不可刑。臣愿陛下采唐之旧。使监司^④郡守，共选士人，以补牙职。皆取人材心力，有足过人，而不能从事于科举者，禄之以今之庸钱^⑤，而课^⑥之镇税、场税、督捕盗贼之类。自公罪杖，以下听赎^⑦。

【注释】①胥史：犹胥吏，旧时官府中办理文书的小官吏。②牙校：低级武官。③钱谷：钱币、谷物。常借指赋税。④监司：有监察州县之权的地方长官简称。⑤庸钱：工资。⑥课：督促完成指定的工作。取：选择。⑦听赎：指官位九品以上可以用金银赎罪。

【译文】现在官府中的小吏员，都是些见识浅陋、没有作为的人。没有别的原因，因为不用（读书人）来做这样的官员。现在想任用胥史牙校，而胥史发布公文、审理案件、收取赋税，以他们的形势不可能废掉鞭挞。鞭挞一实行，那些才智出众的人就不会出现在他们中间。因此读书人中受到过惩罚的人不可以任用，任用做官的不可以受到惩罚。我希望陛下采纳唐朝的旧制，让监司郡守，一起选拔读书人，来补充牙职。全都选拔那些才智超过一般人，而不能参加科举考试的人，用现在的工资给他当俸禄，督促他们完成征收镇税、场税，搜捕盗贼之类的事情。如果犯法，从公这级官员犯法要受到棍打，公以下允许用金银赎罪。

依将校法，使长吏①得荐其才者。第②其功阅，书其岁月，使得出仕，而不以流外③限其所至。朝廷察其尤异者，擢用数人，则豪杰英伟之士，渐出于此途。而奸猾之党，可得而笼取也。

【注释】①长吏：称地位较高的县级官吏。②第：品第，评定。③流外：隋唐时九品以下官员的通称。流外本身也有品级，经考铨后，可递升入流，成为流内，称为入流。其京师官署吏员多以流外官充任。

【译文】依照将校法，让长吏得以推荐那些有才能的人。评定他的功绩和阅历，让他出来做官，而不是以流外这样的官职来限制他升迁。朝廷考察那些政绩优异的，提拔任用数人，那么才智出众的人，逐渐通过这条路可以脱颖而出。而那些诡计多端的人，可以把他们关起来加以教育。

文武异才①，各有所托而兴，自古流品，诚不足以限人也，今世吏胥，多由读书未就，执事②公门，未尝非士类也，及以吏员入官，为守令③、监司④，未尝限其所至，与唐宋流外官⑤之制不同。有志者，正可乘时自奋矣。若夫鞭挞之施，视乎其人之自爱与否。人果有心向上，必能守法远罪，又何必废刑，而后士有可用乎？

【注释】①文武：文臣、武将。异才：指有特出才能的人。②执事：从事工作；主管其事。③守令：官名合称，指郡守及县令。④监司：有监察州县之权的地方长官简称。⑤流外官：官制用语。隋唐两代因袭魏晋以来之制度，将官员等级分为九品，并于每品中设正从两等，四品以下又各分上下，总计为三十阶，此外还有视流内九品。凡在此范围以外之官，称为流外官。如六品以下，九品以上官之子及州县佐吏，以其未入九流故称。清在品级之外的小官，亦称流外官。流外官也分为九品，其中等级最高的叫勋品，然后依次为二品至九品。他们没有品级，按年度对其功过行能进行考课，经三考逐级升转，转迁时均要试判（一种考试方式）。最后可以经考试入流，成为正式品官。

【译文】文臣武将中有突出才能的人，各人有各人所委托的任务，国家自然就会兴盛起来。自古以来，社会地位的确不能够限制人，现在的吏胥很多是没有考上科举来衙门工作的，他们未必不是读书人一类啊。等到从小官员升到大官员，做守令、做监司，从来没有限制他们的升迁。与唐宋流外官的制度不一样，有志向的人，正好可以利用这个机会奋起有所作为啊。至于鞭刑的实施，要看那人是不是自爱，那人确实有心向上，一定能够遵守法规远离犯罪，又为什么一定要废除刑罚，然后有才能的人才可以被任用呢？

6.东坡《论积欠状》云：凡今所催欠负，十有六七，皆圣恩所贷矣。而官吏刻薄，与圣意异。舞文巧诋，使不该放。大率县有监催千百家，则县中胥徒，举欣欣然日有所得。若一旦除放，则此等皆寂寥无获矣。自非有力之家，纳赂请赇^①，谁肯举行恩贷^②？

【注释】①赇（qiú）：贿赂。②恩贷：施恩宽宥，多用于帝王。

【译文】苏东坡在《论积欠状》中说：现在所催促的亏欠租税，十成里面有六七成，都是皇帝仁慈施行恩惠宽免的。可是收取租税的官吏却冷酷无情，与皇帝的旨意不同。他们玩弄文字，花言巧语歪曲皇帝的旨意，使原本宽免的租税不免除。每县大概监督催促有千百户人家，而县里的胥徒，全欢欣鼓舞每天都有收获。如果一旦免除租税，那么这些差役都空落落地没有收获了。倘若不是有财力的人家，贿赂这些差役，谁愿意把皇帝宽免租税的恩惠给他呢？

而积欠之人，皆邻于寒饿，何赂之有。其间贫困扫地，无可蚕食^①者，则县胥教令通指平人^②，蔓延追扰^③，自甲及乙，自乙及丙，无有穷已。每限皆空身^④到官。或三五限，得一二百钱，谓之破限。官之所得至微，而胥徒所取，盖无虚日。俗谓此等为县胥食邑户^⑤。

【注释】①蚕食：比喻侵吞他国土地如蚕之食叶。②平人：平民百姓。③追扰：追比侵扰。④空身：谓身无负担或钱财等物。⑤邑户：封地上的田户。

【译文】而拖欠税款的人，都面临着寒冷和饥饿，他用什么来贿赂差役呢？其中极度贫穷困难，没有任何油水可沾的，县里的差役命令他全诬陷普通的百姓。差役就顺藤摸瓜，穷追不舍，从甲追到乙，从乙追到丙，没完没了。每到期限都独自一人来到官府。有的要求宽限三五天，得给差役一二百个铜钱，就是所谓的破限钱。官府所得到的极其少，可是差役所获得的，没有一天是空的。民间称这些为县胥吃邑户。

嗟乎！圣人在上，使民皆为奸吏食邑户，此何道也？臣自颍移扬，舟过濠寿楚泗等州。所至麻麦如云。每屏去吏卒，亲入村落。访问父老，皆有忧色。云丰年不如凶年。天灾流行，民虽乏食。缩衣节口，犹可以生。若丰年举催积欠，胥徒在门，枷棒在身，则人户求死不得。孔子曰，苛政猛如虎。以今观之，殆有甚者。水旱杀人，百倍于虎。而人畏催欠，乃甚于水旱。臣窃度之，每州催欠吏卒，不下五百人。以天下言之，是常有二十余万虎狼散在民间，百姓何由安生？朝廷仁政，何由得成乎？

【译文】唉！圣明的君主在上，普通的百姓却成了徇私枉法的官吏的邑户，这是什么道理啊？我从颍州到扬州，坐的船经过濠州、寿州、楚州、泗州等地。所到之处丝麻和小麦长势很好。每次让吏卒退避，亲自进入村子，询问乡亲，都有忧虑的神色。说丰收年不如灾荒年。灾荒年虽然天灾广泛传播，百姓虽缺乏粮食，但是节衣缩食，还可以生活。如果是丰收年，官吏全都催促拖欠的税款，县里的差役堵在门口，枷棒拿在手，老百姓就求生不能求死不得。孔子说，统治者的苛刻统治比吃人的老虎还要凶恶暴虐。在现在看来，可能有更严重的。水旱灾害杀人，比老虎厉害百倍。而人们害怕催欠税款，更是超过害怕水旱灾害。我估计了一下，每个州催欠税款的吏卒，不少于五百人。从全国来说，经常有二十多万残酷凶暴的差役分布在百姓之中。老百姓怎么能够安定地生活，朝廷实行地仁政，怎么能够顺利的实施呢？

追呼之扰，摹写曲尽，读此而不动心，犹刮民脂髓，快其吞噬者，真与虎狼无异，天地间如何容得？

【译文】穷追不舍的扰乱百姓的生活，（苏东坡的）描写曲折详细，读到这些而内心不受到感动，还搜刮百姓的财物，迅速地占为己有的人，真和虎狼没有区别，天地之间如何容得他们？

7.廖莹中①曰：古者尚书②令史③，防禁甚密。宋法，令史白事，不得宿外。虽座命亦不许。李唐令史不得出入，夜锁之。韩愈为吏部侍郎，乃曰：人所以畏鬼，以其不见鬼。如可见，则人不畏矣。选人不得见令史，故令史势重。任其出入，则势自轻。不禁吏出入，自文公始。（《江行杂录》）

【注释】①廖莹中，号药洲，邵武（今属福建）人。南宋刻书家、藏书家。②尚书：中国古代官名。执掌文书奏章。③令史：职官名。汉县令属吏的总称。汉代兰台尚书属官，掌文书事务。后泛指官府中的胥吏。

【译文】廖莹中说：从前对于尚书和令史，防范限制很严密。宋朝的法律规定：令史给去世的人办理丧事，不能在外面住宿。即使主家安排也不允许。李氏唐朝的令史不得随便出入，夜里把他锁到屋里。韩愈做吏部侍郎时，这样说：人所以害怕鬼，因为他没有看到过鬼。如果可以看见，就不会害怕了。选拔出来的优秀人才见不到令史，所以令史权势大。如果任凭他们出入，令史的权势就会轻了。不禁止小吏出入，从韩文公开始。

宪司①之有关防，皆为吏胥作弊而设，若使人人守法奉公，何妨洞开重门，愿诸曹皆以君子自待，勿使上人视之如鬼，且防之若盗也。

【注释】①宪司：宋代官名。即后世按察司之职。关防：防范，防备。

【译文】之所以有宪司这个部门，全是为防备吏胥作弊而设立的，如果人人奉公守法，不妨敞开层层大门，希望各曹都以君子的标准要求自己，不要让上级领导看你像看鬼一样，并且防你像防强盗一样。

8.沈存中①曰：天下吏人，素无常禄，唯以受赇为生，往往致富

者。熙宁三年,始制天下吏禄,而设重法以绝请托之弊。(《梦溪笔谈》)

【注释】①沈括:字存中,号梦溪丈人,浙江杭州钱塘县人,北宋政治家、科学家。

【译文】沈括说:天下的吏,向来没有固定的俸禄。只有以收受贿赂为生,往往受贿就能使他成为富有的人。熙宁三年,开始制定天下吏的俸禄,而设立重刑来杜绝请托(徇私舞弊,贪赃枉法)的弊端。

今书办①原给饭食之费,即吏禄也,若辈动云靠山吃山,靠水吃水,岂能分外不取一钱,但须不觥②于法,无碍于理者,方可。若专以索诈为事,赃罪既多,未有不身罹重法者。所得之钱,正如刀头之蜜,食之未必能饱,而适足以杀身,亟宜翻然悔悟也。

【注释】①书办:是指明、清时期,府、州、县署名房书吏的通称。②觥(wěi):弯曲。

【译文】现在的书办原本给吃饭的费用,就是吏的俸禄。如果这些人动不动就说"靠山吃山、靠水吃水",怎么能分外不取一钱呢?(不过,这钱)需要不歪曲法律,不妨碍公理才可以。如果专门做敲诈勒索的事情,贪赃枉法的罪一多,没有不触犯严酷的刑法的,所得到的钱,正如同刀头上的蜂蜜,吃它也不一定能吃饱,而正好可以丧命,应当赶快转变思想、彻底悔悟啊!

9.李之彦①曰:谚有之,杀人偿命,欠债还钱,理也。近世豪家巨室②,威力使令,逼人致死。但捐财贿,饵③血属④,坦然无事。至如人或逋负⑤,督迫取偿,必使投溺自经⑥,然后已。由此观之,乃是杀人还钱,欠债偿命。(《东谷所见》)

【注释】①李之彦，宋永嘉人，东谷其所自号。②豪家巨室：豪家，权贵之家；巨室，大家望族。指富贵之家。③饵：引诱。④血属：有血缘关系的亲属。⑤逋（bū）负：拖欠赋税、债务。⑥自经：指上吊自杀。

【译文】李之彦说：有句谚语"杀人偿命，欠债还钱"，说的很有道理。近代的富贵人家，用权势欺压人，把人逼迫致死。只是捐出些钱财货物，引诱有血缘关系的亲属（给亲属财物，让他们不再追究），就坦然无事。至于有人拖欠税款，督催补偿时，一定把人逼到他投水、上吊自杀的地步，才算罢休。从这些事实看来。这真是"杀人还钱，欠债偿命"啊。

豪家恃势，鱼肉小民，未有不结交胥吏者，胥吏贪其贿赂，未有不甘心为之指使者，夫胥吏于所害之人，大抵乡里相识，非亲即友，何忍助恶为虐？苟能出其良心，主持公道，不为富豪所使，则富豪无所倚恃，或稍知敛戢①，不致肆行无忌，丧厥身家，所全者，岂独在贫弱之人乎？

【注释】①敛戢（liǎn jí）：收敛，自我克制、约束行动。

【译文】富贵人家依仗权势，鱼肉平民百姓，他们没有不结交胥吏的，胥吏接受他们的贿赂，没有不甘心受他们的指挥的。那些胥吏和被害的人，大都是乡里乡亲甚至好多都认识，不是亲戚，就是朋友，怎么忍心帮助坏人做坏事呢？如果能唤醒他们的良心，主持公道，不为富贵人家所使用。那么富贵人家没有依仗的人了，或许会稍微知道收敛，约束自己的行动，不会无所顾忌地放肆胡为，丢掉他的身家性命，所能保全的，难道单单只有贫穷弱小的人吗？

10.又曰：今日囹圄①，供答不由于民情，可否一听②于吏手。往往自撰情款一本，令囚人依本书之，更不可增损一字，真情无所赴愬③。

呼天，神不闻；号地，祇不听④。痛哉，痛哉! 夫狱讼所以平曲直、雪冤枉也。今有财者胜，无财者负；有援者伸，无援者屈；豪强得志、贫弱衔冤，此岂国家之福耶? 愿司听断者，在在持平如衡，事事至公如鉴，天下何患不太平。

【注释】①囹圄(líng yǔ)：监牢，监狱。②一听：完全听任。③赴愬(sù)：愬，同诉；奔走求告，上诉。④祇：地神。

【译文】又说：现在的监牢，取得的口供不是罪犯真实的想法，口供行不行完全听命于吏的手。吏往往自己编写一本认罪供词的书，让囚犯按照本书抄写。更不可能增加或减少一个字。真实的情况没有地方去上诉。呼唤上天，神仙听不见；哭叫大地，地神听不到。悲痛啊悲痛啊。诉讼本来就是用来公正地判断是非善恶、洗去冤屈的啊。现在有钱的打赢官司，没有钱的输掉官司。有援手的得到伸雪，没有援手的继续冤屈。强横有权势的人得意忘形，气势凌人；贫穷弱小的人含冤，这难道是国家的福气吗? 希望负责司法裁决的人，各方面都处理得像秤一样公平；每件事都做得像镜子一样公正。天下何愁不太平。

临审私串口供，既审删改招册，种种弊端，无非为钱所使。须知词讼内帮一边，必害一边，己之所得有几，人之受累无穷。故鉴虚衡平①四字，不独官府之良规，亦吏人之要训也。

【注释】①鉴虚衡平：亦鉴空衡平，明察持平。

【译文】临时审讯，私自串通口供，已经审理，又删掉不利的供词修改招认的供状，这种种弊端，无不是被钱所驱使。应该知道，诉讼暗地里帮助一边，一定会伤害另一边，自己受贿得到的有几毫，受审的人受到的拖累却没有穷尽。因此鉴、虚、衡、平四字，不单单是官府好的准则，也是吏人的重要行为准则。

11.又曰：贪欲二字，坏尽世间人。得便宜处再往，得便宜事再做，终有悔吝^①之时。今日进得一步，明日又求进一步，恐是颠隮^②之兆。堆金积玉，来处要明。越分过求，余殃在后。卧病垂死，术数^③未休。几年劳役，一场春梦。纵饶得受用，能有几多时哉。

【注释】①悔吝：悔恨。②颠隮（diān jī）：跌落，跌倒。③术数：也称"数术"，以种种方术，观察自然界可注意的现象，来推测人的气数和命运。

【译文】又说：贪欲这两个字，使世间的人坏尽。有得到好处的地方就再去，有得到有利的事情就再做，最终有悔恨的时候。今天能够进得一步，第二天又要求再进一步，恐怕这是要跌倒的征兆。金玉积聚成堆，金玉来的地方要清白。越是超越本分的追求，留下的灾祸越在后面。生病快死了，还找人看看气数是否已到。几年劳役，一场梦境。即使能享受，能有多少时候呢。

世俗所称得便宜，不过为声色货利耳^①，不知此皆身外之物，营求何益，况衙门中所得之钱，更多罪过。几见^②害众成家，子孙享用者乎。惟一生行几件善事，与人方便，身心何等快乐，兼可贻福^③后嗣，愿身在公门者，毋忘来处分明之一语也。

【注释】①声色货利：声色指淫靡的音乐与美色。货指钱财；利指私利。贪恋歌舞、美色、钱财、私利。指寻欢作乐和要钱等行径。泛指荒嬉娱乐之事。②几见：何曾见，少见。③贻福（yí fú）：指积福泽以遗子孙。

【译文】世俗所说得到便宜，不过是贪恋歌舞、美色、钱财、私利罢了，不懂得这些都是身外之物，追求这些有什么好处呢？何况衙门中所得到的钱，更多是罪行和过失。何曾见到迫害众人使自己家发财，子孙享受的啊？只有一生做几件好事，多给予他人各种便利，这样做身体和精神多么快乐，还可以给后代子孙积累下福报，希望在官府里的人，不要忘记钱财来的清白这一句话啊。

12.李昌龄^①曰：人之处世，不可不积阴德。夫不积阴德者，未见其有后也。故于定国父^②，治狱多阴德，而知其子孙必兴。孙叔敖^③有埋蛇之阴德，而母知其必贵。信有之矣。然阴德亦甚易积。不独富贵有力者，虽寻常之人，皆可积也。盖所谓积阴德者，非谓广散金谷，斋设僧道，建造寺观，然后谓之积阴德。凡为此者，乃愚人作业福，非积阴德也。

【注释】①李昌龄北宋时期宋州楚丘县（今河南省商丘市梁园区北，一说山东曹县南）人，字天锡。②于定国：于定国，字曼倩，东海郡郯县人。西汉时期官员。③孙叔敖：芈姓，蔿氏，楚郢都人（今纪南城）湖北荆州人。相传孙叔敖少年时，曾遇两头蛇，时俗认为见此蛇者必死，他想：要死只我一人，不要再叫旁人看见。于是，他斩杀了这蛇，埋入山丘，其品德为族人赞佩（出典见《贾子》）。那山丘因而得名"蛇入山"。

【译文】李昌龄说：人生在世和人交往，不可以不积累阴德。不积累阴德的人，没有看到他们有后代的。因此于定国的父亲，在审理案件时公平公正，积累了很多阴德，从而知道他的子孙一定兴旺发达。孙叔敖有埋蛇的阴德，而他的母亲知道他一定会显贵。相信积累阴德一定会有回报啊。但是阴德也很容易积累。不单单富贵而有能力的人可以积累，即使是普通的人，都可以积累阴德。所说的"积阴德"，并不是说到处捐献钱财、给僧侣和道士准备素食、建造寺院道观，然后才叫积阴德。凡是这样做的，是愚昧的人作业福，不是积阴德啊。（注：斋设僧道，建造寺观，要明白其中的道理，古代释道都是教育，不是迷信，供养出家人，确实能够修福，一般儒家读书人不明这个道理，一味将此视为迷信，是不妥的。）

或曰：何谓业福？予对曰：盖彼所聚之财，取之多不义。取不义之财，而广布施，设斋供。故谓之作业福，非积阴德者也。所谓积德者，常操不害物之心。出入起居，种种行方便。如此便是积阴德也。今姑以其小者言之。如蛾之赴火、蚁之堕渊，而吾能救之。亦是积阴德。矧夫人有饥寒，吾能饱暖之。人有疾厄，吾能安乐之。救人之患难。解人之仇怨。济人之困贫。不没人之善。不成人之恶。不言人之过。凡此之类，皆积阴德也。

【译文】有人问：什么是业福？我回答说：他们所聚敛的财富，获取时多用不正当的手段。拿用不正当手段获取的钱财，去广做布施，设斋供养，所以说他们是作业福，不是积累阴德。所说的积阴德的人，常常怀着不伤害物体的心进出家门，行走坐卧、时时处处事事行种种方便，这就是积阴德啊。现在姑且用小事来说，比如飞蛾扑向火、蚂蚁坠落深水，而我能救它们，这也是积阴德。另外如果有人缺吃少穿、生活困难，我能让他吃饱穿暖。人有疾病苦难，我能使他们快乐安康。有人处在艰难困苦中，我救助他。有人相互之间有仇恨怨气，我帮他化解。有人穷困潦倒，我救济他。不隐瞒别人的善心和善行。也不助长别人的恶心和恶行。不议论别人的过失。所有这些，都是积阴德啊。

常以方便存心，随力行之不已，则阴德亦厚矣。殆见福寿之增崇，门户之盛大，子孙之荣显，不求而至。予言不欺，力行之可也。（《乐善录》）

【译文】常常把给人方便放在心里，随着力行不停止地去做，那么阴德也就积累地厚了。（随着阴德的增厚）几乎能看到富贵长寿的增加，家庭地位的增高，子孙荣华的显贵，这些不用刻意追求就全来了。我的话不欺骗人，力行就可以啊。

方便处处可行，官府中更加易行；罪孽处处可作，官府中更加易作，此篇虽为众人说法，于吏役尤切，所当书绅①也。

【注释】①书绅：把要牢记的话写在绅带上。后亦称牢记他人的话为书绅。

【译文】方便处处可行，公门中更容易行；罪孽处处可作，公门中最易发生，这篇文章虽然是向大家说道理，对吏役说的尤为深切，所以应当牢记这些话啊。

13.马贵与①曰：西汉公卿士大夫，或出于文学②，或出于吏道。亦由上之人，并间此二途以取人，未尝偏有轻重。故下之人，亦随其所遇，以为进身之阶。而人品之贤不肖，初不系其身之或为儒或为吏也。故公孙弘之儒雅③。丙吉之贤厚④。龚胜之节掺⑤。尹翁归⑥之介洁。亦不嫌于以吏发身。则所谓吏者，岂必皆浮薄刻核之流，而后始能为之乎？

【注释】①马贵与：马端临，字贵舆，号竹洲。饶州乐平（今江西乐平）人，宋元之际著名的历史学家，著有《文献通考》、《大学集注》、《多识录》。②文学：职官名，汉时州郡及王国都设置。此指学问。③公孙弘，名弘，字季，一字次卿（《西京杂记》记载），齐地菑川人（今山东寿光南纪台乡人），为西汉名臣。儒雅，谓风度温文尔雅，指博学的儒士或文人雅士，也指学问渊博；风雅；典雅；优雅等。④丙吉：字少卿，鲁国（今属山东）人。西汉名臣。贤厚：贤良忠厚。⑤龚胜字君宾，西汉彭城（今江苏徐州）人。少好学，通五经，与龚舍相友善，并著名节，世谓之楚二龚。节掺：坚守节操。⑥尹翁归:字子兄（音况），河东平阳（今山西临汾）人。是西汉时代一位干练而又廉洁的官吏。

【译文】马端临说：西汉的公卿、士大夫，有人从做学问（文章学术）上提拔，有人从做吏这个道路上提拔。这也是由于在上位的人，从这两条途径来选拔人才，未曾有轻有重地偏向一方。因此下面的人，根据自己的际遇选择其中一条，把他当做自身得到提拔的台阶。人品的贤良邪恶，最初和他自己是儒生还是吏没有关系。因此公孙弘的温文尔雅，丙吉的贤良忠厚，龚胜的坚守节操，尹翁归的耿介高洁，并不因为他们是从吏而提拔的受到人的轻视。那么所说的吏，难道一定都是不诚实又轻薄苛刻一类的人，然后才能充任吗？

东京才智之士，亦多由郡吏而入仕。以胡广之贤①，而不免为郡散吏②。袁安世传易学③，而不免为县功曹。应奉读书④，五行并下⑤，而为郡决曹史。王充之始进也⑥，刺史辟为从事⑦。徐稺之初筮也⑧，太守请补功曹。当时并不以为屈也。（《文献通考》）

【注释】①胡广：一名靖，字光大，号晃庵，江西吉水人。明朝文学家、内阁首辅，南宋名臣胡铨之后。建文二年（1400年）庚辰科状元。官至文渊阁大学士。贤：人的贤能。②散吏：闲散的官吏。③袁安：字邵公（《袁安碑》作召公）。汝南汝阳（今河南商水西南）人，东汉大臣。世传：世代相传，祖传。④应奉：字世叔，汝南南顿人。⑤五行（háng）并下：五行文字一并看。形容读书速度快。⑥王充：东汉唯物主义哲学家、战斗的无神论者。字仲任，汉族，会稽上虞（今浙江绍兴上虞）人。王充年少时就成了孤儿，乡里人都称赞他对母亲很孝顺。后来到京城，进太学学习，拜班彪为师。⑦辟：征召。⑧徐稺（zhì）：汉朝人。筮（shì）：古代用蓍（shī）草占卜。古人将出仕必先占吉凶，后因称出来作官为出仕。

【译文】东京城里的有才能和智慧的人士，也有很多是由郡吏而入朝为官的。以胡广的贤能，仍不免在郡里做过散吏。袁安祖传易学，仍不免在县里任过功曹。应奉读书速度很快，五行文字一起看，仍在郡里担任决曹史。王充才进入仕途的时候，刺史征召他为从事。徐稺出来做官时，太守把他补为功曹。他们当时都不认为受了委屈。

14.又曰：成周之制^①，元士^②以上，命官也。府史胥徒，庶人之在官者也。然下士与庶人在官者同禄，则未尝贵官而贱吏也。后世为胥吏者，作奸犯科^③，不自爱重。故为世所轻，而儒者尤耻与为伍^④。

【译文】又说：周成王时的制度，元士以上的官职，是由朝廷任命的。府史、胥徒等职位是由普通百姓到官府任职。但下士同在官府当差的百姓俸禄相同，也未曾把官看的尊贵，把吏看的卑下啊。后代做胥吏的，为非作歹，触犯法令，不自爱不自重。所以被世人所轻视，而儒生尤其把和他们同事看作耻辱。

秦弃儒崇吏，西都因之^①。萧曹以刀笔吏佐命为元勋^②，故终西都之世，公卿多出胥吏。而儒雅贤厚之人，亦多借径于吏以发身^③。其时儒与吏，未甚分别。故以博士^④弟子之明经者，补太守卒史而不以为恶^⑤也。

士，秦因之。唐有太学博士、算学博士等，皆教授官。明清仍之，稍有不同。⑤恧（nǜ）：自愧。

【译文】秦朝抛弃儒生而尊崇吏，西汉沿袭了这种制度。萧何、曹参用刀笔吏的身份辅佐帝王创业而成为元勋。因此整个西汉的时代，公卿大多出自胥吏。而温文尔雅贤良忠厚的人，也有很多借助吏来成名的。那个时候儒生和吏，没有什么分别。因此博士的门徒中通晓经义的人，去补选太守、卒史而不感到惭愧啊。

观此二条，可知自古吏胥，为储才之地，今虽不能如昔所云，而有志者，正不因吏胥而贬损也。尚其激昂奋发，妣美前贤，为吏胥吐气也。

【译文】看了这两条，可以知道自古以来吏胥是积聚（储备）人才的地方，现在虽然不能像以前所说的那样，而有志向的人，显然不因吏胥这个官职低而受到贬低。希望他们激昂奋发，能和前代的圣贤比美，为吏胥扬眉吐气。

15.王凝斋①曰：自圣贤以至于凡庶②，其德远矣；自割股以至勃磎③，其行远矣；自让国以至攫金，其事远矣。由初而言，善恶之间，不能以发。而其终之远，乃如是焉。独不免为习所移尔，习之移人，虽豪杰之士，有不能免者。而况于中材乎？此为人上所以有教也。（《掾曹名臣录序》）

【注释】①王凝斋：指王鸿儒，字懋学，别号凝斋，明·南阳府（今河南省南阳县）人。明朝前、中期著名诗人、政治家、文学家、书法家。②圣贤：圣人与贤人的合称，亦指品德高尚，有超凡才智的人。凡庶：一般老百姓；平民；平常人。③割股：旧有自割股肉以供君亲食用之说，古人认为是大忠大孝的表现。勃磎（bó xī）：磎古同"谿，"勃谿等同于勃溪。吵架，争斗。婆媳争吵或者家庭成员间的争吵。

【译文】王凝斋说：从圣贤一直到平民百姓，他们的德行相差太远了。从自割股肉供君亲食用的至孝到家庭成员间的争吵，他们的行为相差太远了。从把国家让给贤者管理到盗劫财物，他们做的事相差太远了。从开始而言，善与恶之间的差别没有头发丝粗，而他们最终相差很远，就像这样大。是因为唯独免不了被习惯所改变啊！习惯改变人，即使是豪杰之士，也没有能避免的。更何况那些中等才能的人呢？这就是在上位的人一定要有教养的原因啊。

孔子以性相近、习相远为训，则天下之大，无人不在相近相远之中。而其易于相远，且多由善而习于不善者，莫如胥吏。盖以处为恶之地，入为恶之群，又有可以为恶之才，迫以不得不为恶之势。故一为吏胥，而终其身无为善之日，子孙受为恶之害，不可胜计矣。序掾曹而首论及此，其勉胥吏也至矣。

【译文】孔子用本性相近，习性相远来教诲后人。天下之大（天底下），没有人不在相近相远之中。而他们很容易相差很远，并且很多是由善的而习惯于变成不善的，没有像胥吏这样的。因为他生活在做坏事的地方，进入了做坏的事的一伙，又有可以做坏事的才能，受不得不做坏事的形势所迫，他不得不成为做恶的帮凶。因此一旦成了吏胥，终其一生没有做善事的日子，子孙后代遭受到他们作恶的危害，无法计算了。《掾曹名臣录》的序言首先评论到这些，他勉励小吏到了极点。

16.予承乏①侍郎，摄②印章而治财赋。阴观诸司掾吏③，有知琴书，可教诲。因录我朝名士，出于掾曹，至显宦者数人，为一卷以示，皆有勃然兴起之色，乃知人性果不相远。一脱故习，至君子不难矣。

【注释】①承乏：暂任某职的谦称。②摄：代理。治：管理。③掾吏：官府中辅助官吏的通称。

【译文】我暂任侍郎，掌管印章而负责财赋。暗暗地察看各司的掾吏，有常听琴书的人，可以教诲（琴书中的故事，可以教育人行善积德）。因此记录我朝名士，从任掾曹开始升任到显宦的数人，编辑一卷来给他们看。看了这些内容的人都有突然想振作奋发有为的样子。才知道人的本性果然相差不远。一旦除去旧的不好的习惯，（改恶向善，从新做人）达到君子就不难了。

天下之人，有知书者，即有不知书者。惟胥吏无不知书者也，即无不可教诲者也。世人于胥吏，贪鄙者，慕而效之。不然，则又鄙夷而厌贱之。未有思所以教之者。凝斋作传以示，使之勃然兴起，其望胥吏也厚矣。

【译文】天下的人，有读书的人，就有不识字的人。只有胥吏都是读书人，就没有不可以教诲的了。人们对于胥吏，那些贪婪卑鄙的人羡慕而去效仿他们；不这样做的人，就又瞧不起而厌恶鄙视他们。没有人想过用教育的方式教导他们。王鸿儒（把这些官员的事）作传给他们看，让看到的人振作起来、奋发有为，他对胥吏真的是寄予厚望啊。

17.昔元好问曰：自风俗之坏，上之人以徒隶①遇佐史②。甚者，先以机诈待之。廉耻之节废，苟且之心生，顽钝之习成，实坐于此。而佐史亦以徒隶自居，身辱而不辞，名败而不悔。甚矣，人之不自重也！吁！遇之以徒隶，待之以机诈，我固不可以不自省。若自暴自弃，而不自重，尔曹③岂可以不戒乎？

【注释】①徒隶：指服劳役的犯人。也专指狱卒。②佐史：汉代地方官署内书佐和曹史的统称。③尔曹：汝辈，你们。

【译文】从前元好问说：从风气败坏以来，起源于在上位的用对徒隶的方式对待佐史。更过分的，就是一开始就用狡诈的心理相待。如此一来，廉耻的节操中止了，敷衍马虎、得过且过的心理滋生出来，虚度光阴的习性养成了，实在是因为这点。而佐史也以徒隶的身份看待自己，自身受辱也不躲避，名誉受到毁坏也不悔改。太过分了！人太不自重了！唉，用对徒隶的方式和狡诈的心理对待，我本来就应该自我反省。如果自暴自弃，而不自重，你们怎么可以不防备呢？

人虽至愚，见人以机诈苟且顽钝相待，未有不勃然怒者。惟胥吏则视为固然，恬不为耻。及其犯法罹刑，亦复不以为辱。固由待之者非，亦胥吏之自待先薄也。凝斋以此自省，并冀胥吏之自重，其警省乎史胥也，抑又切矣。

【译文】即便是愚昧之人，看到有人用狡诈、敷衍马虎得过且过、虚度光阴的方式相对待自己，没有不勃然大怒的。只有胥吏把它看做是本来就这样，泰然处之，一点儿也不感到羞耻。等到他触犯法律受到刑罚，也再不把它当做耻辱。本来是因为对待他们的人做的不对，也是胥吏自己对待自己先轻视了。王鸿儒用这个自我反省，并希望胥吏能够自重，他对胥吏的警悟自省多么深切啊！

按：凝斋先生，名鸿儒。少工书法，未为人知。里人有为府史者，尝以其书置府中。知府段坚，见而奇之，遂收之门下，卒成名儒。是其一生之学问渊源，功名际会，皆由史胥中阅历得来，故言之亲切而有味也。观所录十三人，皆卓然自立，不为习俗所移者。豪杰之士，不可闻风兴起乎？至于从案牍中别识人材，以广造就，则尤官长雅意。凝斋之心，亦即段公之志耳。

【译文】按：凝斋先生，名鸿儒。年轻时擅长书法，不被人知道了解。同乡人里有个任府史的人，曾经把他的书法放在官府中。知府段坚，看见他的书法后很惊奇。于是把他招收为弟子，最后成了有名的学者，他一生的学问本源，功名机遇，都是由他任史胥的经历中得来，所以说起话来亲切而有情趣。观所记载的十三人，都是卓越突出、非同一般，不被习俗所改变的人。才智出众的人，听到这些事情怎么能不振奋而起呢？至于从公事文书中识别人才，来广泛培养，则尤其是主管官员的美意。凝斋的心，也就是段公的志向罢了。

18. 颜光衷[①]曰：古云，公门中好修行。何也？夫公门常常比较[②]，时时刑罚。其间贫而负累、冤而获罪、愚而被欺、弱而受制，呼天控地，无可告诉。惟公门人，下接民隐，上通官情。艰苦孤危之时，扶持一分，胜他人方便十分。宽假一次，胜他人方便十次。

【注释】①颜光衷：颜茂猷字壮其，又字光衷，号完璧居士，福建漳州府平和县（今漳州市）人，他是中国思想史上名不见经传的"小儒"，但却是一位小有名气的劝善思想家，在晚明时代的劝善运动以及制作"儒门功过格"的实践运动中，他的名字可与袁了凡并列。②比较：古时官府对差役未能于限期内完成差事，加以杖责。

【译文】颜光衷说：古人说，衙门中好修行，为什么呢？在公门常常有杖责差役的比较，时时有惩处罪犯的刑罚。在这中间（有许多）因贫穷而受到牵连、因被冤枉而遭罪、因愚昧而被欺骗、因软弱而受控制的人，他们向天呼喊向地控诉（悲痛欲绝），他们（的冤屈没有办法使人知道）没有上告投诉的门路。只有衙门里的人，对下能了解民众的痛苦，对上能传达官情。在他人艰难困苦、孤立危急的时候，照顾一分，胜过其他人帮忙十分。宽容一次，胜过其他人帮忙十次。

若能释贫解冤、教愚扶弱、无乘危索骗、无因贿酷打、知情故枉、无舞文乱法，则一日间，可行十数善事。积之三年，有数万善事。人当困厄，谁不知感? 神明三尺①，宁无保佑? 自然吉庆日至，子孙昌盛。如其不然，怨毒之财，得亦非福也。(《迪吉录》)

【注释】①神明三尺: 古代人因为信仰神灵，如果遇到某方面不如意，就会到相应的祭庙中叩拜。这里举是指向上的意思，指你虔诚祈祷时的对象。原意是指神明在三尺的地方看着你，如果你以恭奉的心态虔诚祈祷的话，神明会显灵帮助你。后来形成具有普遍性的一种引申义，即: 神明就在人们的周围，所以后来又有了"举头三尺有神明"的说法。意思是说，人对自然社会应当有敬畏之心，不可胡作非为; 这是尊重自然，顺应自然的一种体现。

【译文】如果能消除贫困除去冤屈，指教愚昧帮助弱小，没有冒险欺蒙诈取，没有因为受贿残暴的殴打、知道实情故意冤屈，没有歪曲法律条文、徇私舞弊，那么一天的时间，可以做十几件善事。这样积累三年，有几万件善事。人处在困苦危难之时，谁不知道感恩? 举头三尺有神明，怎么会没有保佑? 自然吉祥喜庆的事天天来到，子孙兴盛。如果不这样，遭人怨恨的钱财，得到也不是福啊。

亲切指点，见得衙门中人，随处可以为善也。积德固易，积恶亦易，视人存心如何耳。

【译文】亲切指点，可见衙门里的人，随处可以做善事。积德本来就容易，积恶也容易，就看人有什么样的念头了。

19.王心斋①倡道海陵郡②。诸掾吏以事至海陵，相率诣之，先生无他言。第③曰，心地好，前程保。(《言行汇纂》)

【注释】①王心斋：王艮，字汝止，号心斋，明代哲学家，泰州安丰场人（今东台市安丰镇），人称王泰州。②海陵郡：东晋义熙七年（411年）置海陵郡，治建陵县（泰州市海陵区东北），下辖建陵、临江、如皋、宁海、蒲涛5个县，刘宋泰豫元年（472年）增辖临泽县。③第（dì）：古同第，仅，只，只是，尽管，只管。

【译文】王心斋主政海陵郡，各个掾吏因事到海陵，一个接一个，互相带引到他那里，先生没有其他的话。只是说：心地好，前程保。

六字可作掾吏箴。盖惟心地好，则不妨于作吏。不然，未有不造恶招祸者也。

【译文】"心地好，前程保"这六个字可以当作掾吏的箴言。大概只有心地好，才对作吏没有妨碍。不这样，没有不造恶招灾祸啊。

20.陈眉公云①：汉人取吏，曰廉平不苛。平则能在其中矣，曰廉能者，后世不熟经术之论也。（《长者言》）

【注释】①陈眉公：明代文学家、书画家。名继儒，字仲醇，号眉公、麋公。华亭（今上海松江）人。有《梅花册》、《云山卷》等传世。著有《陈眉公全集》、《小窗幽记》、《吴葛将军墓碑》、《妮古录》。

【译文】陈眉公说：汉代人选取吏，可以说的上清廉公正而不苛刻。处事公正，能力就在里面了，说清廉就有才能的，这是后代不熟悉经学的道理的人才会说出的言论。

人须心中无欲，方能心平。心平，方能事平，故廉又为平之本。吏多不能廉，亦不肯廉，故动多不平之事。虽有能，适足济其恶耳。

【译文】人必须心中没有欲望，才能内心公正。内心公正，才能做事公正。所以清廉又是内心公正的根本。吏大多不能清廉，也不肯清廉，因此常常做出很多不公正的事情。纵然有才能，正好够得上帮他作恶罢了。

21.又曰：

当官若不行方便，做甚么①？

公门里面好修行，凶甚么②？

刀笔杀人人自杀，唆甚么③？

举头三尺有神明，欺甚么？

他家富贵前生定，妒甚么④？

前世不修今受苦，怨甚么⑤？

岂可人无得运时，急甚么？

人世难逢开口笑，恼甚么⑥？

补破遮寒暖即休，摆甚么⑦？

才过三寸成何物，馋甚么⑧？

死后一文将不去，吝甚么？

前人田地后人收，占甚么？

得便宜处失便宜，贪甚么？

聪明反被聪明误，巧甚么？

虚言折尽平生福，谎甚么？

是非到底自分明，辨甚么？

恶人自有恶人磨，憎甚么？

冤冤相报几时休，仇甚么？

人生何处不相逢，狠甚么？

世事真如一局棋，算甚么？

谁人保得常无事，诮甚么⑨？

穴在人心不在山，谋甚么⑩？

欺人是祸饶人福，卜甚么？（《言行汇纂》）

【注释】 ①甚么：亦作"什么"。②凶：凶恶。③唆：挑动别人去做坏事。④妒：因为别人好而忌恨，泛指忌妒别人。⑤怨：不满意，责备，埋怨。⑥恼：烦闷，苦闷，懊恼。⑦摆：炫耀，显示。⑧馋：贪吃，贪图，贪羡。⑨诮（qiào）：责备，嘲讽。⑩穴：洞，窟窿。卜：占卜。

【译文】 又说：当官如果不给百姓行方便，做什么官？

公门里面好修行，对百姓凶什么？

用笔杀人人自杀，教唆什么？

抬头三尺之上有神明，欺骗什么？

别人家富贵是前世定的，嫉妒什么？

前生没有修福今生受苦，怨恨什么？

人难道没有得运的时候，急什么？

人生难得能遇到开口笑的喜事，烦恼什么？

补破衣能遮寒暖和就行，显摆什么？

吃的食物才过三寸成什么东西，馋什么？

死后一文钱都带不走，吝啬什么？

前人的田地后人收获，侵占什么？

得便宜的地方失便宜，贪婪什么？

聪明反被聪明误，精明什么？

假话耗尽平生的福气，说谎做什么？

是是非非最终自然分明，辩解什么？

恶人自然有恶人的磨难，憎恨什么？

冤冤相报什么时候能停止，仇恨什么？

人生何处不相逢，狠什么？

世事真像一盘棋，算计什么？

谁能保证自己常无事，讥讽什么？

穴在人心不在山，谋划什么？

欺负人是祸宽恕人是福，占卜什么？

22.《劝世歌》曰：

心不光明点甚灯？念①不公平看甚经？

大秤小斗吃甚素？不孝父母斋甚僧？

妙药难医冤业病，横财不富命穷人。

利己害人促寿算②，积善修行裕③子孙。

人恶人怕天不怕，人善人欺天不欺。

暗中阴骘④分明有，远在儿孙近在身。

守口莫谈人过短，自短何曾说与人。

生事事生君莫怨，害人人害汝休嗔⑤。

欺心折尽平生福，行短天教一世贫。（《解人颐》）

【注释】①念：想法，念头。②寿算：寿数，年寿。③裕：富饶，财物多。④阴骘（zhì）：阴德。阴德：不被人知道的德行，指在人世间所做的而在阴间可以记功的好事，阴功。⑤嗔：怒，生气。

【译文】《劝世歌》说：

内心不光明，点什么灯？心思不公正，看什么经？

大秤进小斗出，吃什么素？不孝顺父母，斋什么僧？

多么好的药也难治冤仇罪孽得的病，横财不富命中注定的穷人。

利己害人减短寿命，积善修行子孙富裕。

人恶让人害怕但天不怕，人善被人欺负但天不欺负。

暗中分明有阴德，远的报应在儿孙，近的报应在自身。

闭口不谈人的过错和短处，自己的过错和短处又何曾说给别人

听。

惹了事事又惹上身，你不要报怨，害了人又被人害，你不要生气。欺骗良心会耗光平生福气，做坏事老天会叫人一辈子受贫穷。

二则皆警世通言。余取其尤，切于胥吏也，故节录之。官衙中人，果能每日常念此一遍。诸般过恶，自从此减矣。

【译文】以上两则都是警告世人明白事理的话，我选取了最优异的，急切地想告诉胥吏，因此摘录它们。衙门里的人，如果能每天常念这些一遍。各种过错各种罪恶，就能够由此减少了。

23.惜字①十八戒：卖旧书废纸与人，印封残册废卷同，遗弃污秽中，脚下践踏，糊窗壁，覆瓿，裱画，拭几砚，擦垢秽，燃灯夜照，点火吃烟，刀剪裁破，因怒扯碎，以书籍作枕，与妇女夹针线，嚼烂吐地，塞墙壁孔内，烧灰仍弃于地。（《言行汇纂》）

【注释】①惜字：珍惜文字。旧时谓文字为圣人所创，对有文字之纸，不可随意丢弃遭人践踏或污损，而将其捡起焚化，以示对文字的尊重。

【译文】珍惜文字十八条戒规（以下不可以违犯）：把旧书、废纸卖给人，印封、残册、废卷同样也不可以卖给人，把字纸遗弃到污秽中，字纸扔脚下践踏，用字纸糊窗户和墙壁，用字纸盖瓿、裱画，用有文字的纸擦桌子和砚台，擦肮脏之物，夜晚用有文字的纸点燃照明，用有文字的纸点火吸烟，用剪刀裁剪有文字的纸张，因为生气把有文字的纸张扯碎，用书籍当作枕头，把书拿给妇女夹针线，把有文字的纸张嚼烂吐地，用有文字的纸张堵塞墙壁孔内，把有文字的纸张烧成灰并抛弃在地上。

24.广惜字真诠：

下笔有关人性命者，此字当惜。

下笔有关人名节者，此字当惜。

下笔有关人功名者，此字当惜。

下笔属人闺阃阴事，及离婚字者，此字当惜。

下笔离间骨肉者，此字当惜。

下笔谋人自肥，倾人自活者，此字当惜。

下笔凌高年，欺幼弱者，此字当惜。

下笔挟私怀隙，故卖直道，毁人成谋者。此字当惜。

下笔唆人构怨，代人架词者，此字当惜。

下笔恣意颠倒是非，使人含冤者，此字当惜。

下笔喜作淫词艳曲，兼以诗札讥诮他人者，此字当惜。

下笔刺人忌讳，令终身饮恨者，此字当惜。

【译文】落笔关系到人的性命，这样的字应当少写。

落笔关系到人的名节，这样的字应当少写。

落笔关系到人的功名，这样的字应当少写。

落笔关系到家庭隐私及离婚的事，这样的字应当少写。

落笔离间骨肉的，这样的字应当少写。

落笔损人肥己、陷害别人保护自己，这样的字应当少写。

落笔欺侮老人幼儿和弱小的，这样的字应当少写。

落笔挟带私仇、故意出卖正直之道、破坏人好的计谋，这样的字应少写。

落笔唆使人结仇、代人捏造讼词的，这样的字少写。

落笔任意颠倒是非、让人含冤的，这样的字应少写。

落笔喜欢写淫词艳曲，又用诗文讥讽他人的，这样的字应少写。

落笔打听人的忌讳，让人抱恨终身的，这样的字应少写。

以上二则，相传为文昌帝君语。事虽无考，而文字发天地之秘，起万化之原，为圣人所作。敬之则蒙福，亵之则获祸，此千古不易之理也。身在官衙，以纸笔给事。几案丛杂，最易犯不敬之罪。至广惜字各条，则今之胥吏，所习以为利，而惟恐其不能者也。下笔时苟存慎惜之心，则于为善去恶也不远矣。

【译文】以上两则，相传是文昌帝君说的话。事情虽然没有考正，而文字揭示了天地的秘密，开启了大自然的本源，是圣人所创造的。恭敬的就得到赐福，亵渎的就得到灾祸，这是千古不变的规律。身在官衙，以纸笔办理事务，桌子上纸笔摆放杂乱，最容易犯不敬之罪。至于广惜字各个条款，就是现在的胥吏，已经习惯了以此谋取利益，而只怕他们不能做到了。下笔时如果内心存有谨慎珍惜的心，就离行善去恶不远了。

25.徐太室①曰：一手诘②盗，一手窃盗赃，故前盗死而后盗生。一面惩奸，一面窥奸妇，故此奸伏而彼奸起。（《归有园尘谈》）

【注释】①徐太室：指徐学谟，明代诗文作家、政治家、初名学诗。字思重，改字叔明，号太室山人。嘉定（今属上海）人。②诘（jié）：谴责，问罪。

【译文】徐太室说：一手问罪盗贼，一手偷盗盗贼的赃物，所以前一个盗贼刚被处罚而死，后一个盗贼就又产生了。一方面惩罚奸情，一面偷看奸妇，所以这些奸恶之人下降了而那些奸恶之人又上升了。

衙门中日日治奸治盗，而胥役不免为奸盗之事。千般计巧，所瞒昧者止一官耳。衙门而外，人人自为奸盗，清夜扪心，能不通身汗下？

【译文】衙门中天天惩治奸恶盗贼，而胥役不免做些奸盗的事情。千般妙计，隐瞒欺骗的只有长官一个官员（指一个政府部门的一把手）罢了。衙门之外，人人自己做奸盗的事情，深夜摸心，自我反省，能不全身汗下。夜深人静的时候，扪心自问，能不惭愧吗？

26.胡端敏公曰：瞒人之事弗为，害人之心弗存，则为良吏。（《存业编》）

【译文】胡端敏公说：瞒人的事不做。害人的心没有。就是好的官吏。

此二语，亦人所易知。但身入公门，则无人不作瞒人害人之态，无时不行瞒人害人之计。且有自悔不能瞒人害人者，有惟恐瞒人害人之不巧者。时地使然，习而不察耳。愿书此二语于廨舍①，以为群吏朝夕之警焉。

【注释】①廨（xiè）舍：廨署，也就是官署。

【译文】这两段话，也是人们所容易理解的。但一旦进入公门，就没有人不作出瞒人害人的态势，无时无刻不在做瞒人害人的打算。并且有自己懊悔不能瞒人害人的，有只怕瞒人害人做的不巧妙的。因为所处的时机和环境（天时和地利）使他这样，习惯了而自己不觉察罢了。希望在官署里写上这两段话，作为各个官吏早晚的警告。

27.龚蘷庵问龙潭老人曰：近世善恶报应，颇觉差池，岂苍苍者亦愦愦耶？龙潭指天而语之曰：此老虽不急性，却有记性。要其终观之可也。

【译文】龚蘷庵问龙潭老人说：近代的善恶报应，好像不太对劲，让人觉得很有差错。难道老天爷也糊涂吗？龙潭老人指指天空对他说：这个老天爷虽然不是急性子，却有记性。人们要从最终的结局看就可以了。

不急性，不过幸免于旦夕。有记性，断难免祸于将来。所谓到头终有报也。世有身为胥吏，倚官衔权势，陷害良民。以致家益富饶，门户鼎盛者，人每惊而异之。甚且羡慕而效法之。是皆不知天之有记性者也。

【译文】老天爷不是急性子，让人觉得可以侥幸免于早晚的灾祸。要知道老天爷有记性，在将来一定很难免除灾祸。所谓善恶到头终有报啊。世上有身为胥吏，依靠官府的权势，陷害安分守己的善良百姓，来使家庭更富裕、家族兴旺的人。人们常常惊讶而奇怪（胥吏的家庭和家族是怎么富裕发达的），甚至羡慕而仿效他们，这都是不知道老天爷有记性啊。

28.宋潜溪①曰：积邱山②之善，尚未得为君子。贪丝毫之利，便已陷于小人。（《言行汇纂》）

【注释】①宋濂：初名寿，字景濂，号潜溪，别号龙门子、玄真遁叟等，汉族。明初著名政治家、文学家、史学家、思想家。与高启、刘基并称为"明初诗文三大家"，又与章溢、刘基、叶琛并称为"浙东四先生"。被明太祖朱元璋誉为"开国文臣之首"，学者称其为太史公、宋龙门。⑥邱山：泛指山。

【译文】宋潜溪说：积累像小山一样的善，还没能成为君子。贪图丝毫的利益，就已经陷落为小人了。

凡为吏胥，固无事无时，不作图利想也。尝自问能不陷于小人否？

【译文】凡是吏胥,本来就事事时时刻刻有贪财的想法,曾经问过自己能不能不陷落为小人吗?

29.人不改过,多是因循①退缩,须奋然振作。从前种种,譬如昨日死;从后种种,譬如今日生。如毒蛇啮②指,速与斩除。无丝毫凝滞③,此风雷之所以为益也。

【注释】①因循:沿袭老办法做事。也指遵循旧习而无所改动。②啮(niè):咬。③凝滞:停滞不动。

【译文】人不改正过错,大多是沿袭退缩,(要想改变)应当奋发振作。以前所做的种种事,好比昨天已经死去,从今往后所做的种种事,好比今天才新生。就像被毒蛇咬到手指,迅速把伤指斩断,没有丝毫犹豫。这就是《易经》里面风雷为益卦的道理所在。

人之指吏胥,皆曰衙蠹①。盖由贪利如饴②,作恶种种。吸人脂膏,有如蛇蝎也。苟欲改恶从善,当如昨日死,今日生,方可振作。更当看作毒蛇啮指,方可斩除。稍一因循,毒重难救矣。可不惧哉?

【注释】①衙蠹(dù):衙门里的蛀虫。蠹,蛀蚀器物的虫子。对衙门中贪赃吏役的蔑称。②饴(yí):麦芽糖,糖浆。

【译文】人们指着吏胥,都说是衙门里的蛀虫。这是因为他们贪图利益就像吃糖一样,干的坏事多种多样。吸取百姓的财富,就像蛇蝎一样啊。假如想改恶从善,就应该像"昨日死,今日生",才可以振作。更应该看作是被毒蛇咬到手指,才可以斩断。稍一拖延,毒蔓延到身体就很难挽救了。能不感到害怕吗?

30.凡吏立身正直,自能服人。若动逞意气,故作威棱,此怨府也。

【译文】凡是吏为人正直,自然能使人信服。如果动不动就放纵自己的情绪(发脾气),故意做出威严的样子,这就是大家怨恨的对象了。

　　逞意气而作威棱,意气有时而平。若使衙门胥吏,倚附权势,吞噬无餍。其为怨府也,不知几何矣。

【译文】放纵自己的情绪,故意做出威严的样子,脾气有时候平缓。假使衙门胥吏,投靠依附权贵,贪得无厌。他为百姓集体所怨恨的对象,真不知道多久了。

　　31.可以一出而救人之厄,一言而解人之纷,此亦不必过为退避也。但因以为利,则市道矣。

【译文】可以一伸手就能助人脱离困境,一句话就能解决人的纠纷,这样的事也不必过于退避啊。但如果因此把这些作为利益交换,就是市井商人之道。

　　救厄解纷,莫如在官之人。所虑者,以财利为行止,全无公义。包揽扛帮①,如虎生翼。教猴升木②,祸胎怨府,岂止市道而已?

【注释】①包揽:全部承担。扛帮:结帮。②教猴(náo)升木:猴,猕猴,天生擅长攀爬树木。教猴子爬树。比喻唆使、引导恶人做坏事。
【译文】救人脱离困境和解决纠纷没有比当官的人更合适的了。(如果官吏)所考虑的,一举一动都是财物利益,完全没有公义。大包大揽，拉帮结伙，就像老虎长了翅膀。教会猴子爬树，成为致祸的根源变为怨恨的对象，难道只是沦为市井商人之流吗？

32.华彦民曰：蛾之种类不一①。有一种名曰扑灯蛾，似蝶而小，夜飞见灯则扑之，遂殒②其躯。夫蛾之扑灯，向明而来，初岂谓其害己哉？必资其气焰，利其膏泽，故轻身投之。迨知祸，则已无及矣。（《解人颐》）

【注释】①蛾：昆虫，与蝴蝶相似，体肥大，触角细长如丝，翅面灰白，静止时，翅左右平放，常在夜间活动，有趋光性。不一：不同。②殒（yǔn）：古同"陨"，坠落。

【译文】华彦民说：蛾的种类不同。有一种叫做扑灯蛾，像蝴蝶但是体态小。夜晚飞时，看见灯火就扑过去，于是丧失了它的生命。飞蛾扑向灯火，是向光明而来。当初难道能说它伤害自己吗？一定依靠它的气焰，利用它的精华，因此身体轻盈的飞向灯火，等到知道是灾祸，就已经来不及了。

胥吏倚势作奸，舞文纳贿。将谓得财可以养生，未几身命难保。然则非理营逐，早夜孜孜，唯恐不巧者。正其招祸取死，唯恐不速者也。与扑灯之蛾，何以异耶？

【译文】胥吏仗势作恶，玩弄文字、曲解法律、收受贿赂，自以为这样可以得到财物来养生，哪里想到这样做不久就会性命难保。然而，不合常理的忙碌，天没亮就起来工作，只怕不聪明（做事落到别人后面），恰好是他招致灾祸面临死亡只怕不快的原因。这与扑灯的飞蛾，有什么不同吗？

33.唐翼修[1]曰：凡为公门胥役者，其处心积虑，大约与屠业者相似。初未尝不具慈悯心，积久便成杀机，习惯则生意日微矣。故有初入衙门，犹有顾忌之念，到老年便成猾贼，良心渐灭殆尽。

【注释】①唐翼修：名彪，浙江兰溪人。撰有《人生必读书》《读书作文谱》等书。

【译文】唐翼修说：凡在衙门里做胥役的人，他们都处心积虑，大约和从事屠宰业的人相像。他们起初未必没有慈悲怜悯的心，但是长久累积就形成了杀机。习惯了那么生机就日益衰微了。因此有人才进入衙门，仍然还有顾忌的念头，到老年便成了狡猾奸诈的人，良心几乎全消失完了。

又有自家尚是好人，大众交摘，竟堕恶道者。盖其平日狐假虎威，自谓豪杰作用，欣欣得意。不知积孽多端，不惟自身受之，且祸延后代。仔细思之，亦何益乎？休论其远，即观目前，害人过多，索诈恐吓，为乡邑所侧目。一旦身罹法网，懊悔无门。虽日诵经礼忏，亦无救于万一矣。古云：明有王法，幽有鬼神。思之思之。（《人生必读书》）

【译文】又有自己本来还是好人，大家互相指责，竟然堕落到恶道上的人。因为他平时狐假虎威，自称是豪杰行为，得意洋洋。不知道积累的恶事太多，到最后，不只自己接受报应，而且灾祸延续到后代。仔细想想，又有什么好处呢？不要谈论他们将来如何，就是看看眼前，害人过多，勒索讹诈恐吓他人，被同乡的人斜眼看的人有多少啊。（这样的人）一旦自身触犯法网，后悔也没有门。即使每天诵经忏悔，也无法挽救万分之一了。古人说"阳间有王法，阴间有鬼神"。好好想想吧！好好想想吧！

危言苦语，曲尽情态。可知身入公门，真入鬼关也。苟有良心，能不猛省？

【译文】这些让人吃惊的话，苦口婆心，虽是逆耳之言，但描写尽了世间的人情百态。可以知道，一旦投身公门，就像真正进入了鬼关。如果有良心，能不忽然醒悟吗？

34.府史胥徒，其未在官之先，未必不良善也。及一入公门，而口之所出，多非实言；身之所行，多非正事。盖不如是，则不足以给一家之用。何也？彼既已在官，则以公门为恒产。上不能读书以求禄，次不能耕稼以谋生，次不能工贾以求利。八口之需，皆望于公门所出。使口必择言，身必择行，将终岁无担石^①之入。室人交谪^②，嗷嗷^③待哺者，谁为养育？势不得不丧其本心，言不义之言，行不义之行，以取不义之财，给一家之用也。及取之既惯，则竟视为应得之物，无害于天良，而大肆其贪残矣。

【注释】①担石（dān dàn）：一担一石之粮，比喻微小。②交谪（zhé）：互相埋怨。③嗷嗷待哺：嗷嗷：哀鸣声；待：等待；哺：喂食。饥饿时急于求食的样子。形容受饥饿的悲惨情景。

【译文】府吏胥徒，他们没有当官之前，不一定不是善良的人。等到一进入公门，他嘴里所说的话，很多不是实话。他所做的事，很多事情不是正事。不这样做，就不够全家的开支使用。为什么呢？他们已经在官的位置上了，就把公门做为固定的产业。向上不能读书来求取俸禄，向下不能耕种以谋生。其次不能做工和做买卖获取利益。八口之家的所有需要，都希望在公门得到。如果让他话一定要选择着说，事一定要选择着做，将会全年无担石的收入。家人互相埋怨，嗷嗷待哺的孩子，谁来养育？这样的形势逼迫他不能不丧失他的本性，说不义的话，行不义的事，来获取不义的钱财，给一家的使用。等到获取不义之财已经形成习惯，那么就看作是应得到的东西，不伤害人的良心，而无所顾忌地贪婪残暴了。

托业在是，必谓一钱不取，诚有所难。但取之有道，须是于理无碍，于心可安者，方不损阴骘。若一味贪婪，恃威吓诈。但知饱身肥家，全不顾人死活。究之饮啄前定，非可强求。分外不能有毫末之增。徒使罪恶如山，祸延妻子。孰得孰失，愿执役公门者熟，思而审处之也。

【译文】赖以生活的事业就在这里，一定说一个钱不能取，确实有困难。但取之有道，必须是不违背天理，能让自己安心的，才不损害阴德。如果一直贪得无厌，仗势恐吓讹诈，只知道饱自身富自家，完全不顾别人死活。毕竟人生的际遇、大小事情都是前世确定的，不可强求。应该得到的之外不能有丝毫的增加。白白地让罪恶堆积的像小山一样，祸患延续到妻子和儿女身上。哪个是得哪个是失？希望在公门工作的人能熟知这些，好好地想想，谨慎地对待。

35.顾亭林①曰：汉武从公孙弘之议，下至郡太守卒史，皆用通一艺②以上者。唐高宗总章初，诏诸司令史考满③者，限试一经。昔王粲作《儒吏论》，以为先王博陈其教，辅和民性④，使刀笔之吏，皆服雅训，竹帛之儒，亦通文法。故汉文翁为蜀郡守，选郡县小吏开敏有材者张叔等十余人，亲自饬厉⑤，遣诣⑥京师，受业博士。后汉栾巴为桂阳太守，虽干吏卑末，皆课令⑦习读，程试殿最⑧，随能升授。吴顾劭为豫章太守，小吏资质佳者，辄令就学，择其先进，擢置右职。而梁任昉有《厉吏人讲学诗》。然则昔之为吏者，皆曾执经问业之徒。心术正而名节修⑨，其舞文⑩以害政者寡矣。（《日知录》）

【注释】①顾亭林：即顾炎武，明末清初著名思想家、史学家、语言学家，与黄宗羲、王夫之并称为明末清初三大儒。本名绛，字忠清。明亡后，因仰慕文天祥学生王炎午为人，改名炎武，又因为一度侨居南京钟山下，所以有时自号蒋山佣，学者尊为亭林先生。②一艺：指六艺中的一种；后文的"一经"指六经中的一经。六艺与六经是中国教育史和中国儒学史上的两个重要名词。六艺有礼、乐、射、御、书、数和诗、书、礼、易、乐、春秋两种不同的说法，后者（诗、书、礼、易、乐、春秋）又可称作六经。周朝官学要求学生掌握礼、乐、射、御、书、数六种基本技能，春秋时孔子授六艺，但此六艺指儒学六经。③考满：是明代针对任职到期的官员的从政资历和政绩进行的一般性考核，三年一考，三考为满，考满之日，由有关部门量其功过，分等决定其升降去留。④民性：人的天赋本性。⑤饬厉（chì lì）：告诫勉励。⑥诣：到、来到之义，旧时特指到尊长那里去。⑦课令：督促命令。⑧程试殿最：程试：按规定的程式考试，多指科举铨叙考试；殿最：古代考核政绩或军功，下等称为"殿"，上等称为"最"，泛指等级的高低上下，此处指考课、评比。⑨修：（学问、品行方面）钻研、学习、锻炼，在此指学习良好的道德规范，并付诸行动。⑩舞文：即舞文弄墨，故意玩弄文笔。原指曲引法律条文作弊，后常指玩弄文字技巧。

【译文】顾炎武说：汉武帝听从公孙弘的建议，从朝廷中枢下至各郡的太守及至下面的卒史，都选拔任用通晓六艺中一艺以上的人。唐高宗总章初年，下诏令到各路、各司（各级、各部门）官员，凡考核官员，限定考核六经中的一经。东汉末年的王粲作了《儒吏论》一文，认为古圣先贤通过广泛地宣传教化，辅之以人民的天赋本性，使那些裁断案件的刀笔小吏，都得到儒雅训导，那些迂腐的儒生，亦通晓国家的典章和法令。所以，西汉的文翁在担任蜀郡太守的时候，选出张叔等十多个聪敏有才华的郡县小吏，亲自告诫勉励，遣送（他们）到京城，就学于太学中的博士。后汉的栾巴为桂阳太守，虽然他的下属职位品级低下，但仍然督促他们读书学习，根据规定的程式进行考核，并依其才能升迁或授予官职。东吴的顾劭为豫章太守时，那些资质好的小官吏，他就让他们去学习，选拔出优秀的，提升到更高的职位上去。而梁朝的任昉曾有过激励官吏读书学习（提高品德修养）的《历吏人讲学诗》。可见，当年那些为官为吏的人，都曾经是拿着经书请教学业的学生。如果他们的心术端正，道德情操和品德修养良好，那种通过玩弄文字营私舞弊危害百姓的现象就会少了。

为吏用通艺明经①之人，以其明理而后可以任事，有识而后可以有为也。今之吏胥②，未尝非曾读经书之人。乃读书时原为营求科第③，徒资口耳，全无心得。一旦弃举业④，入公门，益视经书为无用。其存心行事，虽显悖经书，亦不及顾。心术如何不坏，名节如何能立？顾先生此议，崇重学术，厚望吏胥，两得之矣。

【注释】①通艺明经：通晓六艺，明白六经。②吏胥：地方官府中掌管簿书案牍的小吏。③科第：指科举考试，因科举考试分科录取，每科按成绩排列等第。④举业：科举时代指专为应试的诗文、学业、课业、文字，也指八股文。

【译文】为吏之道，选拔任用通晓六艺六经的人，是因为这样的人明白事理，可以委任处理事务，因为他们有见识，任用之后也就可以有所作为了。当今地方官府中掌管文书的小吏，他们也并非是没有读过圣贤书的人，只是因为他们当初读书只为了参加科举考试，读书仅仅是为了解决温饱的手段罢了，完全没有入脑入心。一旦放弃学业，进入衙门，更是把经书看成是无用的东西。他心中想的和实际做的，虽然明显违背经书的教义，也无所顾忌。（这样下来）思想怎么会不变坏，经书所提倡的好名节和操守又怎么能树立呢？所以，顾炎武先生提出的这个观点，既尊崇学术，又注重普通官吏的品德和才能的培养，可以说是一举两得了。

36.又曰：周官太宰^①，乃施典于邦国，而陈其殷，置其辅。后郑氏曰：殷，众也，谓众士也；辅，府史，庶人在官者。夫庶人在官，而名之曰辅。先王不敢以厮役遇其人也。重其人，则人知自重矣。

【注释】①太宰：周制，统理百官之长。《周礼·天官·大宰》："大宰之职，掌建邦之六典，以佐王治邦国。"

【译文】又说：《周官》中的的太宰，负责把各种典章制度施行于全国，而设置了众多的官吏和辅助人员。后来的郑玄解释说：殷是指众多的贤士，辅是指普通的工作人员。"陈其殷，置其辅"，是指在官府衙门中安排贤才，同时设置普通办事人员为其辅助。古圣先王不敢把国家的政务交给那些无德无才的人。任用有德有才的人，整个国家的人就更加知道自重了。

柳子厚^①言有里胥^②而后有县大夫。有县大夫而后有诸侯。有诸侯而后有方伯^③连率^④。其间等威贵贱，迥不相侔^⑤。而其事则皆敷政^⑥理民，以辅佐天子者也。试看今日檄^⑦行，不曰该管官吏，则曰官参吏处。事无大小，有主持之官，即不能无承行之吏，苟明于陈殷置辅之义，吏益知所以自重爱，而不肯知法而犯法矣。

【注释】①柳子厚：即柳宗元，字子厚，唐宋八大家之一，唐代文学家、哲学家、思想家。②里胥：古代管理乡里事务的公差。③方伯：一方诸侯之长。④连率：同"连帅"，古代十国诸侯之长。新朝官职名，王莽好仿古，官制多依照典籍更改名称，相当于汉代的太守，后亦泛称地方长官。⑤侔（móu）：相等、齐。⑥敷政：布政，施行教化。⑦檄：古代用以征召、晓喻或声讨的文书。

【译文】柳宗元说有里长，然后有大夫；有县官然后才有诸侯，有

总

论

诸侯然后才有方伯连率一样的显官贵爵。从里长到方伯连率，其等级贵贱，虽然差别很大，而他们的职责，都是传达政令，施行教化，辅佐天子治理地方。看看当今发布的各种文告，不能仅仅归责于主管官吏，也要明白官参吏处——办理具体事务的还是其僚属。政务不在大小，既然有主持这个政务的官长，就不能没有承办施行的僚属，如果明了国家设置僚属的用意，那作为僚属，就会更加明白自重自爱的原因，而不肯知法犯法了。

37.又曰: 元初有宪官①疾, 吏往候之。宪官起, 扶杖而行, 因以杖授吏。吏拱手却立, 不受。宪官悟其意, 他日见吏, 谢之。吏曰: "某为属吏, 非公家僮, 不敢避劳, 虑伤理体。" 是则此辈中未尝无正直之人。顾上所以陶镕②成就之者何如尔?

【注释】①宪官: 御史台或都察院所属的官员。因掌持刑宪典章, 故称。②陶镕: 亦作"陶熔", 陶铸熔炼, 比喻培育、造就。

【译文】又说: 元朝初年有个御史台的官员生病, 他的下属去探视他。该官员起身拄着拐杖行走了一会儿, 想把拐杖递给来探视他的下属。这位下属拱手站立, 不接他的拐杖。这位长官明白了他下属的意思, 过了几天见到这个下属的时候, 就向这个下属道歉。这位下属解释说: "我虽是您的下属, 但不是您的家奴, 并非逃避责任, 而是担心有失体统啊。" 从这样看来, 下级官吏中未尝没有正人君子。这跟前面提及的那些经过上级培养造就的下属相比又如何呢?

吏胥苟有欲心, 惟恐官之不任用。凡百依附谀悦, 求为家僮而不得, 何惜持杖耶? 不肯持杖之吏, 不但识体。其心中必有卓然自立, 泰然无愧者也。官不以此见责, 而反谢之。益见吏苟自重, 官无不重之也。

57

【译文】僚属如果有私欲之心，唯恐长官不任用自己。所以凡事奉承顺从，使其高兴，争着当长官的奴仆唯恐不可得，哪里会顾忌为他们拿一下拐杖呢。不肯为长官拿拐杖的佐吏，不仅仅是识得官场的体制规范，他的心中也必然有着一股卓然自立、坦然无愧的正气。而这个长官不责备他，反倒向他道歉，益发可以看出，作为下级，如果自己尊重自己的名节，那他的上级自然也没有不尊重他的道理。

38.又曰：汉自曹掾以下，无非本郡之人，故能知一方之人情，而为之兴利除害。其辟用之者，即出于守相。故广汉太守陈宠，入为大司农，和帝问在郡何以为理。宠顿首谢曰：臣任功曹王涣，以简贤选能。主簿镡显，拾遗补阙。臣奉宣诏书而已。帝乃大悦。至于汝南太守宗资，任功曹范滂。南阳太守成瑨委功曹岑晊。并谣达京师，名标史传。

【译文】又说：汉朝自曹掾以下官吏，都是任用本郡的人。因为他们了解掌握当地的政风民情，从而也就能为当地兴利除弊。在那个时候，朝廷提拔任用担任地方主官的人，大多出自原官长的佐属。所以广汉太守陈宠被征召入朝担任大司农时，汉和帝问他在地方上是怎么治理的。陈宠叩头谢恩说，我任用王涣作功曹，选贤任能；任用镡显为主簿，掌管文书，并时时提醒我的缺漏。而我只是负责传达皇上的诏书和旨意而已。皇帝听了非常高兴。至于说汝南太守宗资任用范滂，南阳太守成瑨任用岑晊，都是一样的道理。他们的政绩传扬到了京城，名垂青史。

有不能兴利除弊之官，无不知民情上俗之吏。以吏皆本郡之人也。论同里相关之意，官尊而吏亲也。官暂而吏久也。惟吏有损人利己之心，遂有倚势作奸之事，不能为力于官，而且有害于官。不能造福于本郡，而且遗祸招怨于本郡。然则今日之官不任吏，而且以听信吏胥为讳也，岂非吏之自取哉? 闻王涣诸人之风, 可以兴矣。

【译文】有不能兴利除弊的官员, 却没有不知道民情风俗的地方僚属。因为地方僚属基本都是本地人。如果论及官员与僚属的同里相关关系, 则可以说官长尊贵而僚属亲民, 主官任职短暂而僚属更为长久。僚属一旦有损人利己之心, 就会做出仗势作恶的事。但这对官府不仅无益而且有害, 不仅不能造福于本地, 而且会留下祸患招怨恨于地方。然而, 今天的地方官不信任地方僚属, 而且忌讳信任他们, 难道不是地方属吏咎由自取吗? 这样看来, 听到当年陈宠任用王涣、镡显等人治理地方、兴利除弊的往事, 这样的政风, 是可以发扬光大的啊!

39.魏环溪曰: 凡不义之财①, 不可以供神, 不可以祭祖, 不可以献亲, 不可以贻②子孙, 不可以修家祠、置坟墓, 买书籍。惟济贫救荒, 施药③埋骨, 修桥补路, 庶几④可耳。(《寒松堂集》)

【注释】①不义之财: 不应该得到的或以不正当的手段获得的钱财。②贻: 赠给, 遗留, 留下。③施药: 指施舍药物。④庶几: 或许可以, 差不多、近似, 表示希望或推测。

【译文】魏环溪说: 凡是来路不正当的钱财, 不能用来供神, 不能用来祭祀祖先, 不能用来敬献亲人, 不可以留给子孙, 不可以用来修祠堂、修坟墓、买书籍。但是如果用来救济贫困和饥荒, 施舍药物安葬遗骨, 修桥补路, 或许可以吧。

大凡胥吏贪财, 止虑其不能取之, 不虑其不可以用也。若知不义之财之不可以用, 则贪心自淡。其已取而不义者, 惟有为赈荒埋骨修桥等用, 庶几免悖出之患, 可以晚盖于末路也。

【译文】大凡小吏贪污钱财，只会担心自己不能取得的，而不会担心那些不可以用的。如果知道不义的钱财不可以使用，那么他的贪婪之心自然就会变淡了。他们已经牟取的不义之财，只有为赈济灾荒埋骨修桥等使用，也许可以避免自己取得的不义之财，被别人用不正当手段拿走的担忧，也可以用后来的善举掩盖之前的过错了。

40.熊勉庵《公门不费钱功德例》曰：随时方便，不勒人卖儿鬻[①]女钱，不唆[②]人兴讼[③]，不无中生有索诈，不拨制官长生事，不捺案，不妄引重律，牌票[④]招详字眼不改轻为重，不吓骗乡愚，不生枝节提人。一夫到案，合户不宁。

不唆盗贼扳仇家，不轻口嘈杂[⑤]人，不乘危索骗，不轻败人体面，不哄[⑥]提人伺候，不受买嘱，妄加锁锢，不假公造语陷人，不洗补字眼入人罪，入罪不下死煞字语。笔下超生，此之谓也。

【注释】①鬻：卖。②唆：唆使，挑动别人去做坏事。③兴讼：发生诉讼，打官司。④牌票：旧时官方为某具体目的而填发的固定格式的书面命令，差役执行时持为凭证。⑤嘈杂：声音杂乱扰人，喧闹。⑥哄：说假话骗人。

【译文】熊勉庵《公门不费钱功德例》说：随时与人方便，不勒索平民百姓的卖儿卖女钱，不唆使他人告状，不无中生有敲诈勒索，不挑拨上司矛盾，不拖延案子，不滥用重的法律条文。不篡改公文文字改轻为重。不吓唬欺骗平民。不节外生枝提其他人。作为一个家庭，只要有一人涉案，全家人都不会安宁。

不唆使恶人扳倒仇家，不轻易喧哗扰人，不乘人之危骗人，不损伤别人的面子，不行骗提人伺候自己，不接受行贿疏通，滥用权力禁锢犯人，不假借公权编造事实陷害人，不涂改文书字眼判定罪行，判人有罪不轻易下死罪杀头等字语。笔下超生，说的就是这种情况。

杖笞^①不聚人一处，不因无钱恨刑，不杖人腿湾，不浪费人茶饭，不破坏人婚姻，不叨准呈禀^②，不滥差人动众，不重备刑具，不诬害良民，不索铺堂，不轻拿窝家，不轻写票收人监铺^③，不轻票取人物，不逼病人妇女到官，不使百工^④经纪折本，不坏人功名性命，不离人骨肉^⑤，不惊动邻佑，不献恶法横征^⑥酷比。

【注释】①杖笞（zhàng chī）：意思是使用棍棒打。②呈禀：呈禀犹禀报。③监铺：送入监房监禁。④百工：中国古代主管营建制造的工官名称，以后沿用为各种手工业者和手工业行业的总称。⑤骨肉：本意是身体或骨和肉，引申指父母兄弟子女等亲人，比喻紧密相连、不可分割的关系。⑥横征：滥征税捐。

【译文】用棍棒打犯人不集中在一处，不因为案犯无钱相送而因恨施刑，不打人的膝盖腿湾，不接受吃请费人钱财，不拆散别人的婚姻家庭，不繁琐地要求禀报，不滥用权力差人扰民，不准备很重的刑具，不诬陷良民，不到店铺商行中勒索，不轻易拿窝主，不轻易发文将人监禁，不轻易没收百姓的财物，不强迫病人或者妇女到衙门，不让小本经营的商贩劳工折了本钱，不损坏个人功名前程和人身性命，不离间亲人骨肉之情，不惊动街坊邻居，不施行恶法滥征税捐、横征暴敛。

不迎官意虐民，不使人饥饿，轸恤狱囚，矜原^①差误。已赦罪犯，勿复提起；已蠲^②钱粮，勿勒减销。水旱请官早报灾伤，设法赈济。批回速请发，解到速请审。事属暧昧，或关闺阃^③，稍可缓止，切勿送金^④。前件未完，勿挂后件，使人伺候。多送正风俗兴利除害告示。失节^⑤事无论贵贱，虽目击必为辨解；节孝之名，不论低微，虽传闻，必为表扬。学役时常清洁圣殿两庑^⑥，常请劝修整齐。常称人节孝^⑦德行，不轻传劣迹恶款。（《宝善堂格言》）

【注释】①矜原：哀怜原谅。②蠲（juān）：除去，免除。③闺闱：旧时指妇女居住的地方。④佥（qiān）：同"签"。⑤失节：旧指女子失去贞操，违背礼节。⑥庑：堂下周围的走廊、廊屋。⑦节孝：贞节和孝顺。

【译文】不迎合长官意志而虐待平民，不让人挨饿，要体恤因犯，原谅他们所犯过错。对已经赦免的罪犯，不用再次提审；已经免除钱粮捐税，不能又勒逼缴纳。遇到水旱等自然灾祸，要及时上报灾害和伤情，并想方设法赈灾救灾。上级的批复要尽快下发执行，送到的文书和尽快审视办理。属于暧昧不明朗的事情，可能涉及妇女，可以稍缓一下，不可立即发文。前一件事没有办结，不要着手后一件事，让人浪费时间。多发布一些淳化风俗兴利除害告示，对于违背礼节的事件，不论涉及尊贵还是平民百姓，即使是亲眼所见也要为期分辨解释。对于贞节和孝顺这些好的品行，不论身份高低，即使是听来的，也要正面宣扬。学校的杂役要经常清扫孔庙正殿的厢房走廊，要时常规划修理使之整齐。要经常称道贞节和孝顺这些好的品行，不轻易传播别人的不合乎规矩礼法的恶行。

托身公门，欲其损财以利人，诚有所难。此《不费钱功德例》中，有弟不取非理之财，而即可以利人者。有本无财之可取，但于人所不经意处，略一检点，人即受惠无穷者。总之皆未尝费己之财也。胥吏役卒，造恶多端，造福亦多端，其概总不出此。每日自省一过，有则改之，无则加勉，其为功德也多矣。

【译文】在官署和衙门里工作的人，想让他们破费自己的钱财以利他人，实在有难度。这在《不费钱功德例》中，有官位而不收取不合理的财物，也就是对人有好处的了。有本无财是可取的，但在人们不经意的地方，稍一检点，受惠的人就很多了。总而言之，都没有破费自己的钱财，那些地位低下的小吏，造恶多端，造福也多端，大概总的也离不出这些。每天反省一个过失，对于缺点和错误，如果有，就改正，如果没有，就作为警戒和勉励，这样下去，他们的功德也就一天比一天增加了。

41.孙可庵曰: 衙门中人，见利不顾死生。一得宠，则不计利害。官若假以词色，便到处骗人。其门如市，假势横行，四民畏之如虎，亲戚亦气焰逼人。凡有身家之念者，俱礼之为上宾。大家宦族，俱畏之如蛇蝎。而若辈扬扬自得，目中且不知有天日，又乌知有法纪? 士民切齿，人言鼎沸，甚可畏也。(《为政第一编》)

【译文】孙可庵说: 衙门里的人，见利不顾生死。一当受宠，就不考虑利害关系。他的长官如果给他好的言词脸色，他就到处招摇骗人，门庭若市，倚仗官府的势力横行霸道，四方百姓害怕他们就像害怕老虎，他的亲戚也跟着气焰逼人。凡是考虑到身家性命的人，都把他们礼为上宾。那些世代为官的家族，都害怕他们如同蛇蝎。而这种人洋洋自得，眼中不知道有天道，又怎么会知道有法纪? 乡绅百姓把他们恨得咬牙切齿，对他们的骂声人声鼎沸，实在是可怕啊。

凡此皆今之胥吏，所夸为得时兴头①者也，岂知其存心行事，无异蛇蝎②，而人且畏之如虎耶? 不知天日，不知法纪之人，其何以保身家，贻子孙也?

【注释】①兴头: 高兴起劲; 起劲的当儿。②蛇蝎: 比喻狠毒的人。
【译文】这些都是当今的这些官吏，他们所夸耀的是他们得到时机的高兴劲，又怎么知道他们的心思和所作所为，无异于狠毒的蛇蝎，而人们害怕他们就像害怕老虎呢? 不知道天道人心，不知道纲常法纪的人，他们用什么来保全他们的身家性命、遗留子孙后代呢?

42.又曰：官有蠹^①役，如书之有蟫^②，木之有蛀。残蚀既久，书破木空。书役弊窦^③孔多。其弊也，皆其蠹也。蠹国蠹民，平时不觉，一旦破败，投鼠而忌其器，批根^④而动其枝。官且难保，蠹虽死，何足惜耶？

【注释】①蠹：蛀蚀器物的虫子。②蟫(yín)：即"衣鱼"，一种昆虫，体长而扁，有银灰色细鳞，常在衣服和书里，吃上面的浆糊和胶质物。亦称"蠹鱼"。③弊窦：指产生弊害的漏洞。④批根：排斥，摈弃。

【译文】又说：官府中有像蠹虫一样的仆役，他们就像书中有书虫，木材中有蛀虫一样。书虫残蚀书籍或木材的时间长了，就会使书籍破损、木材变空。书役产生弊害的漏洞很多，这种弊害，都是官府的蠹虫。他们残蚀国家和百姓，平时觉察不出来，一旦被他们吃破了，投鼠忌器，拔树根而担心损伤到树枝。蠹虫死不足惜，而官长都恐怕难以保全啊。

世上贪财害义，种类甚多。惟衙门中人，则名之曰蠹。以其倚势肆毒，而人不及觉也。书蟫木蛀，生长寝食于书木之中，藏身日固，噬害日深。未几书破木朽，蟫蛀同归于尽，几见有书中之蟫，木中之蛀，而可以长久者耶？为官者，固不可藏蠹以自蚀。为吏胥者，亦何苦自居于蠹，以速其死亡耶？

【译文】世间贪图不义之财的种类很多，只有衙门中的贪官污吏被称为蛀虫。因为他们倚仗权势肆意妄为，而人们觉察不到。书虫和蛀虫，生长在书本和木材之中，躲藏的时间越长，吞噬的危害越深。不用太长时间，书本破了，木材朽了，书虫蛀虫与书本和木材同归于尽。很少见到书虫和蛀虫可以长久生存的。作官的人，切不可掩饰隐藏贪腐行为来腐蚀自己。作为官员的属吏，也何苦自甘堕落为蠹虫而加速自己的死亡呢！

43.鹿门子曰：民之当恤①者五：正额②之外，复有加派③；加收之外，复有预支④。朝廷未得其一，胥吏已吞其十。此宜恤者一也。舟车之外，复有兴作⑤。兴作之外，复有差遣。朝廷未用其一，官吏已役其十。此宜恤者二也。由是夜卧霜雪，滴泪成冰。夏冒炎暑挥汗如雨。官从鞭捶，伍长辱詈（lì）⑥。饥无糇粮⑦，渴无浆饮。此宜恤者三也。至若乡居农夫，身未履法堂，目未睹官长。遇公差，则战栗吞声；见里长，则仓皇变色。科收独受其多，力役先当其楚。此宜恤者四也。耰锄释而仓空，杼柚停而丝尽。破肤裂指，不免于寒；沾体涂足，不免于饥。公门有舞文之吏，里巷有剥脂之奸。终岁之勤，不足以供诸蠹。此宜恤者五也。（《感应篇注》）

【注释】①恤：对别人表同情，怜悯。②正额：正式规定的数额。③加派：增加的数额。④预支：预先付出或领取（款项）。⑤兴作：兴造制作，兴建。⑥詈：责骂。⑦糇粮：食粮，干粮。

【译文】鹿门先生说：百姓应当受到体恤的有五种情况：规定的赋税之外，又增加额外的摊派，加收之外又有预先支付。朝廷还没有得到其中一份的收入，小吏已经吞没了十倍的好处。这是应当体恤的第一种情况。除了让百姓提供舟车旅费，又有工程建造制作，工程之外，又有差派。朝廷没有役使民力的一成，而地方官吏们已经役使了他们十倍。这是应当体恤的第二种情况。由于兴建工程，百姓在寒冷的冬天晚在野外的霜雪上睡，哪怕眼泪流出来很快结冰也顾不得；炎热的夏天还得冒着酷暑挥汗如雨干活。官吏和仆从鞭打他们，带队的工头辱骂他们，饥饿没有干粮，口渴没有水喝。这是应当体恤的第三种情况。至于说长期住在乡下的村民，从没到过官府衙门，从没有见过官长，遇到衙门的差役就颤抖不会说话；看到里长，就仓皇失措面如土色。对他们征收的赋税，他们承担的很多；让他们服劳役，他们首先承受苦楚。这是应当体恤的第四种情况。刚放下锄头就没有吃的，刚停止织布就没有穿的。辛苦得肌肤受伤手指开裂，却得不到温暖。浑身上下沾满污垢，却不能免于饥饿。衙门中有舞文弄墨的官员，基层有剥削民脂民膏的奸吏。一年到头的辛苦所得，还不够供养那些贪官污吏。这是应当体恤的第五种情况。

官虽至暴，必由胥隶助成其虐。官虽至仁，必藉胥隶施行其惠。试看此五者之扰民，何一非经胥隶之手乎？噫！民生困苦，固望官能恤之，尤望吏胥之肯恤之也。

【译文】即使官员残暴之极，也得经过他们的下属才能做成坏事。即使官员十分仁爱百姓，也得依仗他们的下属才能对百姓施行他们的恩惠。请看看这五种扰民的情况，有哪一种没有经过仆役的手呢？唉！百姓生活困苦，本来希望官员能体恤他们，尤其希望胥吏体恤他们。

44.天随子曰：胥史①作奸，转易字面，伪移文卷，空中遗害，舌下流殃，但知取利，莫计伤人。于是有死于笔端者，有死于劳役者，有死于会计者，有死于流弊者。何其毒也！此其事奸人皆优为，而污吏尤甚焉。何则？权势之地，法律施行。无杀人之显名，有得财之实事。是以恬②不知悔也。

【注释】①胥吏：古代各级衙门里充当衙役的人，即小吏和差役。②恬（tián）：安静，安然，坦然。

【译文】天随先生说：小吏作奸犯科，涂改文字，伪造文书，捏造事实，拨弄是非，他们只顾从中谋利，不顾是否伤及无辜。但就因为这样,于是有人死在他们涂改的文字里,有人死在他们加派的劳役里,有人死在他们增加的赋税里,有人死在他们拨弄是非的流弊里。为什么会这么毒啊!这是因为,事奉奸邪的官员都是好差事,这使得污吏为所欲为更加过分。为什么呢?权势到得了的地方,就能够施行法律。他们表面上没有杀人的名声,却有得到财物的实惠。因为这样,他们心安理得就不知悔改了啊。

一字转移,攸关罪名出入,吏之所以有权也。以此权而生人,则为福无涯;以此权而杀人,则造恶靡极。是在人之善用其权耳。

【译文】一个字的变动,关第到罪名的轻重。小吏有了这权力,如果这个权力用为使人活命,就会成为无边的福报;用这个权力来杀人,就会造恶无限。这就要看他们怎样好好行使他们的权力了。

45.又曰:近世以来,胥徒之恶,亦已甚矣。蒙蔽上官,生事兴扰。逢迎附会①,票令②纷纭③,而悉索④之事逞焉。由是假借官威,恐吓愚民,何比比也。夫乡野之农,视官长如神灵,见公差如鬼刹,闻名胆丧,望风股栗⑤。故里中之奸猾者,常挟此以诈财焉。况乎隶之衔命而往者,其迫胁不更甚乎?为隶者苟能持平等之心,捐诈唬之习,懦者勿侵,愚者勿欺,待之以和颜,示之以正路。事可息则息之,失可弥则弥之。取无过索适可而止,抑又何罪焉?若以迫胁为强,未有不身遭刑戮,祸及其家者也。

【注释】①附会:把不相干的事物说成有关系,或本来没有这个意思说成有这个意思。②票令:官府颁发的凭证、文书。③纷纭:多而杂乱。④悉索:尽其所有,搜括。⑤股栗(lì):指因紧张、害怕而两腿发抖。

【译文】又说:近代以来,衙门胥吏的危害,也已经很过分了。蒙

67

蔽上司，滋生事端，骚扰百姓，对上曲意迎合，把不相干的事物说成有关系，致使官府的各种公文证照乱发，于是胥吏们竭尽所能搜刮百姓的行径就得逞了。像这样假借官员的权威，狐假虎威恐吓普通百姓的事例为什么比比皆是呢？那些身处乡村田野的农夫，他们把官员看作是神灵，把差役当成鬼怪。听到名字都会吓破胆，远远见到都会害怕得两腿发抖。因为这样，地方上没有实际职务的奸滑之徒，常常挟持普通百姓的这种害怕官府的心理来诈骗他们钱财。何况衙门中正式的胥吏带着官府的正式命令前往执行的，这些胥吏的逼迫和威胁不就更加严厉了吗？作为官府衙门的胥吏如果能坚持平等待人之心，丢掉狐假虎威的习气，软弱和愚昧的人的人不要欺压，和颜悦色地对待他们，指给他们（维护自身利益的）正确的方法和途径。事情可以化解平息，就化解平息掉。过失可以改正或弥补，就让他们改正或弥补。求取没有过度，事情适可而止，又会有什么罪过呢？如果总以为逼迫威胁才算厉害，这样的人，没有不最后遭到刑罚甚至被杀害，灾祸延及到他自己家人的。

　　吏本无势，倚官之势而横行无忌，迫胁愚民，所谓狐假虎威者也。及至身陷刑辟①，则已亦如俎上之肉，釜中之鱼，向日赫赫之势，果安在哉？能持平等心，而随处力行方便，虽不以势胁人，人亦未尝不敬服耳。

　　【注释】①刑辟：刑法；刑律。

　　【译文】作为胥吏，本来没有权势。他们只不过是倚仗自己长官的权势来横行霸道无所顾忌罢了。他们逼迫或威胁智力见识浅短的平民百姓，所谓的狐假虎威，形容的就是这种人了。等到他们自身陷入刑律追究之时，自己也变得像案板上任人宰割的肉，锅中正在要煮的鱼，过去那种八面威风的权威，终究还在哪里呢？如果能够坚持平等待人之心，随时随地身体力行给人方便的人，不以势压人，人们也没有不敬重信服他们的。

46.灵璧子曰：黠吏①遇人不利之事，或虚张声势，或妄设变害，或驾言②危险，或诳捏惊诧。使愚者怯者，颠倒③术中。而忧惶恐惧之过，往往死于非命④，不亦惨乎？噫！恐吓之事，常始于微小，而究至倾人之性命，则为害亦大矣。予观世人，欲以恐吓取财，酿成仇祸。锱铢⑤未及入囊，而枷锁先已绕项。违天理，触法网，何不自畏惧，而乃恐吓他人哉？

【注释】①黠（xiá）吏：意思是奸猾之吏。②驾言：传言，托言。③颠倒：控制，迫害。④死于非命：在意外的灾祸中死亡。⑤锱铢（zī zhū）：锱、铢，均为古代重量单位，是相对很小的重量单位，锱铢用来比喻极微小的数量。

【译文】灵璧子说：奸猾之吏遇上人们不利的事故，要么就虚张声势夸大其辞，要么肆意妄为变着手法加害于人，要么假托借口夸大危险，要么捏造事实惊吓当事人，使那些见识浅短心中害怕的人被他的圈套所控制。然而那些心中过分忧虑和害怕的人，常常意外死亡，难道不悲惨吗？哎！恐吓当事人的这种事情，常常看起来微不足道，而终究导致当事人丢了性命，这种危害也是很大的啊。我看世间的人，想通过恐吓骗取当事人的钱财，酿成仇敌祸害。些些小利还没来得及捞进自己的腰包，而官府的枷锁就先把他拘押。违背天理，触犯朝廷律令，自己心中还不害怕，怎么还来恐吓那些当事人呢？

乡里愚民，初入官衙，心胆堕地，举目无亲。此时出一言以相宽慰，不啻春风旭日，所全实多。此隶胥等不费之惠也。无如公门习气，惯为恐吓之态。在己未必有益，而于人大有所损，且至酿成人命，可不慎哉？

【译文】乡野之间那些见识短浅的人，初到官府衙门中，往往心惊胆裂，举目无亲。这个时候，如果办案的官吏能够说一两句话安慰一下，不亚于是和煦的春风和温暖的阳光，他所周全的地方实在很多。这种做法对胥吏们来说是举手之劳，是没有什么破费和损失的恩惠。不像那种衙门习气，惯常恐吓别人的作派，对自己未必会有好处，而对当事人却大有损害，有时甚至酿成命案，让人家破人亡，难道不应该慎重吗！

47.鹤控子曰：官吏张罗而待者，讼①也。讼者既至，则以为奇货可居②矣。当公票未行，而下吏争任焉。隶执其票，则居然有司也。躁跳之状，目不堪视。嚣叫之声，耳不堪闻。虚张事势，妄逞威风。金多则诺，金少则勃然而发狂。及其伺鞫③，则奔走于阶前，伺候于公门。拖累多人，而饔飧④烦费，旷日持久，而旅馆萧条，茶居酒肆，着处皆耗金之地。内胥外役，何莫非索镪⑤之人。支吾东西而力罄⑥，逢迎左右而囊空。称贷求情，市产悦吏。一口之气未伸，全盛之家几破矣。

【注释】①讼：在法庭上争辨是非曲直，打官司。②奇货可居：把少有的货物囤积起来，等待高价出售。也比喻拿某种专长或独占的东西作为资本，等待时机，以捞取名利地位。③鞫（jū）：审问犯人。④饔飧（yōng sūn）：做饭，也指早饭和晚饭，饭食的意思；指馈食及宴饮之礼。⑤镪（qiǎng）：钱串，引申为成串的钱，后多指银子或银锭。⑥罄：本义为器中空，引申为尽，用尽。

【译文】鹤控子说：官吏们整天忙碌等待的事情，就是等着百姓们来打官司。打官司的人来了，他们就觉得可以在诉讼中捞取好处。这样一来，在官府的文书还没有下发的时候，那就胥吏就争先恐后了。如果哪个胥吏争得了承办案件的文书，他们就自然而然成为拥有权柄的官员。上窜下跳狂躁兴奋的样子，让人们看不下去。呼啸鸣叫的声音，让常人听不下去。夸大事实，乱显威风，送他钱财多的一方他就答应这一方的要求，送的钱财少的一方他就勃然发怒。等到他们提审犯人，他们就亲自等候在衙门前。拖累很多人，而饮食费用，迁延日久，而旅馆萧条，茶馆酒店，都是耗费钱财的场所。衙门里的胥吏和差役，没有哪一个不是索取银子的人。为了支付给胥吏和差役的财物致使力量用尽，为了逢迎应付官府人等而导致家里贫穷一空，通过借贷来向官府求情，通过变卖家产来讨好官吏。这样一来，心中的冤屈还没有得到伸张，而全盛的家庭就要破败了。

层层剥削，诸般苦楚，皆涉讼乡愚，所必不能免之情境。即承行胥隶，所不可多得之生涯也。噫！同此保守身家之念，且皆同乡共里之人，究竟所得几何？何乃幸灾乐祸，至于此极耶？

【译文】胥吏层层盘剥导致的各种痛苦，都与乡间平民百姓的诉讼案子有关，官司所牵涉的事情都是人们不能避免的情状。而对承办案件的胥吏，却是不可多得的生计了。唉！同有这样保全自己身家性命的想法，而且都是乡里乡亲的人，究竟最后得到多少？为什么要幸灾乐祸，落井下石到达这种程度呢？

48.又曰：刑狱之凶，不独无辜者，当为悯其沉冤。即有故者，亦当悯其迫致。或先事而周全之，激厉之。或临事而详求之，曲原①之。或既事而矜恤②之，轸③念之。皆所谓悯人之凶也。若谓自安之道，惟在人死。则罹④凶者无所复望，而不忍人之心，亦几乎息矣。

【注释】①曲原：曲加原谅。②矜恤：指怜悯抚恤。③轸：古代指车箱底部四周的横木；借指车，在此指伤痛。④罹：遭受苦难或不幸。

【译文】又说：刑狱的灾害，不单单对于无辜受害的人，对这种人应当怜悯他们受到冤枉。即使是有事出有因的罪犯，也应当理解他们的被迫所致。要么事先周密地处理事情，勉励当事人正确处理纠纷。要么在事情发生时详细地了解事情经过，对他们的过失加以原谅。要么在案件处理完毕之后怜悯抚恤当事人，对他们的不幸表示伤痛。这些都是怜悯他人灾祸的做法。如果说自己保全自己的方法，只要让当事人死。那么遭受不幸的人感到没有希望，而心中不忍的慈爱之心，也差不多丧失殆尽了。

恻隐^①之心，人皆有之。公门中所见，无非呼天抢^②地，鸠形鹄面^③之人。仁心尤易触发。正当随时体恤，随事矜全，以尽其不忍之心。倘无辜者则怜之，而人有罪者则以为死不足惜，犹非仁人之用心也。

【注释】①恻隐：意思是指对受苦难的人表示同情，心中不忍。②呼天抢地：大声叫天，用头撞地。形容极度悲伤。抢（qiāng），动词，碰、撞。③鸠形鹄面：身体像斑鸠（肚子低陷，胸骨凸出），脸像黄鹄（一点肉都没有）。形容人因饥饿而身体瘦削、面容憔悴。

【译文】对人们的苦难产生同情的这种心理，每个人都是有的。在官府衙门中的所见所闻，基本都是那些极度悲伤的事件，或者因饥饿而身体瘦削、面容憔悴的当事人。见到这种场景，仁爱的心理更加容易触动。这个时候，作为官吏，就应该随时体恤，凡事怜悯并周全他们，以此来阐明自己不忍的仁爱之心。如果只是对无辜受冤的人加以怜悯，而对有罪的人则认为死不足惜，这也不是一个仁德之人的仁爱用心。

49.又曰：官不持法^①，公行私赂^②。则奸者得以自操其权，而法非朝廷之法矣。出数十金以奉吏曰生，则死者亦生焉；出数十金以奉吏曰死，则生者亦死焉；出数十金以奉吏曰直，则曲者亦直焉；出数十金以奉吏曰曲，则直者亦曲焉。生死曲直，不断之以法，而断之以赂；是生死曲直，不操之官，而操之自奸吏矣。其害尚可言哉？

【注释】①持法：遵守、坚持法律。②赂，与贿同义，本义指赠送的财物，或财物，也指用财物买通公职人员。

【译文】又说：如果官员不遵守法律，公然私下接受贿赂，那么奸滑之徒就可以通过贿赂来操控他们的权柄，而法律就不成其为朝廷的法律了。如果耗费数十金来贿赂办案的官吏，要求官吏让自己的当事人活，即使该死的人也有命了；如果拿出数十金来贿赂官吏，要让他们判死，即使该活的人也死了；如果拿出数十金来贿赂官吏，让他们判有理，即使无理的也有理了；如果拿出数十金来贿赂，要求他们判无理，即使有理的也有无理了。当事人的生死和是非曲直，不依据法律来判定，而靠贿赂的多少来断定；这样一来，当事人的生死和是非曲直，不操纵在官员的手中，反而操控在奸滑胥吏的手中。这种危害还能够用语言来形容吗？

钱去可以复来，人死不能更活，其轻重较然也。今以数十金之贿，而曲直倒置，生死任意，岂复有天理哉？

【译文】钱用了可以重新挣得，人死了却不能复活，孰轻孰重一比较就清楚了。如果今天凭借当事人数十金的贿赂，就让是非曲直本末倒置、颠倒黑白，导致当事人的或生或死，这样做难道还有天理吗？

50.河汾子曰：人轻为重，受赂之官，时时有之。而舞文之吏尤甚。夫文卷狱辞，掌之者吏也。吏得仇家之利，则改窜字句。或有所索于其人而不足，则诳捏辞语。往往巧施毒手，诬陷良民。使闻者惧之，名曰当路①之吏。将谓可以多金而致富耶？夫毁人之肢体，以肥己之身，倾人之性命，以利己之家，是以心为戈矛，而以笔为锋镝②者也。以心为戈矛，则生气绝矣。以笔为锋镝，则死机近矣。岂有不倾覆者哉？

【注释】①当路：指执政，掌权；掌握政权的人。②锋镝（dí）：刀刃和箭头，泛指兵器。

【译文】河汾子说：将轻罪判为重罪，接受贿赂的官员，经常有这样的。而舞文弄墨的官员尤其严重。那些卷宗文案，往往由胥吏掌管。这些胥吏得到当事人仇家一方的贿赂，就会删改字句。或者是向当事人索取的利益得不到满足，就诓骗捏造言辞。往往投机取巧，施以毒手，诬陷无辜的良民。让听到的人都感到害怕，这种胥吏叫做掌权的官吏。要说可以得到很多财物来致富吗？那种毁损他人的身体，来养肥自己的身体。剥夺他人的性命，以让自己的家庭获利的行径，是将自己的险恶之心作为戈矛，用手中的笔作为为杀人的刀箭啊。把自己的心作为戈矛，生命就断绝了。以笔为兵器，那么离死就不远了。哪有不全部灭亡的呢？

得仇家之贿，而入人于死。因求索之不遂，而入人于死。均为得财计也。此与强盗劫财害命何异？吏胥每日随伺长官，诘治盗贼，情事既明，何尝不同切公忿^①，以为法无可宽。岂知自己每日所为，即攫^②赃害命之正盗耶？愿于直堂叙案时，回光返照，一发猛省也。

【注释】①忿：生气，恨。②攫（jué）：抓取。

【译文】得到仇家的贿赂，而将对方置于死地。因为索取达不到目的，也将人判为死罪。都是为了得到财物来考虑啊。这种行为与强盗抢劫财物谋人性命有什么不同呢？胥吏每天都跟随在长官身边，查办惩治盗贼，事情一经查明，何尝不明了公众的忿恨，认为法律已经没有可以宽容的地方。怎么会知道自己每天所作所为，就是掠夺他人钱财，谋害他人生命的正犯呢？希望这些官吏在衙门研究案情的时候，回光返照，及时猛省啊。

51.又曰: 刁才猾技之夫, 老于公门, 熟于讼事, 胆气雄豪, 肤肢壮健, 争强于胥吏之驱, 角胜^①于阶墀^②之对。行贿赂, 有偷天之手段; 斗机变, 有伏势之神通。使高者畏惮而心惶, 卑者匍匐而涕陨^③。切骨之冤, 成于白日。没身之憾, 及于黄泉。广施祸种, 固结仇根, 岂不危哉? 彼以讼辱人而求胜者, 何不监此?

【注释】①角胜: 较量胜负。②阶墀 (chí): 台阶, 亦指阶面。③陨: 坠落

【译文】又说: 刁钻奸猾为百姓代理诉讼的人, 长期与衙门打交道, 熟悉诉讼事务, 胆量极大, 四肢健壮, 往往胥吏的驱使相竞争, 在衙门中与胥吏较量胜负。他们公然行贿, 有偷天换日的手段; 与各种机变机谋斗争, 有降伏权势的神通。使地位高的人畏惧他们, 心中惶惶; 使地位低的人爬跪在地, 伤心欲绝。使那种痛彻骨髓的冤屈在光天化日之下形成, 使那些终身的遗憾, 到了地下。这些人广泛地种植自己的祸根, 深固的结下生死仇恨, 难道不危险吗? 那种想通过诉讼来侮辱他人赢得官司的人, 为什么不引以为戒呢?

摹写积蠹情状, 宛然如见。初入衙门人, 不惟不以为监, 而反从而效之, 惟恐不似也。亦独何欤?

【译文】描写这些蠹役的各种形状, 就好像亲眼所见一般。最初进入衙门的人, 不仅不对此进行监督, 反而竭力仿效他们, 还惟恐不像啊。这偏偏是什么原因呢?

52.张惠庵曰: 府官新莅任时, 必将前任事宜, 更改一番。吏胥因

得于中作弊。盖此辈只利有事，不利无事。上生一孔，下钻百窦。民之扰害者多矣。

【译文】张惠庵说：朝廷任命的新官员到任时，必然会将他的前一任的各种办事规矩更改一番。地方上的属吏于是就从中能够徇私舞敝了。因为对这些属吏来说，有事才能有利可图，没有事就无利无图。所谓上面生出一个漏洞，下面就会滋生出上百个漏洞。百姓受到的侵扰和危害就多了。

吏胥之乐于更改有事，名似急公①，其实无非利于取钱耳。即果有利益民生之事，无如吏胥意在取钱，各各视为承行之出息②。凡可以得钱者，无不千方百计以图之，岂复计及民之有益与否耶？故衙门极好之事，而行之祇见扰害，不见利益。官固无能，吏胥更为可恨。噫！吏胥独无人心也耶？

【注释】①急公：急于公务。②出息：此处指获利。

【译文】地方上的属吏对新到任官员改弦更张的做法乐此不疲，名义上看似是急于办公务，其真实用意无非还是为自己谋取钱财罢了。即使真的对民生疾苦有利的事，也抵不得属吏们谋取钱财的目的，他们各人都在计算自己承办事务能够获得的收益。凡是可以得到钱财的地方，他们没有不千方百计来算计的，又怎么会来考虑百姓有益还是无益呢？所以，这就往往造成官府的很多极好的政令，推行过程中只能见到对百姓的侵扰和损害，而看不到对百姓带来好处。这样看来，官员固然是无能的，而那些地方上的属吏就更是可恨。哎！那些属吏难道是没有心肝的人吗？

53.又曰：近时衙门人，砌款单、送匿揭、窝访买访①。种种阴谋，害人不小。天报有在，必无漏网。而自恃佞佛斋僧②，谓可逃天谴。岂神物亦庇奸而党恶耶？愚亦甚矣。

【注释】①砌款单，送匿揭，窝访买访：砌款粘单。②佞佛斋僧：指发心不纯正的忏悔斋僧法会，想借此逃避罪责免除灾难。

【译文】又说：近年来衙门中的官吏，他们常常通过砌款粘单，改捏姓名、妄行控告，买通公差、假以访查等不法手段污告陷害无辜之人。凡此种种阴谋损招，害人不浅。上天的报应一定是有的，一定不会让这种人逃脱追究。那些想凭借讨好佛菩萨免除罪责的人，以为可以逃脱上天的惩罚。难道神明也会包庇邪恶奸滑之徒吗？这样以为的人，也太愚蠢了。

凡百阴谋陷害之事，为吏胥者，局外旁观，未尝不议论其非。无如①一入官衙，其时地可以害人，其机智又能害人。或快恩仇，或图财帛。私心锢蔽，天理灭亡。惟恐其术之不工，而计之不毒矣。岂知害人者亦害之，悖入者亦必悖出。官有王法，人有公论，岂能倖免？为此种吏胥计，与其佞佛斋僧，益增罪过，不如及早回头，改恶从善，以赎②前愆，犹可挽回万一也。

【注释】①无如：无可奈何。②赎：用行动抵销、弥补罪过。

【译文】但凡设计阴谋陷害他人的属吏，在局外的旁观者看来，没有不谴责他的过错的。为了生计，一朝进入官府衙门办差，不要以为自己所处的时机和位置可以害人，自己的机智和才能也能够害人，于是，要么公报私仇，要么图人钱财。善良的内心被禁锢蒙蔽，天下的公理灭亡，对他们来说，还惟恐自己的办法不严密，计策不毒辣啊。却没想到，害人的人最终也害自己，不按正当途径得到的收入最终也会按不正常的途径消耗。官府有朝廷的法令，世间有人们公认的看法，怎么能够倖幸避免。为这些奸险胥吏考虑，与其心存侥幸做功德，益发增加自己的罪过，不如及早回头醒悟，改过自新，用行动抵销、弥补自己之前的罪过，也许可以挽回一点点。

54.又曰：衙役迎合本官，其貌似谨，其事似忠，其才似可用。而不知其处心积虑，止欲借上以行其私也。

【译文】又说：衙门的差役曲意迎合自己的长官，表面看来，好像对上级很恭谨，对公务尽职尽责忠于职守，他们的才能好像也足以胜任职位。却不知道他们时时处处心中想的，只不过是想通过他的长官手中的权势来达到谋取自己私利的目的。

以小忠小信，结本官之心，必以不公不法，坏本官之事。至于罪恶贯盈，奸赃败露，官受其累，吏亦岂能独免？所争者，时有迟速不同耳。

【译文】如果是通过小恩小惠来结交长官的心，就一定会以损公肥私、违法乱法来败坏长官的事务。以至于罪大恶极，恶贯满盈，奸邪的目的和不正当的赃款暴露，长官受到牵连，属吏又怎么能够免责呢。所不同的是，报应来的时间有早有迟罢了。

55.又曰：自罪引他，有借端^①索诈者；有下水拖人，图报私仇者；又有赃罪难完，扳人帮助者。此等奸弊，问官全不审察。而贪利之狱吏，又或从中指导之。皆天诛^②所不赦也。

【注释】①借端：借机，假借事端。②天诛：上天诛灭。
【译文】又说：自己有罪却引到别人身上，巧借事端敲诈勒索的；有下水拖人，想报私仇的人；还有贪污受贿罪责难逃，通过扳倒别人让自己免予追究的。这些种种奸弊，审问案件的官员完全不细细审查，而贪图财利的狱吏，又从中指使。都是应该遭受上天惩罚而不能赦免的做法。

　　一狱之兴，本案拖累，已自不少。狱吏复指使妄扳，辗转蔓延。甚有因一人而害及数十百人，因一家而害及数十百家者。即遇明察之官，亟为开脱，业已筋疲力尽，身家难保矣。岂不可恨？

　　【译文】本来，一个案件发生之后，单单本案的各种拖累，就已经很不少了。狱吏又指使乱告乱诉，使案件更加复杂，牵延日月，甚至有很多因一人而危害到数百人的，因一家而伤害到几十上百家的。即使遇上明察秋毫的官员，等到理清头绪，也已经筋疲力尽、性命难保了。难道还不可恨吗？

　　56.史搢臣云：暗箭射人者，人不能防。借刀杀人者，己不费力。自谓巧矣，而造物尤巧焉。我善暗箭，而造物还之以明箭，而更不能防。我善借刀，造物还之以自刀，而更不费力。然则巧于射人杀人者，实巧于自射自杀耳。（《愿体集》）

　　【译文】史搢臣说：暗箭伤人的人，人不能防备。借刀杀人的人，自己很不费力。这样的人，自以为自己很巧妙了，然而天地塑造万物又更加巧妙。你善于暗箭伤人，而造物主用明箭还你，而且还更加不能防范。你善于借刀杀人，造物主还给你你自己的刀，还更加不费力。如此说来，长于暗箭伤人和借刀杀人的人，实际是善于自杀罢了。

　　暗地害人而人不及觉，借事害人而己不费力。此等险恶行径，惟衙门中人为多。一经破败，刑祸立至，不啻自投罗网。此正造物还以明箭，而予以自杀也，可畏哉？

【译文】暗地里伤害别人让人觉察不到，借故事端陷害他人自己不费力，这类险恶行径，只有衙门中的人做的最多。有朝一日事情败露，他们的刑罚和祸患马上就来到了。这些行径，无异于自投罗网。这就是造物主以明箭还他，让他自杀罢了。怎么能不心存敬畏呢？

57.又曰：凡人之为不善者，造物未必即以所为不善之事报之，而或别于一事报之。别一事，又未必大不善也，而得祸甚酷。此造物报应之机权也。

【译文】又说：大凡做了坏事的人，造物主不一定就用他所做的不好的事报应他，而是用另一件事报应他。另一件事，又不一定是特别不好的，但最后得到的灾祸也许会很残酷。这就是造物主报应的机权了。

衙门中人，常有贪残诈害，作恶多端，竟无所犯。及至偶犯轻微，较之平日所为，不过千百中一二，而业已家破身亡者。世人就此一事而论，或以为冤，而不知平昔恶贯满盈，特借是以发其端。此正造物报应之机权也。试看十数年中，耳闻目见，如此者岂少耶？

【译文】衙门里的人，常常有贪婪残忍奸诈之人，他们作恶多端，竟然无所冲犯。直到偶然触犯轻微的刑律，与他们平常的所作所为相比较，不过百分之一二或者千分之一二，然而最终让他家破身亡。世人常常就事论事，以为他们冤枉，却不知道他们平时恶贯满盈，造物主只不过是通过这件小事让它开个头。这就是造物主报应的大权啊。请看这十几年中，亲耳所听、亲眼所见，这样的人难道还少吗？

58.唐翼修曰:凶人贪冒无耻,随处必欲占小利,而人亦畏之让之。独怪终身所占小利,必以一事尽丧之,而更过其所占之数。吉人守分循理,不敢妄为,而人亦欺之侮之,故凡事受歉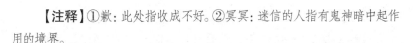①。然冥冥②之,天必将以大福之事补之,而浮于其所受歉之数。或及其身,或及其子孙。历观往辙无不然者。(《人生必读书》)

【注释】①歉:此处指收成不好。②冥冥:迷信的人指有鬼神暗中起作用的境界。

【译文】唐翼修说:凶恶的人贪婪无耻,随到哪里都一定要占小便宜,而人们也害怕他避让他。这种人终身所占到的小便宜,有朝一日一定会因为一件事完全丧失的,而且还要超过他们所占他人便宜的数量。吉祥的人安分守己遵行常理,不敢肆意妄为,而坏人也常常会欺骗他侮辱他,所以凡事没得到好的收益。但冥冥之中,上天一定会用很大福气的事情来弥补他们,并且还要超过他所歉收的数目。要么落到他们自己身上,要么庇护到他们的子孙。纵观过去的成例没有不这样的。

占人利益,而人畏之让之,莫如衙门中人。遇守分循理之人,而偏欲欺之侮之,亦莫如衙门中人。究竟欺人是祸,饶人是福,冥冥中自有分晓,远在儿孙近在身,尚其猛省。

【译文】侵占他人的利益,人们害怕他避让他,莫如衙门里的人。遇到安分守己的人,而偏偏要欺骗他侮辱他,也莫如衙门里的人。究竟是欺骗他人会带来祸患,还是宽恕他人能带来福分,冥冥之中自有分晓。远一点会报应到子孙后代,近一点会报应在自己身上。希望这些人能猛然醒悟。

59.又曰:仅夺人之财而不杀其人,虽有报应,亦不极惨。至夺人财而并杀其人，未有不报之惨而极速者。入于吾目者，不止数十人。又如官吏遇人犯法，巧于取财。开释^①其罪，不顾枉法。其子孙之报，亦止败坏家财而已。若贪而又酷，以直为曲，以曲为直，不畏王法，不顾天理^②，夺财多，害人众，其祸未尝不大，其报应未尝不惨，或至杀身灭门者有之。凡此皆为财所使，而得恶报者也。

【注释】①开释：释放被拘禁的人。②天理：公理，道理。

【译文】又说：仅仅夺取人的财物而不至于杀人的人，虽然有报应，也不至于很凄惨。至于夺人财物并导致杀人的人，没有不报应得很悲惨而且速度也很快的。在我的眼中看到的，不下几十人。又比如那种碰到有人犯法，为了设计谋取钱财，为犯法的人开脱罪责，而不考虑违法的官吏，对于他子孙的报应，也只限于败坏他的家财而已。如果贪婪而又残酷，以正直为曲，以曲为直。不畏王法，不顾天理。夺取的钱财多，伤害人数多。他们的灾祸没有不大的，他们的报应也没有不悲惨的。甚至有的导致自身及整个家庭的灭亡。所有这些都是贪图钱财所致，而得到恶报的原因。

世人原有夺人财而不必杀人者，惟衙门中人，既欲得财，则必多方播弄，设计坑陷，虽置之死地，亦不顾惜，那复计及报应之惨且速耶？

【译文】世间本来有夺人财物而不必杀人的人。只有衙门中的人，为了得到财物，就一定要多方挑拨是非，设计陷害，即使把人置之于死地，他们也不顾忌怜惜，哪里会再考虑到恶报的悲惨而且快速呢？

60.又曰：狱官狱卒，其意以酷虐不加，则贿赂不入。每借一二穷者，酷加刑具，恐吓他囚。彼岂无人性哉？利心^①积惯^②使然也。为府县官者，拣一个好狱吏，最为紧要。

【注释】①利心：牟利的欲望。②积惯：积习。

【译文】又说：狱官狱卒，他们的看法认为，如果不对犯人施加残酷暴虐的行为，那么他们就得不到贿赂收入。所以，他们总是借一两个穷困的人，严酷地施加刑具，以此恐吓其他囚犯。他们难道没有人性吗？不过是利欲熏心积累的习惯让他们变成这样子。因此，作为府县一级的官员，挑选一个好的监狱吏卒，最为紧要。

每闻衙门中人，动曰打死狗与活狗看，又曰不见棺材不下泪，无非卖弄酷虐难堪之状，使人不得不贿赂，不敢不贿赂耳。此不独狱吏也，而狱吏更甚。

【译文】每每听到衙门中人动不动说打死狗给活狗看，或者说不见棺材不掉泪等话，无非是在显示他们的残酷和让人难以忍受的情状，让犯人不得不贿赂、不敢不贿赂他们。这不单独狱吏是这样，只是狱吏更加厉害罢了。

61.又曰：为善难而为恶易者，莫如胥役之辈，与往来官府之人。何也，彼日侍官府之侧，便于进言。有瑕隙①者，投戈下石②之，利端③弊窦④，逢迎开导之。甚易易也。非有守之人，鲜能自持者。夫方其投戈下石，逢迎开导之时，幸以为无人知也。人即知之，以为莫我如何也。于是肆志行之而莫之戒。及其罹于法网也，鞭笞刑戮，上以致父母之忧，而下以贻妻子之累，辱莫甚焉。即使王法可漏，而天必加谴，鬼必加责。能逃于身，而不能逃于子孙。正恐报迟一日，则更重一日也。何如存心宽恕，常循理法，不假公道以济私忿，不开利端以害万姓，其获福宁有量乎？

【注释】①瑕（xiá）隙：指可乘的间隙，嫌隙。②投戈下石：比喻乘人之危，加以打击。③利端：利欲的端绪。④弊窦：产生弊害的漏洞；指弊病，弊端；指作奸犯科的事；破绽，漏洞。

【译文】又说：做好事难而做坏事容易的，没有什么比得上差役这些人，以及与官府往来的人。为什么呢？因为这些人每天侍候在官府衙门的旁边，很方便说话。一旦有可乘的间隙，他们就乘人之危，落井下石；有了产生好处的地方和漏洞，他们就曲意逢迎加以引导，太容易了。不是很有操守的人，很少有人能自我控制的。他们乘人之危，逢迎开导的时候，庆幸地以为没有人知道。或者即使有人知道了，也以为拿自己没有办法。于是肆意地干坏事而不加以戒免。等到他们掉到法网之中，鞭笞刑罚，对上让父母忧虑，对下连累妻儿，受到的耻辱没有超过这样的了。假如朝廷的王法会遗漏，而上天一定会对他们加以谴责，鬼神也一定会对他们加以处罚。即使自己能逃脱免祸，子孙后代也逃脱不了。只是担心报应晚一天，反而会加重一天。哪里比得上心存宽恕，遵循公理法律，不假借公权发泄自己的私怨，不用投机取巧来祸害百姓，这样得到的福分怎么会有限量呢？

为奸猾描写心曲①，为奸猾计虑后患，更为奸猾寻觅出路，与颜光衷所言同意，而此更显切著明也。有人论及案牍秘要，友答以一字诀曰刻。谓宁刻则自己有地步，可以免过也。此真一言而伤天地之和者也。夫不论理之是非，而惟以刻为能，势必事事从深处吹求，则事之难行，而人之不得所者岂少耶？即为自己地步，宽而得过，不失为君子。刻则天怒人怨，其得祸当更烈也。

至于吏胥，身居里党，平日岂无私恩小怨？而事情一经其手，时势有可以为，遂尔昧却良心，罔顾公论。操戈下石，深文曲法，易于反掌，虽快心于一时，终贻祸于异日。编中论公私宽刻之利害，而谆谆于吏胥，正此意也。

【注释】①心曲：指内心深处或心事的歌曲，此指心事。

【译文】为奸猾的人描摹心事，为狡猾的人考虑后患，更为奸诈狡猾的人寻找出路，这与颜光衷所说的意思一样，而这更加显切明白啊。有人谈论到在衙门中做好文案工作的秘诀，朋友回答一个字叫"刻"。意思是只有刻薄自己才有地位，而且可以避免错误。这真是一句话而伤天地之和啊。如果不考虑道理是非，而仅仅以刻薄为能力，势必会每一件事都从深处吹毛求疵，那么，事情难以解决，而得不到正常生活的人会少吗？就是为自己的地位考虑，如果因为宽恕他们，即使因此有过失，也不失为一个正人君子。刻薄会导致天怒人怨，这样做带来的灾祸会更惨。

至于说官府的差役胥吏，平日居住在乡里，平时怎么会没有私恩小怨。而案子一经过他的手，时机和形势让他可以作为的时候，于是就昧了良心，不顾公论，落井下石，深刻地曲解法律，对他们来说易如反掌。虽然他们一时心情痛快，最终会把灾祸遗留在后面的日子。书中讨论公正、徇私、宽容、刻薄的利弊，谆谆告诫在官府衙门中办差的胥吏，正是这个意思。

62.石天基曰：愚民无知犯法，正如瞎人走入深坑，未有不得祸者，而彼不知，是以可悯。悯之如何？劝之而已。婉言开导，劝也。危词警戒，亦劝也。有势力者，以势力行其劝戒。有智巧者，以智巧行其扶持。全在不为利，不为私，秉公处之，积诚动之而已。桐城姚司寇曰：人能劝一庸人为善，世上便多一个好人；劝一恶人为善，则世上少了一个恶人，又多了一个好人。其功更倍。（《人事通》）

【译文】石天基说：愚蠢的人因为无知而犯法，就像瞎子掉入深坑，没有不遭祸的，但他们自己却不知道，这种情况甚是可怜。可怜又怎么样呢，只能劝劝他而已。用委婉言语开导，是劝。用危言耸听的话警告他，也是劝。有势力的人，用势力来行使他的劝诫行为。有聪明灵巧的人，用智慧与技巧来对他进行扶持。全在不为利益，不徇私情，秉公处理。是在用自己的真诚来打动而已。桐城的姚司寇说，人能鼓励一个平庸的人做好事，世界上就多一个好人；奉劝一个恶人做好事，那么世上就少了一个坏人，又多了一个好人。他的功德是成倍增长的。

衙门中每日所见，多愚而犯法之人。苦肯作瞎人走坑看待，常存怜悯之心，常行劝戒之术，此中积德无量。一切倚势作奸，乘危肆害之事，自然不肯复为矣。至于劝化恶人，亦惟衙门中为最便。

【译文】衙门中每天所见到的，多是因为愚蠢而触犯刑律的人。如果对他们的苦楚，能够用瞎子掉到坑里来看待，常存怜悯同情之心，常常做一些劝善的好事，这其中所积累的功德无法度量。一切仗势作恶，趁人之危肆意伤害之事，自然就不肯再做了。至于劝诫坏人变好，也只有在衙门中行使最为方便。

63.又曰：朝廷申设律法，禁民为非，实所以保全之也。每见乡村小民，胆小识浅。官法所在，凛如①雷霆。刑杖所及，赫如鼎镬②。惟身处公门，见闻习熟。反视律令为闲话，安刑罚为枕席。辱父母之遗体，污祖宗之清名。岂非自作之孽③乎？语云：惧法朝朝乐。即是此义。

【注释】①凛如：犹凛然；令人敬畏，严肃。②鼎镬：鼎和镬。古代两种烹饪器。③孽：恶因，恶事，邪恶。

【译文】又说：朝廷申设法律，禁止百姓做坏事，实际上是为了保全百姓自己。每次看到乡野中的村民，胆子小、见识浅。对于官府的法律，他们担心得如同天上的惊雷，对于衙门的刑罚庭杖，他们害怕得像要下油锅。只有身在公门的人，熟悉常见，反而把法律作为茶余饭后的谈资，安之若素，把刑罚当为枕席。羞辱父母给予的身体，污辱祖宗留下的清廉名声。这难道不是自己作孽吗。俗话说，严守法纪天天都会安乐。就是这个道理。

衙门中人，日日以法律绳人，刑杖若人。而自己反不畏法律，不畏刑杖。固由利令智昏，亦由习见生玩。身居其地，所宜猛省。

【译文】衙门里的人，天天用法律制裁人，用刑杖处罚人。而自己却不惧怕法律，不害怕刑杖。一方面当然是由于利令智昏，另一方面也由于习以为常。所以，身处衙门之中，更应该猛然警省。

卷二

法 录

1.萧何,沛人。以文毋害(用文法能公平也),为沛主吏(犹都吏)掾①。高祖为布衣时,数②以吏事护高祖。及高祖为沛公,何尝为丞,督事。沛公至咸阳,诸将皆争走金帛财物之府分之,何独先入收丞相御史律令图书藏之。沛公具知天下厄塞,户口多少强弱处,民所疾苦者,以何得秦图书也。沛公为汉王,何为丞相。进韩信,东定三秦。何收巴蜀,填③(音镇)抚谕告④,使给军食。汉王数失军,何常兴关中卒补缺,上以此专任何关中事。汉王即皇帝位,以何功最盛,封酂⑤侯,食邑八千户,位次第一。封何父母兄弟十余人,皆食邑⑥。何买田宅,必居穷僻处。为家不治垣屋⑦曰:令后世贤,师⑧吾俭;不贤,毋为势家所夺。薨⑨,谥⑩文终侯。(《汉书》)

【注释】①掾(yuàn):原为佐助的意思后为副官佐或官署属员的统称。②数(shuò):屡次、多次。③填:古同"镇",使安定。④谕告:晓谕、告诫。⑤酂(cuó):地名用字。⑥食邑:古代君主赐予臣下作为世代俸禄的封地。⑦垣(yuán)屋:有围墙的房屋。⑧师:效法、学习。⑨薨(hōng):古代称诸侯或有爵位的大官死亡。⑩谥(shì):古代帝王、贵族、大臣或其他有地位的人死后,依照生前事迹所给予的带有褒贬意义的称号。

【译文】萧何,沛县人。因为会写文书,精通法律,用法公平而当上了沛县的功曹。汉高祖刘邦还是平民百姓时,萧何多次用官吏的身份保护过高祖。等到高祖被拥立为沛公以后，萧何曾担任沛县县丞，专门督办诸事。刘邦率领大军攻进咸阳后，别的将领都争先恐后的跑进府库瓜分金银财物，唯独萧何首先收取秦国丞相府、御史府的有关律令、地理、户籍等方面的文书档案并加以保存。刘邦后来能够完全掌握天下要塞、人口多少、各地力量的强弱以及老百姓的疾苦，就是因为萧何得到秦朝这些图书档案资料的缘故。刘邦称汉王时，萧何做了丞相。萧何推举韩信，出兵东征，夺取了三秦地区。萧何收取巴蜀地区，发布告示安抚百姓，命令供给士兵军粮。汉王多次损兵折将，萧何常常征发关中的兵卒来补充损失的兵员。汉王因此专门委任萧何全权处理关中事务。后来汉王即位称皇帝，因为萧何的功劳最大，封他为酂侯，赏赐世禄的封地八千户，排第一。还封赏了萧何的父母、兄弟十多人，使他们都有世禄的封地。萧何购置田地、房屋，必定在穷困偏僻的地方，家里建的房也不修院墙。他说："如果我的后代贤明的话，会效法我的节俭；如果后代不贤明，也不会被有权势的人家所夺去。"萧何去世后，谥号文终侯。

沛公至咸阳，何不取金帛财物，而独收律令图书。当时似近于不急之务。迨①后沛公得因此具知厄塞户口强弱及民疾苦，以此见何为吏掾时，已具宰辅器识，视争取金帛财物，何啻天渊耶？至由刀笔吏②而至相位。极人世富贵显荣，而置宅必于穷僻，训后惟在节俭，尤非富贵中人也。

【注释】①迨：等到、达到。②刀笔吏：古时在竹简上用刀削改汉汉字。指代办文书、掌管文案的小官吏。

【译文】沛公占领咸阳后，萧何不争抢金银财物，却独自收藏有关律令、地理、户籍等方面的文书档案，在那个时候似乎不是那么着急紧要的事情。等到后来沛公依据这些文书档案完全了解天下咽喉要塞、户籍多少、力量强弱以及百姓疾苦，由此可见萧何在做地方小官的时候，就已经具备了做宰相的器量与见识。试看与争夺瓜分金银财物的做法相比，何止是天渊之别呢？至于由掌管文案的小官吏而荣升到丞相的地位，极尽人世间的富贵、显达和荣耀，但是购置房宅却一定要在穷乡僻壤，教育后代只在节俭方面，尤其不像富贵显达中的人！

2.曹参，沛人。秦时为狱掾（主狱之吏），从高祖定天下，战功最多，赐爵列侯，食邑平阳万六百三十户，世世勿绝。孝惠时，为齐相。用盖公（齐贤人）言：治道贵清静而民自定。相齐九年，国内安集。萧何薨，召人为宰相。举事无所变更，一遵何之约束。择郡国吏，讷于文辞，谨厚长者，即除①为丞相史。吏文言刻深，欲务声名，辄斥去之。卒谥懿②侯，百姓歌之曰：萧何为法，顜③（音讲，直也，和也）若画一。曹参代之，守而勿失。载其清静，民以宁壹。

【注释】①除：任命官职。②懿：美好（多指德行）。③顜：直，明。

【译文】曹参，沛县人。秦朝时做过狱曹的属官。他跟随汉高祖刘邦争夺天下的时候，立下的战功最多，赏赐列侯的爵位，食邑为平阳的一万零六百三十户，可以世代承袭下去。孝惠帝的时候，曹参担任齐国的丞相。他采用齐国贤人盖公的主张：治理天下推崇清静无为老百姓自然会安定。他在齐国做丞相九年，国内安定和睦。萧何去世后，曹参被征召到朝廷任丞相。他凡事不作变更修改，全部遵照萧何制定的规章制度。他选拔郡国官吏中文辞木讷、谨慎敦厚的长者，任命为丞相史。如果官吏言谈行文苛刻，只想追逐声名，曹参就将他们训斥辞退。曹参去世后，谥号懿侯。老百姓歌颂他说："萧何制定法令，整齐划一；曹参替代他，遵守而不丢失。清静无为，百姓安宁。"

凡为狱掾，无不以警巧深刻为能者也。参由狱掾为丞相。择吏惟取木讷谨厚，而斥深刻务名之人。则其为狱掾，尚谨辱而恶深文，已可概见。宜乎继何为相，能使海内治安也。自秦燔^①书坑儒之后，学者以吏为师。一时才智，胥^②托其中。迨汉兴，萧曹辈佐之，开两京^③之盛治。可见负杰出之姿者，随其所处，皆有建立可以表见也。

【注释】①燔（fán）：焚烧。②胥：全，都。③两京：两个京师，汉代指西京长安和东京洛阳。

【注释】大凡做狱曹属官的人，没有不以感觉敏锐、严峻苛刻为能事的。曹参由狱曹的属官做到丞相，选拔官吏只挑选那些言辞木讷、谨慎敦厚的人，而训斥辞退那些刻薄、追逐名声的人，那么，他做狱曹属官时，提倡谨慎厚道而痛恨苛刻严酷，大概已经能够看出来了。适宜接替萧何担任丞相，而能使四海之内统治安定，曹参确实是非常合适的人选！自从秦朝焚书坑儒之后，学者以官吏为师，一时的才智，全都寄托在这里面了。等到汉朝昌盛以后，萧何、曹参这些人辅佐朝廷，开创了东西二京繁盛的政治局面，可见具有杰出才能的人，随着他们所担任的职位，都可以有建树显扬。

3.于定国，字曼倩。东海郯人。其父于公为县狱史（史，佐掾者也），郡决曹（主断狱者），决狱平。罗文法者，于公所决，皆不恨，郡中为之立生祠，号曰于公祠。东海有孝妇，少寡，无子，养姑^①甚谨。姑欲嫁之，终不肯。姑恐久累少壮，自经死。姑女告妇杀姑，吏验治（拷问也），孝妇自诬服。具狱上府，于公争之不能得，乃抱其狱具，哭于府上，因辞疾去。太守竟论杀孝妇，郡中枯旱三年。后太守至，卜筮^②其故。于公曰：孝妇不当死，前太守强断之，咎傥在是乎？于是太守杀牛祭孝妇冢，表其墓。天立大雨，岁熟。定国少学法于父，亦为狱史郡决曹。补廷尉史，以材高累迁光禄大夫，超为廷尉。定国乃迎师学《春秋》，身执经，北面备弟子礼。为人谦恭，尤重经术士。虽卑贱，定国皆与钧礼^③，恩敬甚备。其决疑平法，务在哀鳏^④寡。罪疑从轻，加审慎之心。朝廷称之曰：张释之⑤为廷尉，天下无冤民；于定国为廷尉，民自以不冤。为廷尉十八岁，后为丞相，封西平侯。年七十余，薨，谥曰安侯。始定国父于公，其门闾⑥坏，父老共治之。于公谓曰：少高大门闾，令容驷马高盖车。我治狱多阴德，未尝有所冤，子孙必有兴者。至定国为丞相，子永为御史大夫，封侯传世云。

【注释】①姑：旧时妻称夫的母亲。②筮：古代用蓍草占卦："龟为卜，策为筮"。③钧礼：待以平等之礼。④鳏（guān）：无妻或丧妻的男人。⑤张释之：字季，汉族，堵阳（今河南南阳方城）人，西汉法学家，法官。以执法公正不阿闻名。⑥闾（lǘ）：原指里巷的大门，后指人聚居处。

【译文】于定国，字曼倩，东海郡郯县人。他的父亲于公在县里做过狱史，在郡里做过判案的狱官。他断狱公平，受罚的人对他的判决都心悦诚服而不怨恨。郡里在他活着的时候为他建造了生祠，叫于公祠。东海有个孝妇，年轻时守寡，没有孩子，赡养婆婆非常慎重孝顺，婆婆想让她改嫁，她始终不肯。婆婆担心天长日久拖累年轻的媳妇，就上吊自杀。婆婆的女儿知道后状告孝妇谋杀了婆婆。官吏拷问孝妇，孝妇没有过错却认罪。定罪的案卷全部上报郡府，于公为孝妇抗争，没有成功，于是抱着定罪的案卷，在府上痛哭，并因此称病辞官离去。太守最终竟论罪将孝妇杀死。东海郡因此干旱三年。下一任太守到任，占卜干旱的原因，于公说："孝妇无辜不该死，前任太守给她强定死罪，罪过或许就在这里吧？"于是太守杀牛祭祀孝妇的坟冢，在她的墓前表彰她的孝行，上天立刻降下大雨，这一年的收成丰熟。于定国年少时跟随父亲学习法律，也在县里做过判案的小官，在郡里做过判案的狱官，后来任廷尉史，因为才能高而多次升迁，做了光禄大夫，破格任命为廷尉。于定国聘请老师讲授《春秋》，亲自手执经卷跟随老师学习，举行弟子敬师的礼节。于定国为人谦卑恭敬，尤其敬重懂经学的人，即使他们地位卑贱，于定国对他们都以平等的礼节相待，满含恩惠和恭敬。于定国断绝疑案，执法公平，务求怜悯鳏寡的人，如果罪案有疑点就从轻处罚，增加谨慎之心。朝廷称誉他说："张释之当廷尉，天下没有冤枉的百姓；于定国当廷尉，老百姓自认为不冤。"于定国任廷尉十八年，后来任丞相，封为西平侯。他七十多岁去世，谥号安侯。起初于定国的父亲于公，他们乡里的大门坏了，乡里管理公共事务的人正准备一起修葺它。于公对他们说："稍微加高和扩大乡里的大门，以便高官乘坐的驷马高盖车能够进来。我断案积聚了很多阴德，从来没有过冤枉，子孙后代一定会兴旺的。"后来于定国做了丞相，儿子于永做了御史大夫，封侯可以世代相继。

父子相继为狱史，稍有以刻为能之心，其积恶流毒，岂有纪极？今观于公父子，自为掾以及居官。平反矜疑①，慈祥蔼吉之气，萃于一门。遂致封侯传世，若操左券②焉。孰谓刑狱非积德行善之地耶？

【注释】①矜疑：旧司法术语，意为其情可怜，其罪可疑。②左券：古代称契约为券，用竹做成，分左右两片，左片叫左券，是索取偿还的凭证。后来说有把握叫"操左券"，亦作"左契"。

【译文】于定国父子相继担任狱史，如果稍微有以苛刻为能事的心思，那么积久生厌，结下怨仇，难道还会有限度吗？现在看于公父子，从做小官到居高位，纠正冤屈误判的案件，对罪犯可悯、案情可疑的酌情减刑，慈祥、和善的气氛聚集于一家，终于使封侯可以世代相继，如同稳操胜券。谁说依照法律对罪犯实施惩罚不是积德行善的地方呢？

4.石奋，温人。年十五，为小吏。高祖击项籍过河内①。与奋语，爱其恭敬，以为中涓②。积功劳，官至大中大夫③。恭谨无与为比，为太子太傅，列九卿。子四人，皆以驯行孝谨，官至二千石。景帝号奋为万石君。万石君以上大夫禄，归老于家。岁时过宫门阙，必下车趋。见路马（御马）。必轼（凭轼致敬）焉。子孙为小吏，来归谒。万石君必朝服见之，不名。子孙有过失，不诮让（谴责也）。为便坐，对案不食。诸子相责，因长老肉袒谢罪。改之，乃许。子孙胜，冠者在侧，虽燕④必冠，申申⑤如也，僮仆欣欣⑥如也，唯谨。上时赐食于家，必稽首⑦俯伏⑧而食，如在上前。其执丧⑨，哀戚甚。子孙遵教，亦如之。万石君家，以孝谨闻于郡国。虽齐鲁诸儒质行⑩，皆自以为不及也。子庆为丞相，封侯。诸子孙为小吏，至二千石者，十三人。

【注释】①河内：古称黄河以北的地区。②中涓：官名，指宫中主清洁洒扫的太监，后世一般指宦官。③大中大夫：亦作太中大夫，官名。秦官，掌论议，汉以后各代多沿置。唐、宋为文散官第八阶，从四品上。宋元丰属制用以换左右谏议大夫。后定为文官第十一阶，金称大中大夫，从四品。元升为从三品。明亦称大中大夫，为从三品加授之阶。④燕：古同"宴"，宴饮。⑤申申：舒适安闲的样子。⑥欣欣：高兴自得的样子。⑦稽（qǐ）首：古时的一种跪拜礼，叩头至地，是九拜中最恭敬的。⑧俯伏：趴在地上，表示低头屈服。⑨执丧：守丧。⑩质行：品行诚朴。

【译文】石奋，温县人。十五岁时，做了小吏。汉高祖刘邦攻打西楚霸王项籍的时候，经过河内，与石奋谈话，喜欢他恭敬的态度，便任命他为中涓。石奋累积功劳，做到太中大夫。他恭敬谨慎的态度，没有人能和他相比。担任太子太傅，位列九卿。四个儿子，都因为善行、孝顺、恭敬谨慎，官阶达到二千石。汉景帝刘启称石奋为万石君。万石君以上大夫的俸禄辞官在家养老，每年按时节入宫，经过宫门时，他一定要下车小步快走，见到皇帝的御驾，也一定要扶着御驾的车轼表示敬意。万石君的子孙当了小吏，回来拜望他，他必定身穿朝服接见他们，不直呼他们的名字。子孙有过错失误，他不谴责，而是坐到厢房，面对几案不进食。子孙们相互责备、非难，通过年长者脱去上衣、裸露肢体向他谢

97

罪，改正错误，他才应允。子孙中到成年可以加冠的站在旁边，即使安闲也一定要戴帽子，要保持舒缓安闲的样子。年幼的仆役和颜悦色，要把恭敬谨慎放在首位。皇帝时常赏赐食物给万石君，并送到家里，万石君必定叩头到地，屈身低头而食，就像在皇帝面前一样。万石君奉行丧礼时，十分悲痛伤感。子孙们遵照他的教诲，也像他一样。万石君家以孝顺恭敬谨慎在郡国闻名，即使是齐国、鲁国品行诚朴的儒生们，也都感叹自己不如万石。万石君的儿子石庆做了丞相，封了侯。众多子孙中官阶达到二千石的，有十三人。

万石君为小吏，别无他长。惟一生恭谨，并以此训诫后人，享一门福禄之盛。吏之天资谨愿者，但能循循礼法，不敢倚势作奸，即是有用受福之器。纵不能致位①通显②，而保守身家有余矣。

【注释】①致位：达到某种职位。②通显：官位高、名声大。

【译文】万石君做小吏，没有其他的特长，只是一生都恭敬谨慎，并以此教导劝诫子孙后代，一家人充分的享受着丰厚的福禄。小吏中天资谨慎老实的人，只要能够遵循礼法，不敢倚仗权势作奸犯科，就是具有能够享受上天降福的才能，即使不能达到高位、名声显赫，但对保护本人和家庭却绰绰有余。

5.公孙弘，菑川人。少时为狱吏，有罪免。家贫，牧豕海上。年四十余，乃学春秋杂说。武帝初，弘年六十，以贤良征①为博士②。使匈奴，还报不合意，免归。后复征贤良文学，上策诏诸儒，擢③弘为第一。拜为博士，待诏金马门④。每朝会议，开陈其端，使人主自择，不肯面折⑤廷争。上察其行慎厚，辩论有余。习文法事，缘饰以儒术大说之。一岁中，至左内史。数年，迁⑥御史大夫。为丞相，封平津侯。开东阁⑦以延⑧贤人，与参谋议。弘身食一肉，脱粟⑨饭（饭之不精凿⑩者），故人宾客仰衣食，奉禄皆以给之，家无所余。年八十，终相位。

法 录

【注释】①征：招请，寻求②博士：古代学官名。六国时有博士，秦因之。唐有太学博士、算学博士等，皆教授官。明清仍之，稍有不同。③擢（zhuó）：提拔，提升。④金门：汉代未央宫宫门。门旁竖有铜马，故称为"金马门"。汉武帝曾使学士待诏于此，简称为金门。⑤面折：当面指斥别人的错误。⑥迁：古代称调动官职，一般指升职。⑦东阁：东向的小门，后用以指宰相招贤的地方。⑧延：引进，请。⑨脱粟：糙米，只去皮壳，不加精制的米。⑩精凿：舂去谷物的皮壳。亦指舂过的净米。

【译文】公孙弘，菑川人。年轻时做过狱吏，因为犯罪被免职。家境贫寒，公孙弘在海边放猪。四十岁时才开始学习《春秋》的各家学说。汉武帝刘彻即位之初，公孙弘六十岁，凭借贤良文学的身份被征招为博士。他因为出使匈奴，返回朝廷的汇报不合皇帝的心意，而被免官回乡。后来朝廷再次征选贤良文学，汉武帝下诏书策问众儒生，选拔公孙弘的对策为第一，任命他为博士，在金马门听候诏令。每次朝会商讨政务时，公孙弘都先陈述自己的意见，让皇帝自己来选择，在朝堂上不肯当面反驳和争论。皇帝观察他的行为谨慎忠厚，辩论时留有余地，熟悉法律和政务，又以儒家的学术加以修饰，因此非常喜欢他，一年之内就将他提拔为左内史。几年以后，公孙弘升任御史大夫，任丞相，封平津侯。公孙弘打开东门，邀请志行高洁、才能杰出的人，并与他们一同商讨国家大事。公孙弘本人每餐只吃一个肉菜和只去皮壳的米饭，平生故交和宾客都仰仗他供给衣食，他的俸禄因此全部给了他们，家中所剩无余。公孙弘八十岁时，在丞相任上去世。

吏胥①稍稍得志，便睥睨②士类。食肥衣轻，务为骄奢。平津侯自狱吏至丞相，年已垂暮③，独能开阁招贤，以俸禄给故人宾客，而身自脱粟布被，依然寒素④之风。可谓难矣。

【注释】①吏胥：地方官府中掌管文书案牍的小吏。②睥睨（nì）：斜着眼看，侧目而视，有厌恶或高傲之意。③垂暮：已近晚年，比喻年老。④寒素：朴素，简陋。

【译文】一般说来，地方官府的小吏欲望稍稍得到满足，便会看不起读书人，吃好的穿好的，务必追求骄横奢侈。然而，平津侯公孙弘从狱吏做到丞相，虽然已近晚年，却还能开门邀请志行高洁、才能杰出的人，拿出俸禄供给故交和宾客，而自己吃只去皮壳的米饭、盖布制的被子，依然是家境贫寒人家的习气，可以说太难得了。

6.赵广汉，字子都，涿郡①蠡吾②人。少为郡吏，州从事，廉洁通敏③下士。举茂材④为令，治行尤异，守京兆⑤尹。新丰杜建为京兆掾，素豪侠，宾客为奸利。广汉先风告之，不改，于是收案致法。中贵人豪长者为请，终无所听，京师称之。迁颍川太守，奸党散落，风俗大改。壹切治理威名，流闻匈奴。广汉以和颜接士，其遇待吏，恩勤甚备。推功善归之于下，发于至诚。吏皆输写心腹，无所隐匿，咸愿为用。其或负者，辄先闻知。风谕不改，乃收捕之，无所逃。为人强力，天性精于吏职。见吏民，或夜不寝至旦，京兆政清。自汉兴以来，治京兆者莫能及。

【注释】①涿郡：今天的河北省涿州市，古代行政区划单位名称。②蠡吾：古县名。西汉置。治今河北博野西南。北齐并入博野县。东汉桓帝父刘翼曾封蠡吾侯于此。③通敏：通达聪慧。④茂材：即"秀才"。东汉时，为了避讳光武帝刘秀的名字，将"秀才"改为"茂才"，后来有时也称"秀才"为"茂才"。⑤京兆：指京师所在地区。

【译文】赵广汉，字子都，涿郡蠡吾人。他年轻时做过郡吏和州从事，以廉洁奉公、通达聪慧、礼贤下士而闻名。后被推举为优秀的人才而当了县令，因为治理的政绩特别优异，代理京兆尹。此时，新丰人杜建担任京兆掾，此人素来豪强任侠，他的宾客通过非法的手段谋取利益。赵广汉先透露消息告诉他，他不悔改，赵广汉就将他逮捕归案，按法律论处。朝中有权势的高官和地方有名望的豪绅替杜建说情，赵广汉始终不听。京城的人因此称赞赵广汉。后来，赵广汉调任颍川太守，颍川坏人的团伙分散零落，风气习俗大变，一切都得到了管理和统治。赵广汉的威名远扬到了匈奴。赵广汉待人接物和颜悦色，对待下属总是给予恩惠，殷勤备至。有了功劳、善举，他常常推给下属，完全出自真心诚意。他的下属因此都在他的面前诉说衷情、真意，毫不隐瞒，都愿意为他效劳。如果有人背弃他，他总是事先让他知道，经过劝告仍不悔改，才拘捕他，没有一个能逃脱。赵广汉为人坚忍而有毅力，天生精通官员的指责。他接见属下和百姓，有时彻夜不眠到天亮。因此京兆政治清明，自汉朝建立以来，治理京兆的人的成就没有一个比得上赵广汉。

为小吏时，即以廉洁通敏下士见称。可知后之树立，盖有所本。非仅恃智术为钩距①也。

【注释】①钩距：辗转推问，究得实情，即通过婉转的方法，求得实际情况。

【译文】赵广汉做小吏时就以廉洁奉公、通达聪慧和礼贤下士而闻名，由此可知他后来的建树是有基础的，不仅仅是凭借才智和计谋来辗转推问，究得实情的。

7.尹翁归，字子兄（音况），河东平阳人。少孤，为狱小吏，晓习文法。是时大将军霍光①秉政，诸霍在平阳，奴客持刀兵入市斗，吏不能禁。及翁归为市吏（稽察市肆者），莫敢犯者。公廉，不受馈，百贾畏之。后去官归家。田延年为河东太守，行县至平阳，召故吏五六十人，亲临见，令有文者东，有武者西。阅数十人，次到翁归，独伏不肯起。对曰：翁归文武兼备，惟所施设。延年奇之，除补卒史。案事发奸，穷究事情，延年自以不能及。举廉，历守郡中，所居治理。拜②东海太守，治明察，吏民贤不肖，及奸邪罪名，尽知之。收取黠吏豪民，案致其罪，以一警百，吏民皆服，改行自新。以高第③入守右扶风④，选用廉平吏，罚在必行，缓于小弱，急于豪疆，扶风大治，盗贼课常为三辅⑤最（捕盗考成为三辅中第一也）。在公卿间，洁清自守，语不及私，温良谦退，不以行能骄人。病卒，家无余财，天子贤之，赐其子黄金百斤，以奉祭祠。三子皆为郡守，少子岑，历位九卿，至后将军。

【注释】①霍光：（？-前68年），字子孟，河东平阳（今山西临汾）人，西汉权臣、政治家，麒麟阁十一功臣之首，大司马霍去病异母弟，汉昭帝皇后上官氏外祖父，汉宣帝皇后霍成君之父。常被人和伊尹并提，称为伊霍，后世往往以行伊霍之事代指权臣摄政废立皇帝。②拜：用一定的礼节授与某种名义或职位，或结成某种关系。③高第：科举考试名列前茅。④右扶风：官名。亦指其所辖政区名。汉太初元年（公元前104年）更名主爵都尉为右扶风。其地在今陕西长安县西，为拱卫首都长安的三辅之一。⑤三辅：又称"三秦"，本指西汉武帝至东汉末年（前104年-220年）期间，治理长安京畿地区的三位官员京兆尹、左冯翊、右扶风，同时指这三位官员管辖的地区京兆、左冯翊、右扶风三个地方。隋唐以后称"辅"。

【译文】尹翁归，字子兄，河东平阳人。年幼时成了孤儿，他曾做过管理监狱的小吏，精通法令条文。当时大将军霍光执掌国家大权，霍氏家族在平阳县，霍家的奴仆手持武器冲入集市殴斗，管理集市的小吏不能禁止。等到尹翁归当了市吏，没有人再敢来冒犯闹事。尹翁归公正廉洁，不接受馈赠，商贾们都畏惧他。后来尹翁归辞去官职回到家乡。适逢田延年任河东太守，巡视所管各县时到达平阳，召集过去做过小吏的五六十个人，亲自接见他们，让做文职的在东面，做武职的在西面。视察了几十人之后，轮到了尹翁归，只有尹翁归一人伏到地上不肯起来，他回答说："我能文能武，只听你的安排。"田延年认为他不同寻常人，因此任命他为卒史。尹翁归考问情事，揭发坏人坏事，彻底追究案情的根源，使真相大白，田延年自认为比不上他。尹翁归被推举为廉洁的人，先后连续担任郡中守丞尉之职，所在职位，政绩较好。后来任东海太守，处理政事明察秋毫，郡中下属和百姓有没有道德和才能，以及犯罪分子的罪名他都全部知道。尹翁归下令逮捕奸猾的小吏和有财有势的人，加以审问，按法律定罪，目的是惩罚少数人，以警诫多数人。官吏和百姓都顺服，改过自新。此后，尹翁归凭借政绩优异而进入京城代理右扶风。他选拔、任用廉洁公正的官吏，但如果这些官吏背弃他，也一定会受到处罚。尹翁归对地位低、没有势力的人比较宽松，对有权又有势的人比较严厉。经过尹翁归的治理，扶风风气习俗得到治理，捕获盗贼的考核成绩，在三辅中常常是最高的。尹翁归身处公卿中间，保持自身廉洁，话语中从不涉及自己，温和善良，谦虚退让，从不因为自己的品行和才能而待人傲慢。尹翁归因病去世。他家中没有多余的财产，皇帝认为他很贤能，赏赐一百斤黄金给他的儿子用来祭祀他。尹翁归的三个儿子都做了郡守。最小的儿子尹岑位列九卿，做到后将军。

惟能公廉不受馈，故以市吏之微，而不畏大将军赫赫①之势也。及身为公卿，而洁清如故，家无余财，终始一节。岂非其砥砺②者有素哉？

【注释】①赫赫：显赫的样子。②砥砺：勉励。

【译文】尹翁归因为能公正廉洁，不接受馈赠，所以能够以市吏这样卑微的地位而不畏惧大将军显赫的权势。等到后来身为公卿，还是廉洁清明像以前一样，家中没有多余的财物，自始至终都是一样的节操，这难道不是由于经过磨炼的人具有一定素养的缘故吗？

8.黄霸，字次公，淮阳阳夏人。少学律令，喜为吏。武帝末，察廉，为河南太守丞为人明察内敏，又习文法。然温良有让，知善御众。为丞处议当于法，合人心，太守甚任之。宣帝闻霸持法平，召以为廷尉正（廷尉属官）。后擢为颖川太守。时上垂意①于治，数下恩泽诏书。霸为选择良吏，分部宣布，令民咸知上意。务耕桑，节用殖财②，种树畜养，去食谷马。米盐靡密（细杂之务），初若烦碎，然霸精力能推行之。力行教化而后诛罚，务在成就安全。治道去其太甚，外宽内明，得吏民心。盗贼日少，户口岁增，治为天下第一。天子下诏称扬，赐爵关内侯。后为丞相，封建成侯。薨，谥曰定侯。

【注释】①垂意：注意、留意。②殖财：谓经商。

【译文】黄霸，字次公，淮阳阳夏人。年轻时学习法律条令，喜欢做官。汉武帝刘彻末年，黄霸被推举推举为廉洁之士，任命为河南太守丞。黄霸为人观察入微，心思敏捷，又熟悉法令条文，然而温和善良，谦虚退让，聪明有见识，善于驾御大众。身为太守丞，他的处置决议合乎法度，顺应人心，太守非常信任他。汉宣帝刘询听说黄霸执法公正，将他召入朝廷，任命为廷尉正。后来提升为颖川太守。当时皇帝留意关心对国家的治理，多次颁布对老百姓有恩惠的诏书。黄霸为朝廷选拔贤能的官吏，分派他们宣传皇上的诏令，使老百姓都知道皇上的意图。致力于种田养蚕，减少费用，增殖财货，种植树木，饲养牲畜，备集草料，作好战备。虽然皇帝的诏令繁杂细碎，但黄霸专心竭力，能够推行它们。黄霸对属下先以品德来教导感化，再用责罚惩治，努力做出成就不使其受到伤害。他的治理措施去掉其中太过分的，外面宽松而内部明察，赢得官吏和老百姓的拥护。颖川的盗贼一天天减少，户口一年年增多，黄霸的治理业绩为天下第一。皇帝下诏赞扬他，赏赐关内侯的爵位。后来黄霸做了丞相，封为建成侯。去世后，谥号定侯。

吏胥生长里巷①，执事官衙。于民间之情伪，官司之举措。孰为相宜，孰为不宜，无不周知。他日见诸施为，当更有条而有理。如黄公之治颍川，初若烦碎，而能推行无碍。其平素之讲求于民生利弊者至矣。

【注释】①里巷：街巷、胡同。

【译文】小吏生长在里巷，任职在官衙，对于民间思想的真假，官方的措施，谁合适，谁不合适，无不普遍了解，以后看到被施行，应当更有条有理。如黄公治理颍川，最初好像很繁琐细碎，但能够推行没有妨碍，说明他平时对民众生活利弊的重视达到了极致。

9.文翁，庐江舒人。少为郡县吏，好学，通春秋。察举，为蜀郡守。仁爱，好教化，见蜀地僻陋，有蛮夷①风，文翁欲诱进之。乃选郡县小吏，开敏有材者十余人，亲自饬厉②，遣诣京师，受业博士，或学律令。成就归，文翁以为右职③，用次察举，有至郡守刺史者。又修举学官（即学宫），招下县子弟，以为学官弟子（如今之生员），为除更繇④（繇役），高者补郡县吏，次为孝弟⑤力田。吏民荣之，由是大化。文翁终于蜀，吏民为立祠堂，岁时祭祀不绝。至今巴蜀好文雅，文翁之化也。

【注释】①蛮夷：古代泛指华夏中原民族以外的少数民族。②饬厉：戒勉、劝戒，亦作"敕厉"。③右职：高职、要职。④繇：同"徭"，古代统治者强制人民承担的无偿劳动。⑤弟：古同"悌"，孝悌。

【译文】文翁，庐江舒县人。年轻时在郡县做过小吏，喜欢学习，懂得《春秋》。后来经过选拔，任蜀郡守。文翁宽仁慈爱，喜欢政教风化，看到蜀地地处偏远、风俗粗野、有蛮夷的风俗习气，就想诱导他们改进，于是选拔郡县中通达明敏、有才能的小吏十多个人，亲自告诫勉励，派他们到京城，跟随博士学习，有的学习法令条文。学成之后回到家乡，文翁安排他们担任重要职务，下一次官吏选拔，有人做到郡守、刺史。文翁又举办官方学校，引来郡中四周各县的子弟来做生员，为他们免除劳役，成绩好的让他们做郡县小吏，成绩差一点儿的做教导百姓孝顺父母、尊敬兄长、努力务农的乡官。官吏百姓以能入官学为荣耀，从此蜀地风俗习气大大改变。文翁在蜀地去世，当地的官吏和百姓为他建立祠堂，一年四季祭祀他的人络绎不绝。直到现在巴蜀之地崇尚文雅，是文翁推行政教风化的结果。

汉初，天下未有学校。文翁首先创举，专以人材为务，故为千古循良之冠。边方小吏，学成宦显，为风气所自开。洵①乎无人而不可造就也。

【注释】①洵：确实，实在。

【译文】汉代初年，天下还没有学校，由文翁首先举办，专门以人才培养为要务，所以是千百年来循良官吏的第一位。地处偏远的小吏，学成之后担任显达职位，成为开风俗习气的人，这的确是没有人就不可能取得成就啊。

10.朱邑，字仲卿，庐江舒人。为桐乡啬夫①（主一乡赋役），廉平不苛。以爱人利物为行，未尝笞②辱人。存问耆③老孤寡，遇之有恩，所部民爱敬焉。迁补太守卒史，举贤良，为北海太守。治行第一，入为大司农。为人惇厚，笃于故旧，然性公正，不可交以私，朝廷敬焉。身为列卿，居处俭节。禄赐以共④九族乡党，家无余财。神爵元年卒。天子赐邑子黄金百斤，奉祭祀。初邑病且死，属⑤其子曰：我故为桐乡吏，其民爱我，必葬我桐乡，后世子孙奉尝祭祀我，不如桐乡民。及死，其子葬之桐乡西郭⑥外。民果共为邑起冢立祠，岁时祭祀不绝。

【注释】①啬夫：职官名。秦置为乡官，掌听讼收税等事情，汉有虎圈啬夫等。②笞：用鞭杖或竹板打。③耆：年老，六十岁以上的人。④共：古同

"供"，供奉，供给。⑤属：古同"嘱"，嘱咐，托付。⑥郭：城外围着城的墙。

【译文】朱邑，字仲卿，庐江舒县人。最初任桐乡听讼收税的小吏，因为他廉洁公平，不苛刻，以对人慈爱、利益万物为行止，从来没有用竹板、荆条抽打和侮辱过人，还经常慰问老人、孤儿和寡妇，给予他们恩惠，所以他统属的老百姓都爱戴他、敬重他。后来朱邑升任太守卒史，朝廷选拔贤良文学，他又任北海太守，治理政绩排列第一，进入朝廷任大司农。朱邑为人质朴敦厚，忠诚于旧交，然而秉性公平正直，交往中不存有私念，朝廷因此非常敬重他。朱邑虽然身居九卿之列，但是日常生活却十分节俭，他把自己的俸禄和朝廷的赏赐拿来供给家族和乡里的人，家中没有多余的财产。朱邑神爵元年去世，皇上赏赐一百斤黄金给他的儿子，用来祭祀他。起初，朱邑患病临终时，嘱咐他的儿子说："我曾经担任过桐乡的小吏，那里的老百姓爱戴我，一定要将我葬到桐乡。我后世的子孙祭祀我，不如桐乡的老百姓。"等到他死了，他的儿子将他葬到桐乡西城的外面，老百姓果然一起为朱邑垒起坟冢、建立祠堂，一年四季祭祀从不间断。

啬夫之于一乡，其视之不啻一家，故爱泽深长，始终恋恋不置。而一乡之民，亦思念之如祖父也。吏胥以本地人，管本地事，所与交关者，非其亲友，即系乡党。果能存心惠济，与人方便，不贪财而忘义，不恃势①以作奸，谁不感服？即或好恶之口不齐，而公道在人，断不至畏如狼虎，人人欲得而甘心也。

【注释】①恃：依赖，仗着。

【译文】啬夫对于一乡来说，不仅仅只是把它当作一个家，所以热爱恩惠深远，自始至终非常留恋，舍不得离开。而一乡的百姓，也思念他像思念祖父一样。胥吏因为是本地人管理本地的事物，与他们交往的人，不是亲友，就是乡里人，如果能够存心施恩于人，给予他人各种便利，不贪图财物背弃道义，不倚仗权势作奸犯科，谁不感激佩服。即或人们的好恶不一，而公道大公无私的道理在人，绝不至畏如狼虎，人人想得到而甘心。

11.令狐茂，为壶关三老①（掌一乡教化）。武帝太子据作乱，兵败，亡，不得。上怒甚，群下忧惧，不知所出。茂上书曰：太子为江充隔塞（充以巫蛊②事诬陷太子），进不得见上，退则困于邪臣，冤结而无告，不忍忿忿之心，起而杀充，恐惧逋逃。子盗父兵，以救难免耳，臣窃以为无邪心。陛下不省察③，深过④太子。发盛怒，举大兵而求之。智者不敢言，辨士不敢说，臣窃痛之。书奏，天子感悟。

【注释】①三老：职官名。汉时掌一乡之教化。②巫蛊：以咒诅害人的邪术；巫蛊之祸。③省（xǐng）察：审察。④过：怪罪、责难。

【译文】令狐茂，任壶关县三老。汉武帝刘彻的太子刘据叛乱，兵败出逃在外，朝廷派官追捕不到。汉武帝十分生气，群臣忧愁恐惧，拿不出计策来，令狐茂上书说："太子被江充阻隔，不能与皇上沟通，进不能见到皇上，退则被奸邪之臣困住，有冤屈而没人可以诉说，忍不住愤怒不平之心，发兵杀死江充，又因为惊慌害怕而逃亡在外，这不过是儿子偷父亲的兵器来解救自己的危难罢了，我私下里认为太子没有不正当的思想念头。陛下不仔细考察，却深深地责备太子，发雷霆之怒，出动声势大的军队去追捕他，有智谋的人不敢进言，能言善辩的人不敢说，我私下里感到痛心。"奏章呈上后，汉武帝受感动而醒悟。

最难犯者，雷霆之威；最难明者，骨肉之衅①。茂以草茅②疏贱③，而能言人之所不能言，感悟天子，惟其理明而气壮也。吏当官府盛怒之下，每每不顾是非，阿④顺意指，阴持两端，愧此多矣。

【注释】①衅：缝隙，感情上的裂痕，争端。②草茅：山野乡间。③疏贱：关系疏远、地位低下的人。④阿（ē）：迎合、屈从。

【译文】最难触犯的，是君主的威严，最难明白的，是骨肉感情上的裂痕。令狐茂作为一个山野乡间、见识少地位低的人，却能说出别人所不能说的话，使天子受感动而醒悟，是因为他道理明白、说话有气势。小吏正当长官盛怒的情形下，常常不顾是非，迎合顺从长官的意旨，暗中坚持两种意见，这种行为与令狐茂相比，惭愧的地方实在是太多了。

12.翟方进，字子威，汝南上蔡人。家世微贱，方进年十二三，失父，孤学。给事太守府为小史，迟顿（同钝）不及事，数为掾史所詈①辱。方进自伤，乃从汝南蔡父相，问己能所宜，蔡父奇其形貌。谓曰：小史有封侯骨，当以经术进，努力为诸生学问。方进读经，受《春秋》，积十余年，经学明习，以甲科②为郎。举明经，居官不烦苛，所至甚有威名。后为丞相，封高陵侯。请托③不行，知④能有余，兼通文法，号为通明相。

【注释】①詈（lì）：骂，责骂。②甲科：古代考试科目的名称。汉代课士分甲乙丙三科，唐宋进士分甲、乙科，甲科试题最难。③请托：请别人办事，以私事相托。④知：古同"智"，智慧。

【译文】翟方进，字子威，汝南上蔡人。他的家族世系地位卑微低下。翟方进十二、三岁时，失去父亲、不能继续学习，于是就到郡太守府去供职，当了小史。由于反应迟缓办不了事，多次被掾史责骂侮辱。翟方进感到很悲伤，就去汝南蔡父那里相面，问自己干什么

能有所作为。蔡父认为他的相貌奇异，就对他说："你有封侯的骨相。你应当从儒家经学求得仕途的发展，努力用尽气力研究儒家的知识。"于是翟方进研读经书，从师学习《春秋》。过了十多年，翟方进对经学能够明了熟习，参加射策甲科考试，成绩优异，被任命为郎官，后

又被推举为明经。翟方进做官不采取烦法苛政，所任职的地方都很有显赫的名望。后来做了丞相，封为高陵侯。翟方进廉洁公正从不答应别人的私事相托，他智慧才能有剩余，兼通律令和文书，号称开通而贤明的丞相。

小吏封侯，虽骨相天生。亦由立志不凡，能刻苦自励耳。当其少年迟顿，为人詈辱时，大有动心忍性^①之益。故为小吏而不足者，为丞相而有余也。

【注释】①动心忍性：以外在的困厄，震撼其心志，使其性格愈发坚强。语出《孟子·告子下》："空乏其身，行拂乱其所为，所以动心忍性，增益其所不能。"后多用作不顾外在的困难、阻碍，坚持下去。

【译文】翟方进由小吏到封侯，虽然说他封侯的骨相是天生的，但也是由于他立下不一般的志向，能够肯下苦功夫自我磨练的结果。当他年少反应迟缓，被人辱骂时，大有使他历经困苦而磨炼身心，不顾外界阻力，坚持下去的益处，所以做小吏才能不足的人，做丞相才智却有余，说的就是这个道理。

13.魏相，字弱翁，济阴定陶人。少为郡卒史，举贤良为令，迁扬州刺史。考案郡国守相，多所贬退。宣帝即位，迁御史大夫。大将军霍光薨，诸霍擅权专恣。相奏封事，谓宜有以损夺其权。破散阴谋，以固万世之基，全功臣之世。未几^①为丞相，封高平侯。霍氏伏诛，宣帝始亲万机^②。厉^③精为治，练群臣，核名实。而相总领众职，甚称上意。数条汉兴已来，国家便宜^④行事，及贤臣贾谊^⑤晁错^⑥董仲舒^⑦等所言，奏请施行之。常敕^⑧掾史案事郡国，四方或有逆贼风雨灾变，辄奏言之。与丙吉同心辅政，上皆重之。视事九岁，薨，谥曰宪侯。

【注释】①未几：没有多久，很快。②万机：当政者处理的各种重要事务。③厉：古通"励"奋勉。④便（biàn）宜：便当，合宜。⑤贾谊：（前200年-前168年），洛阳（今河南洛阳东）人，西汉初年著名政论家、文学家，以善文为郡人所称，世称贾生。司马迁对屈原、贾谊都寄予同情，为二人写了一篇合传，后世因而往往把贾谊与屈原并称为"屈贾"。代表作有《过秦论》、《论积贮疏》、《陈政事疏》等。其辞赋皆为骚体，形式趋于散体化，是汉赋发展的先声，以《吊屈原赋》、《鵩鸟赋》最为著名。⑥晁错：（前200年-前154年），汉族，颖川（今河南禹县）人，西汉政治家、文学家。代表作有《言兵事疏》、《守边劝农疏》、《论贵粟疏》、《贤良对策》等。⑦董仲舒：（公元前179年-前104年），西汉广川（河北景县广川镇大董故庄村）人，思想家、政治家、教育家，唯心主义哲学家和今文经学大师。提出了天人感应、三纲五常等重要儒家理论。⑧敕：告诫，古同"饬"，整顿。

【译文】魏相，字弱翁，济阴定陶人。少年时在郡中任卒史，被推举为贤良文学，做了县令，后来升任扬州刺史。魏相考核郡国的郡守和诸侯王国的国相，大多数人都受到贬官和斥退。汉宣帝刘询即位，魏相升御史大夫。大将军霍光去世后，霍氏家族独揽大权，专横放纵。魏相呈上密封好的奏书，认为应该设法削弱和剥夺霍氏的权力，破坏和消除他们的阴谋，来巩固帝王的万世基业，保全功臣的后代。不久，魏相做了丞相，封为高平侯。霍氏伏法，宣帝才开始亲自处理国家大事，振奋精神，努力治理好国家，考察群臣的实际工作情况跟他们的官职是否相符合，而丞相总体管理众官员，令皇上十分满意。魏相多次分条陈述汉朝建立以来帝王自行决定适当的措施处理事情，以及贤臣贾谊、晁错、董仲舒等人的主张，奏请皇上批准施行。魏相经常命令掾史考察郡国的情况，各地一旦出现叛贼和风雨之类的自然灾害，就奏报朝廷。魏相与丙吉同心协力，共同辅助朝政，皇上都很器重他们。魏相任丞相职九年，去世后，谥号宪侯。

西汉中兴①名相，首推魏丙，二人皆小吏出身。协力同心，宽严并济，真千古盛事也。

【注释】①中兴：常指国家由衰退而复兴；由衰复盛，重新振作。

【译文】西汉由衰转盛的名相，首推魏相和丙吉，他们均是小吏出身，同心协力，宽大与严厉并行，真正是千古盛事。

14.丙吉，字少卿，鲁国人。治律令，为鲁狱吏，积功劳，稍迁至廷尉右监。武帝末，巫蛊事起。时宣帝生数月，以皇曾孙坐①卫太子②事，系狱。吉见而怜之，择谨厚女徒，令保养曾孙，置闲燥处。武帝因望气③者言长安狱中有天子气，遣使者分条（处分），中都官④诏狱（中都官诏狱存京师，有二十六所）系者，亡轻重，一切皆杀之。吉闭门拒使者不纳。曰：皇曾孙在。他人无辜死者，犹不可，况亲曾孙乎？相守至天明，不得入。武帝闻之，悟曰：天使之也。因赦天下。郡邸狱系者，赖吉得生。曾孙病，吉数敕保养乳母，加致医药，以私财物给其衣食。昭帝崩，无嗣，昌邑王⑤以淫乱废。吉奏记大将军霍光，立皇曾孙，是为宣帝，赐吉爵关内侯。吉深厚不伐善，绝口不言前恩。后因掖庭宫婢则（名则），自陈尝有阿保之功⑥，引吉为证，上始知吉有旧恩，而吉终不言，上大贤之，封为博陵侯，邑千三百户。后代魏相为丞相，尚宽大，好礼让，务掩过扬善，为政能知大体。及病笃，荐杜延年、于定国、陈万年三人自代。后居位，皆称职，上称吉为知人。

【注释】①坐：定罪。②卫太子（前128年-前91年），汉武帝刘彻嫡长子，汉昭帝刘弗陵异母兄。母为卫皇后。刘据生于元朔元年（前128年）春，于元狩元年（前122年）夏立为皇太子。③望气：一种古代的占候方法。由观望云气而知道人事吉凶的征兆。④中都官：西汉时指京师诸官府，汉武帝置。中都官狱共二十六（一说三十六）所。⑤昌邑王：汉朝受封地建都昌邑（今山东菏泽市巨野县东南）的王室，此指汉废帝刘贺（公元前92年－公元前59年），汉朝第九任皇帝，也是汉朝历史上在位时间最短的皇帝。⑥阿保之功：保护抚养的功劳，亦作"阿保之劳"。

【译文】丙吉，守少卿，鲁国人。他研究律法条令，在鲁做狱吏。累积功劳，逐渐提升，做到廷尉右监。汉武帝刘彻末年，巫蛊之祸发生了。当时宣帝刘询出生才几个月，身为皇曾孙，因为卫太子刘据的事获罪而被囚禁狱中。丙吉看到了，很可怜他，于是挑选谨慎厚道的服劳役的女犯，叫她保护并养育皇曾孙，把皇曾孙安置到宽敞安静的地方。汉武帝因为望气的人说长安的监狱中有天子气，因此派遣使者分别处置中都官诏狱关押的囚犯，无论罪行轻重，全部都杀掉。丙吉闭门不让使者进入，说："皇曾孙在这里。他人无辜而死尚且不可，何况是皇上的亲曾孙呢！"与使者对峙到天明，使者没能进去。汉武帝听到了这件事，有所醒悟，说："是老天爷安排丙吉这样做的。"因此大赦天下。郡邸狱关押的人靠丙吉得以活下来。皇曾孙生病了，丙吉常常嘱咐抚养的乳母给他治病，拿出自己私人的财物供给他们衣食。汉昭帝刘弗陵驾崩，没有继承人，昌邑王刘贺又因为淫乱而被废除。丙吉用书面形式向大将军霍光陈述意见，拥立皇曾孙，这就是宣帝。宣帝赐给丙吉爵位为关内侯。丙吉为人深切宽厚，从不夸耀自己的长处，也不开口提以前给人的恩惠。后来因为掖庭宫的婢女则自称曾有抚育皇上的功劳，叫丙吉作证，皇上才知道吉丙对他有旧恩，而丙吉始终不说，皇上认为他是非常有才能有道德的人，封他为博阳侯，食邑一千三百户。后来丙吉接替魏相做了丞相，他崇尚宽宏大量，喜欢守礼谦让，务求讳言他人的过恶，称扬他人的好处，处理政务能够把握大局。等到他病重以后，推荐杜延年、于定国、陈万年三人来接替自己。后来三人在自己的职位上，都很称职，皇上称赞丙吉是个能鉴察人的品性和才能的人。

丙丞相之保护皇曾孙，可谓委曲①周至矣。要止行其心之不忍，期其义之所安。非逆料其后之得为天子，而冀幸非分之福也。凡在公门，不论何等人，苟有负屈难伸，皆当为之剖白保护，方是真心为善。天亦未有不厚报之者。

【注释】①委曲：屈身折节，意不得伸。

【译文】丙丞相保护皇曾孙的方法，可以说是屈身折节而周到。他那样做，仅仅是为了解除心中的不忍，期望能够符合道义，而不是预料皇曾孙日后会成为天子，而寄希望侥幸获得非分的福禄，大凡在官府做事，不论是何等人，假如有谁心里怀有委屈难申难以申辩，都应当为他剖析辨白，加以保护，这才是真心行善，老天爷也没有不厚报他的。

丞相丙吉驭吏（驭车者），嗜酒，尝醉呕丞相车上。主吏欲斥之。吉曰。以醉饱之失去士，使此人将何所容。此不过污丞相车茵①耳。遂不去也。此驭吏边郡人，习知边塞警备事。尝出，适见驿骑持赤白囊（贮紧急文书者）驰至，驭吏因随至公车刺取（探听也），知虏入云中代郡。遽归府见吉曰：恐虏所入边郡，二千石长吏，有老病不任兵马者，宜可豫②视。吉善其言。召东曹③（主二千石长吏迁除），案边长吏，科条其人。未已，诏召丞相御史。问以虏所入郡吏，吉具对。御史大夫卒遽不能详知，以得谴让④。而吉见谓忧边思职，驭吏力也。吉乃叹曰：士无不可容，能各有所长。向使丞相不先闻驭吏言，何见劳勉⑤之有？

【注释】①茵：铺垫的东西，垫子、褥子、毯子的通称。②豫：预先，事先。通"预"。③东曹：丞相幕府官员，主"二千石长吏迁除及军吏"，权力极大。④让：责备、谴责。⑤劳勉：慰问，勉励。

【译文】丞相丙吉的驾车小吏嗜酒，曾经因为酒醉而呕吐在丞相的车上，主管的官吏想赶走他，丙吉说："因为醉酒的过失而将人赶走，叫这个人在哪里容身呢？这不过是弄脏了丞相车上的垫子罢了。"最终没有将他赶走。这个驾车的小吏是边郡人，熟知边塞上警戒防备方面的事情，他曾经外出，正好看到驿站的骑兵手持红白色贮藏紧急文书的口袋疾驰而来，驾车的小吏乘机跟随到官车探听，探听到敌人入侵云中、代郡，便马上回到官府见丙吉，说："我担心敌人所入侵的边郡中，郡守有年老生病不能胜任领兵打仗的，朝廷或许可以预先审察。"丙吉认为他说得很对，于是召集东曹考察边郡的长官，将他们按年龄、经历和擅长文武等做不同的归类。还没有完成，皇上就下诏召丞相、御史觐见，询问敌人所入侵边郡的长官情况，丙吉一一作了回答。御史大夫突然被问，仓促间不能详细回复，因此受到谴责。而丙吉被认为忧虑边郡的安危、时时不忘自己的职责，这是驾车的小吏的功劳。丙吉于是感叹道："没有什么人是不能容忍的，人的才能各有各的长处。假使丞相事先没有听到驾车小吏的话，又哪里会受到慰问勉励呢？"

此驭吏大有心胸人。若以为酒徒而斥之，彼虽欲自效无由也。官之待吏者，勿以小过轻弃人。而吏之有过获免者，益当厚自奋励，尽心公事，图报恩遇，则两得之矣。

【译文】这位驾车的小吏是个很有抱负的人，如果把他看作是个嗜酒的人而将他赶走，那么他即使想效力也没有机会了。作为长官对待小吏，不要因为犯小错误而轻易舍弃他；而作为小吏，如果有错误却得到赦免，应该更加受到激励，竭尽心力，投入公务，报答所受到的优厚待遇，这样一来，就两全其美了。

15.张敞，字子高，平阳人。徙杜陵，以乡有秩①（啬夫之类），补②太守卒史。察廉，为甘泉仓长。稍迁太仆丞，昌邑王淫乱，敞切谏，显名。擢为豫州刺史，复徙③为山阳太守。渤海胶东盗贼并起，天子征敞拜胶东相，赐黄金三十斤。敞明设购赏，开群盗，令相捕斩除罪。吏追捕有功，上名尚书，调补县令者数十人。由是盗贼解散，吏民翕④然，国中遂平。诏守京兆尹，召见偷盗酋长数人，贳⑤（贷也）其罪，把其宿负（所犯赃证），令致诸偷以自赎。偷长曰：今一旦召诣府，恐诸偷惊骇，愿一切受署。敞皆以为吏，遣归休置酒，小偷悉来贺。且饮醉，偷长以赭（赤色）污其衣裾⑥。吏坐里间，阅出者污赭，辄收缚之，尽行法罚。桴鼓⑦稀鸣，市无偷盗。后为冀州刺史，治盗贼亦有名。

【注释】①秩：职官名，掌听讼收税等事情。②补：官有缺位，选员补充。③徙：调职。④翕：和好，一致。⑤贳（shì）：宽纵，赦免。⑥裾（jū）：衣服的前后部分。⑦桴鼓：鼓槌与鼓。

【译文】张敞，字子高，平阳人。他搬家到杜陵，在乡里以收税官一类的身份升任太守卒史，后来被推举为廉洁之士，升甘泉仓长，渐渐地，提拔为太仆丞。昌邑王刘贺淫乱，张敞因为直言极谏而名声显扬，提升为豫州刺史，后又调任山阳太守。渤海、胶东的盗贼蜂拥群起，皇上下诏书征召张敞，任命他为胶东相，赏赐黄金三十斤。张敞发布悬赏，离间群盗，使他们内乱相互捕杀以免除罪行。官吏因为追捕盗贼有功，名字上报尚书而选任县令的，有几十人。这样一来，盗贼解散，官吏和百姓安定，郡国中终于平静下来。皇帝下诏任命张敞为京兆尹，张敞召见几个小偷首领，赦免他们的罪行，拿着他们所犯的赃证，叫他们招引小偷们自己来赎罪。小偷首领说："今天突然将他们召到官府，恐怕他们会受到惊慌害怕。希望我们全都能在衙署任职。"张敞让他们都做了小吏，送他们回家休息。小偷首领置办酒席，小偷都来祝贺首领任职，快要喝醉时，小偷首领用红褐色的粉末染脏了小偷们的衣服前襟。官吏坐在间门里观察出来的人，衣服被红褐色的粉末染脏的就把他捆绑起来，按法律全部对他们进行处罚。从此，示警的鼓声很少响起了，做买卖的地方里没有了窃贼。后来张敞任冀州刺史，惩治盗贼也很有名。

为乡官，为卒史①，于察吏捕贼情事，讲求有素。故由刺史以至为相，皆以明赏罚严追捕为首务。卒能使群吏效命，盗贼屏息，此种经济②，谓其得力于卒史也可。

法
录

【注释】①卒史：秦、汉官署中的属吏。地位比书佐稍高，秩一百石。②经济：经世济民。

【译文】张敞无论做乡官，还是做卒史，对于考察官吏、逮捕盗贼这样的事，讲求一定的条理，所以从做刺史到任宰相，都以赏罚分明、追捕严厉为首要任务，最终能使众位下属舍命报效，盗贼消失。他的这种经世济民的才干，可以说得力于卒史任上的经历。

16.东郡门卒（守门者），本诸生。闻太守韩延寿贤，无因自达，故代卒。延寿尝出临上车，骑吏（护从之人）一人后至。敕功曹（主选署功劳者）议罚，还至府门。门卒当车，愿有所言。延寿止车问之。卒曰：孝经曰，资于事父以事君而敬同。故母取其爱，而君取其敬，兼之者父也。今旦明府①早驾，骑吏父来至府门，不敢入。骑吏闻之，趋②出走谒③。适明府登车。以敬父而见罚，得无亏大化乎。延寿举手舆中曰：微子，太守不自知过。归舍。召见门卒，遂待用之。

【注释】①明府：汉代对太守，唐代对县令的尊称。②趋：疾步快走。③谒(yè)：拜见。

【译文】东郡门的守门人，原本是位儒生，听说太守韩延寿有道德才能，但自己没有条件勉力显达，所以代替别人做守门人。韩延寿有一次外出，准备上车的时候，护从的小吏有一人迟到，于是下令功曹讨论如何对他进行处罚。韩延寿回到府门，守门的人挡住了车，希望能说说自己的意见。韩延寿停下车问他，他回答说："《孝经》说：'用侍奉父亲的孝道来侍奉君主，恭敬是相同的，所以母亲获得的是爱，君主获得的是敬,二者都能兼得的是父亲。'今天早上太守您出行早,护从的父亲来到府门,不敢进入。护从听说了,急忙跑出去拜见,正巧碰到太守您登车出行。护从因为孝敬父亲而被处罚,难道不会影响广远而深入的教化吗?"韩延寿在车上举起手来说:"如果没有你,我就不知道自己的过失。"回到住处,召见了守门的人,最终接待并提拔任用他。

有才而无以自达,虽托踪舆隶^①,不以为辱。吏胥日在官长之前,苟有一长,无不刮目相待者。故曰不患莫已知,求为可知也。门吏以敬父为急,而不避后至之罚。足征其笃于伦理,知所重轻。韩公安得不肃然起敬乎?

【注释】①舆隶:亦作"皁(yú)隶"。古代十等人中两个低微等级的名称。因用以泛指操贱役者,奴隶。

【译文】东郡守门的人有才而不能勉力显达,虽然托身做地位低贱的守门人却不认为是耻辱。小吏小胥每天在长官的面前,只要有一种特长,没有不被长官刮目相待的,所以说:不要担心没有人了解自己,得要求能够让人了解。护从把孝敬父亲当作紧急重要的事情,而不逃避迟到后招致的处罚,足以证明他忠诚于人伦道德之理,知道孰轻孰重,所以韩延寿怎么能不对他严肃敬仰呢呢?

17.王尊,字子赣,涿郡高阳人。少孤,诸父使牧羊泽中。尊窃学问,能史书。年十三,求为狱小吏。数岁,给事^①太守府。问诏书行事,尊无不对,太守奇之,除补书佐^②(治文书者),称病去。事师,治《尚书》《论语》,略通大义。复为郡决曹史,察廉为槐阳令。以高第^③擢安定太守,五官掾(署诸曹事)。张辅,狡猾不道,奸贼百万。尊执辅系狱,威震郡中,盗贼分散。迁益州刺史,居部二岁,蛮夷归附其恩信。为司隶校尉,劾奏石显(宦官)专权擅势,左迁。寻^④为东郡太守,会河水盛溢,老弱奔走,尊躬率吏民,沉白马祀神,请以身塞金堤,因止宿堤上。吏民数千万人，叩头救止，尊终不肯去。及堤坏，尊立不动，而水波稍却回还（渐退也）。三老奏其状，诏赐黄金二十斤，秩中二千石。数岁卒官，吏民祀之。

【注释】①给事：供职。②书佐：主办文书的佐吏。又称为门下书佐，位掾、史之下。历代沿设。唐武德时改名为"参军事"。③高第：官吏的考绩优等。④寻：顷刻，不久。

【译文】王尊，字子赣，涿郡高阳人。少年时成了孤儿，叔伯们让他在积水的洼地中放羊。王尊私下里学习知识，熟习史书。十三岁时，请求做管理监狱的小吏。几年以后，在太守府供职，太守问他施行诏书所行的事，他没有不对答如流的。太守认为他不同常人，任命他做书佐。后来王尊因为生病而去职，跟随老师，研习《尚书》、《论语》，能略取通晓书中的意旨。不久王尊又任郡决曹史，被推举为廉洁之士而担任美阳令，又因为考绩优等被提升为安定太守。五官掾张辅狡猾奸诈，多行不道，不法收入达百万之多。王尊拘捕张辅关押狱中，一时全郡为之震动，盗贼四分五散。后来王尊升益州刺史，他在益州管理两年，蛮夷因为他的恩德与信义来归附。王尊升司隶校尉，因为上书弹劾石显把持大权，独断专行，而被贬职，不久任东郡太守。适逢黄河水满溢出，百姓无论老弱四处奔逃。王尊亲自率领官吏和百姓，将白马沉入水中祭祀神灵，提出要用自身来填塞金堤，因而停留住宿在大堤上。官吏百姓数千万人叩头请求他停止这样做，但王尊始终不肯离开。等到大堤毁坏，王尊站立不动，而洪水渐渐退了回去。郡县的三老将他的作为上奏朝廷，皇帝下诏赐给他黄金二十斤，官阶为中二千石。几年以后王尊在任上去世，官吏百姓祭祀他。

忠勇之节，根于天性，西汉第一流人物也。向时[①]之为牧竖[②]小吏，正所以励其志而老其材耳。

【注释】①向时：先前，以前。②牧竖：放牧牛羊的童子。亦作"牧童"。

【译文】王尊忠诚和勇敢的节气，本于天性，是西汉的第一流人物。过去他做牧童和小吏，正好磨练了他的心志、增长了他的才干。

18.孙宝，字子严，颖川鄢陵人。以明经为郡吏，御史大夫张忠辟①宝为属，欲令授子经。宝自劾去，忠固还之。后署宝主簿（录门下事者），宝徙入舍，祭灶，请比邻。忠怪之，使所亲问宝。宝曰：高士不为主簿，而大夫君以宝为可，士安得独自高。前日君男欲学文，而移宝自近。礼有来学，义无往教。道不可诎②，身诎何伤？忠闻之，甚惭。荐宝经明质直，宜备近臣。为议郎，迁谏大夫。广汉群盗起，选为益州刺史，宝亲入山谷，谕告群盗，皆悔过自出，遣归田里。自劾矫制③，免。后益州蛮夷犯法，上以宝名着西州，拜为广汉太守。蛮夷安辑，吏民称之。平帝时为大司农，会越巂郡黄龙游江中，太师孔光④等，咸称王莽⑤功德比周公⑥，宜告祠宗庙。宝曰：周公上圣，召公⑦大贤，尚有不相悦著于经典，两不相损。今风雨未时，百姓不足，每有一事，群臣同声，得无非其美者。时大臣皆失色。坐事免，终于家。建武中，录旧德臣，以宝孙伉为诸（县名）长。

【注释】①辟：君主招来，授予官职。②诎（qū）：屈服，折服。③矫制：假托朝命以行事。④孔光：（前65年－5年4月28日），字子夏，曲阜（今山东曲阜）人，西汉后期大臣，孔子的十四世孙，太师孔霸之子。官至大将军、丞相、太傅、太师。⑤王莽：（公元前45年－公元23年10月6日），字巨君，新都哀侯王曼次子、西汉孝元皇后王政君之侄、王永之弟。中国历史上新朝的建立者，即新始祖，也称建兴帝或新帝，公元8年到公元23年在位。⑥周公：姓姬名旦，是周文王姬昌第四子，周武王姬发的弟弟，曾两次辅佐周武王东伐纣王，并制作礼乐。因其采邑在周，爵为上公，故称周公。周公是西周初期杰出的政治家、军事家、思想家、教育家，被尊为"元圣"和儒学先驱、奠基人。⑦召公：姬姓，名奭，又称召公（一作邵公）、召伯、召康公、召公奭，西周宗室、大臣，与周武王、周公旦同辈。因采邑于召（今陕西岐山西南），故称召公或召伯、召公奭。

【译文】 孙宝，字子严，颍川鄢陵人。因为通晓经术而做了郡吏。御史大夫张忠征召孙宝为属官，想要他教授儿子经术。孙宝检举自己的过失请辞，张忠坚决挽留他。后任命孙宝为主簿，孙宝迁移到官舍，祭祀灶神宴请邻居。张忠感到奇怪，派亲近的人去问孙宝，孙宝回答说："志行高洁的人不做主簿，而大夫您认为我孙宝可以做主簿，读书人怎能独自抬高自己的身价呢？前日大夫您的儿子想要学习经学，而征调我去教授他。按礼有来求学的，按义没有去教授的。道不可曲，身体受曲有什么伤害呢？"张忠听了他的话，十分惭愧，上书推荐孙宝通晓经术、人品正直，应当备作皇帝的近臣。孙宝因此做了议郎，升任谏大夫。广汉群盗蜂拥而起，朝廷选拔孙宝任益州刺史。孙宝亲入山谷，告诫群盗。群盗都悔过自己出了山，遣送回田间劳动。孙宝检举自己假托朝廷命令行事的过失，因此被免职。后来益州的蛮夷违犯法律禁令，皇上认为孙宝在西部州郡名声显赫，任命他为广汉太守。蛮夷因此得到安抚，官吏百姓都称赞孙宝。汉平帝六衍时孙宝任大司农，适逢越巂郡有黄龙游江中，太师孔光等都称赞王莽的功德与周公并列，应该祭告祠堂宗庙。孙宝说："周公是上圣，召公是大贤，都还有相互不高兴的地方，写到了经典上，两人不互相毁损。如今风雨不按时，百姓不富足，每当发生一件事，群臣同声附和，难道就没有人说这不是朝廷的美事吗？当时大臣们都大惊失色。后来孙宝因为获罪而免官，在家中去世。建武年间，朝廷录用旧时有德行臣子的后裔，任命孙宝的孙子孙伉任诸县长官。

却师傅之尊，而甘居主簿之卑。以身可诎而道不可诎也。及观其立朝大节，侃^①直不阿，非以道自尊者不能，谁谓掾曹^②中无气节哉？

【注释】①侃：理直气壮，从容不迫的样子。②掾曹：犹掾史。古代分曹治事，故称。出自《西京杂记》。

【译文】孙宝推却做师傅的尊荣，而甘愿担任主簿的卑职，是因为他认为身可曲而道不可曲的缘故。再看他在朝廷中正直不苟且的节操，刚毅梗直而不曲意逢迎，如果不是讲自尊的人是不能这样的。谁说做属吏的人没有气节呢？

19.侯文，京兆故史。刚直不苟合。孙宝为京兆尹，以恩礼请文。文求受署为掾。进见，如宾礼。数月，以立秋日，署文东部督邮（分督所部者）。入见敕曰：今日鹰隼始击，当顺天气，取奸恶，以成严霜之诛。掾部渠^①有其人乎？文仰曰：无其人，不敢空受职。宝曰：谁也？文曰：霸陵杜穉季。宝曰：其次。文曰：豺狼横道，不宜复问狐狸。宝默然。穉季者，大侠，与卫尉淳于长^②等厚善。时淳于长方贵幸。与宝友善，以穉季托宝。文知其故，因曰：明府素着威名，今不敢取穉季，当且阖合勿有所问。如此竟岁，吏民未敢诬明府也。即度（舍也）穉季而谴他事，众口欢哗，终身自堕。宝曰：受教。穉季闻知，杜门^③不通水火。穿舍后墙为小户，但持锄自治园。因文所厚，自陈如此。文曰：我与穉季幸同土壤，素无睚眦^④，受将命，分当相直。诚能自改，严将不治前事，即不更心，但更门户，适趣祸耳。穉季遂不敢犯法。

【注释】①渠：岂、难道，表示反诘。②淳于长：字子鸿，西汉魏郡元城（今河北省大名）人。③杜门：闭门不出。④睚眦（yá zì）：借指极小的仇恨。

【译文】侯文曾经担任过京兆的官吏，刚毅梗直不苟合。孙宝担任京兆尹，用恩惠礼遇请侯文，侯文请求安排做属吏，进见按照宾客的礼节。几个月后，在立秋这天任命侯文为东部督邮。侯文入门拜见，孙宝告诫他说："今日鹰隼刚刚开始出击，应当顺应天气捉取奸恶之人，以形成像严霜一样无情的惩罚，属吏之中难道有这样的人吗？"侯文仰起头来说："没有这样的人我不敢空受职位。"孙宝说："是谁？"侯文说："霸陵人杜穉季。"孙宝又说："此外还有谁？"侯文答道："豺狼当道，不应该再追究狐狸。"孙宝默然不语。杜穉季是个名气大的侠客，与卫尉淳于长等人十分友善。当时淳于长刚受宠幸，与孙宝关系很亲密友好，把杜穉季托付给孙宝，侯文知道其中的缘故，因此说："明府您向来以威名著称，如今不敢捉拿杜穉季，应当暂且关闭府门，不要追究任何人。这样一来到了年终，官吏百姓不敢说明府您的坏话。如果放过杜穉季而谴责其他事，那么大家就会喧哗起哄，您的终身将自行毁亡。"孙宝说："我接受您的指教。"杜穉季听说了这件事，闭门不出，不与人往来，凿穿房舍的后墙作小门，只是手握锄头整理园子，通过侯文诉说自己恐惧、改过的情状。侯文说："我与杜穉季有幸同时生活在一片土壤上，向来没有丝毫的怨仇，不过我接受郡将的命令，按照道理应当与他碰到一起。他如果真能自己诚心改过，严厉的郡将不会追究他以前的过错，如果不从内心改过，只是改变一下门户，那只会是加快灾祸的发生。"杜穉季最终不敢触犯律法。

穉季豪侠之势，足以倾动朝贵。而于一掾吏，畏悼若此，不敢犯法。惟文之立身严正，有以夺其气而服其心也。不然，鲜①有不为其所用者矣。

【注释】①鲜：不常，少。
【译文】杜穉季的豪强任侠的气势足以倾动朝廷权贵，而对一个属吏畏惧到这种地步，不敢触犯律法，是因为侯文立身严肃正直，能够压制他的气势而使他心悦诚服，不然的话，很少有人不被他们利用。

20.路温舒，字长君，巨鹿东里人。父为皇监门（监城门者），使温舒牧羊。温舒取泽中蒲，截以为牒①，编用写书。稍习善，求为狱小吏。因学律令，转为狱史，县中疑事皆问焉。太守行县，见而异之，署决曹史。又受《春秋》，通大义。举孝廉，为山邑丞。宣帝初即位，温舒上书言宜尚德缓刑，上善其言。久之，迁临淮太守，治有异迹，卒于官。子及孙，皆至牧守。

【注释】①牒：古时木片也常用作书写材料，故从"片"。本义：简札。

【译文】路温舒，字长君，巨鹿东里人。他的父亲是位监管城门的人，叫路温舒去放羊，路温舒摘取洼地中的蒲草，割断了做成书札，编好后用来写字。渐渐的，写得熟练工整，便请求做管理监狱的小吏，乘机学习律法条令，转任狱史，县中疑难的事全都拿来问他。太守巡视管辖的各县，见到路温舒，认为他与众不同，安排他担任决曹史。路温舒又跟随老师学习《春秋》，通晓大义。被推举为孝廉之士，任山邑丞。汉宣帝刘询刚刚即位，路温舒上书说应该提倡德政，放宽刑罚，宣帝认为他说的好。过了很长时间，路温舒升任临淮太守，政绩优异，在任上去世。他的子孙都做到州郡的长官。

以读书习善之人，而求为狱小吏，其立心必有所在。所谓公门好修行也。观其尚德缓刑书，言狱吏之惨刻，囚人之苦楚，曲折详尽。皆其为小吏时，所身经而目击，痛心而疾首者。以此为狱吏之照胆镜可也。

【译文】路温舒以读书写字熟练工整而请求做监狱中的小吏，他存心一定有目的，也就是所谓衙门好修养德行。看一看他提倡德政、放宽刑罚的奏书，谈到狱吏的残酷和苛刻，以及囚犯的苦楚，曲折详尽，都是他做监狱小吏时亲身经历和目睹，令人痛心疾首的。把这做为狱吏的照胆镜是可以的。

21.王欣，济南人。以郡县吏，积功稍迁为令。暴胜之荐于朝，征为右辅都尉，守右扶风。武帝数出幸①安定北地，过扶风，见宫馆驰道修治，嘉之，驻车拜为真。昭帝时为丞相，封宜春侯。

【注释】①幸：旧指皇帝亲临，后也泛指皇族亲临。

【译文】王欣，济南人。凭借郡县中的小吏累积功劳，逐渐升为县令。暴胜之推荐王欣到朝廷，被征召为右辅都尉，试任右扶风长官。汉武帝刘彻多次外出巡幸安定、北地，经过扶风，看到宫馆、驰道治理得很好，称赞他，停下车来，授予王欣正式实职。汉昭帝刘弗陵时，王欣做了丞相，封为宜春侯。

欣由郡县吏，积功至县令。暴荐于朝，为都尉，必其廉能有卓卓①可记者。宫馆道路之修治，特其经理②地方之显著者耳。

【注释】①卓卓：杰出。②经理：经营管理，治理。

【译文】王欣由郡县的小吏积功劳做到县令，暴胜之推荐他到朝廷，担任都尉，这一定是由于他清廉能干有特别过人的地方。宫馆、道路的整治修理，只不过是他所经营管理的地方最显著的方面罢了。

22.朱博，字子元，京兆杜陵人。家贫好客，少时给事县庭，稍迁为功曹。伉①侠好交，随从士大夫，不避风雨。友陈咸，为御史中丞，坐漏泄省中语下狱。博去吏，间步至廷尉中候伺。咸掠治困笃，博诈为医入狱，得见咸，具知其所坐罪。博出狱，又变姓名为咸验治数百（为之质证，致受榜掠也），卒免咸死罪。咸得论出，而博以此显名。后咸为大将军长史,举博为令。累迁琅邪太守,入守左冯翊。召见功曹,闭合与笔札,使自记积受。取一钱以上,无得有所匿,欺谩半言断头矣。功曹惶怖,具自疏②奸赃,大小不敢隐。博知其对以实,乃令就席,受收救自改而已。投刀使削所记,遣出就职。功曹后常战栗③,不敢蹉跌④,博遂成就之。迁为大司农⑤,后为丞相,封阳乡侯。

【注释】①伉(kàng):正直、刚直;高尚。②疏:分条说明的文字。③战栗:因恐惧、寒冷或激动而颤抖。亦作"颤栗"。④蹉跌:失足跌倒,比喻失误、失坠。⑤大司农:秦汉时全国财政经济的主管官,后逐渐演变为专掌国家仓廪或劝课农桑之官。

【译文】朱博,字子元,京兆杜陵人。家中贫寒,但喜好接纳款待宾客,年轻时在县庭供职,渐渐地,升为功曹,刚直仗义,喜欢交友,随从士大夫,不避风雨。朱博的朋友陈咸任御史中丞,因为泄漏了宫禁中的话而被捕入狱。朱博辞去官职,看准空子伺机到廷尉中查看。陈咸被拷打得病重垂危,朱博伪装成医生进了监狱,得以见到陈咸,详细了解了他所犯的罪行。朱博出了监狱,又改变姓名,为陈咸作证而被拷打了数百下,最终免除了陈咸的死罪。陈咸得以重新定罪出狱,而朱博因为替陈咸作证,免除陈咸的死罪这件事扬名。后来陈咸担任大将军长史,推荐朱博做县令。朱博积累功劳,升任琅邪太守,进京城试任左冯翊。朱博召见功曹,关上门,给他们笔札,使他们自作记录:"累积受取一个钱以上,不得有所隐匿,如果欺骗半个字,便斩首杀头。"功曹惊慌恐惧,全部写出自己非法所得的赃物,大大小小都不敢隐瞒。朱博知道他们如实记录,就叫他们就席,只是让他们领命自己改过而已。给他们削刀让他们削去所作的记录,派到外地任职。功曹事后常常恐惧惊慌,不敢再失足犯错误,朱博最终成就了他们。后来朱博升大司农,再任丞相,封为阳乡侯。

胥隶惟利是视，同侪^①喜相排挤。鲜能敦朋友之谊，不避患难，挺身相救者。博之行事，虽近于侠。而缓急足恃，肝胆照人，实可矫^②偷薄而敦古谊也。

【注释】①侪（chái）：等辈，同类的人们。②矫：纠正，把弯曲的弄直。

【译文】官府中的小吏和差役惟利是图，同辈之间喜欢互相排挤，很少有人能够忠诚于朋友的友谊，不逃避祸患灾难，挺身救助的。朱博的行为，虽然接近于侠义，但是遇到危急的事情能够让人依赖，心地坦诚，光明正大，实在可以纠正不敦厚而重视古代贤人的风义。

23.薛宣，字赣君，东海郯人。少为廷尉书佐，都船狱吏（都船狱^①，执金吾所属）。后以大司农斗食^②属（掌钱谷出纳者）补不其（音基，地名）丞。琅邪太守赵贡见宣，甚悦其能，令妻子与相见。戒^③曰：赣君至丞相，我两子亦中丞相史。察宣廉，迁都尉丞。举茂才为令。以明习文法，补御史中丞。甚知名。出为临淮太守，徙陈留，入守左冯翊，所至称治。宣为政，赏罚明，用法平而必行。所居皆有条教可纪，多仁恕爱利。尝因至日休吏（节日休假也），贼曹掾（主盗贼者）张扶，独不肯休，坐曹治事。宣出教曰：盖礼贵和，人道尚通。日至^④，吏以令休，所由来久。曹虽有公职事，家亦望私恩意。掾宜从众，归对妻子，设酒肴，请邻里，一笑相乐。扶惭愧，官属善之，郡中清静，迁御史大夫。数月为丞相，封高阳侯，署赵贡两子为丞相史。

【注释】①都船狱：汉时执金吾属官。执掌治水。②斗食：汉时低级官吏的官秩。③戒：通"诫"。告诫。④至日：冬至日或夏至日。

【译文】薛宣，字赣君，东海郯县人。年轻时任廷尉书佐都船狱吏。后来以大司农的低俸禄属吏，任不其丞。琅邪太守赵贡见到薛宣，非常欣赏薛宣的才能，叫妻子儿女与薛宣见面，告诫说："赣君做到丞相，我的两个儿子也中丞相史。"推举薛宣为廉洁之士，升都尉丞。后薛宣被推举为优秀的人才，做了令，又因为熟悉法律条文补任御史中丞，名声十分显赫。不久出任临淮太守，调任陈留太守，入京城试任左冯翊，他所到的地方都治理得很好。薛宣处理政事赏罚分明，用法公正而且一定要执行，所做的事都有条令可以依据，常常给予人仁爱、宽厚、安乐与利益。有一次官吏到冬至、夏至休假，唯独主管拘捕盗贼的功曹张扶不肯休，坐在官署处理公务。薛宣站出来教导张扶说："礼贵和，人道崇尚通达。夏至、冬至到了，官吏按法令休假，由来已久。功曹即使有公务在身，家中也希望私下的恩爱情意。你做为属官应该随顺众人，回家面对妻子儿女，摆设美酒佳肴，宴请邻里，相互欢笑取乐。"张扶感到惭愧。官属都认为薛宣说得好。后来因为郡中清静无事，薛宣被提升为御史大夫，几个月以后任丞相，封为高阳侯。薛宣任命赵贡的两个儿子担任丞相史。

观教掾之言，知薛君未遇时，作事必和而能通，不以异众为能矣。太守赏识于风尘①之中。决其必为丞相。盖不违道以干誉，不矫情以立异，正是宰臣气度也。

【注释】①风尘：比喻纷乱的社会或漂泊江湖的境况。

【译文】看一看薛宣教导属官的话，知道薛君在没有显达时，做事必定和谐而且能够通达，不以与众不同为能事。太守于纷乱的境况中赏识他，推断他一定会做丞相，大概是因为他不违背道义来求取荣誉，不故意违反常情来立异，正是宰相的气度。

24.王吉，字子阳，琅邪皋虞人。少好学明经，以郡吏举孝廉为郎，后为昌邑中尉。王好游猎，驱驰国中，动作亡节，吉上疏谏争①，甚得辅弼②之义。昭帝崩，亡嗣③，霍光迎昌邑王。吉即奏书戒王，谓大王以丧事征，宜日夜哭泣悲哀，政事一听大将军（霍光）。未几，王以淫乱废，昌邑群臣皆坐（坐罪）。吉以忠直数谏正，得减死。起家为益州刺史，征为博士谏大夫。是时外戚许史、王氏贵宠，而宣帝躬亲政事，任用能吏。吉上疏言得失，谓宜谨选左右，审择所使。与公卿大臣，延及儒生，述旧礼，明王制。又言俗吏得任子弟，率多骄骜④，不通古今，亡益于民，宜明选求贤，除任子之令。外家及故人，可厚以财，不宜居位。吉与贡禹⑤为友，世称王阳在位，贡公弹冠⑥，言其取舍同也。子骏，为御史大夫。孙崇，为大司空，封扶平侯。

法
录

【注释】①争：通"诤"，直言规劝。②辅弼：辅佐，辅助。③嗣：子孙。④骜：马不驯良，喻傲慢，不驯顺。⑤贡禹：（前127年-前44年）字少翁，琅邪（今山东诸城）人，"以明经洁行著闻"《汉书·贡禹传》。于世。主张选贤能，诛奸臣，罢倡乐，修节俭。后世尊为"贡公"。⑥弹冠：弹去帽子上的尘土，准备做官。比喻相友善者援引出仕。

【译文】王吉，字子阳，琅邪皋虞人。年少时喜欢学习，通晓经术，以郡吏的身份被推举为孝廉而做了郎官。后来任昌邑中尉，昌邑王刘贺喜欢游猎，在郡国中驱逐奔驰，举止言行没有节制，王吉上疏直言规劝，很得辅佐的意义。汉昭帝刘弗陵驾崩，没有继承人，霍光迎昌邑王入朝继位，王吉便奏书告诫昌邑王，说大王因为丧事而入朝继位，应该日夜哭泣悲哀，政事全都听从大将军霍光的。不久，昌邑王因为淫乱而被废除，他的群臣都连坐获罪，但王吉因为忠诚正直，多次劝谏昌邑王改正而得以减免死罪。后来王吉从家中起用，任益州刺史，征为博士谏大夫。这时外戚许氏、史氏、王氏显贵而受宠信，而汉宣帝刘询亲自处理政事，任用有才能的官吏。王吉上疏谈论得失，认为应该谨慎选拔身边的人，审慎选择所任用的官吏，给公卿大臣延请儒生，给他们讲述旧礼，使他们明了王制。王吉还说平庸无能的官吏的子弟能够因为父兄的功绩而授予官职，这些人大多骄横傲慢，不通古今，对老百姓没有益处，应该公开选拔贤能的人，废除有功绩的官吏的子弟能够继任授以官职的法令。外戚和旧人可以给他们丰厚的财物，而不应该居官任职。王吉与贡禹是朋友，世称"王阳在位，贡公入仕"，说的是他们取舍相同。王吉的儿子王骏，任御史大夫，孙子王崇，任大司空，封为扶平侯。

子阳忠言谠[1]论，切中当时之弊。儒而不迂，吏而不俗。经术[2]吏治，可谓兼之矣。

【注释】①谠（dǎng）：正直的（言论）。②经术：犹经学。指注解经书的学问。

【译文】王子阳的忠诚正直之论，准确说中了当时社会的弊端，作为儒生而不迂腐，作为官吏而不平庸，经术和为官之道，可谓两者兼得。

25.何武，字君公。蜀郡郫[1]县人。兄弟五人，皆为郡吏，郡县敬惮之。武弟显，家有市籍[2]，租常不入，县数负（欠也）其课。市啬夫求商（啬夫姓名）捕辱显家。显怒，欲以吏事中商。武曰：以吾家租赋徭役，不为众先奉公，吏不亦宜乎？武卒白太守，召商为卒史。州里闻之，皆服焉。举贤良方正，拜为谏大夫，迁扬州刺史。所举奏二千石长吏，必先露章[3]。服罪者，免之而已。不服，极法[4]奏之，抵罪，或至死。九江太守戴圣[5]，行治多不法。前刺史以其大儒，优容之。武使从事廉得其罪。圣惧，自免。后为博士，毁武于朝。武闻之，终不扬其恶。而圣子宾客为群盗，系庐江，圣自以子必死。武平心[6]决之，卒得不死。圣惭服。武行部[7]，必先即学宫，见诸生，试其诵论，问以得失。然后入传舍[8]，出记，问垦田顷亩，五谷美恶。已乃见二千石以为常，后为大司空，封氾乡侯，食邑千户。武为人仁厚，好进士。奖人之善，然疾朋党。

问文吏，必于儒者；问儒者，必于文吏以相参检。欲除吏，先为科例，以防请托。其所居亦无赫赫名，去后常见思。

法
录

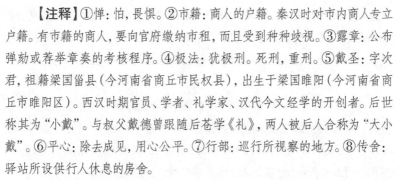

【注释】①惮：怕，畏惧。②市籍：商人的户籍。秦汉时对市内商人专立户籍。有市籍的商人，要向官府缴纳市租，而且受到种种歧视。③露章：公布弹劾或荐举章奏的考核程序。④极法：犹极刑。死刑，重刑。⑤戴圣：字次君，祖籍梁国甾县（今河南省商丘市民权县），出生于梁国睢阳（今河南省商丘市睢阳区）。西汉时期官员、学者、礼学家、汉代今文经学的开创者。后世称其为"小戴"。与叔父戴德曾跟随后苍学《礼》，两人被后人合称为"大小戴"。⑥平心：除去成见，用心公平。⑦行部：巡行所视察的地方。⑧传舍：驿站所设供行人休息的房舍。

【译文】何武，字君公，蜀郡郫县人。兄弟五人，都做郡吏，郡县的人敬畏他们。何武的弟弟何显的家人有商人的户籍，税租常常不缴纳，县里的官吏考察政绩，考核多次最差。管理集市的收税官求商逮捕侮辱了何显的家人，何显十分生气，想用吏事来中伤求商，何武说："因为我家的租赋徭役不为众人之先，求商作为奉公的官员做得不也很合适吗！"何武最终禀告太守，召求商任卒史，州里的人听到这件事都很佩服何武。何武被推举为贤良方正，拜为谏大夫，升扬州刺史。何武上书纠举二千石长官，必定先公开内容，服罪的免官罢了；不服的，按死刑上奏，被奏的人依法抵偿他们所犯的罪行或者被处死。九江太守戴圣，行谊治绩大多不合法，前刺史以他是大儒的缘故，优待宽容了他。何武派遣属下查访到他的罪行，戴圣恐惧，自己免了官。后来戴圣做了博士，在朝廷诋毁何武。何武听到这件事，始终没有将他做的坏事传播出去。然而戴圣儿子的宾客聚为群盗，被拘捕关押在庐江，戴圣以为他的儿子一定会被处死。何武用心公平地来判决这件事，最终没有判他死刑。戴圣十分惭愧和佩服。何武巡行所辖部域，必定先到学宫看望众儒生，考试他们的记诵和议论，询问政令的得失，然后进入传舍，拿出札子询问垦田的顷亩数，以及五谷的好坏，完了以后才见郡守等二千石官吏，把这作为常规。后来，何武任大司空，封为氾乡侯，食邑一千户。何武为人仁慈厚道，喜欢引荐读书人，奖励别人的善行。然而他痛恨拉帮结派，询问文吏必定还要询问儒者，询问儒者必定还要询问文吏，来相互参检。何武想授予官吏官职，先制定科例以防他人私下里嘱托。何武在任职的地方没有显赫的名声，但他离去后却常常被人想念。

兄弟五人为吏，倚恃声势，以负租而有余。怒啬夫之督催，欲以事中伤之。奸蠹①行径，往往如此。武独能平心引咎②，反怨为德，其器量固已不同。异日之平恕③含容④，奖进善类，为名公卿，始基于此。藉非武也。何氏一门五吏，积恶可以灭身。尚望其叠膺⑤显秩哉？

【注释】①蠹（dù）：蛀蚀器物的虫子。②引咎：把过失归于自己。③平恕：持平宽仁，公平正义，宽厚仁慈。④含容：容忍，宽恕。⑤膺：担当，接受重任。

【译文】何显兄弟五人做官，倚仗声名权势，因欠租过多，却对啬夫的督察和催促发怒，想以吏事中伤收税官。危害社会的不法行为，往往就是这样吧。唯独何武能心性平和的承认过错，反怨为德，他的器量本来就已经不同他人。后来持平宽仁，包含容忍，勉励和提拔行善的人，成为著名的公卿，就是因为这个缘故，除了何武，其他人是不可能如此的。何氏一家五人做官，累积恶行可以毁灭自身，还能指望他们一个接一个地担任显要职位吗？

26.何并，字子廉，平陵人。为郡吏，至大司空掾，事何武。武高其志节，举能治剧①，为长陵令，道不拾遗。迁陇西太守，旋徙颍川。是时颍川钟元，为尚书令，领廷尉，用事有权。弟威为郡掾，赃千金，并使吏格杀之。阳翟轻侠②赵季、李颖，多畜宾客，以气力渔食闾里。至奸人妇女，持吏长短，从横郡中。闻并且至，皆亡去。并敕吏往捕之，皆县^③头于市，郡中清静。表善好士，见纪颍川，名次黄霸。性清廉，妻子不至官舍。数年卒，子恢为关都尉。建武中，以并孙为郎。

【注释】①治剧：处理繁重难办的事务。②轻侠：为人轻生重义而勇于急人之难。③县：古同"悬"。系也。从系，持县会意。系挂。

【译文】何并，字子廉，平陵人。从做郡吏到任大司空掾，都是在何武手下任职。何武推崇他的志气和节操，推举他能够处理复杂而繁重的事务，因而任长陵令，路有遗物，无人拾取。后来升任陇西太守，随即调颍川太守。当时颍川人钟元任尚书令，兼任廷尉，执有大权。钟元的弟弟钟威为郡掾，非法所得脏物达千金，何并派官吏击杀他。阳翟轻生重义的侠客赵季、李款畜养了很多宾客，以豪气武力侵夺闾里的财物，以至强奸妇女，挟制官吏的长处和短处，横行于郡中，他们听说何并将到，都逃走了。何并命令官吏去追捕他们，将他们的头悬挂起来在集市示众。郡中因此清静无事，朝廷表彰政绩优先的人，记录中有颍川，名字排在黄霸之后。何并生性清明廉洁，妻子和儿女都不到官舍。几年以后，何并去世。何并的儿子何恢任关都尉。建武年间，任命何并的孙子为郎官。

驭吏威严若此，自为掾史时，必能谨身饬^①法，不肯轻受一钱。何司空之高其志节，不虚也。

【注释】①饬：整顿，使整齐。

【译文】何并统御官吏威武严明如此，他自己做掾史时一定能够谨慎奉法，不肯轻易接受一文钱的贿赂。何司空推崇他的志气和节操，真实不虚妄啊。

27.鲍宣，字子都，渤海高城人。好学明经，为县乡啬夫。后为都尉，太守功曹，举孝廉为郎，病去官，复为州从事（随刺史出巡者）。大司空何武，除宣为西曹掾（主府史署用者），甚敬重焉，荐为谏大夫。宣居位，常上书谏争，其言少文多实。董贤^①贵幸，宣因日蚀^②上书，言董贤本无葭莩^③之亲，但以令色谀言自进。赏赐无度，竭尽府藏，又使者将作治第。上冢有会，辄太官为供。不合天意，宜免遣就国，以视天下。上感异，拜为司隶^④。

【注释】①董贤（前22年－前1年），字圣卿，冯翊云阳（今陕西泾阳西北）人，御史董恭之子，汉哀帝刘欣宠臣。初任太子舍人。绥和二年（前7年），汉哀帝即位，董贤升任为郎官。②日蚀：又叫做日食，是月球运动到太阳和地球中间，如果三者正好处在一条直线时，月球就会挡住太阳射向地球的光，月球身后的黑影正好落到地球上，这时发生日食现象。在民间传说中，称此现象为天狗食日。③葭莩（jiā fú）：芦苇中的薄膜。比喻关系疏远的亲戚。④司隶：旧号"卧虎"，是汉至魏晋监督京师和地方的监察官。始置于汉武帝征和四年（前89年），汉成帝元延四年（前9年）曾省去，汉哀帝时复置，省去校尉而称司隶，东汉时复称司隶校尉。西汉时司隶校尉秩为二千石，东汉时改为比二千石。

【译文】鲍宣，字子都，渤海高城人。喜欢学习，通晓经术，任县乡收税官。后来任都尉太守功曹，被推举为孝廉而做了郎，因病免官，重新起用后任州从事。大司空何武任命鲍宣担任西曹掾，十分敬重他，推荐他任谏大夫。鲍宣在自己的职位上，常常上书直言劝谏皇帝，他的言论很少文饰而有很多实在的内容。董贤地位显贵而受到宠信，鲍宣趁出现日蚀上书，说董贤本来没有戚属的亲情关系，只是凭借和悦的面容和谄媚的言辞使自己被进用。朝廷对董贤的赏赐没有限度，竭尽了府库的珍藏，又派使者负责给他建造府邸。朝廷大臣如果有聚会，那么太官就要有供给，这不符合天意。应该免去董贤的官职，遣送他回郡国，以告示天下。皇上感到鲍宣与众不同，拜他为司隶。

由啬夫而为功曹，由功曹而为从事，由从事而为西曹①掾，其沉沦于下史者久矣。苟得一官，宜瞻顾之唯恐不周，回护之唯恐不暇。乃敢批逆鳞②，劾权幸，此岂利禄中人所能及哉？

【注释】①西曹：汉制，丞相、太尉属吏分曹治事，有西曹。吏员正者称掾，副者称属。初主领百官奏事，后改为主府内官吏署用。②逆鳞：龙喉下倒生的鳞片，古人以龙比喻君主，因以触"逆鳞"、批"逆鳞"等喻犯人主或强权之怒。

【译文】鲍宣由收税官而任功曹，由功曹而任从事，由从事而任西曹掾，他沉沦在下等小吏的时间很长了。假如得到一个官职，应该瞻前顾后又唯恐不周到，回环保护它又唯恐没时间，这样才敢触犯人君之怒，揭发有权势而又受皇帝宠幸的人的罪状。这难道是谋求利禄的人所能做到的吗？

28.龚胜，字君宾，楚人。为郡吏，举茂材为令。哀帝时，征为谏大夫，数上书，言百姓贫，盗贼多，吏不良，风俗薄①，灾异数见，不可不忧。制度太奢，刑罚太深，赋敛②太重，宜以俭约先下。累迁光禄大夫。王莽秉政，胜谢病归。莽既篡国，遣使奉安车驷马迎胜。胜知辞不见听，因预敕棺敛葬事，不复开口饮食，积十四日死。

【注释】①薄：冷淡，不热情。②敛：入殓。
【译文】龚胜，字君宾，楚国人。在郡府做小吏，被推举为优秀的人才而做了县令。汉哀帝刘欣时，征召任谏大夫。龚胜多次上书陈述老百姓贫困，盗贼繁多，官吏不好，风气习俗不淳厚，灾异多次出现，不可不忧虑；制度太繁琐，刑罚太严峻，赋敛太繁重，朝廷应该率先俭省节

135

约。龚胜积累功劳，升光禄大夫。王莽执掌朝政大权，龚胜以生病为由辞官回到家乡。王莽篡国以后，派使者奉安车驷马来迎请龚胜，龚胜知道推辞不会被准许，因此预先治办棺材，准备殡殓和丧葬事，不再开口喝水和吃饭，过十四天以后去世。

杨子云[1]文章绝世，不免莽大夫之讥。龚生志行洁清，守死善道。求之儒林，不可多得。岂知郡吏中竟有是人耶？

【注释】[1]杨子云：（前53年–后18年），名"杨雄"，又作"扬雄"。西汉蜀郡成都（今四川成都郫县）人。西汉后期著名学者，哲学家、文学家、语言学家。

【译文】杨子云的文章冠绝当世，但免不了王莽的大夫们的讥诮；龚生的志向与操守廉洁清白，至死不改变正道，这样的人读书人中尚且不多见，怎知郡吏中竟有这样的人呢？

29.焦延寿，字赣，梁人。少贫贱，治易，以好学得幸梁王。王供其资用，令极意学，既成，为郡史。察举，补小黄令，以候伺先知奸邪，盗贼不得发。爱养吏民，化行县中，举最当迁，三老官属上书愿留赣。有诏许增秩留，卒于小黄。

【译文】焦延寿，字赣，梁国人。年少时贫穷低贱，研习《易经》，因为好学得到梁王的礼遇，梁王给他提供费用，叫他全心全意学习。学成以后，担任郡吏。后来被选拔人才，任为小黄令，焦延寿因为预先探知到盗贼要干坏事，加以制止，盗贼最终没有干成。焦延寿爱护和养育官吏百姓，教化行于县中，被推举为最该升迁的人。小黄的三老官属上书朝廷希望留下焦赣。皇帝有诏令允许增加焦延寿的官吏品级俸禄留任。焦延寿在小黄去世。

人但知焦赣为治易名家，有功经学。不知其惠政在民，竟同古之遗爱也。可见读书习吏，相需为用，有志者可以勉矣。

【译文】人们只知道焦赣是研究《易经》的名家，有功于儒家经典，却不知道他对老百姓推行的仁政，竟然与古人遗留下来及于后世之爱是相同的。可见读书精通吏事，相需为用，有志向的人可以从中得到鼓励。

30.楼护，字君卿，齐人。父世医也，护辞其父，学经传，为京兆吏。数年，甚得名誉，为王氏五侯①上客，擢为天水太守，复以荐为广汉太守。后封息乡侯，列为九卿。初护有故人吕公，无子，归护，护身与吕公，妻与吕妪（老妇称，吕公妻）同食。及护家居，妻子颇厌吕公。护闻之流涕，责其妻子曰：吕公以故旧穷老，托身于我，义所当奉。遂养吕公终身。护卒，子嗣其爵。

【注释】①王氏五侯：平阿侯王谭、成都侯王商、红阳侯王立、曲阳侯王根、高平侯王逢时，合称王氏五侯。

【译文】楼护，字君卿，齐国人。父亲是世代行医的人。楼护辞别父亲，学习经传，任京兆吏多年。获得很好的名誉。后来楼护做了王氏五侯的上客，提拔任天水太守。又被推荐任广汉太守，后来封为息乡侯，位列九卿。起初，楼护有一旧友吕公，没有儿子，来依附楼护。楼护亲自与吕公、妻子与吕公的妻子一同进食。吕公到楼护家居住，楼护的妻子儿女十分讨厌吕公。楼护知道后流下眼泪，责备他的妻子儿女说："吕公以贫穷年老老朋友的身份来依附我，从道义上讲我应该奉养他。"于是奉养吕公直到去世。楼护去世后，他的儿子继承了他的爵位。

楼君卿舍医为吏，曳裾①侯门，乃驰逐声气者也。独其厚遇故人，始终无倦，可以为法，故录之。

【注释】①曳裾（yè jū）："曳裾王门"的简称，比喻在王侯权贵门下作食客。

【译文】楼君卿放弃医生的职业去做官，在王侯权贵门下作食客，致力于官场中的交接往来。只是因为他厚待老朋友，自始至终不感到厌烦，可以让人效法，所以才将他采录本书。

31.寇恂，字子翼。上谷昌平人。初为郡功曹。太守耿况甚重之。王莽败，更始（光武族兄圣公，先立为帝，改年更始）使使君①者徇郡国收况印绶。恂勒兵入见使者，就请之曰：耿府君在上谷。久为吏人所亲。今易之。得贤，则造次未安。不贤，则祇生乱。为使君计，莫若复之以安百姓。使者不应。恂叱左右取印绶带况。使者不得已，乃承制诏之。恂复与门下掾。共说况归光武。拜恂为偏将军②。佐光武定天下。为颍川汝南太守，盗贼清净。迁为执金吾③（官名）。后颍川盗起，从车驾南征。颍川百姓，遮道请曰：愿复借寇君一年。恂经明行修，名重朝廷。所得秩奉厚施朋友故人，时人归其长者。卒，谥威侯。（《后汉书》）

【注释】①使君：汉代称呼太守刺史，汉以后用做对州郡长官的尊称。②偏将军：系将军的辅佐，偏将军官名始于春秋，在将军中的地位较低，多由校尉或裨将升迁，无定员，三国均置，属第五品。通常由帝王拜授，也有大将军拜授的。③执金吾（yù）：西汉末年时率禁兵保卫京城和宫城的官员。本名中尉。其所属兵卒也称为北军。地位较高，光武帝在民间时，曾说"为官当为执金吾，娶妻当得阴丽华"，原因就在此。

【译文】寇恂，字子翼，上谷昌平人。起初任郡功曹，太守耿况十分器重他。王莽篡国失败，更始帝刘玄派使者巡行郡国，收耿况的印绶。寇恂率领部队入见使者，向使者请求归还印绶，说："耿府君在上谷郡，长期以来受到官吏百姓的亲近爱戴，今天撤换他，如果得到贤人接替的话那么仓促之间人心难以安定，如果得不到贤人接替的话那么只会产生动乱。替使君您考虑，不如恢复耿府君的职务以安定百姓。"使者不答应，寇恂叱令左右取过印绶带到耿况身上。使者没有办法，才秉承更始帝旨意向耿况下达诏命。寇恂又与门下掾共同劝说耿况归附光武帝刘秀，光武帝刘秀任命寇恂为偏将军，辅佐他平定天下。寇恂后来先后担任颍川、汝南太守，盗贼被整顿肃清，寇恂升任执金吾。后来颍川郡盗贼起事，寇恂跟随皇帝南征，颍川百姓拦道向皇帝请求说："希望再借寇君一年。"寇恂经学明达，品行修正，名声重于朝廷，他所得的俸禄，优厚发放给朋友、故人，当时的人们推崇他为长者。寇恂去世，谥号为威侯。

　　按：光武中兴，与恂同时佐命者，尚有冯异[1]、贾复[2]，起郡县掾。吴汉[3]、傅俊[4]，起亭长。盖延[5]，起州从事。臧宫[6]，起游徼[7]。铫期[8]，起贼曹掾，王霸[9]，起郡决曹掾。

【注释】①冯异：(?—公元34年)，字公孙，汉族，颍川父城(今河南省宝丰县东)人，东汉开国名将、军事家，云台二十八将第七位。原为新朝颍川郡掾，后归顺刘秀，随之征战，大破赤眉、平定关中。协助刘秀建立东汉。刘秀称帝后，冯异被封为征西大将军、阳夏侯。建武十年(34年)病逝于在军中，谥曰节侯。②贾复：(9年-55年)，字君文，汉族，南阳冠军(今河南省邓县西北)人，东汉名将，云台二十八将第三位。虽然出身文士，但是临阵果敢、身先士卒，在东汉中兴功臣中以勇武见称。③吴汉：(?-44年)，字子颜，汉族，南阳宛县(今河南省南阳市)人，东汉开国名将、军事家，云台二十八将第二位。④傅俊：(?-31年)，字子卫，颍川郡襄城人，原为襄城的亭长，刘秀起兵之后，投奔刘秀，因此被灭族。傅俊随刘秀参加了昆阳大战、平定河北之战、讨伐董欣、邓奉、秦丰、田戎的南征之战，还独自领军平定了江东六郡。傅俊忠心耿耿、屡立战功，历任骑都尉、侍中、积弩将军，被封为昆阳侯。公元31年（建武七年），傅俊去世，谥威侯。云台二十八将名列第二十一位。⑤盖延：（？-39年），字巨卿，渔阳要阳（今北京市平谷区）人，东汉初年将领，云台二十八将第十一。力大能挽硬弓，以勇力闻名边疆。⑥臧宫：（？-58年），字君翁，颍川郏县（今属河南郏县）人，东汉中兴名将、云台二十八将之一。臧宫原为小吏，参加农民军后得以追随刘秀，南征北战，屡立战功，是平定蜀地的主将之一。先后受封为成安侯、期思侯、鄝侯、朗陵侯。公元58年（永元元年），臧宫去世，谥号愍侯。⑦游徼（jiǎo）：乡官之一。原为泛称，意为有秩禄的官吏中最低级人员。秦末始为官名，汉沿设，掌巡察缉捕之事。魏、晋、南北朝多沿设，后无此名。⑧铫（yáo）期：（？-34年），字次况，汉族，颍川郡郏县（今河南郏县）人。东汉大将，云台二十八将第十二。铫期在冯异的推荐下投到刘秀门下，成为刘秀落难洛阳之时少数心腹之一。⑨王霸：（？-59年），字元伯，汉族，颍川颍阳（今河南许昌西南襄城县）人，东汉将领，云台二十八将之一。王霸生性喜欢法律，初为监狱官。光武帝路过颍阳时，王霸归附光武帝，随光武帝打败王寻、王邑。

【译文】按：光武中兴，与寇恂同时辅佐的臣子，还有冯异、贾复从郡县掾起用，吴汉、傅俊从亭长起用，盖延从州从事起用，臧宫从游缴起用，铫期从拘捕盗贼的功曹起用，王霸从郡决曹掾起用，

任光①，起啬夫，陈俊②，祭遵③，马成④，坚镡⑤，起郡县吏。后皆图画云台⑥，即世所称二十八将者也。景运天开，笃生⑦名世，而小吏且居其大半，人才岂可以流品限耶？

【注释】①任光：（？-29年），字伯卿，南阳宛城人。云台二十八将第二十四位。原为宛城小吏，在刘演攻破宛城后，投降汉军，随后参与了昆阳之战。②陈俊：（？-47年），字子昭，南阳郡西鄂县（今河南省南召县南）人。

东汉大将，云台二十八将第十九位。一开始跟随刘嘉，后经刘嘉推荐投奔刘秀。③祭遵：（？-33年），字弟孙，汉族，颖川颍阳（今河南许昌西南襄城县颍阳镇）人。少爱读书，后为县吏，投奔刘秀后，平定渔阳，讨伐陇蜀，协助刘秀建立东汉，东汉中兴名将，"云台二十八将"中排名第九。刘秀称帝后，任征虏将军，封颍阳侯。④马成：（？-56年），字君迁。汉族，南阳郡棘阳（今河南新野）人。马成原是王莽政权的县吏，投奔刘秀后，久经战阵，参与消灭王郎、刘永、李宪、隗嚣、公孙述等割据势力，协助刘秀建立东汉，是东汉中兴名将，"云台二十八将"中排名第十九。刘秀称帝后，任扬武将军，封平舒侯，后改封全椒侯。⑤坚镡（xín）：（？-50）字子伋，颖川襄城（今河南襄城）人。原为王莽政权官吏，后投奔刘秀，随刘秀平定河北，镇压大枪等农民军，协助刘秀建立东汉，是东汉中兴名将，"云台二十八将"中排名第二十二。刘秀称帝后，任扬化将军，封合肥侯。⑥云台：汉宫中高台名。汉明帝时因追念前世功臣，图画邓禹等二十八将于南宫云台，后用以泛指纪念功臣名将之所。⑦笃生：生而得天独厚。

【译文】任兴从收税官起用，陈俊、祭遵、马成、坚镡从郡县小吏起用，这些人后来都在云台宫画有图像，也就是世人所称的云台二十八将。好时运由上天开启，生而得天独厚的人闻名于世，而光武朝臣中小吏出身的人占其大半，人才怎么可以按等级来限制划分呢？

32.杜诗，字公君，河内汲人。少有才能，仕郡功曹，有公平称。更始时，辟大司马①府。建武元年，岁中三迁为侍御史②，安集洛阳。时将军萧广，放纵兵士，暴横民间。诗敕晓不改，遂格杀广，还以状闻。世祖赐以棨戟③，复使之河东④，诛降逆贼，累迁南阳太守。性节俭而政治清平，善于计略，省爱民役，造作水排，铸为农器。用力少，见功多，百姓便之。又修治陂⑤池，广拓土田，比室殷足。时人方于召信臣（前汉循吏），故南阳为之语曰：前有召父，后有杜母。视事七年，政化大行。

【注释】①大司马:《周礼·夏官》有大司马,掌邦政。汉承秦制,置丞相、御史大夫、太尉,汉武帝罢太尉置大司马。西汉一朝,常以授掌权的外戚,多与大将军、骠骑将军、车骑将军等联称,也有不兼将军号的。②侍御史:秦置,汉沿设,在御史大夫之下。如果朝官的高级官员犯法,一般由侍御史报告御史中丞然后上报给皇帝。低级官员(侍御史一般负责朝官)可以直接弹劾,或者会集体弹劾。③棨戟(qǐ jǐ):古时官吏出行时,作为前驱的仪杖,戟上有赤黑缯作成的套子。后亦架于官殿、官署门前,用以表示威严。④河东:古地区名。黄河流经山西、陕西两省,自北而南的一段之东部,指今之山西省。秦汉时置河东郡、唐初置河东道,开元间又置河东节度使,宋置河东路,明废。⑤陂(bēi):池塘。

【译文】杜诗,字公君,河内汲县人。年轻时有才能,担任郡功曹,有公平的名声。更始帝刘玄时,杜诗被征召到大司马府任职。建武元年,一年中三次升迁,担任侍御史,安定辑睦洛阳百姓。当时将军萧广放纵士兵,凶暴强横于民间,杜诗警告晓谕仍不悔改,于是杜诗派人击杀萧广,返回后将情状上报朝廷。世祖刘秀赏赐杜诗棨戟仪仗,又派他出使河东,讨伐降服逆贼。杜诗积累功劳,升任南阳太守。杜诗生性节俭而政治清平,善于谋略,节省爱惜民力。制造水排,铸造农具,用力少,功效多,老百姓认为十分方便。杜诗又修治池塘,扩大耕地面积,家家都殷实富足。当时的人们将他比作召信臣,所以南阳有谚语说:"前有召父,后有杜母。"杜诗任职七年,政治教化大大推行。

从来公门中,最多不平之事。盖止知有己,而不知有人。止知有利,而不知有义。遂使是非倒置,曲直不分。人之含冤负屈者,不知凡几。官衡无公道,乡里岂复有风俗①耶? 杜君仕郡功曹,独以公平见称,其必无自私自利之心可知矣,后治南阳而政化清平,人歌众母。皆由此公平一念推之者也。

【注释】①风俗：风尚习俗。

【译文】向来衙门中不公平的事最多，大概是只知道有自己，而不知道有别人；只知道有利可图，而不知道有义；最终使得是非颠倒，曲直不分，人们含冤负屈的情况，不知总共有多少。官衙没有公理道义，乡里难道还会有公平的风俗习气吗？杜君任功曹，独以公平为人称道，由此而知他一定没有自私自利之心。后来治理南阳，政治教化清净太平，人们歌颂他为众人之母，都是由于这种公平的念头推行的结果。

33.索卢放，字君阳，东郡人，署郡门下掾。更始时，使者督行郡国，太守有事当斩。放前言曰：今天下所以苦毒王氏，归心皇汉者，实以圣政宽仁故也。而传车所过，未闻恩泽，太守受诛。恐天下惶惧，各生疑变。夫使功者不如使过，愿以身代太守之命，遂前就斩，使者义而赦之，由是显名。征为洛阳令，政有能名，以病乞身①。徙谏议大夫，数纳忠言，后以疾去。建武末，复征不起。光武使人舆之，见于南宫云台，赐谷二千斛遣归，除子为太子中庶子②。卒于家。

【注释】①乞身：旧时视任官为委身于国君，故称官员自请离职为"乞身"。亦称为"乞骸"、"乞骸骨"。②太子中庶子：秦置中庶子，西汉称太子中庶子，为东宫属官，职掌如侍中，属太子太傅、少傅。东汉沿置，属太子少傅，员五人，秩六百石，为太子侍从官。

【译文】索卢放，字君阳，东郡人，供职郡门下掾。更始帝刘玄时，使者巡察郡国，太守有罪行应当斩首，索卢放前去对使者说道："当今天下人痛恨王莽，归心皇汉的原因，实在是因为皇汉圣政宽厚仁慈的缘故。然而驿车所经过的地方，没有听说享受到圣上的恩泽。太守如果被杀，恐怕天下惊惶畏惧，各地生出猜疑和变故。使用有功劳的人不如使用有过错的人，我希望用自身来替代太守的命。"于是上前接受处斩。

使者讲义气，赦免了他们。索卢放由此名声显扬，被征召任洛阳令，处理政事有才能高的名声。索卢放因为生病乞请辞官归家，调任谏议大夫，多次献上忠言。后来因为疾病去官。建武末年，索卢放被再次征召，但没有出来任职，光武帝刘秀派人将他抬来，在南宫云台接见了他，赏赐给他谷二千斛，送他回去，任命他的儿子为太子中庶子。索卢放在家中去世。

当更始时，天下大乱。使者假虎狼之威，冯陵郡国，有非情理所能喻者。索君以门下掾，奋不顾身，救太守于刀锯之下，何其壮也！及世宇清明，一为县令，坚卧不起。淡然于功名爵禄之间，高致尤不可及耶？

【译文】正当更始帝的时候，天下大乱，使者倚仗虎狼之威，侵凌郡国，他们的所作所为，有的是非情理所能明白了解的。索君以门下掾的身份，不顾及自身安危，救太守于刀锯之下，这是多么壮烈啊！等到世宇清明，一任县令，隐居不出来做官，对功名爵禄淡然处之，其高卓的情怀尤其不可及。

34.鲍永，字君长，上党屯留人。为郡功曹，少有志操，事后母至孝。妻尝于母前叱狗，永即去之。王莽以永父宣不附己欲灭其子孙，都尉承望风旨，欲害永，太守苟谏拥护，召以为吏，常置府中，永因子为谏，陈兴复汉室，翦灭篡逆之策。谏每戒永曰：君长几事不密，祸倚人门。永感其言，及谏卒，自送丧归扶风。太守赵兴，复署永功曹。时有矫称侍中止传舍者，兴驾往谒之。永疑其诈，谏不听，乃拔佩刀截马当匈而止。后数日，诏书果下捕矫称者，永由是知名，举秀才不应。更始二年征，再迁尚书仆射[1]，行大将军事。有功略，封关内侯，为司隶校尉。行县至扶风，椎牛[2]上苟谏冢（杀牛以祭墓，厚报其德也）。子昱，复为司隶。

【注释】①尚书仆射(yè)：为尚书令之副。尚书令阙，仆射便是尚书台(后称省)的长官。仆是"主管"，古代重武，主射者掌事，故诸官之长称仆射。②椎牛：发端于父系社会初期，它以崇苗祖祭苗魂为主要目的，请的先师是苗巫。

【译文】鲍永，字君长，上党屯留人。做过郡功曹。年轻时有志向和操守，事奉后母十分孝敬，他的妻子曾在母亲的面前喝叱狗，鲍永立即将她休掉。王莽因为鲍永的父亲鲍宣不依附自己，想灭绝他的子孙，都尉秉承王莽的旨意，想杀害鲍永。太守苟谏保护鲍永，召他做小吏，经常安排他在府中。鲍永因此多次给苟谏陈述兴复汉室，铲除篡权逆贼的策略。苟谏每每告诫鲍永说："你机密的事情不保密，大祸就会降临头上。"鲍永感谢他的这番话。苟谏去世以后，鲍永亲自送丧回扶风。太守赵兴又任命鲍永做功曹。当时有人假称侍中住在传舍，赵兴想驾车前去拜谒他。鲍永怀疑消息有假，劝阻赵兴又不听。于是拔出佩刀割断束马的皮带，这才阻止了。数日之后，王莽果然下令逮捕假称侍中的人，鲍永因为这件事有名声。后来鲍永被推举为优秀的人才，他没有响应。更始二年鲍永被征召，两次提升后担任尚书仆射，代理大将军的事务，有功绩和谋略，封为关内侯。鲍永后来任司隶校尉，巡行所管各县时到了扶风，杀牛来祭祀苟谏的墓。鲍永的儿子鲍昱，又做了司隶校尉。

当患难窜匿之余，而惓惓①以兴复汉室，剪灭篡逆为念，不愧忠臣之子矣。迨②功建名立，身为列侯，三世司隶，信乎忠孝之贻③泽长也。

【注释】①惓惓(quán)：真挚诚恳。忠心耿耿的样子。②迨(dàn)：等到，达到。③贻(yí)：遗留，留下。

【译文】鲍永在患难、逃窜藏匿的时候，还恳切地以兴复汉室、铲除篡权逆贼为念，不愧是忠臣的儿子。等到后来建功立名，身为列侯，三代人都做了司隶校尉，使人深信忠和孝传及子孙的德泽是长远的。

35.冯勤，字伟伯，繁阳人。八岁善计①（算术也），为太守铫期功曹。有高能称，荐于光武，除为郎中，给事尚书。图议军粮，在事精勤。每引进，帝辄顾谓左右曰：佳乎吏也。使典②诸侯封事。差量功次轻重，国土远近，地势丰薄，不相逾越，莫不厌③服焉。自是封爵之制，非勤不定。帝，益以为能。尚书众事，皆令总录之。以勤劳，赐爵关内侯，迁司徒④。

【注释】①计：核算。②典：主持，主管。③厌：满足。④司徒：职官名。周礼地官有大司徒，为六卿之一，掌理教化。汉哀帝时改丞相为大司徒，东汉时改为司徒，主管教化，与大司马、大司空并为三公。魏沿用，但三公仅为虚衔，不涉朝政。隋唐以后三公参议政事。历代沿用，至明代而废。清代俗称户部尚书为"大司徒"。

【译文】冯勤，字伟伯，繁阳人。八岁时就很擅长算术。担任太守铫期的功曹，有才能高的名声。推荐给光武帝刘秀，提拔为郎中，供职尚书。冯勤筹划军粮，居官任事精明、勤奋。每次被引见，皇帝总是要回头对左右的人说："多么好的小吏啊！"因此使他掌管诸侯加封的事宜。冯勤分别衡量诸侯功绩的大小，使诸侯们的国土远近，地势丰薄，不相互逾越，没有人不满意佩服。从此封爵的制度，没有冯勤不能确定。皇帝更加认为冯勤有才能，尚书的众多事务，让他全权统领处理。因为冯勤辛劳，赐爵关内侯，后来冯勤升任司徒。

刑名钱谷，均为吏胥所事。刑名出入，动关身命。作福易，作祸尤易。故集中所载法戒，刑名之吏为多。然钱谷之吏，虽止司书算，其中亦关国计①民生。吏能下不欺民，上不侵官，以不取为与，行不费之惠，善矣。更能持筹远计，弭患未然，使百废具兴，一劳永逸，不更善乎。自古及今，凡体国经野^②，发政施仁之事，未尝不从胥吏握算中来也。冯勤之善计算，能使功次轻重，国土远近，地势丰薄，不相逾越。由是爵赏均平，诸侯悦服，上无偏枯之泽，下无觖望^③之心。所裨^④于国家者甚大。宜其赐侯爵，迁司徒，以报厥功也。要其一生所得力，不外在事精勤。精则凡所措注，巨细不遗。勤则不畏烦难，始终无懈。而精勤二字，又须从公字来。愿钱谷之吏，毋狃目前之小利，而忘久远之良图也。

【注释】①国计：国家的经济。②体国经野：治理国家，出自《周礼·天官·序官》。③觖（jué）望：因不满意而怨恨。④裨（bì）：增添，补助。

【译文】刑名和钱谷，都是胥吏所负责的事。刑名的出入，关系到身家性命，作福容易，作祸尤其容易，所以本书所记载的法戒，掌管刑名的小吏最多。然而掌管钱谷的小吏，虽然只是掌管文书和计算，但其中也关系到国家经济和人民生活。小吏能够下不欺压百姓，上不欺骗上官，以不取为给予，施行不花钱的恩惠，就很好了。更有能够筹划长远之计，防患于未然，使许多被废置的事业得到兴办，辛苦一次得到永久的安逸，不就更好了吗？从古到今，大凡分划国都、丈量田野，发布政令、施行仁政之事，未尝不是从胥吏的谋划中得来的。冯勤擅长计算，能使诸侯功绩的大小，国土的远近，地势的丰薄，不相互逾越。因此爵位和赏赐均平，诸侯心悦诚服，使得上面没有偏于一方的恩泽，下面没有因为不满而怨恨的想法，给国家带来的益处非常大。应该给冯勤赏赐侯爵，升任司徒，来回报他的功绩。概括他一生的有所作为，不外乎居官任事精明、勤奋。精明则安排处理的事务，不论大小都不遗漏；勤奋则不怕繁琐疑难，始终不懈怠。然而精勤二字，又必须从公字来。希望掌管钱谷的小吏，不要贪图眼前的小利，而忘记久远的抱负。

36.杜林，字伯山，扶风茂陵人。博洽多闻，时称通儒。初为郡吏，隗嚣^①闻林志节，欲用之，林终不屈。光武征拜侍御史引见，问以经书故旧^②，及西州事，甚悦之，赏赐加厚。建武中，群臣请复肉刑。林奏以为古之明王，深识远虑。动居其厚，不务多辟^③（不肯多残害也），宜如旧制，不合翻移，帝从之。后为大司空。薨，帝亲自临丧送葬。

【注释】①隗（wěi）嚣：（约前72年—33年），字季孟，天水成纪（今甘肃秦安）人。出身陇右大族，青年时代在州郡为官，以知书通经而闻名陇上。王莽的国师刘歆闻其贤，举为国士。刘歆死后，隗嚣归故里。②故旧：陈旧，过去。③辟：法，刑。

【译文】杜林，字伯山，扶风茂陵人。他学识广博、见识丰富，在当时被称为通晓古今、知识渊博的读书人。杜林最初任郡吏。隗嚣听说杜林的志向和节操，想任用他，杜林始终没有屈从。光武帝刘秀征召杜林，拜他为侍御史，引见他，问他经书旧典以及西州的事情，非常欣赏他，对他的赏赐更加优厚。建武年间，群臣请求恢复肉刑，杜林上奏认为，古代贤明的君王，见识深远，考虑周密，行动常常心怀宽厚，不肯多残害人。我们应该遵照旧制，而不应该推翻改变。皇帝采纳了他的意见。杜林后来做了大司空。他去世时，皇帝亲自到丧场送葬。

杜君以郡吏而博洽多闻，隗嚣欲用之，终不为屈，可谓有识有守者矣。肉刑一奏，议论正大，千古不易。郡吏中有此通儒，宜其屡被超擢，多所建立也。

【译文】杜君作为郡吏却学识广博、见识丰富，隗嚣想任用他，他始终不屈节顺从，可以说是有见识有操守的人了。关于肉刑这次上奏，他的议论雅正弘大，千古不变。郡吏中有这样通晓古今、知识渊博的读书人，应该屡屡被超格提拔，使他多有建功立业。

37.虞延，字子大，陈留东昏人。少为户牖亭长。时王莽贵人魏氏，宾客放纵。延率吏卒，突入其家捕之。以此见怨，故位不升。王莽末，天下大乱。延常婴甲胄，拥卫亲族，捍御钞盗，赖其全者甚众。太守富宗闻延名，召署功曹。宗性奢靡，车服器物，多不中节①。延谏曰：昔晏婴②辅齐，鹿裘不完。季文子③相鲁，妾不衣帛。"以约失之者鲜矣"，宗不悦，延即辞退。有顷，宗果以侈纵被诛。临刑，揽涕而叹曰：恨不用功曹虞延之谏。为洛阳令，外戚敛手，莫敢犯法。迁南阳太守，后征为太尉，迁司徒，历位二府十余年。

【注释】①中节：守节秉义，中正不变。②晏婴：字平仲，春秋时齐国夷维（山东高密）人，齐国大夫。他是一位重要的政治家、思想家、外交家。以有政治远见和外交才能，作风朴素闻名诸侯。③季文子：（？-前568年），即季孙行父。春秋时期鲁国的正卿，前601年到前568年执政。姬姓，季氏，谥文，史称"季文子"。

【译文】虞延，字子大，陈留东昏人。年轻时任户牖亭长。当时王莽的贵人魏氏的宾客为所欲为，虞延率领吏卒突然冲进他的家将他逮捕，因为这件事虞延被怨恨，所以官位没有提升。王莽末年，天下大乱，虞延常常身披甲胄，保护、守卫同宗族的人，抵御抢劫的盗贼，依赖虞延得以保全的人非常多。太守富宗听到虞延的名声，召见任命他为功曹。富宗生性奢侈、挥霍无度，他的车子、服装和器物，大多不合乎法度。虞延规劝他说："过去晏婴辅佐齐国，粗陋的裘衣不完整，季文子做鲁国的丞相，他的妾室不穿丝织的衣服，因为节俭而有过失的人是很少的。"富宗不高兴，虞延立即请辞告退。过了一段时间，富宗果然因为奢侈放纵而被处死，临刑时擦干涕泪叹息道："悔恨当初自己不采纳功曹虞延的规劝！"虞延任洛阳令时，外戚收手，不敢妄为，没有人敢犯法。后来，虞延升南阳太守，尔后被征召任太尉，升司徒。在丞相和御史府任职十余年。

以新莽①滔天之势，而一亭长敢撄②其锋。虽贲育③之勇，不是过矣。至其拥卫亲族，必尽其力。规谏太守，务尽其心，又何其忠且仁也。其为令而使强戚奉法，则亦无忘亭长功曹时之素志耳。延诚下吏中人杰也哉！

【注释】①新莽：新朝（8年-23年），是继西汉之后由西汉外戚王莽建立。8年腊月，王莽废汉孺子（刘婴）为安定公，改国号为新，建都常安，史称新莽。②撄（yīng）：接触，触犯。③贲育：战国时勇士孟贲和夏育的并称。

【译文】以王莽滔天的势力，而作为亭长的虞延敢触犯他的锋芒，即使孟贲、夏育的勇敢，也不过就是这样。至于他保护守卫同宗族的人，必定竭尽他的力量；规劝太守，务必竭尽他的心意，这又是多么忠诚和仁厚啊。他做县令而使强横的外戚奉守法令，也就是没有忘记做亭长、功曹时平素的志愿啊。虞延确实是下等小吏中的杰出人物。

38.虞经，武平人。为郡狱吏，案法平允，务存宽恕。每冬月上其状，恒流涕随之。尝称曰：东海于公，高为里门，而其子定国卒于丞相。吾决狱六十年矣，虽不及于公，其庶几乎？子孙何必不为九卿邪？故字孙诩曰升卿。诩立功名，仕至司隶校尉。

【译文】虞经，武平人。在郡中做狱吏时，执法公正适当，务必心存宽恕，每年的冬天上报有关案情的文书，虞经常常流着眼泪跟随着。他曾经声言说："东海于公加高乡里的大门，而他的儿子定国在丞相任上去世。我执法判案六十年了，虽然赶不上于公，但也差不多吧？我的子孙不会不成为九卿吧？"所以虞经给他的孙子虞诩取字升卿。虞诩建立了功名，做官做到司隶校尉。

为善之报，千古不爽。而公门中阴德，响应尤神。虞公以于公自比，而决其后之必昌，非有计功之心，正以默证其平生也。孙之功名贵显，果若操券①而得。为善者不当益坚其愿力②乎？

法
录

【注释】①操券：古代契约分左右两片，双方各执其一，作为凭据，左券由债权人收执，右券由债务人收执。"操左券"比喻事成有把握。②愿力：意愿之力。

【译文】做善事得到报答，千百年都不会差错，而公门中暗地里做的有德于人的事，响应尤其神奇。虞经以于公自比，而断定他的后代一定会昌盛，不是有计算功绩的想法，只是以沉静证明他的一生罢了。孙子的功名尊贵显达，果然像操券那样有把握。做善事的人，不应当更加坚定自己的意愿之力吗？

39.第五伦，字伯鱼。京兆长陵人。少介然义行，久宦不达。建武初，为京兆市掾。每见诏书曰：此圣主也。吾行且遇时。众皆笑之。补淮阳国医工长。从王朝京师，得见帝。问政事称旨。拜会稽太守。禁淫祀屠牛。身自斩刍饲马。妻躬执爨①。每受俸，裁留一月粮，余悉贱贸与民之贫困者。后守蜀郡，吏有鲜车怒马②者，皆罢遣。更选孤贫志行之人任之。蜀政清平。所任吏，多至九卿。事肃宗为司空。在位以贞白称。虽天性峭直③，然疾俗吏苛刻，论议常依宽厚。奉公尽节，寿八十余。子颉，曾孙种，皆居官，世称廉直焉。

【注释】①爨（cuàn）：烧火做饭。②怒马：健壮的马。③峭直：刚直严厉。

【译文】第五伦，字伯鱼，京兆长陵人。年轻时正直光明好义气，长期作官不得志。建武初年，第五伦任京兆市掾，每次看到诏书，便说："这是圣主啊，我将碰上好机遇。"大家都笑话他。后来任淮阳国医工长，跟随淮阳王刘玄到京师朝见，得以见到皇帝。皇帝询问政事，第五伦的回答符合皇帝的旨意，授官会稽太守。第五伦禁止杀牛祭祀，亲自割草喂马，妻子亲自掌管炊事。第五伦每次接受俸禄，只留一个月的粮食，其余的全部贱卖给百姓中穷困的人。后来第五伦治理蜀郡，官吏中有漂亮的车子和高头大马的，都被他罢官遣送回家，他重新选拔孤苦贫寒而有志向节操的人来担任这些职位。蜀郡政治清明太平，第五伦所任用的官吏，大多做到九卿。第五伦事奉肃宗刘炟，担任司空，在位以正直清廉的名声见称。第五伦虽然天性刚烈耿直，但是厌恶世俗官吏的严厉刻薄，发表议论常常体现宽厚，奉行公事、保全节操。第五伦活了八十余岁。他的儿子第五颉、曾孙第五种都作官，世上称颂他们廉洁耿直。

市掾，主市肆之贸易者也。方贩夫贾竖之为伍，而慨然有用世之志，其自负固已不凡矣。观其见诏书而自喜，早有不容已于斯世斯民之念。至其天性峭直，而又疾俗吏苛刻，议论常依宽厚。则深得为政之大体者也。

【注释】①贾（gǔ）竖：辱骂商人的话。

【译文】市掾，就是主管街市贸易的人。第五伦与小商小贩做伙伴，而情感激昂有为世所用的志向，他自己的抱负本来就已经不一般了。看他见诏书而自我欣赏，早有不将自己容于这个时代这些民众的念头。至于他天性刚烈耿直，而又厌恶世俗官吏的严厉刻薄，发表议论常常体现宽厚，说明他是个深得处理政事本质的人。

40.孔奋，字君鱼，扶风茂陵人。署议曹掾，守姑臧长。在职四年，财产无所增。事母孝谨，奉养极求珍膳。躬率妻子，同甘菜茹。力行清洁，治贵仁平。被召单车就路，吏民及羌胡①，更相谓曰：孔君清廉仁贤，举县蒙恩，如何今去，不报其德？遂相赋敛牛马器物千万以上，追送数百里。奋谢之，一无所受。为武都太守，举郡莫不改操。为政明断，甄^②善疾非。见有美德，爱之如亲；其无行者，忿之若仇。郡中称为清平。

法录

【注释】①羌胡：我国古代的羌族和匈奴族，亦用以泛称我国古代西北部的少数民族。②甄：审查，鉴别。

【译文】孔奋，字君鱼，扶风茂陵人。他代理议曹掾，试任姑臧长。在职四年，财产没有任何增加。孔奋事奉母亲孝顺谨慎，极力寻求珍贵的食物来奉养。他亲自率领妻子儿女，一同吃蔬菜。孔奋努力做到为官清正廉洁，管理百姓崇尚仁爱太平，被朝廷征召时，仅有一辆车上路，官吏、百姓以及少数民族的百姓相互转告说："孔君清正廉洁、仁爱贤明，全县受到他的恩惠，为什么他现在离去，不报答他的恩德呢！"于是征收牛马器物千万件送给孔奋，跟随相送了数百里。孔奋拒绝了他们，一件也没有接受。孔奋任武都太守，全郡没有人不改变操守。孔奋处理政事清明而果断，考察好事、厌恶不合理的事，见有美德的人。喜欢他就像自己的亲人，对那些没有善行的人，怨恨他就像仇人，郡中称赞孔奋廉洁公正。

赃吏之不顾行检，多为妻子所累。孔君能躬率妻子，同甘菜茹，所以得全其清节也。否则所需既多，所求无餍^①，未有不以贿败者矣。以俭养廉之说，不但官长奉职之良规，亦吏胥保身之要道也。

【注释】①餍（yàn）：满足。

【译文】贪官不顾及检点品行的原因，大多是被妻子儿女所拖累。孔君能够亲自率领妻子儿女一同吃蔬菜，这是他得以保全清廉节操的原因。如果不是这样的话，所需多了以后，所求就没有满足，就没有人会不因为贪财受贿而落败的了。用节俭培养廉洁操守的说法，不但是长官奉行职事的良好准则，同时也是小官小吏保全自身的重要道理。

41.应奉①，字世叔，汝南②人。少聪明，为郡决曹史③。行部④四十二县，录囚徒数百千人，及还，太守备问之，奉口说罪系姓名，坐状轻重，无所遗脱，时人奇之。为武陵⑤太守，慰纳叛蛮，兴学校，举侧陋⑥，政称蛮俗。迁司隶校尉⑦，纠举奸违⑧，不避贵戚。著汉书后序，多所述载。

【注释】①应奉：东汉中期人士，生卒年不详，约公元一四四年（汉顺帝末年）前后在世，聪明过人，记忆力特佳，从小到大，凡所经历的事情都能记忆犹新。②汝南：古郡县，今河南省驻马店市一带。③决曹史：汉代官职名，主罪法事。④行部：巡行所视察的地方。⑤武陵：湖南、湖北、贵州、重庆和广西交界的武陵山一带，其地多为苗族、土家族，并与少数汉族错居，古称"武陵蛮"，常聚众而反。西汉时设郡，今湖南常德一带。⑥侧陋：卑微低贱，指地位低下的人。⑦司隶校尉：司隶校尉，旧号卧虎，是汉至魏晋监督京师和地方的监察官。始置于汉武帝征和四年（前89年），汉成帝元延四年（前9年）曾省去，汉哀帝时复置，省去校尉而称司隶。东汉时复称司隶校尉。⑧奸违：奸恶邪僻之人。

【译文】应奉，字号世叔，是汝南人。他年少时就非常聪明，在郡里任决曹史时，有一次巡视了四十二个所属县，审查了成百上千个囚徒的罪案记录。回来后，太守详细询问巡视情况。应奉开口便说出囚犯的姓名、罪状、罪行轻重等情况，没有任何遗漏，当时人们都大为惊奇。他后来担任武陵太守时，安抚招纳叛乱的少数民族，兴办学校，举荐微贱之人。他所推行的政策正适合当地人的习俗。后来他升任司隶校尉，任职时纠察、检举邪人恶事，不避王公贵戚，一律从严。他著有《汉书后序》，其事迹历史上多有记载。

口说数百千人姓名罪状，无一遗脱。以此聪明，体察狱情，何情不得？观其后慰纳叛蛮，兴学校，举侧陋，足知其聪明而不苛刻。诚哉为一代名儒也，岂可以郡吏少之？

【译文】能够说出千百人的姓名、罪状而无一遗漏，以这样的聪明智慧来体察狱情，还有什么情况得不到的呢？再看他后来安抚招纳少数民族，兴办学校提倡教育，举荐位微低下的人，足可以了知他自己虽然聪明但对他人也不苛刻，实在是一代有名的大儒家呀，岂能因为他是郡吏而轻视他呢？

42.朱晖，字文季。南阳宛①人。为郡吏②。太守阮况尝欲市③晖婢，晖不从。及况卒，晖乃厚赠送其家。人或讥焉。晖曰：前阮府君有求于我，所以不敢闻命，诚恐以财货污君。今而相送，明吾非有爱也。东平王苍④，闻而辟⑤之。正月朔旦，苍当入贺。故事少府⑥给璧。是时帝舅阴就为府卿，吏傲不奉法。苍坐朝堂，漏旦尽，求璧不可得。晖望见少府持璧，即往绐（音殆，欺也）之曰：我数闻璧⑦而未尝见，请试观之。主簿⑧以授晖，晖顾召令史奉之（奉之于苍），主簿大惊，遽以白就。就曰：朱掾⑨义士，勿复求。更以他璧朝。苍既罢，召晖谓曰：属者掾自视，孰与蔺相如？帝闻壮之，以晖为卫士令。再迁临淮太守，吏人为之歌曰：强直自遂，南阳朱季。吏畏其威，人怀其惠。后迁为尚书令，以老病乞身⑩，拜骑都尉。

【注释】①南阳宛：南阳，古郡名，又称宛，为历史文化名城。今河南南阳宛城一代。②郡吏：郡守的属官。③市：买；购买。④东平王苍：东汉东平王刘苍，光武帝刘秀之子，因被封为东平王，故称。⑤辟：指君主招来，授予官职。又称"辟除"、"辟举"，征召名望之士来做官，为汉代高级官员任用属吏的一种制度，又分为中央的公府辟除和地方的州郡辟除。⑥少府：汉朝郡府掌管财物的机构。⑦璧（bù）：古代的一种玉器，扁平，圆形，中间有小孔。⑧主簿：古代官名，各级主官属下掌管文书的佐吏。⑨掾（yuàn）：古代副官、佐吏的通称。⑩乞身：古代以做官为委身事君，故称请求辞职为乞身。

【译文】朱晖，字号文委，是南阳宛城人。在南阳郡当郡吏时，太守阮况曾经想买朱晖家里的奴婢，他没有答应。阮况死后，朱晖便将她作为厚礼相赠送给他们家。有人讥讽他，朱晖便说："之前阮太守有求于我，我不敢听令，实在是担心用财物玷污了他的名声。现在相送，表明并不是我舍不得。"东平王刘苍听说这件事后便召请他出来做官。到正月初一早晨的时候，王苍应当入朝祝贺。按照旧列，少府要给予璧。当时皇帝的舅舅阴就当的府卿，他属下的官员也很傲慢不守法。刘苍坐在朝堂上，漏壶里的水都快要滴完了，也没有得到璧。朱晖看见少府的主薄拿着璧，就骗他说："我多次听说有璧，但从没见过，请让我看一看。"主薄就把璧给了朱晖，朱晖回头招来令使将璧给了刘苍。主薄很吃惊，就禀告了阴就，阴就说："朱晖是位义士，就不要再要回那块玉了。"我们用其他璧朝见。刘苍入朝回来以后，召来朱晖对他说："各位属官们自认为谁和蔺相如相比较类似呢？"皇帝（汉显宗）听说了朱晖的胆略，任命他做了卫士令，后来又升为临淮太守。有官吏称赞朱晖说："强直自遂，南阳朱季。吏畏其威，人怀其惠。"朱晖后来升为尚书令，以年老身病辞官，官授骑都慰。

官长无所求于吏，尚百计逢迎，中之以欲，以为固宠营私之地。今太守欲市晖婢，而晖竟不从，恐污官长名节。真能自守以正，而又爱人以德者也。夺璧之举，继躅相如，南阳之歌，希风召伯，岂不伟然一豪杰士哉？

【译文】上级对下级无所求，下级都会千方百计的逢迎，来满足他们的欲望，以此保持自己受宠和谋取私利的地位。现在太守想购买朱晖的婢女，而朱晖竟然没有答应，唯恐玷污了上级的名节。朱晖真正是能够自己坚持正气，而又以德行爱人的人。他夺璧的行为，承继了蔺相如之举，南阳的歌谣，仰慕召伯。朱晖难道不是一位卓异超群的豪杰之士么。

43.郑弘，字巨君，山阴①人。少为乡啬夫②，太守第五伦③行春（太守常以春行县，劝农赈乏），见而奇之。召署督邮④。举孝廉。弘师同郡河东太守焦贶。楚王英⑤谋反发觉，以疏（书也）引贶。贶被收，于道亡没。妻子闭系诏狱，掠考连年。诸生故人惧相连及，皆改变名姓以逃其祸。弘独髡头⑥负鈇锧⑦，诣阙⑧上章，为贶讼罪，显宗觉悟，即赦其家属。弘躬送贶丧，及妻子还乡里，自是显名。由令守，官至太尉。

【注释】①山阴：今浙江绍兴一带。②乡啬(sè)夫：古代乡官之一，主役赋等。③第五伦：人名，东汉时期大臣，生卒年不详，京兆长陵（今陕西咸阳）人，生活节俭，秉公执法，刚正不阿，历任多职，治绩卓著。"第五"为中国复姓之一。④督邮：官名。汉置，郡的重要属吏，代表太守督查县乡，宣达教令，兼司狱讼捕亡，唐以后废。⑤楚王英：东汉楚王刘英，是汉光武帝刘秀庶出的儿子，后因为造反图谋取代汉明帝被废去王位，而后自杀。⑥髡(kūn)头：剃去头发。⑦鈇锧(jué zhì)：鈇，刺。锧，古代腰斩用的垫座。⑧诣：到……去，前往。阙：古代官殿门前两旁的楼台，泛指宫殿。

【译文】郑弘，字号巨君，是浙江绍兴人士。年轻的时候是一名乡官，太守第五伦春日出巡时，见到他时很是惊奇，就召为督邮官，并将他推举为孝廉。郑弘的老师是同一郡县的河东太守焦贶，楚王刘英想要谋反被皇帝查觉，因为书信往来牵连到焦贶。焦贶于是被抓起来，他在半路上生病而死。他的妻子儿女都被抓到牢里，被严刑拷打了很多年。焦贶的很多学生和以前的朋友都害怕自己受牵连，纷纷改名换姓躲避祸患。只有郑弘剃了头发带着刑拘，到皇宫给皇帝上奏章，为焦贶申辩。汉显宗这才觉悟过来，就释放了焦贶的家属。郑弘又亲自将焦贶的遗体和他的妻子儿女送回家乡，郑弘从此名声显扬，并从太守做到了太尉。

贶已死而犹讼其非辜，恤其妻子。笃于公义，终始如一。其为啬夫，治行必有可观。第五伦识之于风尘，不爽也。

【译文】焦贶已经去世了，任然要为他申诉清白，并体恤他的妻子儿女，坚持公正义理，始终如一。他任乡啬夫时，必然政绩可观，而第五伦能识人于宦途，果然没看错人。

43.周章，字次叔，南阳随人①。为郡功曹②，大将军窦宪③免，封冠军侯就国④。章从太守行春，到冠军，太守犹欲谒之。章进谏曰：今日公行春，岂可越仪私交？剖符⑤大臣，千里重任。举止进退，其可轻乎？太守不听，遂便升车。章前拔佩刀，绝马鞅⑥，乃止。及宪被诛，公卿以下，多以交关得罪，太守幸免，以此重章。举孝廉，历位司空⑦。

【注释】①南阳随人：南阳郡随县，今湖北随州一带。②功曹：古代官名。亦称功曹史，除掌管人事外，得以参与一郡的政务，为郡守、县令的主要佐吏。③窦宪：（？—92年），字伯度，扶风平陵（今陕西咸阳西北）人，大司空窦融曾孙，东汉外戚、权臣、名将。④冠军侯：爵位名，最初因霍去病大破奴而功冠诸军，被汉武帝封为冠军侯，治所在今河南邓县西北一带。⑤剖符：古代帝王授予诸侯和功臣的凭证，用金、玉、铜或竹木制成，剖分为二，君臣各执一半，作为信守的约证。⑥鞅：古时套在拉车的牛马颈上的皮带。⑦历位：指所任官职达到的地位或品阶。司空：官名。古代中央政府中掌管工程的长官。

【译文】周章，字号次叔，是南阳郡随县人。在南阳郡任功曹，当时外戚大将军窦宪被削免，封冠军侯。周章跟随南阳太守巡行到冠军时，太守还想去进见窦宪，周章进谏说："现在您巡春是办公事，怎么能越过法令而私自交往。分封千里的的大臣，身负重任，言行举止都要庄重有度，哪里能轻率行事呢？"太守不听，登车欲行，周章上前拔出佩刀，砍断了缰绳，才使太守没去成。后来窦宪被诛，公卿以下与其结交往来者都获罪了，唯有太守幸免于难，太守因此而重用周章，举荐他为孝廉，后来官至司空。

趋承权贵，惟恐不及。为官者类然，况于吏乎？周君以正义责其太守，后竟以此免祸，其识远矣。剖符千里，居之者不自重，而属吏兢兢焉惜之。此其所以终为大臣也。

【译文】趋附奉承权贵的事，一般人都是唯恐不及。当官员的都是这样，更何况下面的小吏呢？周章以正义劝责太守，而后竟然因此免去祸端，他的见识真是长远呀！授封的官员不自重，而作为属吏的周章小心谨慎行事，这就是他最终之所以能够成为大臣的原因。

44.廉范，字叔度。京兆杜陵[①]人。为郡功曹。太守邓融为州所案，范知事谴难解，欲以权相济，乃托病求去。东至洛阳，变姓名，代廷尉[②]狱卒。居无几，融果征下狱。范遂得卫侍左右，尽心勤劳。融怪其貌类范，而殊不意。乃谓曰：卿何似我故功曹也。范诃之曰：君困厄瞀[③]乱耶？语遂绝（恐人知之，伪为不相识者，呵止之，不复接谈也）。融系出困病，范随而养视。及死，竟不言。身自将车，送丧至南阳。葬毕，乃去。

后辟公府[④]，会薛汉坐楚王事诛，故人门生莫敢视范独往收敛之。显宗大怒，召范诘责。范叩头曰：臣愚戆不胜师资之情，罪当万坐。帝贳[⑤]之，由是显名。举茂才[⑥]，数月，再迁为云中[⑦]太守。会匈奴大入塞，范令军士各交缚两炬，爇火营中。虏遥望火多，谓汉兵救至，大惊。

范令军中蓐食^⑧，晨往赴之，斩首数百级^⑨。虏由此不敢向云中。后频历郡守，随俗化导，各得治宜。迁蜀郡太守，其俗尚文辩，好相持短长。范每厉以淳厚，不受偷薄之说。成都邑宇逼侧，旧制禁民夜作，作女工，以防火灾。范毁削先令，但严使储水而已。百姓为便，乃歌之曰：廉叔度，来何暮？不禁火，民安作。平生无襦今五袴^⑩。

【注释】①京兆杜陵：京兆：西安的古称。杜陵：地名，在今陕西省西安市东南。②廷尉：官名。秦始置，九卿之一，掌管刑狱。③瞀（mào）：目眩，眼花。④辟公府：辟：征召。公府：三公的官署，东汉以太尉（军事）、司徒（政事）、司空（工程）为三公。⑤贳（shì）：赦免，宽大。⑥茂才：即"秀才"。东汉时，为了避讳光武帝刘秀的名字，将"秀才"改为"茂才"。⑦云中：古郡名，战国赵地，秦置。今内蒙托克托县一带。汉朝时分其东北部设定襄郡，西南部仍为云中郡。⑧蓐食：吃饱吃好。⑨级：首级，用于计量砍下的人头数。⑩平生无襦今五绔：襦：短衣短袄或幼儿的围嘴儿。绔：同"裤"。廉范废除原来的禁令后，使得经济更加繁荣，就连平生没有短衣的人如今都有了五条裤子。人们感念廉范的功绩，将之编成歌谣，取名《五绔歌》。后世遂以"五绔歌""来何暮""襦绔歌"等作为对地方官施行善治的称颂之语。

【译文】廉范字号叔度，是京兆杜陵县人。在县里担任功曹吏的时候，太守邓融被州里的案子（牵涉）。廉范知道受罚是难免的，就打算通过权变的方式帮助他，于是假借生病请求离职。廉范随后向东来到了洛阳，改名换姓，做了廷尉的狱卒。过了不久，邓融果然被押解到洛阳监狱，廉范于是得以在他身边侍奉，尽心尽力，非常勤快。邓融奇怪他长的像廉范而很不在意，于是对他说："你怎么长的像我从前的功曹呢？"廉范就大声斥责他说："您是因为困窘，眼花看错了！"就不再跟他说话。（廉范是害怕其他人知道，假装俩人不认识，故意责备邓融，不和他说话）邓融被关押生病，廉范都跟随着照看探望，直到邓融病死，都没有说明身份，并亲自赶车把邓融的灵柩送回南阳，安葬完毕才离开。

　　后来，廉范被征聘到公府，恰逢薛汉因为楚王谋反的事被处死，他的朋友、弟子都不敢探视，只有廉范前去替薛汉收殓安葬。汉显宗非常生气，把廉范召进宫质责他。廉范叩头说："下臣愚昧笨拙，受不住老师的恩情，实在罪该万死。"皇帝于是赦免他无罪，廉范因此出名。他被推荐为秀才，几个月后，升任为云中太守。恰逢匈奴大举进兵入关，廉范就让士兵们各自绑两个火把，在军营中点燃。敌人远远看到很多火把，以为汉兵的救兵来了，都大吃一惊。廉范下令犒劳军兵，到早晨和匈奴大战，砍下了好几百人头，匈奴自此再不敢进犯云中县。廉范后来多次担任（其他郡的）太守。随当地风俗教化训导百姓，实施合宜的治理措施。在他担任蜀郡太守时，当地的风气是喜好争论、评长论短。廉范常常用纯朴厚实的理念训导他们，不要听受那些浮薄的言说。成都的房屋拥挤，从前的条令禁止百姓晚上点灯做女工，以防止火灾。廉范废除了原来的法令，只是严格要求百姓储存水罢了。百姓们觉得非常方便，于是编了一首歌谣称颂他："廉叔度，来何暮？不禁火，民安作。平生无襦今五绔。"

　　汉世最重名节，属吏之于府主，分若君臣，情同师友。多有患难周旋，蹈死勿顾者。后世相承以貌，相御以术。苟一日去其官，则群吏视之若路人矣，如叔度诸人之风，真堪砥砺薄俗也。

　　【译文】汉朝时人们最注重名节，属吏对于主官而言，就像君臣一样，他们之间的情谊如同师长、朋友一般。有很多（在主官）患难后照顾周济，甚至为之舍身赴死的属吏。到后世则只是表面上相互奉承、以计谋管控。假若哪一天主官不再做官了，那些属吏就把他看做路人了。像廉范这种人的作风，真是能够勉励世俗之风了！

45.杨终,字子山,成都人。年十三,为郡小吏。太守奇其才。遣诣京师受业,习春秋。显宗时,征诣兰台①,拜校书郎②。与班固贾逵等,于白虎观论考五经同异。受诏删太史公书③为十余万言。兄凤为郡吏,太守廉范为州所考,遣凤候终(以终有才望,求为之计也),终为范游说,坐徙④北地。诏贳还故乡,后征拜郎中。

【注释】①兰台:汉代官中收藏典籍的地方。②校书郎:官职名。专门掌管典校书籍的官员。③太史公书:即《史记》,司马迁著。④坐徙:坐:犯罪;因……犯罪。徒:古代称流放的刑罚。

【译文】杨终,字号子山,是成都人。他十三岁的时候就做了县了的小吏,太守认为他才能出众,就送他到京师从师学习,研习《春秋》。到汉显宗时,将他召到宫中,封为校书郎。和班固、贾逵等人在白虎观论定《五经》,并受诏将《史记》删减为十万多字。他的哥哥杨凤是郡守的属官,太守廉范被州官考问,派杨凤找弟弟杨终(因为杨终比较有才能声望,想让他出个主意)。他后来为廉范游说,因此被流放到北地。皇帝下诏书赦免后又回到了家乡,后征召授官为郎中。

以郡小吏而有奇才,自是有用之器,所少者经书耳。太守遣之从师受业,习春秋,遂致列儒林之选,操笔削之权。为官辨冤,得是非之公。为兄获谴,亦仁者之过。无非其穷经稽古之效也。然则吏而有才,其读书尤不可少哉?

【译文】虽然只是个县里的小官,但是很有才学,自然就是有用之才了,所缺少的只是通晓经论而已。太守派他随师学习,研习《春秋》,于是被选入儒家学者之列,有了执笔删减《史记》的权力。他为上级官员申辩冤屈,以实现是非公正;又因兄长而被贬官,也是有仁义的缘故,无非是由于钻研经籍、考察古事而效仿古人罢了。虽然是个小吏但很有才学，那就更少不了读书了。

46.钟皓，字季明。颖川①人。为郡着姓②，世善刑律，皓以笃行称。同郡陈寔，年不及皓，皓引与为友。皓为郡功曹，会③辟司徒府，临辞，太守问谁可代者？皓曰：明府④欲必得其人，西门亭长陈寔可。寔闻之曰：钟君似不察⑤人，不知何独识我？皓及荀淑⑥，并为士大夫⑦所归慕。李膺⑧尝叹曰：荀君清识难尚，钟君至德可师。

【注释】①颖川：古郡名，秦时设立，其后管辖区域多有变化，今河南省许昌市一带。②着姓：同"著姓"，有声望的族姓。③会：适逢，恰巧遇上。④明府：汉魏以来对郡守牧尹的尊称。⑤察：考察举荐，选拔。⑥荀淑：（公元83年-公元149年）字季和，为郎陵侯相，东汉颖川颖阴人（今河南许昌）人。汉和帝至汉桓帝时人物，以品行高洁著称。⑦士大夫：古时指官吏或较有声望、地位的知识分子。⑧李膺：（110年-169年），字元礼，颖川郡襄城县（今属河南襄城县）人。东汉时期名士、官员。以严明著称，时人甚为敬慕。

【译文】钟皓字季明，是颖川人氏。世代是名门望族。擅长刑事法规。钟皓以品行纯厚而著称。和他同县的陈寔，年纪比钟皓小，钟皓却和他结为好友。钟皓当时是郡县的功曹吏，恰巧要被征召到司徒府去任职。临走时，太守问谁可以接替你的这个职位，钟皓就说："太守大人确实想要个人选的话，西边城门的亭长陈寔可以担任此职。"陈寔听说这件事后，说到："钟皓似乎没有进行考察，不知为何唯独识得我呢？"当时钟皓和荀淑同时被士大夫们倾心仰慕。李膺曾经赞叹说："荀淑的高见卓识难以超越，钟皓的盛德可以效法。"

钟姓世善刑律，至皓以笃行称。其为郡功曹，亦必明于刑律，不尚深刻，善于平反者也。观其临辞荐代，惟在仁恕忠厚之陈寔，而李膺亦有至德可师之叹。孰谓司刑律者，遂有伤于厚德耶。吏之习刑律者，当以皓为法。

【译文】钟家世代擅长刑法律令，到钟皓时以品行纯厚著称。他在担任功曹一职时，必然是个对法令政律明了于心、不推崇严峻苛刻，而善于纠正冤屈错判的人。看他调任临走时推荐可替任者，只看重了仁爱宽容、忠厚老实的陈实，就连以严明著称的李膺都发出了盛德可师的赞叹。谁说主管刑法律令的官员，会因为法纪严明而影响忠厚的德行呢？学习刑律的人，应当以钟皓为学习的榜样呀。

47.陆续，吴人①，字智初。仕郡户曹史②，时岁荒，民饥困。太守尹兴，使续于都亭赋民饘粥③。续悉简阅其民，讯以名氏。事毕，兴问所食几何？续因口说六百余人，皆分别姓名，无有差谬，兴异之。刺史行部④见续，辟为别驾从事⑤。以病去，还为郡门下掾。是时楚王英谋反，事连尹兴，征诣廷尉狱。续与主簿梁宏，功曹史驷勋，诣狱就考。肌肉消烂，终无异辞。续母至京师，无缘与续相闻，但作馈食⑥，付门卒以进之。续对食悲泣，不能自胜。使者怪而问其故，续曰：母来不得相见，故泣耳。使者大怒，以为狱门吏卒通传意气。续曰：因食饷羹识母所自调和，故知来耳，非人告也。使者问何以知母所作。续曰：母常截肉未尝不方，断葱以寸为度，是以知之。使者阴嘉之，上书说续行状。帝即赦兴等事，还乡里。长子稠，广陵太守，有理名⑦。中子逢，乐安太守。少子褒，力行好学，不慕荣名，连征不就。

【注释】①吴人：吴：古地名，会稽郡吴县，今江苏省苏州一带。②户曹史：古代官职名。汉朝郡县的佐吏，为户曹的副职，助户曹掾掌管民户、礼俗、祠祀、农桑等事。③饘（zhān）粥：饘：稠粥。饘粥，泛指稀饭。④行部：巡行所视察的地方。⑤别驾从事：即别驾从事史，官名。亦称别驾从事，简称"别驾"。汉置，为州刺史的佐官。因其地位较高，出巡时不与刺史同车，别乘一车，故名。⑥馈食：食物、食物。⑦理名：犹政声，即官吏的政治声誉。

【译文】陆续，是吴县人，字号智初，在郡府做户曹史。当时年岁荒饥，太守尹兴派他在城邑的都亭中给百姓发稀。他都一一考察民众，询问姓名。事情结束后，尹兴问他吃到粥的有多少人，他不假思索回答说有六百余人，还分别说出他们的姓名，没有差错。尹兴觉得他非同寻常。刺史巡视时召见了陆续，征召为别驾从事。之后他又因病辞官，回到郡里任门下掾。当时楚王刘英谋反，事情牵连到太守尹兴，他被传旨关到了到廷尉的监狱。陆续与主簿官梁宏、功曹史驷勋都被传到狱中接受审讯，身上的肉因受酷刑都溃烂了，但他始终没有更改供词。陆续的母亲来到京师后也没有机会和陆续相见，只好做了些饭菜，交给门卒转送陆续。陆续见着饭后便伤心落泪，悲痛不已。使者很是奇怪就问他是什么原因。陆续说："我的母亲来了却又不能见面，所以才伤心落泪。"使者大怒，认为是衙役狱卒给通风报信。陆续说："我是因为吃了饭菜，知道是母亲做的，所以才知道是她来了，并非别人告我的。"使者问你怎么知道是你母亲做的。陆续道道："母亲切的肉都是方形的，切的葱都是一寸的长度，我就是根据这个知道的。"使者暗自称赞，随后就上书表述了他的事迹，皇上随即赦免了尹兴等人，让他们返回故乡。他的长子陆稠后来做了广陵太守，很有声望。二儿子陆逢后来做了乐安太守。小儿子陆褒，勤奋好学、身体力行，对功名没兴趣，几次征召都没有就职。

于简阅饥氏见其才，于辨证太守见其义，于泣对母食见其孝。虽终于掾史，而百世之下，犹令人咨嗟叹息，想慕其人也。

【译文】从考察饥民可以看出陆续的才能，从为太守作证可以看出他的忠义，从见母亲做的饭菜而落泪可以看出他的孝顺来。虽然他只是一位辅佐官员的小吏，然而历经这么多年代，仍然令人赞叹、仰慕他的为人啊。

48.雷义，字仲公。豫章鄱阳人^①。初为郡功曹。擢^②用善人，不伐^③其功。尝济人死罪，罪者后以金二斤谢之，义不受。金主伺义不在，默投金于承尘^④（施于屋上，以承尘土者）上。后葺理屋宇，乃得金。金主已死，无得复还，义乃以付县曹。后举孝廉，拜尚书侍郎。有同时郎坐事，当居刑作，义默自表取其罪，以此论司寇^⑤。同台郎觉之，委位自上，乞赎义罪。顺帝诏皆除刑。义归，举茂才，让于同学友陈重，刺史不听，义遂佯狂被发走，不应命^⑥。乡里为之语曰：胶漆自谓坚，不如雷与陈。三府^⑦同时俱辟二人。

【注释】①豫章鄱阳人：豫章：古郡名，楚汉之际置。汉豫章郡治南昌，辖境大致同今江西省。②擢：选拔。③伐：夸耀，自夸。④承尘：床上的帐幕；天花板。唐代以前房屋没有天花板，房梁横木之上用遮布挡灰，名曰"承尘"。⑤司寇：汉代刑罚名，罚往边地戍守防递。司，通"伺"。⑥应命：从命，遵命。⑦三府：汉制，三公皆可开府，因称三公为"三府"。西汉以丞相（大司徒）、太尉（大司马）、御史大夫（大司空）为三公，东汉以太尉、司徒、司空为三公。

【译文】雷义字号仲公，是江西鄱阳县人。当初任郡里的功曹史时，选拔提拔推举善人，但他从不夸耀自己的功绩。他曾经救助别人免于死罪，这个人后来用两斤金子感谢他，雷义没有接受。他又趁雷义不在家的时候，，悄悄地把金子放在承接尘土的帐幕上。后来雷义修理房屋才发现了金子，可是送金子的人已经过世，无法送还，雷义就将金子送到县府里了。他后来被推举为孝廉，授尚书侍郎。有位一起作侍郎的同僚犯了罪，应当受刑处罚，雷义默默地自己上表替认了他的罪，因此被罚到边地戍守防敌。这位同僚知道后，辞位上表，请求为雷义赎罪。顺帝于是下诏令都免去他们的刑罚。雷义回来后被举荐为秀才，他想要让给同门学友陈重，刺史不同意，，雷义就假装发疯，披毛散发的跑了，没有接受任命。乡里人赞叹说："胶和漆自认为粘合的很牢固，却不如雷义和陈实的情义坚固。"后来三公都同时征召他俩做官。

济人死罪，本无望报之心。罪者酬之以金，至默投于屋间而去，意亦诚矣。及得金之日，而其人已死，不得已而受，于义无伤也，竟付之县曹。若斯人者，方是一介不取，诚心为善。不但吏胥中罕有其俦，即士大夫亦不多观耳。

【译文】雷义救助别人免除死罪的时候，本来就没有希望得到回报的想法。犯罪的人用金子来酬谢他，悄悄的扔在房间的承尘上面就走了，报答之意也是诚心诚意啊。等到发现金子的时候，送金之人已经去世了。就算是不得已接受金子，对于道义也没什么妨碍，而雷义却把金子交给了县令。像这样的人，才是丝毫不取、真心诚意做善事的人。不仅官员里很少能和他相比的，就是士大夫里也不多见。

49.仇览，字季智，陈留考城①人。少为书生，淳默②，乡里无知者。年四十，县召补吏，选为蒲③亭长。劝人生业，为制科令，至于果菜为限，鸡豕有数。农事既毕，乃令子弟群居就学。其剽轻游恣④者，皆役以田桑，严设科罚⑤。躬助丧事，赈恤穷寡⑥。期年，称大化。览初到亭，有陈元者，独与母居，而母诣览告元不孝。览乃亲到元家，与其母子陈人伦孝行，譬以祸福之言，元卒成孝子。乡邑为之谚曰：父母何在在我庭，化我鸱枭⑦哺所生。

【注释】①陈留考城：陈留：古郡名，汉朝时设立，今河南省开封市一带。考城：古县名，东汉时设考城县，隶属陈留郡，后所辖范围多有变化，今河南兰考县一带。②淳默：敦厚寡言。③蒲：春秋卫地，战国属魏。在今河南省长垣县。④剽轻游恣：剽轻：轻薄；轻浮。游恣：放纵。⑤科罚：刑罚；处罚。⑥穷寡：贫困无助的人。⑦鸱枭（shī xiāo）：即猫头鹰类鸟。枭因食母被认为是不孝之鸟。

【译文】仇览，字号季智，是陈留郡考城人。他青年作书生时淳朴寡言，乡里没有人知道他。到四十岁时，县府征召他补任小吏，选拔他当蒲地的亭长。他鼓励人们发展生产，为百姓制定法令条文，到了水果、蔬菜成熟、养的鸡和猪有了一定数量，忙完农事后，就让年轻人住在一起开始学习。那些轻浮放纵的人，都让他们服劳役做农事，并对此制定了严格的惩罚条列。他亲自帮助有困难的人办理丧事，救助抚慰贫困无助的人，一年之后，当地可谓是变化巨大。仇览刚到任做亭长时，有个叫陈元的人，独自和母亲居住，可是他的母亲到仇览跟前控告陈元不孝。仇览就亲自到陈元家，向他们母子讲述人伦和孝亲之道，并用吉凶祸福之类的话使他明白道理，陈元最终成为了一名孝子。乡里人为此编了条谚语："父母在哪里呀？在我的庭院里，她就像鸱枭哺育孩子一样养育我。"

十里曰亭，亭长之职，与今之图书总甲①等耳。而意在劝人为善，卒能使不孝者感悟，复归于孝，居然收兴行②教化之益矣。彼托身公门者，其可以导人为善，当更易于亭长。奈何不以此为劝善之地，而徒以为渔利之薮③也？

【注释】①总甲：元、明以来职役名称。明、清赋役制度，以一百十户为一里，里分十甲，总甲承应官府分配给一里的捐税和劳役等。②兴行：因受感发起而实行。③薮（sǒu）：本意为水少而草木茂盛的湖泽，引申为人或物聚集的地方。

【译文】古时每十里设一位亭长，亭长的职责和现在总甲差不多，意在劝人为善。最终能使不孝的人有所感悟，而又回归孝道，竟然起到了实行教化的效果。那些安身官府的人，如果说教人为善，应该比一个亭长做起来更容易，为什么不把公门作为劝人向善的地方，而仅仅当作谋取不当利益的地方呢？

50.孟尝，字伯周，会稽上虞①人。其先三世为郡吏，并仗节②死难。尝少修操行③，仕郡为户曹史。上虞有寡妇至孝。养姑，姑年老寿终。夫女弟④先怀嫌忌，乃诬妇鸩其母，列讼县庭。尝知枉状，备言于太守，太守不为理，尝哀泣谢病去，妇竟冤死，郡中连旱二年。后太守殷丹到官，访问其故，尝诣府具陈寡妇冤诬，丹即刑讼女而祭妇墓，天应澍雨⑤，谷稼以登。尝后为合浦⑥太守，郡不产谷实，而海出珠宝。先时宰守并多贪秽，珠遂徙于交址郡⑦界。尝到官，革前弊，求民病利⑧。曾未逾岁，去珠复还。百姓皆反其业，商货流通，称为神明。被征当还，吏民攀车请之。尝不得进，乃载乡民船夜遁去。隐处穷泽，身自耕佣。邻县士民慕其德，就居止者百余家。

【注释】①上虞：今浙江绍兴一带。②仗节死难：执持旄节。古代帝王授予将帅兵权或遣使四方，给旄节以为凭信。后多以谓执掌兵权或镇守一方。死难：为国家的危难或正义事业而付出生命。③操行：操守、品行。④女弟：妹妹。⑤澍（shù）雨：大雨；暴雨。⑥合浦：地名，今广西北海市一带。⑦交址郡：中国西汉至唐朝的郡的名称，位于今越南北部红河流域。⑧求民病利：病：病苦，痛恨。求得了解百姓的不利和有利的事。形容对百姓的生活非常关心。

【译文】孟尝，字号伯周，是会稽郡上虞人。他的祖先三代都是官员，且都殉节而死。他年轻时努力提升自己的品行，出仕后在郡中担任户曹史。上虞县有个寡妇极尽孝道地赡养婆婆。婆婆年老寿终正寝，她的小姑子原本就对她有所猜忌，因此诬陷寡妇毒死了自己的婆婆，并到县衙打官司。孟尝知道寡妇冤枉的情状，向太守作了详细的汇报，太守却不加理会。孟尝伤心而泣，就托病离职了，这个寡妇最终蒙冤而死。从这以后，郡里连接干旱了两年。后来（新任）太守殷丹到任，探访打听其中的缘故，孟尝就到府衙陈述寡妇被冤枉诬陷的事。殷丹便处罚了那个诬告的女儿，并祭祀了寡妇的坟墓，随即天降大雨，庄稼都得到了收成。孟尝后来做了合浦郡的太守，这里不产五谷粮食，但是海里出产珍珠。以前的官员多为贪污之辈，珠蚌逐渐徙到交阯郡的地界。孟尝到任后，革除前任敝政，关心百姓的疾苦。没过一年，离开合浦的珠蚌又回来了，老百姓都返归旧业，商品货物也开始流通。孟尝被称为为神明。孟尝后来被朝廷征召要走了，官吏民百姓都拉住车子请求他（不要离任）。孟尝无法前行，就搭乡民的船连夜离开了。他后来隐居在僻野水边，亲自耕田做工。邻县的百姓仰慕他的德行，前去和他一起居住的有一百多家。

三世死节已难，三世为史而死节，尤史册所罕见也。尝之为吏，以申冤理枉为汲汲，至以去就争之。此知有公不知有私者也。其居官也，廉静爱民，异迹表著。如尝者，可谓世济其美者矣。

【译文】三代人殉节而死已经很难得，且三代人都同为官员殉节而死，这在历史上都非常罕见。孟尝做小吏的时候，是急于为人洗雪冤枉，甚至以辞职规劝，这是只知道有公务不知道有个人呀。他做官的时候，谦逊沉静、爱民如子，政绩可表。像孟尝这样的，可以说是继承了先祖美德的人。

51.鲁恭，字仲康，扶风^①人。有至性^②，年十二，丧父，号恸，丧礼过成人。待弟丕友爱，恭欲先就丕名，托疾不应举。丕举后，乃为郡吏，谦逊不为名高。勤习吏事，言动不苟。后拜中牟^③令，专以德化民，不任刑罚。民有争田者，守令不能决。恭为平理，皆退而自责，以田相让。教化大行，吏人怀服。蝗不入境，雉不惮人，童子不攫生，号称三异。征为侍御史④，迁光禄勋⑤，选举清平⑥。京师贵戚，莫能枉其正。

【注释】①扶风：地名，为两汉故右扶风辖区。今陕西咸阳县东。汉时将京兆尹、左冯翊、右扶风称三辅，即把京师附近地区归三个地方官分别管理。后世所辖区域多有变化。②至性：指天赋的卓绝的品性，如性情淳厚、刚正，至慈至孝等。③中牟：地名，在今河南郑州。④侍御史：古代官名。秦置，汉沿设，在御史大夫之下。如果朝官的高级官员犯法，一般由侍御史报告御史中丞然后上报给皇帝。⑤光禄勋：古代官名，九卿之一。秦汉负责守卫宫殿门户的宿卫之臣，后演变为总领宫内事务。⑥清平：清廉公正。

【译文】鲁恭，字号仲康，是扶风郡人，天生品行卓越。他十二岁时，父亲就过世了，他号哭哀痛，服丧的礼节超过成人。鲁恭对待弟弟鲁丕很是友爱，想先成就弟弟的功名，就推托有病而不接受举荐出仕。等到鲁丕被任用后，他才做了郡吏。鲁恭谦逊、不求声誉，勤奋的学习政务，一言一行都不随便。后来被封为中牟县令，专门用道德伦理教化百姓，而不使用刑罚。百姓有相互争田地的，太守、县令都不能判决的，鲁恭就给评断，双方就都退让自责，用田地相互礼让。以此推行教化，官吏与百姓都很信服。在他的治理下蝗虫不入境，野鸡不害怕人，儿童不伤害动物，被称为三件异事。后来鲁恭被征召做了侍御史，又升为光禄勋。他选拔举用清廉公正的人，王公贵戚都不能改变他的正直贤良。

为吏而不为利动，已是难事。今并不求名高，其立心可谓纯正矣，异日中牟之化，有以孚童竖而格昆虫，皆由于此。

【译文】做官而不受利益的驱使，已经是件困难的事情。现在鲁恭不追求崇高的声誉，他的存心可以说是很纯正了，往日中牟县的教化能使顽童信服、阻止蝗虫入境，都是因为这个缘故。

52.任延，为武威太守。自掾史①子孙，皆令诣学受业，复②其徭役。章句既通，悉显拔③荣进④之。郡遂有儒雅之士。

【注释】①掾史：官名。汉以后中央及各州县皆置掾史，分曹治事。多由长官自行辟举。唐宋以后，掾史之名渐移于胥吏。②复：免除赋税徭役③显拔：显扬并提拔。④荣进：荣升高位。

【译文】任延曾任武威郡太守，（他下令）自掾史以下官员的子孙都让他们到学校接受教育，免去他们的徭役。通晓经义的都得到任用提拔，并升迁到显贵的职位。郡里自此有了博学多才的人。

掾史子孙，所耳闻目见，无非刑名法律之事。故才者习于深文，不肖者作奸犯科，无所不至，不复知仁义忠信为何事矣？任公皆令诣学受业，正欲以诗书导其善气也。岂徒慕儒雅之虚名乎？

【译文】掾史的子孙，每天耳目濡染的，不外乎刑律法令之事，所以有才能的人深入学习法律条文，品行不端的人为非作歹，触犯法律，干尽了坏事，不再知道仁、义、诚、信是什么了？任延都让他们到学校接受教育，正是希望用诗书来引导他们的良善之气呀，难道只是爱慕文人雅士的虚名吗？

53.王涣，字稚子，广汉郪①人。少好侠，任气力，晚而折节②，敦儒学。习尚书，读律令，略举大义。为太守陈宠功曹，当职割断③，不避豪右④，宠风声大行。和帝问宠曰：在郡何以为理？宠顿首曰：臣任功曹王涣，以简贤选能主簿镡显，拾遗补阙，臣奉宣诏书而已。涣由此显名，举茂材，除⑤温令。县多奸猾，积为人患，涣以方略悉诛之，境内清夷⑥。商人露宿于道，终无侵患。为洛阳令，以平正居身，得宽猛之旨。

其冤嫌久讼，历政所不断，法理所难平者，莫不曲尽情诈[7]，压塞群疑。病卒，百姓致奠以千数。丧归，经弘农，民庶皆设盘案于路，诏以其子为郎中[8]。镡显后亦知名，安帝时，为豫州刺史。天下饥荒，竞为盗贼，州界收捕万余人，显愍其困穷，辄擅赦之。因自劾奏[9]，有诏勿理。后至长乐尉。

【注释】①郪：汉代县名，故址在今四川省三台县郪口。②折节：改变就有的志向或作为。③当职割断：当职：担任职务。割断：决断；专断。④豪右：豪门大族。汉以右为上，故称"豪右"。⑤除：任命，授职。⑥清夷：清平；太平。⑦曲尽情诈：曲细致。情诈：真实情况与虚伪狡诈。⑧郎中：官名。侍郎是汉代郎官的一种，本为宫廷的近侍。东汉以后，尚书的属官，初任称郎中，满一年称尚书郎，三年称侍郎。⑨劾奏：向皇帝检举官吏的过失或罪行。

【译文】王涣，字号稚子，是广汉郪县人。年少时喜好行侠仗义打抱不平，崇尚力武艺。后来才改变了自己的志向，开始钻研儒学，学习《尚书》、研读律令，大体明晓了这些书里的主旨要义。他后来担任太守陈宠的功曹，任职时敢于决断，即使对豪门大户也不留情面。陈宠因而名声大震，汉和帝问他："你在郡中是用什么办法治理政务的？"陈宠叩头回答说："臣任用功曹王涣，让他选拔有才能的人处理各种事物；又让主簿镡显弥补疏漏、匡正过失，我不过是奉旨宣读皇上您的诏书罢了。王涣因此而名声显扬，被举荐为秀才，任为温县县令。温县境内有很多奸诈虚伪的人胡作非为，成了当地人的心患。王涣巧用谋略把他们都铲除了。之后县境内一片清平，有的商人就在路边露宿，也没有人侵犯。王涣后来被任命为洛阳县令，他以公平正直立身处世，处理案件也宽严得当。其中那些含有冤情、长期告状，而历届官府所不能判决、按法律情理难以平允的的案件，他都全部细致的弄清真伪，消释大家的疑惑。王涣生病去世之后，前去祭奠的百姓多达数千人。他的灵柩要运回家乡，路过弘农县时，老百姓都在路旁摆桌案祭品来祭奠他。政府后来征召他的儿子做了郎中。镡显后来也很有名气，汉安帝在位时任豫州刺史。那时到处闹饥荒，百姓竞相做了盗贼，州府抓捕了上万人。镡显怜悯他们穷困，就擅自赦免了他们。由于他上奏朝廷弹劾自己，皇帝也没有计较定罪。他后来做了长乐尉。

古以任用功曹为贤，今以听信吏胥为戒。非时势有不同，吏胥之贤不肖，相去悬殊耳，稚子公平正直，自其为吏而已然矣。今之吏胥，苟有公平正直如稚子者，岂非官司之所乐。得任用者哉。官司得一公平正直之吏，何患不能坐致治理哉？然则使官司不敢任吏，而防闲惟恐不至者，固非尽官司之故也。

【译文】古人以任用功曹为贤良，今人以听信吏胥的话为戒。并非时势有什么不同，而是现在吏胥的德行才能与过去的贤能相比，已经相去甚远了。王涣公平正直，从他做属官时就已经这样了。现在的吏胥，假如有像王涣这样公平正直的，难道不是官府所乐得任用的人吗。上级官员要是有一位公平正直的属吏，哪里还用担忧不能轻易取得良好的政绩呢？然而使官府不敢任用小吏，而唯恐防范戒备不到位的，本来也不全是官府的原因啊！

54.第五访，字仲谋，京兆长陵①人。少孤贫，常佣耕以养兄嫂，有闲暇，则以学文。仕郡为功曹，察孝廉，补新都②令，政平化行③。三年之间，邻县归之，户口十倍。迁张掖太守，岁饥，粟石数千。访乃开仓赈给，以救其敝。吏惧谴，争欲上言④。访曰：若上须报，是弃民也，太守乐以一身救百姓。遂出谷赋人，顺帝玺书嘉之，由是一郡得全。官民并丰，界无奸盗。迁护羌校尉⑤，边境服其威信。

【注释】①长陵：地名，今陕西县咸阳市一带。②新都：地名，四川省成都市新都区一带。③政平化行: 政平: 政治安定。化行: 教化施行。④上言: 进呈言辞。⑤护羌校尉: 汉官职,主西羌,持节领护西羌,始设时有临时差遣的性质,后演变为河西地区的正式官制,职如西域都护、护乌桓校尉"可安辑,安辑之;可击,击之"。

【译文】第五访,字号仲谋,是京兆长陵人。年轻的时候孤苦贫寒,经常受雇给别人家耕作来奉养哥哥和嫂子。一有空闲时间,就认真学习。后来在郡守下任功曹,又被举荐为孝廉,补授为新都县的县令。(他在任期间)教化民风,社会安定。三年内,邻县都归向了新都,人口增加了十倍。不久,他就升任张掖郡太守。有一年饥荒,一石粮食要值数千钱。第五访于是开仓放粮、赈济百姓。其他官员都害怕受到处罚,相互争论应该先上奏朝廷。第五访回答说:"如果上报朝廷等待准许,就是抛弃民众。我作为太守愿意以自己的性命救百姓。"于是拿出粮食交给了百姓。后来汉顺帝亲自写诏书称赞他,因此全郡的百姓得以保命。一年多以后,官吏和百姓都很富足,他管辖范围内没有为非作歹、窃盗财物的现象。后来又被升为护羌校尉,边境地区的人都信服于他威望和信誉。

开仓赈饥,不惜一身以救百姓。其任事之勇,皆动于心之所不容已也。具此一副热肠,其为功曹时,利济当复不少。

【译文】第五访开粮仓赈济饥民,不顾惜自己的性命来救助百姓。他敢于承担大事的勇气,都是因为于心不忍呀。怀有这样的热心肠,那么他在做功曹的时候,救济的人应该也不少。

55.童恢,字汉宗,琅邪姑幕①人。少仕州郡为吏,司徒②杨赐,闻其执法廉平③,乃辟之。及赐被劾当免,掾属悉投刺④去,恢独诣阙争之。及得理,掾属悉归府,恢杖策⑤而逝。由是论者归美⑥,复辟公府,除不其令⑦。吏人有犯，辄随方晓示。若称职行善者，皆赐酒肴以劝励之。耕织种牧，皆有条章。一境清净，牢狱连年无囚。比县流人归化，徙居二万余户。吏人为之歌颂。青州举尤异，迁丹阳太守。

【注释】①琅邪姑幕：琅邪：古郡名，今山东省东南部，涵盖临沂市、青岛市黄岛区、日照市等地。姑幕：地名。西汉置县，属琅琊郡，今山东日照市西部地区。②司徒：官名。掌管国家的土地和人民的教化。汉哀帝元寿而年，改丞相为大司徒，与大司马、大司空并列三公，东汉时改称司徒。③廉平：清廉公正。④投刺：留下名贴，表示解职告退。⑤杖策：执马鞭。指策马而行。⑥归美：称许、赞美。⑦除不其令：除：除拜，授官。不其：地名，汉候国，后为县，故城在今山东即墨县西南。

【译文】童恢，字号汉宗，是琅邪郡姑幕县人。年轻的时候在州郡做小吏。司徒官杨赐听闻他执法清廉公正，于是征召他为属吏。到后来杨赐被弹劾要罢免官职，原来的那些属吏都留下名贴离他而去。只有童恢为他上殿申辩。等到杨赐的事情得以申理，那些属吏又都回到了司徒府，童恢却骑马而去。因此被大家称道。后来公府又将他征召回去，授为不其县的县令。若差役有做错事的，他就根据情况讲明道理告诫他们，若是有称职行善的人，他都赏赐给美酒佳肴勉励他们。他将耕作、纺织、畜牧养殖等农事安排都很有条理，他治理的地方安定清明，牢狱里连续多年都没有囚犯。邻县流浪的人都归顺而来，迁居的有两万多户。官吏和百姓都为他歌功颂德，青州府推荐政绩卓越的人，将他升为丹阳太守。

趋炎附势，人情类然，吏胥尤甚。当府主①有事之时，人去之惟恐不速，童独挺身营救。及事既得白，旧吏稍稍复来，而童竟飘然远引。此种节概，当与鲁仲连②一辈人，颉颃千古也。

【注释】①府主：旧时幕职称其长官的敬词。②鲁仲连：人名。战国时齐国人，善于谋划，常周游各国，为人排难解纷不受酬报。

【译文】趋炎附势、世态人情就像这样子的，做胥吏的就更是如此了。当长官有困难时，人们唯恐远离的速度不够快。只有童恢独自挺身想办法解救，等到事情真相大白，那些原先的小吏都回来了，而他却飘然远去。这种志节和气概，应当和战国时期的鲁仲连列为同一类人，永远不相上下。

56.吴良，字大仪，齐国临淄①人。初为郡吏，岁旦，与掾史入贺。门下掾②王望，举觞上寿，谄太守，称功德。良于下坐勃然进曰：望佞邪③之人，欺谄无状④，愿勿受其觞。太守敛容而止。燕⑤罢转良为功曹。耻以言受进⑥，终不肯谒。后迁司徒长史⑦，每处大议，辄据经典。不希旨偶俗⑧，以徼时誉⑨。

【注释】①临淄：地名。今山东省淄博市。②门下掾：汉代州郡长官自己选荐的属吏。因长居门下，故称。③佞邪：奸邪。④无状：没有事实；没有根据。⑤燕：通"宴"。⑥受进：被提拔。⑦长史：官名。秦置，西汉时丞相、太尉、御史大夫属官君设长史，后历代相沿。⑧希旨偶俗：希旨：也作"希指"。迎合在上者的意旨。偶俗：迎合世俗。⑨时誉：时人的称誉

【译文】吴良，字号太仪，是齐国临淄人。刚开始做郡守的属吏，正月初一的时候，和掾史官去给太守祝贺。有位叫王望的属下，举着酒杯贺寿，奉承太守，赞许他的功绩。吴良在末座突然进言说到："王望是个奸邪之人，没有缘故的欺骗奉承您，希望您不要接受他的进酒。"太守马上变了脸色，宴客结束后就要把吴良调任为功曹，吴良却为因进言而提拔感到羞愧，所以始终不肯接受。后来升为司徒长史，每次议论政事，都能引经据典。不迎合世俗，不为他人的称誉而故意迎合。

大凡掾吏率多诣事长官，且惟恐长官之不受诣也。吴君侃侃数言，足以愧邪佞之心，而振士夫之气，异日立朝风采，即此可见。

【译文】但凡属吏大都喜欢逢迎侍奉上级，而且唯恐上级不接受奉承。吴良理直气壮的几句话，足以让奸邪之人升起惭愧心，而振奋士大夫的精神，他往日在朝为官的风度，也由此可见。

57.郑均，字仲虞，东平任城人。少好黄老①书，兄为县吏，颇受礼遗②。均数谏止，不听，即脱身为佣。岁余得钱帛，归以与兄曰：物尽可复得。为吏坐赃③，终身捐弃。兄感其言，遂为廉洁。

【注释】①黄老：皇帝和老子的并称，后世道家奉为始祖。②颇受礼遗：颇：略微；稍微。礼遗：指馈赠之物。③坐赃：犯贪污罪。

【译文】郑均，字号仲虞，是东平郡任城县人。他年轻时喜欢研究道家的书籍。他的哥哥在县衙当了小官，偶尔接受一点别人送的礼物。郑均多次劝告，他都不听，郑均就出去给别人家去做佣工。一年多以后，得了一些钱财布帛回来，他把这些财物都给了哥哥。并对他说："东西没有了还可以再得到，若是做官贪污犯罪，那一生都会受到遗弃"。哥哥被他的一席话感动，以后为官就很廉洁了。

惟恐兄之以赃败，而身为佣作，以给其求。卒能感悟兄心，改行自好，此千古悌弟也。为吏坐赃，终身捐弃，此言至为痛切。今之胥吏无不嗜利者，当以此二语时悬心目问。

【译文】郑均唯恐哥哥因为贪污受贿腐败，于是亲自做佣工，来供给哥哥的需求，最终能感化哥哥的心，使他改变品行、洁身自好，这是千百年来敬爱兄长的好弟弟呀。"做官贪污受贿，会终身受到遗弃"。这句话是非常确切的。现在的官吏没有不贪图私利、钱财的，应当把这两句话时时挂在心头。

58.乐恢，字伯奇，京兆长陵人。父亲（名亲）为县吏，得罪于令，将杀之。恢年十一，俯伏寺门，昼夜号泣。令矜之，即解出亲。恢长，好经学^①，笃志为名儒。性廉直介立^②，行不合己者，虽贵不与交。仕本郡吏，太守坐法诛，故人莫敢往，恢独奔丧行服^③。坐罪，归复为功曹。选举不阿，请托无所容。同郡杨政数众毁恢，后举政子为孝廉，由是乡里归之。辟司空牟融府，会第五伦代融为司空，恢以与伦同郡，不肯留。诸公多^④其行，连辟之，皆不应，后征拜议郎^⑤。将军窦宪出征匈奴，恢数上书谏争，朝廷称其忠。

【注释】①经学：以儒家经典为研究对象的学问。②介立：操守清高。③行服：穿孝服居丧。④多：称赞，赞美。⑤议郎：官名。汉代设置；为光禄勋所属郎官之一，负顾问应对。多征贤良方正之士任之。晋以后废。

【译文】乐恢，字号伯奇，是京兆长陵人。他的父亲乐亲在县里做小吏，因为得罪了县令，县令准备要杀了他。当时乐恢十一岁，就趴在官府的门口，昼夜大声哭泣。县令怜悯他，就放了他父亲。乐恢长大以后喜欢研究儒家学说，并立志成为一代名儒。他生性清廉正直、操守清高。凡是言行不合自己品性的人，即便再尊贵也不和他交往。他在太守府里当差，太守因犯法被处死，以前的朋友们都没人敢前去（吊唁），只有乐恢一人奔丧守孝，他也因此获罪。乐恢回来以后，又担任功曹，他选拔举用贤能，公正不阿，私下里托情的一律不被许可。和他同郡的杨政多次当众诋毁乐恢，后来乐恢还举荐杨政的儿子为孝廉。从此之后，乡里的人都非常称赞他。乐恢后来被征召到司空牟融的府里任职，适逢第五伦接替牟融担任司空，乐恢认为自己和第五伦是同郡人，所以不肯留任。众位公卿称赞他的品行，接连征召他，他都没有接受。后来乐恢被征召任议郎。当时窦宪将军要出征匈奴，乐恢多次上书直言规劝，朝廷赞许他的忠臣。

恢年十一而能号泣救父，其至性有过人者。平生刚方正直之概，皆自践履笃实中，酝酿而出。岂好为名高者哉？

【译文】乐恢十一岁就能够以大声哭泣来解救父亲，他卓绝的品性自有过人之处。他一生刚直而公正无私的气度，都是从他踏实的实践中酝酿出来的，又怎么会是喜好名声的人呢？

59.袁安，字邵公，汝南人。为县功曹，为人严重有威，见敬于州里。奉檄①诣从事②，从事因③安致书于令。安曰：公事自有邮驿④，私请则非功曹所传，辞不肯受，从事瞿然⑤而止。后举孝廉，除阴平长，所在吏人畏而爱之。拜楚郡太守，出冤系者四百余家。为河南尹，政号严明。为司徒数年，以天子幼弱，外戚擅权⑥。每朝会进见，及与公卿言，未尝不噫呜流涕⑦。自天子及大臣，皆恃赖⑧之。子孙世为三公。

【注释】①檄（xí）：古代官府用以征召或声讨的文书。②从事：古代官职名。即从吏史，亦称从事掾，汉刺史的佐吏。③因：趁机；趁着。④邮驿：旧称传递官方文书的地方。⑤瞿（jù）然：畅服貌；惊视貌。⑥外戚擅权：外戚：帝王的母亲和妻子方面的亲戚。擅权：独揽权力；专权。⑦噫呜流涕：噫噫呜呜哭着流泪。⑧恃赖：依赖；凭借。

【译文】袁安，字号邵公，是汝南人。起初在县里担任功曹。他为人庄重、很有威信，在州郡里很受人尊敬。有一次，袁安送文书给州里的从事，从事趁机让袁安送信给县令。袁安说："如果是公事，自然就有驿站来传送，如果是私事，也不应当由我功曹所传。"所以推辞了没有接受。从事很是吃惊，也就作罢了。后来袁安被推举为孝廉，担任阴平长,他所治理的地方,官吏和百姓都十分敬服、爱戴他。他任楚郡太守时,释放出四百多家受冤而关的人。他担任河南尹时,政令声明。后来又任了多年司徒,因为当时天子还年幼弱小,所以外戚把持朝政,袁安每次朝会进见,以及和公卿们谈话,都未尝不痛哭流涕。从天子到大臣,都很依赖他。袁安的子孙世代都为三公。

为人致书,似无关于大节,而断然不苟如此。平日岂有受请托,通货赂,以营其私者哉?后为司徒,正色立朝,乃心王室。天子大臣,皆倚以为重,可谓社稷之臣矣。何掾史中之多人杰也?

【译文】为人送信,似乎和高尚的节操没有什么关系,而袁安无论如何也不随便这样做。平日又怎么会有接受私情、收受贿赂而谋取个人私利的事情发生呢!他后来担任司徒,能以严正的态度处理朝政,一心忠于朝廷,天子和大臣都很信赖器重他,可以说是国家的重臣呀!官吏中这种卓越的人才是多么的多呀?

60.种暠,字景伯,河南洛阳人。为县门下史,父有财三千万,及卒,暠悉以赈恤宗族,及邑里之贫者。其有进趣①名利,皆不交通②。时河南尹田歆外甥王谌,名知人。歆谓之曰:今当举孝廉,欲用一名士,以报国家,尔助我求之。明日谌送客于大阳郭,遥见暠,异之。还白歆曰:为尹得孝廉矣,近洛阳门下史也。歆笑曰:当得山泽隐滞③,近洛阳吏耶?谌曰:山泽不必有异士,异士不必在山泽。歆即召暠于庭,辩诘④职事。暠辞对有序,歆甚知之,召署主簿。遂举孝廉,辟太尉府,为益州刺史。暠素慷慨,好立功立事。在职三年,宣恩远夷⑤,开晓殊俗⑥。岷山杂落,皆依服汉德。转⑦辽东太守,擢⑧度辽将军。入为司徒,薨⑨。并凉边人,咸为发哀。匈奴闻暠卒,举国伤惜。单于每人朝贺,望见坟墓,辄哭泣祭祀。

【注释】①进趣：即进趋，意为追求；求取。②交通：往来通达。③山泽隐滞：山泽：泛指山野。隐滞：隐居不仕。④辩诘：辩难诘问。⑤远夷：指远方的少数民族。⑥开晓殊俗：殊俗：开导使明白。殊俗：习俗相异的边远地区。⑦转：调任。⑧擢：提拔；提升。⑨薨（hōng）：古代称诸侯或有爵位的大官死去。

【译文】种暠，字号景伯，是河南洛阳人，在县衙里当门下史。他的父亲有三千万财产，等到去世的时候，种暠全部拿来赈恤家族和县邑里贫困的人。那些追逐名利的人，他都不和他们交往。当时河南尹田歆的外甥王谌，很有知人之名。田歆于是对王谌说："现在是推举孝廉的时候，我想推荐一位有名望的人来报效国家，你帮我寻求一位吧。"第二天，王谌到大阳郭送客人，远远的看见种暠，就认为他不同寻常。回来就后禀告田歆说："为长官求找到孝廉了，就是近在洛阳的门下史。"田歆笑着说："应当找一位在山野隐居的人，而不是个小小的洛阳县小吏呀。"王谌说："山野中不一定有杰出的人才，人才也不一定在山野里。"田歆便将种暠召到厅堂，辩难诘问政事。种暠都应对有序，田歆非常赏识他，就安排他做了主簿官，最终又推举他为孝廉，征召到太尉府。后来种暠又出任益州刺史。他向来为人慷慨，喜欢建功立业。任职三年期间，将皇帝的恩德宣扬到远方少数民族地区，引导启发那里的风俗民情，岷山一带的部落都归顺了汉王朝。种暠后来调任辽东太守，又升为度辽将军，最后入朝当了司徒。种暠去世后，并州、凉州边疆的人都为他哀悼。匈奴听说种暠去世的消息，举国哀伤惋惜。单于每次朝觐庆贺，看见种暠的坟墓，总是哭泣着祭祀他。

异士不在山泽，而于门下小史中得之，足为胥曹生色。人果抱负非常，何患风尘中无物色之者耶？考其得力，无非自轻财重义四字中来。

【译文】有才能的人不在山间田野，却在门下史中被发现了，这完全可以为那些小官小吏增光添彩了。一个人如果真的怀有远大的志向，又何必担世间没有伯乐呢？考察种暠皓取得的功绩，无非是从轻财重义这四个字里而来。

61.彭修，字子阳，会稽毗陵①人。仕郡为功曹，始年十五时，父为郡吏，得休，与修俱归，道为盗所劫。修困迫，乃拔佩刀前持盗帅曰，父辱子死，卿不顾死耶。盗相谓曰：此童子，义士也，不宜逼之。遂辞谢而去。乡党称其名。太守以微过收②狱吏，将杀之。主簿钟离意③争谏④甚切。太守怒，掾史莫敢谏。修排阁⑤直入，拜于庭曰：明府⑥发雷霆于主簿，请闻其过。太守曰：受教三日，初不奉行。废命不忠，岂非过耶。修因拜曰：昔任座⑦面折文侯。朱云⑧攀毁栏槛。自非贤君，焉得忠臣。今庆明府为贤君，主簿为忠臣。太守遂原⑨意罚，贳狱吏罪。后州辟从事。贼张子林等，数百人作乱。修与太守俱出讨贼。贼交射之，飞矢雨集。修障捍太守，为流矢所中，死。太守得全。贼素闻其恩信，即杀弩中修者，余悉降散。言曰：自为彭君故降，不为太守服也。

【注释】①毗陵：地名。今江苏省常州市一带。②收：拘捕；捕捉。③钟离意：（约10年~74年），字子阿，会稽山阴（今浙江绍兴）人。历任多地官职，一生清正廉洁，勇于直谏，且能体恤民情，颇得朝廷和吏民钦崇。④争谏：直言规劝。⑤排阁：推门。⑥明府："明府君"的略称。汉人用为对太守的尊称。⑦任座：人名。任座（生卒年不详），战国初期魏国建立者魏文侯的谋士，因一次劝谏过于耿直，惹得魏文侯勃然大怒。而后翟璜巧辩，帮任座解说，魏文侯才礼贤下士，拜任座为上卿。⑧朱云：西汉时期人，字游，为人狂直，多次上书抨击朝廷大臣。汉成帝时槐里令朱云，曾上书切谏，指斥朝臣尸位素餐，请斩佞臣安昌侯张禹（成帝的师傅）以厉其馀。成帝大怒，欲诛云，云攀折殿槛（殿堂上栏杆）。后来成帝觉悟，命保留折坏的殿槛，以旌直臣。

⑨原：宽容，谅解。

【译文】彭修，字号子阳，是会稽郡毗陵县人，起初在郡里担任功曹。他刚十五岁时，父亲是郡吏，有一次获得休假，和彭修一起回家，在路上被强盗所劫。彭修感到很窘迫，于是拔出佩刀上前挟持强盗的头领说："我父亲受辱，做儿子的愿以死向拼，你不怕死吗？"强盗们相互称赞说："这个孩子是个义士呀，不应该威迫他。"于是就放他们走了，家乡的人都称赞彭修的名声。太守以微小的过失拘捕了管理监狱的小吏，就要把他杀了，主簿官钟离意十分肯切的直言规劝。太守对此很是生气，掾史们就没有人再敢劝谏了。这时彭修推门而入，在厅堂上下拜，说："太守大人对主簿官大发脾气，请让我听听他的过错。"太守说："他受命三天，起初不执行，懈怠命令，不忠诚，这难道不是过错吗？"彭修趁机进言说："过去任座当面驳斥魏文侯，朱云折断宫殿的栏杆。如果自己不是贤君，又怎么会得到忠良之臣呢？现在应当庆贺太守您是贤君，主簿官是忠臣。"太守于是原谅了对钟离意的处罚，也赦免了狱吏的过失。后来州里征召彭修做从事。盗贼张子林等数百人作乱，彭修与太守一同出兵征讨盗贼，盗贼一齐射箭，飞行的箭像雨一样密集。彭修为了掩护太守，被流箭射中而死，太守得以保全。盗贼（的头领）因为平时听说过彭修的恩德信义，所以杀了射中彭修的人，其余的全都投降离散了。他们声称："自己是因为彭修的缘故而投降，并不是屈服于太守。"

始遇盗而得全，后遇盗而竟死，何遭逢之不幸也！观其落落数言，悟太守于盛怒之下，其才识有大过人者。身虽被害，而贼徒感动，因以降散，功亦不小矣。

【译文】彭修在初次遇到盗贼时能够得以保全，后来遇到盗贼时居然死了，他的遭逢是多么的不幸！看他坦率的几句话，使太守能够在盛怒之下醒悟，他的才能识见是很有过人之处呀。他虽然被害死了，但是盗贼却受到感动，并因他而投降离散，他的功劳也不小啊！

62.戴就，字景成，会稽上虞人。仕郡仓曹掾^①，扬州刺史欧阳参，奏太守成公浮赃罪，遣部从事薛安，收就于钱唐县狱。幽囚考掠，五毒^②参至(首与手足，皆施刑具也)，就慷慨直辞，色不变容。主者以状白安。安呼见就，谓曰：太守罪秽狼籍，受命考实，君何故以骨肉拒扞^③耶？就据地^④答言。太守剖符大臣，当以死报国。卿虽衔命，固宜申断冤毒^⑤，奈何诬枉^⑥忠良，强相掠理^⑦，令臣谤其君，子证其父^⑧？就死之日，当白之于天，与群鬼杀汝于亭中。安深奇其壮节^⑨，即解械，表其言辞，解释郡事。征浮还京师，太守刘宠举就孝廉，光禄主事，病卒。

【注释】①仓曹掾：官名。东汉太尉属史分曹治事，有仓曹掾，主管仓谷事。②五毒：古代的五种酷刑。③拒扞：亦作"拒捍"。抵抗，抗拒。④据地：以手按着地；席地而坐。⑤申断冤毒：申断：明断。冤毒：冤屈⑥诬枉：诬陷冤枉别人。⑦掠理：拷打讯问。⑧证：告也。证父：告发父亲。⑨壮节：壮烈的节操。

【译文】戴就，字号景成，是会稽郡上虞人。他在郡里担任仓曹掾一职。当时的扬州刺史欧阳参，上朝表奏太守公浮成犯贪污受贿罪(想让戴就做假证，戴就不答应)，就派从事官薛安逮捕了戴就，关押在钱唐县监狱。囚禁拷打，五种酷刑全都用上了。戴就始终义正言辞据实陈述，面不改色。主事的人将情况禀告薛安，薛安戴就召唤来说："太守罪行邪恶，声名狼藉，受令考按实情，你为什么要以自己的性命来抵抗呢？"戴就坐在地上回答道："太守是接受朝廷任命的大臣，应当以死报国。你既然奉命行事，就应该明断冤屈。又怎么能诬陷冤枉忠良，强行拷打讯问，致使臣子诽谤他们的君主，儿子告发他们的父亲呢？我死的时候，应当向上天禀告，和其他鬼一起把你杀死在亭子里。"薛安为他壮烈的节操感到非常惊奇，立即解开了刑具，称赞他说的这一番话，并解释说明了郡里发生的事。后来朝廷征召成公浮返回京城，太守刘宠推举戴就为孝廉，担任光禄主事。戴就最后因病去世。

就于太守，未必有知己之感。而为之备受五毒，穷极酷惨，始终无挠。此必有见于太守之被诬，不敢爱一身以污官长也。看作不畏刑掠，不过强悍之豪徒。看作主持公道，诚哉仗义之奇士也。为胥吏者，可以奋矣。

【译文】戴就对于太守而言，未必有知己的感觉，却因他而他备受五种酷刑，受尽了极其残酷的折磨，但他始终都没有屈服。这一定是看到太守被诬陷，不敢为了爱惜自身而玷污了长官的清白。如果仅从他不畏严刑拷打来看，也不过是个强悍的豪徒；如果从秉持公道来看，那么他的确是一位仗义的杰出人才呀。做官为政的人可以发扬广大他的这种精神。

63.顺帝时，吴佑①为胶东王相。啬夫②孙性，私赋民钱，易衣以进其父。父怒曰：有君如此，何忍欺？促归伏罪。性惧，诣阁，持以自首。佑屏左右问故，性具陈其言。佑曰：掾以亲故，受污辱之名，所谓观过斯知仁矣。使归谢父，遂以衣送之。

【注释】①吴佑：人名，东汉官员。初举孝廉，担任官职。后迁任胶东侯相。他为政仁爱简易，以身作则。百姓有争诉的，常闭门反省，然后再断案，用道德晓谕百姓，有时亲到闾里，力劝和解。自此百姓争端减少，吏人怀德不相欺诈。②啬（sè）夫：古代官吏名，乡官。职掌听讼、收取赋税。

【译文】汉顺帝时，吴佑任胶东王的侯相。乡里的啬夫官孙性，私自收取老百姓的钱财，买衣服来孝敬父亲，父亲非常生气地说："咱们有这样贤明的侯相，你怎么还忍心欺骗他呢？"并催促他回去认罪受罚。孙性感到很害怕，就带着衣服去自首。吴佑屏退随从问其缘故，孙性一一表述了详情，吴佑说："你是为了孝敬父亲，才受了污辱之名，正所谓能认识到过错就知道仁义了。"就让他回家感谢父亲，并将衣服送给了他。

孙性之私赋民钱，专为父易衣。与好货财，私妻子者迥别。所以一闻父命，即悔罪恐后。亦见孝悌之人，易于自新也。至世俗遇子弟以财物上其父兄者，但知喜悦，安问物所从来？性父之怒，可谓教以义方矣。

【译文】孙性私自收取老百姓的钱，专门为父亲买衣服，与那些喜欢钱财、私下给妻子儿女的人大有区别，所以他一听到父亲的命令，就悔恨自己的罪过，唯恐落后。从中也看出孝顺父母、敬爱兄长的人容易改过自新。至于世俗间遇到后辈以财物来进奉父兄，就只顾高兴，哪里会问这些东西是从哪儿来的的人？孙性父亲的气愤，可以说是用做人的正道来教育儿子。

64.后汉郑产，零陵人，为白土乡啬夫。时民家产子，一岁辄出口钱①，以故贫家鲜有举子②者。产劝百姓勿杀子，口钱皆为代出。郡县具以闻，上钱因得免。改白土曰：更生乡。(《楚国先贤传》)

【注释】①口钱：即人头税。②举子：生育子女。
【译文】后汉时期的郑产，是零陵人，他担任白土乡的啬夫。当时，老百姓家中生了孩子，到一岁就要上缴人头税，因此贫困的人家很少有生育子女的。郑产于是劝老百姓不要再杀孩子，自己替他们出人头税。郡县的官员将这个事情如实上报朝廷，要交的税钱因此得以免除。乡亲们因此将白土乡改为更生乡。

代出口钱，犹属利济之常。民间因此而不杀其子，且复得免口钱，其利济岂复可量？啬夫之俸甚微，产为此举，盖见夫一己之穷乏不足惜，而一乡之赤子深可悯也。改白土为更生乡，流泽千载，足称不朽矣。

【译文】郑产代人出税钱，尚且属于施恩泽的常事，但是民间因此而不杀小孩子，并且又能够免除人头税，这样的恩泽哪里能够估量呢？啬夫的俸禄也很微薄，郑产却能够做出这样的举动，大概是看到自己一个人贫穷微不可惜，但是一乡的百姓尤其值得怜悯。由此，家乡人改白土乡为更生乡，流芳千载，可以称得上不朽了。

65.李合，字孟节，为汉中郡户曹掾。时大将军窦宪内①妻，郡国俱往贺，汉中太守亦欲遣使。合谏曰：窦氏恣横②，危亡可立俟矣，愿明府勿与通。太守固遣，合乃请自行。故所在迟留③以观其变。行至扶风而宪已诛。诸交通④者皆连坐，唯太守以不预得免。（《后汉书》）

【注释】①内（nà）：同"纳"。②恣横：放纵专横。③迟留：停留；逗留。④交通：交往；往来。

【译文】李合，字号孟节，是汉中郡的户曹掾。当时大将军窦宪纳妻，各地官员都前去祝贺，汉中太守也想派遣使者前往。李合劝谏说："窦氏放纵骄横，他的危亡很快就到了，希望太守您不要与他往来。"太守还是坚持要派人去，李合于是请求让自己去，故意在所到之处拖延逗留，以观察事态的变化。等他走扶风的时候，窦宪已经被处死，而那些与窦宪有交往的人都受牵连而被处罚，只有太守因为没有参与得以幸免。

始则力谏，继则自行，委曲以全其太守，何识之远而义之笃也！自来吏胥于官,遇此等事,承命恐后而已,如此者有几人哉?

【译文】李合起初极力规劝,后来却自己前往,以迁就自己来保全太守,他的见识是多么高远,信义是多么忠厚呀!胥吏对于上级,遇到这类事情,从来都是唯恐接受命令落后了,像李合这样的人有几个呢?

66.后汉^①张寿,字伯禧,涪^②人。少给县丞^③杨放家,为杨放家给事小史^④,放为梁贼所得。求之,积六年,始知其生存。乃卖家盐井得三十万,市马五匹,往蜀求放。道为羌所劫掠尽,乃单身诣贼,涕泣自说,贼遣放随还。寿复为郡掾,章平赋役。迁功曹吏,徙五官掾^⑤,卒。(《梓潼士女志》)

【注释】①后汉:东汉的别称。②涪(fú):地名。涪县位于今绵阳市涪城区,始建于公元前201年,因治地近临涪水(涪江)得名。③县丞:古代地方职官名。为县令之佐官,地位一般仅次於县令,汉时每县各置丞一人,以辅佐令长,主要职责是文书、仓库等的管理。④给事小史:给事:侍奉。小史:官府中供奔走的小差役。⑤五官掾:官名。汉代郡太守自署属吏之一,掌春秋祭祀,若功曹史缺,或其他各曹员缺,则署理或代行其事,无固定职务。

【译文】东汉时期的张寿,字号伯禧,是涪县人。小时候被送到县丞杨放家(给他们家做小史)。杨放被盗贼偷走,张寿到处寻找他。六年以后,才得知他还活着,张寿于是变卖家里的盐井得了三十万钱,就买了五匹马,前往蜀地去找杨放。在路上又被羌人抢劫一光,于是张寿便只身到了盗贼那里,痛哭流泪劝说(盗贼)。最后,盗贼便放了杨放让他和张寿一起回去了。张寿回去后又做了郡里的属官,协同处理赋税徭役等事务,后来被升为功曹吏,调任五官掾。而后去世。

似此忠于所事,不避艰险。其为掾吏,必不肯见利违义,虚伪以欺其上者也。

【译文】像张寿这样忠于自己所承担的事务，不怕艰难险阻。那么他做掾史时，也必定是个不肯见利忘义、弄虚作假来欺瞒上司的人了。

67.陈禅，字纪山，巴郡①安汉②人。仕郡功曹，举善黜恶③，为邦内所畏。察孝廉，州辟治中从事④。时刺史为人所上（首告也⑤），受纳赃赂，禅当传考⑥，无他所赍⑦，但持丧敛之具而已。及至，笞掠⑧无算，五毒毕备。禅神意自若，辞对无变，事遂散释⑨。车骑将军⑩邓骘，闻其名而辟焉，举茂才。时汉中蛮夷反畔，以禅为汉中太守。夷贼素闻其名声，实时降服。后为司隶校尉。（出自《后汉书》）

【注释】①巴郡：中国古代的郡级行政区，辖今天重庆和四川两省部分区域。②安汉：古县名。秦置，治今四川省南充市北。属巴郡。③举善黜恶：举善：指推荐德才兼优的人。黜恶：斥退邪恶的人。④治中从事：官名。西汉元帝时始置，全称治中从事史，亦称治中从事，为州刺史的高级佐官之一，主众曹文书，位仅次于别驾。相当于副州长。⑤首告：出面告发。⑥传考：逮捕审问。⑦赍(jī)：怀抱着，带着。⑧笞(chī)掠：拷打。⑨散释：消解，罢休。⑩车骑将军：古代高级将军官名。汉制，位次于大将军及骠骑将军，而在卫将军及前、后、左、右将军之上，位次上卿，或比三公。汉时，车骑将军主要掌管征伐背叛，有战事时乃拜官出征，事成之后便罢官。

【译文】陈禅，字号纪山，是巴郡安汉人。他起初在郡里担任功曹，鼓励贤能，黜退奸佞，郡里的人都很敬畏他。他后来被推举为孝廉，州里征召为治中从事。当时刺史被人举告收受贿赂，陈禅在被逮捕审问的时候，没有携带任何东西，只带上了装殓的用具。到了牢狱以后，被严刑拷打不计其数，五种酷刑全都用上了，但是陈禅却神情自若，始终对答如初，后来这件事情就此罢休。车骑将军邓骘听闻他的名声而征召他，推举他为秀才。当时汉中地区的少数民族发生叛乱，朝廷便任命陈禅为汉中太守。他们久闻陈禅的名声，就立即投降顺服了。陈禅后来又升任司隶校尉。

此与陆续戴就诸人行事相同。而后之威名远着，尤卓有树立也。汉世功曹，掌选用人才。故能举善黜恶，为邦内所畏。今虽无其权，而是是非非，不假私以害公，亦未始不可以服人耳。

【译文】陈禅与陆绩、戴就等人行事相同，在后来名声远扬，颇有建树。汉代的功曹官，掌管着选拔任用人才的权力，所以能够推举贤能，黜退奸佞，为一方的人所敬畏。当今的功曹虽然没有这样的权力，而是是非非，倘若不假私以害公，也未尝不可以使人敬佩啊。

68.卓茂，字子康，南阳宛人。为丞相府史①，性不好争。有人认其马，卓曰：子失马几时？曰：月余。茂知其谬，默解与之，挽车而去。后马主得马，送还，亦纳之。为密县②令，视民如子，道不拾遗。后官至太傅，封侯。子戎，大中大夫③。崇嗣，大司农④。

【注释】①史：古代官职名。职别各异，均为其官长所自辟除。②密县：古县名，今河南省郑州新密市。③大中大夫：古代官职名称，掌论议，汉以后各代多沿置，各个朝代级别不一。④大司农：古代官名。汉朝为九卿之一，掌钱谷之事，也称司农。

【译文】卓茂，字号子康，是南阳郡宛县人，曾任丞相府的史官。他生性不喜欢和别人争执，有人来认他的马，他问："您丢马多长时间了？"那人回答说："一个多月了。"卓茂知道他弄错了，但还是默默地解下马给他，自己拉着车子走了。后来马的主人找到了自己的马，就把将卓茂的马又送回来，卓茂也收下了。卓茂后来担任密县令，把老百姓当作自己的儿子，在他的治理下民风纯朴、路不拾遗。他后来官至太傅，封拜侯爵。他的儿子卓戎，官至太中大夫，卓崇做了他的继承人，官至大司农。

吏胥倚恃官势，平日攘人财物者多矣。兹明知人之误认其马，而默解与之，绝不一辨，何相去之悬绝也？即此一端，其居心长厚，德量宽宏，已可概见。为令而爱民如子，道不拾遗，皆其厚德之所及也。福禄之延世，宜哉！

【译文】平常的官吏都倚仗着自己权势，平日抢夺他人财物的就太多了。而卓茂明知别人错认了他的马，却默默地解给他，绝不和他争辩，与那些抢夺他人财物的官吏相比，真是相去甚远呀。就从这一点，他那宽厚的存心，宽宏的道德涵养和气量，已经可以大略看出。卓茂担任县令时爱民如子，使得社会安定，路不拾遗，都是由于他宽厚的德行所致。他的福禄延及后代，那也应该的！

69.胡广，字伯始，华容①人。少孤贫，亲执家苦（亲作家中劳苦事也）。长大随辈入郡，为散吏②。太守法雄之子真，颇知人，从家来省③其父，会岁终应举。雄敕真助其求才，因大会诸吏，真自于牖间密占察之，乃指广以白雄，遂举孝廉。既到京师，试章奏为天下第一。旬月，拜尚书郎。在公台三十余年，历事六帝，礼任④甚优。凡一履司空，再作司徒，三登太尉，又为太傅。所辟命皆天下名士，时人荣之。年八十二，薨。

【注释】①华容：县名。今湖南省岳阳市境内。②散吏：闲散的官吏。指有官阶而无职事的官员。③省（xǐng）：看望父母、尊亲。④礼任：礼遇信任。

【译文】胡广，字号伯始，是华容县人。他年轻的时时候孤苦贫穷，亲自操持家中劳苦之事。长大后，随同辈到郡里做散吏。太守法雄的儿子法真，很有识人之能。刚好从家乡来探望他的父亲。适逢年终考试选拔人才，太守令儿子法真帮忙给他发掘人才。因此趁着诸位官吏聚会的时候，法真就在窗户间悄悄的观察他们，最后指着胡广告诉父亲（这是位人才），于是胡广被推举孝廉。胡广到了京城以后，考查奏章文书，成为天下第一。一个月后，被任命为尚书郎。胡广在三公之位任职三十多年，事奉过六朝皇帝，受到的礼遇和信任都非常优厚。他总共做过一任司空、两任司徒、三任太尉，还当过太傅。他所征召任命的都是天下的名士，当时的人皆以被他招用为荣。胡广一直活八十二岁才去世。

伯始为小吏，无所表见。太守之子，从牖间密察之，遂举孝廉，其必有镇静不同流俗者也。其后由散吏而擢大科，事六帝，历三公。富贵福泽，无与为比。岂非其厚德之所致耶?

【译文】胡广起初做小吏，并没有显出什么才能。太守的儿子从窗户中悄悄的观察他，最终推举他为孝廉，那么他必定具有沉静、持重与众不同的地方。后来由散吏而荣升高位，事奉六个皇帝，历任三公之职，富贵福泽无人可比，这难道不是由于他深厚的德行所得来的吗?

70.韩棱，字伯师，颍川舞阳人。初为郡功曹，守葛兴中风病，不能听政。棱阴①代兴视事②，出入二年，令无违者。兴子尝发教欲署③吏，棱拒执不从。由征辟，五迁为尚书令，以才能称。肃宗特署其名，以楚龙渊宝剑④赐之。窦宪击北匈奴有功，还为大将军。尚书以下，议欲拜之，伏称万岁，棱正色以为不可而止。在朝数荐举良吏，皆有名。后为司空，薨。

【注释】①阴：暗中，暗地里。②视事：旧时指官吏到职办公。③署：代理、暂任或试充官职。④龙渊宝剑：全名七星龙渊，为传世名剑，出自春秋战国时代中四大铸剑师之一的欧冶子之手。唐朝时因避高祖李渊之讳而改名"龙泉"，简称龙泉剑。

【译文】韩棱，字号伯师，是颖川郡舞阳县人。他最初是任郡里的功曹，太守葛兴因患中风病，不能处理政事，韩棱暗中代替葛兴任职，代任两年期间，他发布的命令没有人违背。葛兴的儿子曾经发令想安排一位官员，韩棱拒不答应。自此，韩棱被征召入仕，五次升迁后做到了尚书令，以才能出众而著称。汉肃宗特别题写了他的名字，并将楚地的龙渊宝剑赐给他。当时窦宪攻打北匈奴有功，回来后担任大将军。尚书以下的官员商议想去给他拜贺，伏首称他为万岁。韩棱神态严厉地认为决不能这样，大家这才作罢。韩棱在朝廷做官时，多次举荐贤能的官员，这些人后来都很有名望。他后来韩棱又升任司空，而后离世。

以功曹而代太守事二年，任专权重，在常情必骄恣自用，惟所欲为。乃太守之子欲署一史，而不肯徇以私。则二年中，事事奉公不苟可知也。其后正色立朝，维持廉耻。刚方之概，盖终身一节矣。

【译文】韩棱以功曹的身份代替太守处理政事两年，位高权重。在一般情况下必定骄横、自以为是，为所欲为。可是太守的儿子想私自任命一个官吏，而韩棱却不肯徇私。那么，由此可知，他在替任的两年里必定凡事奉公、一丝不苟了。他后来为官严正，始终保持廉操和刚正的气度，这大概是他终身都保持的节操了。

71.陈寔①，字仲弓，颍川人。少为吏，给事县庭。有杀人者，同县杨吏，疑是寔，县官遂逮系寔。考掠无验，乃出之。及为督邮，寔反密托许令，礼召杨吏。由是远近咸叹服焉。转功曹，除太邱长②，约已清静③,百姓安焉。本司行部④,吏虑有讼者,白寔欲禁止之。寔曰:讼以求直,禁之将何申?不可。亦竟无讼者。中常侍⑤张让父死,归葬⑥颍川。虽一郡毕至,而名士无往者,寔乃独往吊焉。后捕诛党人⑦,让感寔故,多所全宥。寔在乡间,平心率物⑧。有争讼,辄求判正。至乃叹曰:宁为刑罚所加,勿为陈君所短⑨。有盗夜入其室,寔起自整拂,呼子孙训戒之曰:夫人不可不勉,不善之人,未必皆恶。习以性成,遂至于此,梁上君子是矣。盗大惊,自投于地。寔徐譬之曰:视君状貌,不似恶人,此当由贫困故。因赠以绢二匹。及党锢解,每三公缺,连征不起。卒年八十四,海内赴吊者,三万余人。

【注释】①寔(shí):通"实"。②太邱:地名,今河南省东部永城市太邱乡。长:官职名,为县一级的行政长官。万户以上的大县称"县令",万户以下的小县称"长"。③清静:不烦扰。多指为政清简,无为而治。④行部:巡行所视察的地方。⑤中常侍:官名。西汉时皇帝近臣,给事左右,职掌顾问应对,中常侍是仅有虚衔的加官。东汉时成为有具体职掌的官职,多以宦者担任此职,并授以重任。⑥归葬:人死后将尸体运回故乡埋葬。⑦党人:东汉时期反对宦官和外戚把持朝政的人。⑧率物:做众人的榜样。⑨短:摘缺点,揭发过失。

【译文】陈寔,字号仲弓,是颍川人。年轻的时候做小吏,在县庭当差。当时有人杀了人,同县一位姓杨的小吏怀疑是陈实所为,县令于是就逮捕了陈寔,拷问后没有凭证,就把他放了。等到陈寔做了邮督官,他反而悄悄嘱托许县的县令,以礼征召那位姓杨的小吏,从此远近的人都对他赞叹佩服。陈寔后来转任功曹,被任命为太丘县的县长。他严格约束自己,为政清廉俭约,老百姓的生活很是安定。陈寔要在所管辖地区巡视,下面的小吏担心有来告状打官司的人,报告陈寔想禁止百姓来打官司。陈寔说:"打官司本来就是为了求得公正,禁止了还怎么申冤呢?决不能这样。"而后来竟然没有来打官司的人来。中常侍张让的父亲死了，尸首运回家乡颍川安葬，虽然全郡的人都到了，但却没有名士前来，陈寔于是独自一人前去吊唁。后来逮捕杀害党人，张让因为受陈寔感动，所以很多人得以保全赦免。陈寔在乡里公平待人，成为大家的榜样。百姓间有争执诉讼，就请陈寔来评判是非。后来大家都感叹说："宁愿受到刑罚处罚，也不要被陈寔批评。"一次有个贼夜里潜进入了陈寔的家里，陈寔起来整理拂拭厅堂，把子孙都叫起来训诫他们说："人不能不自律。恶人未必生来都是恶人，不过是习久成性，才走到了恶人的这一步。梁上君子就是这样的人呀。"贼人十分吃惊，自己跳到了地上。陈寔慢慢地晓谕对他说："看你的相貌，也不像是恶人，这应该是由于贫困的缘故吧。"因此送给他二匹布绢。党锢之祸解除以后，三公之位时常缺员，朝廷连续征召陈寔任职，他都没有接受。陈寔到八十四岁时去世，全国各地前来吊唁的有三万多人。

陈仲弓居乡，则以诚感人。为吏则以德报怨，居官则约己安民，申理冤抑。是一生以忠厚之心，行方便之事。故祸患不侵，终其身享忠厚之报也。今人一充吏胥，辄思遇事生风，睚眦必报，以逞在官之势要。闻仲弓之风，能不愧乎？

【译文】陈寔在乡间时就以诚感人，做小吏时则以德报怨，做官时又能够约束自己、使百姓安定，为百姓申理冤屈。他的一生正是以忠厚之心，行方便之事。所以没有祸患侵扰，终其一生得以享受忠厚的回报。现在的人一旦做了官，就想着要挑拨是非、睚眦必报，以此逞显自己当官的权势。如果他听到陈寔的风范，能不心生惭愧吗？

72.许劭，字子将，汝南人。初为郡功曹，太守徐璆甚敬之。府中闻子将为吏，莫不改操饰行。同郡袁绍，公族①豪侠。去濮阳令归，车徒甚盛。将入郡界，乃谢遣②宾客曰：吾舆服③岂可令许子将见？遂以单车归家。曹操微时，常卑辞厚礼④，求为己目（为之品题⑤也），劭鄙其人而不肯对。操乃伺隙胁劭，劭不得已，曰：君治世之能臣，乱世之奸雄。操大悦而去。劭与从兄⑥靖，俱有高名。好共核论乡党人物，每月辄更其品题。故汝南俗有月旦评⑦焉。

【注释】①公族：诸侯或君王的同族。②谢遣：辞谢遣散。③舆服：车舆冠服与各种仪仗。④卑辞厚礼：指言辞谦恭，礼物丰厚。⑤品题：评论人物，定其高下。⑥从兄：堂兄。⑦月旦评：东汉末年由汝南郡人许劭兄弟主持，对当代人物或诗文字画等品评、褒贬的一项活动，常在每月初一发表，故称"月旦评"。无论是谁，一经品题，身价百倍，世俗流传，以为美谈。因而闻名遐迩，盛极一时。后人对此亦褒贬不一。

【译文】许劭，字号子将，是汝南人。最初担任郡里的功曹，太守徐璆非常敬重他。官府中听说许劭做了官吏，没有一个不改正操守、修养品行的。同郡的袁绍，出身公族、豪爽侠义。卸任濮阳县令回乡时，车辆随从很多，将要进入郡界，于是辞谢送行的宾客说："我这么盛大的的车马仪仗怎么能让许劭看见呢。"于是就只乘了一辆车回家。曹操地位较低的时候，常常说着谦恭的话、奉送厚礼，请求许劭评论自己。许劭轻视他的为人而不肯作答，曹操于是暗中找了个机会，胁迫许劭。许劭迫不得已而说："您是治世的能臣，乱世的奸雄。"曹操听后非常高兴地走了。许劭和他的堂兄许靖俩人，都有很高的名望，喜欢在一起评论邻里乡党之人，每月总是改变他们的品评的话题，所以汝南民俗中有"月旦评"一说。

许子将，一郡功曹耳。未尝有赏罚予夺之权，而能使闻者改操饰行。当时奸雄如袁本初、曹孟德，皆畏其指摘，以一言之品题为重若此。其平昔之端方正直，可想见矣。人苟能言规行矩，虽为吏也，何惧不为人所信服耶？

【译文】许劭不过是郡里一位功曹罢了，也没有有赏罚予夺的权力，但却能够使听说他的人改正操守、修养品行。当时的奸雄如袁绍、曹操之流，都惧怕他的指摘，将他一言半语的评论看得如此重要。他为人时的端方正直也可以想象的到了。一个人如果平时能够言行谨慎、合乎法度，即便是做小吏，难道还怕不被人所信服吗？

73.魏咸熙①元年，钟会②伏诛。会功曹向雄，收葬③会尸。司马昭召而责之曰：往者王经之死，卿哭于东市而我不问④。今会为叛逆，又辄收葬。若复相容，其于王法何？雄曰：昔先王掩骼埋胔⑤，仁流朽骨⑥，当时岂卜⑦其功罪而后收葬哉？今王诛既加，于法已备。雄感义收葬，教亦无阙⑧。法立于上，教弘于下。以此训物⑨，不亦可乎？昭悦，与宴谈而遣之。（《资治通鉴纲目》）

【注释】①咸熙：三国时期魏国魏元帝曹奂（陈留王）的第二个年号。历时两年。也是曹魏政权最后一个年号。咸熙二年十二月，曹奂被迫禅位于司马炎。曹魏灭亡，晋朝建立。②钟会：字士季，颍川郡长社人。三国后期曹魏重要谋臣和书法家。自幼才华横溢，官居要职。③收葬：收殓埋葬。④问：审讯，追究。⑤掩骼埋胔（zì）：指收葬暴露于野的尸骨。为古代的恤民之政。⑥朽骨：死者之骨。亦指死者。⑦卜：预料，估计，猜测。⑧阙：同"缺"。⑨训物：教诲民人。

【译文】曹魏时期咸熙元年，钟会被处死，钟会的功曹向雄前去收葬钟会的尸体，司马昭召来他责备他说："过去王经死的时候，你在东市痛哭，我就没有追究你，现在钟会背叛（被斩），你又前去收殓埋葬。我如果还容忍你，那还有王法吗？"向雄说："过去先王收葬荒野的尸骨，仁德传到那些死者身上，难道当时还要估测死者的功过然后再收葬吗？如今大王的惩罚已经施加给他，对于法令而言也已经完备了。我有感于道义而去收葬，就教化而言也就没有什么过错。法令由上而立，教化施行于下，以此来教化百姓，不也可以吗？"司马昭很是高兴，就设宴招待向雄和他进一步交谈后才将他送回去。

不忘府主之恩，冒死收葬，忠义皎然。其言当理切情，不卑不亢。故虽奸雄听之，亦能转怒为喜也。

【译文】向雄能够不忘上级的恩情，冒死收葬他的尸体，他的忠诚、义气如此高洁。他的话合合情合理又不卑不亢，所以即便在奸雄听来，也能转怒为喜。

74.晋，应余，字子正。为郡功曹，是时吴蜀不宾①，山民皆叛。余与太守东方衮，并力得出。贼便射衮，余以身当箭，被七创②。因谓贼曰：我以身代君（指太守），已被重创。若身死君全，殒殁无恨。因仰天号泣，泪下如雨。贼见其义烈，释衮不害。（《楚国先贤传》）

【注释】①宾：服从，归顺。②创：伤。
【译文】晋朝时的应余，字号子正，在郡里任功曹。当时吴蜀两地还没有归顺朝廷，山民全都叛乱。应余和太守东方衮合力才得以逃出来，叛贼便箭射东方衮，应余用自己的身体替他挡箭，受了七处伤。应余对叛贼说："我以自己来代替太守，现在我已经受了重伤，如果我死了而能够保全太守，那么我也死而无憾了！"因此仰天痛哭，泪下如雨。叛贼看到他忠义节烈，便放了东方衮不再加害他。

患难之际，太守不能自全，而功曹能全之。皆由平日积诚，可以化暴而免难，不在势位之有无也。功曹可谓不负太守矣。

【译文】患难之时，太守不能自己保全性命，而功曹能够使他保全。这都是由于平时累积来的忠诚，所以可以化解暴力、免除灾难，而不在于有没有权势、地位。这位功曹可以说没有辜负太守的恩义了。

75.陶侃，字士行，寻阳人。早孤贫，为县吏，尝监鱼梁[①]，以一坩（音堪，土器）鲊（音乍，藏鱼）遗母。母封鲊及书。责侃曰：尔为吏，以官物遗我。非惟不能益吾，乃以增吾忧矣。以范逵荐为郡督邮，领[②]枞阳令，有能名[③]。后以军功封侯，为江夏太守。侃备威仪[④]，迎母官舍[⑤]，乡里荣之。侃破杜弢，平王敦，威名日盛。累迁征西大将军，荆州刺史。苏峻作逆，侃为盟主，讨平之。封长沙郡公[⑥]，都督八州军事。年七十六，薨，谥曰桓。

【注释】①鱼梁：指筑堰拦水捕鱼的一种设施，用木桩、柴枝或编网等制成篱笆或栅栏，置于河流、潮水河中或出海口处。②领：兼任。③能名：能干的名声。④威仪：指随从。⑤官舍：官署；衙门。⑥郡公：中国古代的一种封爵。曹魏始置，一直延续到明朝初年。晋朝郡公为第一品爵，食邑一般为三千户，置妾6人，车前司马14人，旅贲50人。

【译文】陶侃，字号士行，是寻阳郡人。早年孤苦贫穷，后来当了县吏。他曾经监管鱼梁，送了一坩鱼给母亲，母亲封好鱼并附了一封信，责备陶侃说："你现在当了县吏，拿公物来送给我。非但不能给我带来好处，反而给我增添了忧愁。"陶侃后来因范逵的举荐当了邮督，并兼任枞阳县令，有能干的名声。后来因为军功封为侯爵，出任江夏太守。陶侃带着随从仪仗，把母亲接到了衙门，家乡的人认为很是荣耀。陶侃先击败杜弢，后又平定王敦，威名远扬。依次升迁为征西大将军、荆州刺史。苏峻叛逆，陶侃作为盟主，讨伐平定了他。后又被封为长沙郡公，统帅八州的军事。陶侃七十六岁时去世，谥号桓。

侃性聪敏，勤于吏职。恭而近礼，爱好人伦①。终日敛膝危坐，阃②外事千绪万端，罔有遗漏。常语人曰：大禹圣者，乃惜寸阴。至于众人，当惜分阴。岂可逸游荒醉③？生无益于时，死无闻于后。诸参佐④或以谈戏废事者，取其酒器蒲博⑤之具，悉投之江。吏将，则加鞭朴⑥。曰摴蒱⑦者，牧猪奴戏耳。君子正其衣冠，摄其威仪。何有乱头养望⑧，自为宏达耶？在州无事，辄朝运百甓⑨于斋外，暮运于斋内。人问其故，答曰：吾方致力中原，过尔优逸，恐不堪事。其励志勤力如此。有奉馈者，皆问其所由。若力作所致，虽微必喜，慰赐倍之。若非理得之，则切厉诃辱⑩，还其所偿。在职四十一载，百姓勤于农殖，家给人足，数千里中道不拾遗。郧楚间，刊石画像以祀之。（《晋书》）

【注释】①人伦：品评或选拔人才。②阃（kǔn）：指郭门。③逸游：放纵游乐。荒醉：沉湎于酒。④参佐：部下；僚属。⑤蒲（pú）博：古代的一种博戏。后亦泛指赌博。⑥朴：通"扑"。击，打。⑦摴（chū）蒱：摴蒱是一种古代博戏。博戏中用于掷采的投子最初是用樗木制成，故称樗蒲或摴蒱。又由于这种木制掷具系五枚一组，所以又叫五木之戏，或简称五木。⑧乱头养望：乱头：头发蓬乱。养望：培养虚名。⑨甓（pì）：砖。⑩诃辱：大声斥责，使觉得羞耻。

【译文】陶侃生性聪敏，勤于官吏的职责。待人恭敬而有礼节，爱好品评人才。他整天收膝端坐（处理政务），虽然领兵在外，事务繁多、千端万绪，但他没有遗漏处理的。他经常对人说："大禹是圣人，都非常珍惜一寸光阴，至于普通的人，应该珍惜每一分光阴，怎么能放纵游乐、沉迷酒肉呢？活着对当世没有益处，死后也没有好名声流传后世。"他的部下中有因为谈笑游戏耽误公务的，陶侃就把他的酒器、赌具拿过来，全部投进江里。如果是吏部小将，就用鞭子抽打，并告诫说："赌博这种东西，是放猪奴仆的游戏。君子应该正衣冠、检摄威仪，哪有头发蓬乱、培养虚名，而又自诩才识广博通达的！"在州府无事可做的时候，陶侃就在早晨将一百块砖运到屋外，傍晚再运回屋内。有人询问这样做的原因，陶侃回答说："我刚刚效力于中原，如果过分优越安逸，恐怕就不能胜任这个职位了。"陶侃的勉励心志和勤奋努力，就像这般。如果有来赠送物品的人，陶侃都要问这些东西的来处，如果是送礼之人自己劳作得到的，即使很轻微他也非常高兴，并且加倍赏赐。如果是非法得来的，他就厉声斥责，退还给对方所赠送的东西。陶侃在职四十一年，他所管地区的百姓，勤于种植粮食，家家丰足，方圆几千里都路不拾遗。郢楚一带，都通过刻石、画像的方式来祭祀他。

　　为吏而不私一鲊，则大者可知。厥后身处富贵，奉馈者必问其所由。侃之廉，皆母教之于为吏时者也。迹其功业炳赫，谋无不成，动无不利，得力总在一勤。寸阴之喻，蒲博之戒，诚苦口之良药矣，为吏者既学其廉，又法其勤，何患不能远到哉？

　　【译文】陶侃身为小吏而不肯私占一坩鱼，那么更大的东西就可想而知了。他后来身处富贵之位，给他赠送物品的人他都一定要问清楚东西从何而来。陶侃的廉洁，都是母亲在他做小吏时教导的。考察他政绩显赫、所谋化的事情没有办不成的、所要做的事没有不顺利的原因，就是得力于一个勤字。一寸光阴的比喻、赌博的戒除，的的确确是苦口良药呀。为官之人假若既学习他的廉洁，又效法他的勤奋，还怕什么成就不能取得呢！

　　76.晋陈留①为大郡②，号称多士。琅琊王澄行经其界，太守吕豫，遣小吏迎之。澄问曰：此郡人士③为谁？吏曰：有蔡子尼、江应元（二人皆陈留名士）。是时郡人多居大位者，澄以姓名问曰：甲乙等非君郡人耶？吏曰：向④谓君侯问人，不谓问位。澄到郡，以吏言谓豫曰：旧名此郡有风俗果然，小吏亦知人如此。

【注释】①陈留：开封的别称之一。陈留郡，汉制。晋为国，治小黄。②大郡：户十二万为大郡。③人士：有名望的人。④向：刚才。

【译文】晋朝时陈留郡是一个比较大的郡，号称有很多知名人士。当时琅琊人王澄出行经过它的地界，太守吕豫派了一位小吏来迎接他。王澄问道："这个郡的名士都有谁？"小吏回答说："有蔡子尼、江应元。"当时郡人有很多高官，王澄用姓名问道："那某某、某某人等不是你们郡里的人吗？"小吏说："您刚才只说问名士，没说问官位。"王澄到了郡府，把这位小吏的话告诉吕豫说："过去都说你们这个郡的风俗不一般，今日一见，果然如此，连小吏也能有这样识人的见解了。"

衡鉴①者当以人重，不当以位重。为小吏而平日留意人才，不慕权位，识高王澄一等矣。惜姓氏之不传也。

【注释】①衡鉴：指衡器和镜子；品评，鉴别。

【译文】评判一个人应当以人品为重，不该以地位为重。身为小吏但平日注意留心人才，不钦慕权位，他的见识可谓是高过王澄一等了，只可惜他的姓氏没有流传下来。

77.褚裒，河南阳翟人。有器量①，以干用称。尝为县吏，事有不合，令欲鞭之。裒曰：物各有所施。榱椽②之材，不合以为藩落③也，愿明府垂察。乃舍之。家贫，辞吏。年垂五十，镇南将军羊祜④言于武帝，始被升用。官至安东将军。

【注释】①：器量：度量；气度；气量。②榱（cuī）椽：架屋承瓦的木头。方的叫榱，圆的叫椽。亦喻担负重任的人物。③藩落：篱落，篱笆。④镇南将军羊祜：镇南将军，古代重要军事职官名称，为四镇将军之一。重要将军名号，统兵将领，位次四征将军，掌征伐背叛、镇戍四方。羊祜（hù）（221年-278年），字叔子，泰山南城（今山东新泰市）人。魏晋时期大臣，著名战略家、政治家和文学家。

【译文】褚裒是河南阳翟人。他很有器量，以才干著称。他曾经做过县吏，有一次事情处理的不到位，县令想用鞭子打他。褚裒说："东西各有所用，做椽子的材料，就不适合拿来做篱笆。希望大人您仔细考察。"于是太守放弃了对他的处罚。他家境贫寒，后来辞去了县吏一职。到年近五十时，镇南将军羊祜对晋武帝提起，才被提拔任用。他后来安东将军。

胥吏之小有才者，未有不以迎合，官府为能者也。褚君素称干用，而致触令之怒。其不肯以是为非，阿谀取悦可知矣。大器终当晚成，自比樗椽，岂虚语哉？

【译文】胥吏中位低而有才能的人，没有不以迎合上级官员为能耐事的。褚裒一向以才干著称，却招致县令发怒，可知他不肯颠倒是非、奉承讨好县令。但大器终当晚成，褚裒自比为椽子，这难道是一句空话吗？

78.刘卞，字叔龙，东平须昌人。本兵家子，少为县小吏，质直①少言。功曹夜醉，如厕使卞执烛。卞不从，功曹衔②之。以他事补亭子（守亭传者，如今之驿卒）。有祖秀才者在亭中，与刺史笺，久不成。卞教之数言，卓荦③有大致④。祖称之于令，即召为门下史⑤，使就学⑥。从令至洛，得入太学。为尚书令史，至并州刺史，所历皆称职。

【注释】①质直：朴实正直。②衔：怀恨，对人心怀不满。③卓荦：卓越，突出。超绝出众。④大致：不凡的情致。⑤下吏：低级官吏；属吏。⑥就学：从师学习。

【译文】刘卞，字号叔龙，是东平须昌人。他本是军人之子，年轻时在县里当小吏，质朴正直、少言寡语。有一天夜里，功曹醉酒去上厕所，要让刘卞给他举着火烛，刘卞没有听从，功曹怀恨他，就以其它借口让他去当亭长。有一个叫祖秀才的人，在亭中给刺史写信，写了很久没有效果，刘卞就教了他几句话，这才显得超绝出众、有了不凡的情致。祖秀才于是在县令面前称赞他，县令就召他担任门下史，使他从师学习。刘卞跟随县令到了洛阳，得以进入太学学习。后来刘卞任尚书令史，做到并州刺史，他所担任的职位都称职。

以兵家子而通文墨，其好学可知。不为功曹执烛，又见其风骨之矫矫也，其后卒以学受知，得大展其所学。可见人惟惧其不知学耳，不惧其屈于下吏，为人所辱也。

【译文】刘卞作为军人之子却通晓文墨，他的好学也就可想而知了。不给功曹举火烛，又可以看出他风骨超凡。他后来最终凭着学识得到赏识，得以充分施展自己的所学。可见人们只需考虑就怕自己不知道学习，而无需忧虑屈身于下等小吏，被他们所侮辱了。

79.易雄，字兴长，长沙浏阳人。少为县吏，自念卑浅无由自达①，乃脱帻冠也，挂县门而去。习律令，及施行故事②，州里称之。仕郡为主簿，至舂陵令。王敦之乱③，雄驰檄④远近，列敦罪恶。募众千人，督率捍御。力屈⑤被害，意气慷慨，神无惧色。

【注释】①自达：自己勉力以显达。②故事：先列，旧日的典章制度。③又称王敦之叛，是东晋初年发生的一场动乱，爆发于晋元帝永昌元年（322年），结束于明帝太宁二年（324年）。由出身琅琊王氏的权臣王敦发兵建康，对抗朝廷，最终失败。④檄（xí）：檄文，古代官府用于晓谕、征召的文书；特指声讨、揭发罪行的文书。⑤屈：竭尽；用尽。

【译文】易雄，字号兴长，是长沙浏阳人。他年轻时做县吏，觉得自己位卑识浅，没有机会显达，于是脱下帽子挂在县门上就走了。他自学了法律条令以及旧时的典章制度，州里人称赞他。后来易雄到郡里做了主簿官，后来又做了春陵县令。王敦叛乱时，易雄迅速到远近各处发布了征讨王敦的文书，列举了他的种种罪行，因此募集了一千多人，并督促率领他们抵御叛军，最后因力竭而被杀害。易雄临死时，意气慷慨、脸上毫无惧怕之色。

吏而不学，则碌碌一胥史耳。岂能有所表见耶？易君之挂冠而去，非薄之不为。正欲一意讲习，为致用之具也。古人自待之厚，不肯苟且浮沉若此。他日忠义奋发，就死从容，其得力于学问者深矣。

【译文】为小吏而不学习，只能是一个平庸的小吏而已，怎么能够有所显现呢？易雄的挂冠而去，并不是轻视它而不做，而是想先专心致志讲议研习，做好尽其所用的准备。古人如此看重自己，不肯像这样得过且过、随波逐流。易雄日后能够忠义奋发、从容就死，就是得力于做学问的影响比较深啊。

80.凉张寔①，下令所部民吏，有能举其过者，赏以布帛羊米。贼曹②佐隗瑾曰：明公③为政，事无巨细，皆自决之。群下④畏威，受成⑤而已。如此，虽赏之千金，终不敢言也。谓宜少损聪明，延访⑥群下，使各尽所怀，然后采而行之，则嘉言自至，何必赏也。寔悦，从之。（《资治通鉴纲目》）

【注释】①张寔：张寔（271年—320年），一作张实，字安逊，籍贯凉州，前凉政权的建立者。公元316年十一月，西晋灭亡后，张寔于公元317年建立前凉，在位7年，被部将刺杀，终年50岁，葬于宁陵。②贼曹：官名。东汉太尉属官以及各郡县置贼曹，主盗贼事。③明公：旧时对有名望着的尊陈。④群下：泛指僚属或群臣。⑤受成：接受已定的谋略。⑥延访：延请求教；请教。

【译文】凉州（刺史）张寔，曾经向所辖地区的官吏百姓下令：只要有能够举出他过错的人，就赏赐给布匹、丝帛、羊以及大米等。贼曹官佐隗瑾说："大人您处理政事，事无巨细，都是亲自决断。下属们畏惧您的威严，只是服从成命罢了。这样的话，即便赏赐千金，他们也始终不敢说呀。我觉得您应该稍微降一降您的聪明，请教下级官员，使他们各抒己见，然后择优实施。那么，好的意见自然而然就会来了，哪里还用得着奖赏呢？"张寔听了非常高兴，采纳了他的意见。

愚者千虑，必有一所得。况胥曹中尽有通达义理之人，特以素习巧诈，不能取信于长官，故长官不复顾问。而吏亦以中有所馁，不敢侃侃直谏。若立身端正，平日无作奸犯法之事，遇有可以匡其政治者，亦何畏而不言？虽有自用之长官，当必为之虚心听受矣。

【译文】愚者千虑，必有一所得。更何况属吏中尽管有通达义理的人，只是因为平时习惯于机巧奸诈，不能取信于上级，所以上级也不再向他们征询意见。而吏属也因为缺乏勇气，不敢侃侃直言规谏。属吏如果立身端正，平日里没有干作奸犯科的事，遇到可以辅佐政事的情况，还有什么畏惧而不敢说的呢？即使有自以为是的上级，也一定会虚心听从接受建议的。

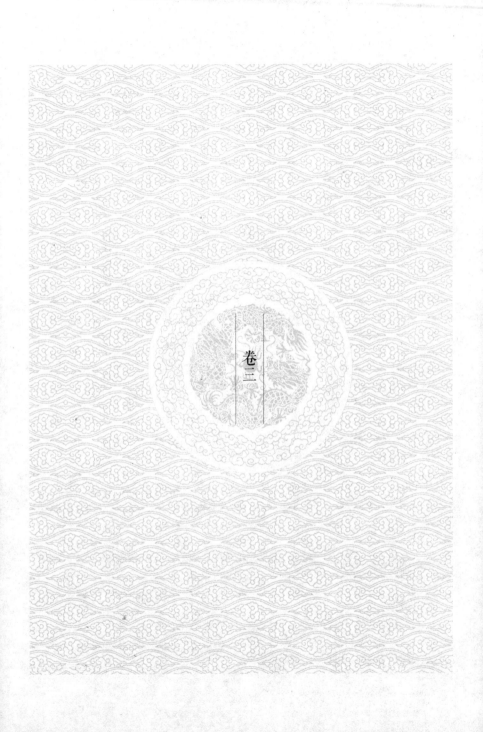

卷三

法录下

1.孙伏伽^①，贝州武城人。仕隋，以小吏补万年法曹。高祖武德^②初，上书言事。至诚慷慨，据义恳切，绝无所讳。帝大悦，以为治书侍御史，赐帛三百匹。后累迁大理卿，出为陕州刺史，致仕^③。始伏伽拜侍御史时，先被内旨^④，而制未出。归卧于家，无喜色。顷之，御史造问，子弟惊白，伏伽徐起见之。时人称其有量。伏伽与张元素，在隋时皆为令史。太宗尝问元素宦立所来，深自羞汗。伏伽虽广坐，陈说往事，无少隐焉。（《新唐书》）

【注释】①孙伏伽：今河北省故城县人，唐初大臣。唐武德五年，考中进士一甲第一名，赐状元及第，是中国历史上有据可查的第一位状元。②武德：唐高祖李渊年号。③致仕：交还官职，即指官员退休。④内旨：皇帝的旨意。下文"制未出"之"制"，则指吏部下达的正式任命的文书。

【译文】孙伏伽，贝州武城人。在隋朝做官时，以吏员补任万年县法曹。唐高祖武德初年，孙伏伽向皇帝上书提意见，语气慷慨激昂，非常真诚；文字引经据义，十分恳切；内容秉笔直书，毫无隐讳。皇帝看了非常高兴，让他担任治书侍御史，赐给他三百匹丝帛。后来，孙伏伽逐渐晋升为大理寺卿，外放担任陕州刺史，并在刺史任上退休。最初孙伏伽拜侍御史时，先只受了皇帝的旨意，而吏部的正式任命尚未下达，他回来躺在家里，并没有高兴的神色。不久，御史造访，家中后辈惊讶地前

去禀告，孙伏伽这才缓缓起身，去见御史，当时的人称赞他有器量。孙
伏伽与张元素二人，在隋朝时都曾做过令史。唐太宗曾有一次问起张
元素做官的经历，他（因在隋朝做过官而）深感羞愧，汗流浃背。而孙伏
伽即使在大庭广众之下，陈说起往事，也没有丝毫隐瞒。

以小吏得微职，能于上前慷慨论事，不畏逆鳞。则为吏时，必能主持
公道，扶植善类。不肯颠倒曲直，陷人于罪罟者也。及骤膺宠命，喜色不
形。广坐陈说往事，不以小吏为讳。由其胸襟远大，自立不苟。惟觉吏以人
重，而人不以吏轻耳。

【译文】 孙伏伽以一个小吏的身份得到一份卑微的职务，却能够在
皇帝面前慷慨论事，不惧怕冒犯皇帝的权威。那么他在做小吏的时候，
也一定能够主持公道，扶持和培养好人，而不愿意颠倒曲直，去陷害他
人落入冤狱罪网。等到突然受到皇帝的重视，加以重用时，也不喜形于
色。在大庭广众之中陈说往事，不以在前朝做过小吏为忌讳。这些都是
由于他胸襟远大，思想独立不草率，只是觉得为官当以人为重，而做人
不当以吏为轻罢了。

2. 张元素①，蒲州虞乡人。仕隋，以令史为景城县户曹。窦建德②陷
景城，执将杀之。邑人千余，号泣请代曰：此清吏也，杀之是无天也。
大王即定天下，无使善人解体。建德释之。入唐，授景州录事参军。太
宗即位，问以政。对以上贤右能，使百司善职。帝称善。拜侍御史。迁
给事中。贞观中。发卒治洛阳宫乾阳殿，且东幸。元素上书极谏。帝即
诏罢役，赐彩二百疋③。魏征④闻之，叹曰：张公论事，有回天之力，可
谓仁人之言哉！累迁右庶子。后以邓州刺史致仕，卒。

【注释】 ①张元素：即张玄素，清代著作中为避讳的缘故，将玄字改作

元字。今山西永济人，唐初大臣。②窦建德：今陕西咸阳人，隋末地方割据势力首领，后被李世民击败。③疋(pǐ)：同"匹"字。④魏征：字玄成，今河北晋州人，唐朝著名政治家，封郑国公，下文"魏郑公"者，即指魏征。

【译文】张元素，蒲州虞乡人。在隋朝做官时，以令史出任景城县户曹。窦建德攻陷景城，抓到张元素要把他杀了。县里有一千多人痛哭着请求代他去死，说道："这是个清官啊，把他杀了，那是没有天理啊。大王即将平定天下，不要使向善的人心分崩离析。"窦建德于是释放了他。到了唐朝，张元素被授予景州录事参军的职位。唐太宗即位后，向他询问政务，张元素回答认为皇帝应当重视并重用贤能的人，让百官各司其职，唐太宗称赞他回答的很好。张元素后来官拜侍御史，又升为给事中。贞观年间，朝廷征发士卒修建洛阳宫乾阳殿，并且唐太宗还将巡幸东都。对此，张元素上书极力谏言，唐太宗便下诏停止劳役，给张元素赐彩二百四。魏征听闻了这件事，赞叹道："张公议论政事，有回天之力，可以说是仁人之言啊！"张元素逐渐晋升至右庶子的职位。后来在邓州刺史任上退休、去世。

张公见执于贼，而邑人号泣请代，至千余人。其言曰：无杀清吏，曰善人解体，则其自令史以及为户曹，其廉而且惠，有以深入人心可知矣。至于幸东都①，造洛阳宫殿，是举也，劳民伤财，不可胜计，元素极谏止之，所全不少。宜乎魏郑公叹其为仁人之言也。吏苟能不贪财贿，有思及人，则患难可以全其生，得志可泽及于人。吏亦何惮而不为此耶？

【注释】①东都：即洛阳。唐代置都长安，又以洛阳为东都，前文"且东幸"句，即指巡幸东都洛阳。

【译文】张公被盗贼抓获，而县里的人号哭着请求要代他去死，达到一千多人，百姓们能说出"不要杀清官"、"向善的人心要分崩离析"这样的话，那么可以知道的是，张元素从做令史起，以及担任户曹后，他的为官廉洁，以及养民以仁，是能够深入人心的。至于唐太宗巡幸东都，修建洛阳宫殿，这一举动，劳民伤财的程度难以估量，而张元素极力劝谏阻止了，保全了不少民心、民力。魏征赞叹他的话是仁人之言是多么的合适啊！小官小吏如果能够不贪财纳贿，心中挂念着百姓，那么在遭遇患难的时候可以保全自己的生命，在得志的时候可以使恩泽布及于众人。那么官员们又还有什么可畏惧的而不去这么做呢？

3.湛贲①为郡吏，其妻与彭伉②之妻，兄弟也。伉登第，妻族贺之，坐上皆名士，独饭贲于后阁。贲自是悔悟，发愤良苦，后擢③上第。伉方过其所居之桥，闻之，失声坠驴。因名其桥为湛郎桥。（《语林》）

【注释】①湛贲（zhàn bēn）：今江西宜春人，生平不详。②彭伉（kàng）：今江西宜春人，生平不详，据说是宜春地方历史上首个考中进士的人。③擢：选拔。

【译文】湛贲做郡吏，他的妻子与彭伉的妻子是姐妹。彭伉考上了进士，妻子家里的亲族都来祝贺他，席间在座的都是名士，唯独让湛贲去屋后吃饭。湛贲自此悔悟，下定决心，发愤苦学，后来被选为上等。彭伉正好经过他家门口的小桥，听到消息，失声从驴背上掉了下来。于是人们把这座桥命名为湛郎桥。

湛贲亦所称有志之士，故能因一坐之屈，而悔悟发愤，至于登第也。最可笑者，彭伉与湛，本属戚谊，乃因其为郡吏而侮慢之。继闻湛第，至于失声坠驴。何其鄙陋无识，一至于此！是可以戒世之轻弃史胥者，更可以励吏胥之能自立者。

【译文】湛贲也就是人们所称的有志之士，因此能够因为一个坐次的屈辱，而悔悟发愤，最终考上了进士。最可笑的是，彭伉与湛贲本来属于亲戚情谊，而彭亢竟因为湛贲是郡吏就对他轻慢侮辱。继而听说湛贲也考取了进士及第，居然惊讶到了失声坠驴的地步。他是多么的鄙陋而没有见识啊，竟至于此！这件事可以告诫世上看轻吏胥地位的人，更能够勉励吏胥中能够自立的人。

4. 柳玭①谪②授泸州郡守。渝州有牟麐秀才，即都校牟居厚之子。文采不高，执所业谒③见。柳奖饰甚勤，子弟以为太过。柳曰：巴蜀多豪士。此押衙之子，独能好文。苟不诱进，渠④即退志。以吾称誉，人必荣之。由此减三五员草贼，不亦善乎？（《智囊》）

【注释】①柳玭（pín）：今陕西耀县人，唐代大臣。②谪（zhé）：降职外放。③谒（yè）：拜见。④渠：他。

【译文】柳玭被贬谪，授职泸州郡守。渝州有个叫牟麐的秀才，也就是都校牟居厚的儿子。他的文辞、才华不高，却拿着自己的文章去拜谒柳玭，柳玭对他极力夸奖称赞，家中的后辈认为柳玭的夸赞太言过其实，柳玭却说："巴蜀地方豪强之士很多，可唯独这位押衙的儿子，能喜好文学。如果不能引导他进一步深入，他就会放弃这个志向。凭借我这几句赞誉，人家必然引以为荣，从此使巴蜀之地少三五个草贼，不也是好事吗？"

人之聪明者，不趋于正，则入于邪。以押衙之子，粗知大义，必奖进之，以冀盗风之渐减。况府史胥徒①，类多机警而知文者为之。如能诱之以道义，使归于良善。公门中多一行善之人，即少一作奸之蠹②，岂不美与？吏之知文者，慎无轻自弃也。

【注释】①府史胥徒：吏员诸名目之连称，泛指各级官员。②蠹（dù）：蛀虫。

215

【译文】聪明的人，不趋向正途，那么就会入了邪道。柳玭只是因为押衙的儿子粗略地知晓道义，就一定要奖掖荐进他，藉此希望偷盗的风气能逐渐减弱。况且政府各级官员，大多是由机警且有文化的人来任职的，如果能够用道义来引导他们，让他们归于善良，官府中多一个行善的人，那么就少一个作奸犯科的蛀虫，难道不是一桩好事吗？小吏中有文化的人，千万不要轻易自甘堕落啊。

5.阳城①，字亢宗，夏县人。少好学，贫不能得书。求为吏，隶集贤院②，窃院书读之，昼夜不出户。六年，无所不通。后为谏议大夫，以直言贬官，出为道州刺史，治民如治家。时赋税不登③，观察使遣判官督赋甚急。城自署其考曰：抚字心劳，催科政拙，考下下。遂自系狱。判官大惊去。（《唐书》）

【注释】①阳城：字亢宗，今河北完县人，唐代大臣。②集贤院：唐代官署，主要负责刊辑经籍，搜求天下遗逸图书、隐滞贤才。③不登：指庄稼歉收。

【译文】阳城，字亢宗，夏县人。年轻时喜欢学习，但因贫穷而无法获得书籍，于是他请求去做吏胥，在集贤院里当了个小皂隶。阳城偷偷把集贤院的书拿回家来读，一整天都不出家门。这样过了六年，没有他不通晓的知识。阳城后来做到了谏议大夫的职位，因为直言进谏被贬官。被外放降职为道州刺史，阳城管理百姓就像管理自己的小家。当时庄稼歉收，赋税不足，观察使派判官来监督收税，索要甚急。阳城在自己的考评上写道："爱护百姓，劳心劳力，催缴赋税，拙政拙官，考评为下下等。"于是就自己把自己关到牢房里去，判官十分惊讶地离开。

欲窃读官书而求为吏，其好学何如者。为谏官则直言，为刺史则恤民，皆从读书明理中来。今吏胥之素通文理者，公事之暇，尽可披览卷帙，以长其识见。即或不能读书，而官衙所事，凡关典章制度、人心风俗者，肯一虚心讲求，其有裨①于实用不少矣。若视为附势营利之薮②，则坏心术而辱身命，岂不可惜？

法录下

【注释】①裨（bì）：帮助、补助。②薮（sǒu）：本义为水草丰茂的湖泽，引申为人或物聚集的地方。

【译文】想要去偷官书来读，于是就请求去做小吏，阳城是个多么好学的人啊。作为谏官就直言进谏，担任刺史就体恤百姓，这些都是从读书明理中得来。当今胥吏中素来通晓文理的人，在公事之余，应当尽量多读书，来充实自己的学识见闻。即便是不能读书的人，如果对于官府中的事情，只要是有关典章制度和人心风俗的，能够愿意一一虚心求教学习，那么对他实际工作上的帮助也是不小的。但如果把官府视作是趋炎附势、营私罔利的地方，那么就会败坏心术、污辱自身的使命，难道不可惜吗！

6.裴晋公①为盗所伤刺，隶人王义捍刃死之。公乃自为文以祭。厚给其妻子。是岁进士撰王义传者，十有二三。（《国史补》）

【注释】①裴晋公：裴度，字中立，今山西闻喜人。唐代大臣，以功封晋国公。裴度因主张支持削藩平叛，唐宪宗元和十年六月三日，成德节度使王承宗、平卢节度使李师道派遣刺客刺杀宰相武元衡、裴度，武元衡被刺身亡，裴度受伤幸存。

【译文】裴度遭遇叛贼刺杀而受伤，家仆王义为他挡刀而死。裴度因此亲自撰文来祭奠王义，并善待他的妻子、儿女，给予他们丰厚的供养。这一年，新科进士中为王义撰写传记的人，十个里面就有二三人。

裴公一代名臣，其伤而不死，虽有鬼神呵护，亦赖隶人之捍刃不顾也。士大夫身膺显爵，泯没①无闻者，何可胜②数。王义一厮养之卒，宰相亲祭之，进士争传之，身后之荣若此。人之显晦，宁在势位哉？

【注释】①泯没：行迹消灭，一般用作死亡的婉称。②胜：此处意为尽、完。

【译文】裴公是一代名臣，他受伤而没有死，虽然是有神灵的庇护，但也靠的是家仆的拼死挡刀而不顾自身。士大夫身受显要的爵位，而那些死的悄无声息、默默无闻的普通人，又怎么能够数的尽呢？王义只不过是一个厮役小卒，宰相亲自祭奠他，进士们争相为他作传，去世后得有如此的荣耀。人的有名和无名，难道是因为权势和地位吗？

7.王藻，潼川人。为狱吏，每日持金①归，妻疑之。因遣婢馈②猪蹄十脔③，及归，绐④云送三十脔。藻怒，酷掠⑤之。婢不胜⑥痛，诬服⑦，遂杖逐之。妻告之故，因曰：君日持钱归，我谓必鬻狱⑧而得，姑以婢事试之。刑罚之下，何事不承？愿自今切勿以一钱来不义之物，死后必招罪咎。藻戄然⑨大悟，汗流浃背。因题壁曰：枷杻追求只为金，转增冤债几何深。从今不愿顾刀笔，放下归来游竹林。即弃家学道，后赐号保和真人。（《臣鉴录》）

【注释】①金：泛指货币、钱财。②馈：本义为以食物送人，给……吃。③脔（luán）：本义为成块的肉，用作量词，一块肉。④绐（dài）：欺骗。⑤酷掠：酷，极度、非常。掠，拷打。⑥胜：禁得起、能承受。⑦诬服：谓无辜而服罪。⑧鬻（yù）狱：借诉讼案件而获取贿赂。⑨戄（jué）然：惊恐的样子。

【译文】王藻，潼川人。做狱吏时，每天都往家里拿钱。王藻的妻子怀疑他，于是就派婢女送去了十块猪蹄给他吃。等到王藻回到家里，妻子骗他说其实送去了三十块猪蹄。王藻十分生气，对婢女严加拷打。婢女实在承受不住痛苦，认下了这个她没有犯下的罪行。于是，王藻将婢女乱棍打了一顿，把她赶出了家门。王藻的妻子这时才告诉他前后原委，并趁机说道："你每天往家里拿钱，要我说一定是在牢里借诉讼案件受贿而得的。所以我暂且先用婢女来试探一下你，在刑罚之下，还有什么事不会承认呢？但愿你从今以后，务必不要往家里拿一分钱。不义之财，死了以后一定会给自己招致罪责。"王藻惊恐万分，这才恍然大悟，吓得汗流浃背，于是在墙壁上题诗一首，写道："枷杻追求只为金，转增冤债几何深。从今不愿顾刀笔，放下归来游竹林。"当即就离开了家人，前去学道，后来赐道号为保和真人。

放下屠刀，立地成佛，其人根器固好，亦赖贤内助之善于点化也。世有昧心取利，剜他人之肉，以供妻子之欢。而妻子亦且喜其夫之善于攫取，共图安饱也。岂知其所从来，有大不忍言者哉？

【译文】王藻能放下屠刀，立地成佛，说明他这个人的本性原本就是好的，同时也仰赖了他的妻子善于点拨教化。世间有人昧着良心谋取利益，剜割别人的血肉，用来讨自己妻子的欢心，而妻子还十分高兴自己的丈夫是这么的善于掠夺牟利，一道谋求饱食安生。可他们哪里会知道，在自己一味的掠夺中，有着多少令人不忍言说的东西啊？

8.汴州白岑，有发背①方甚验，自云得之神授。每治一疾，必索厚酬。有驿吏张好古，欲传②其方，普行救济。与数十金，岑不以真方授之，吏疗疾不效。后岑为虎所食，有一小囊遗于路。适好古奉差过此，拾得之，真方在焉③，始知向日之假也。（《言行汇纂》）

【注释】①发背：背上的疮。②传：推广、散布。③焉：于此、于是，在这里。

【译文】汴州人白岑，有个治背疮的药方非常灵验，自称得自神授，每治一病，必定要索取丰厚的酬金。有个叫张好古的驿站小吏，想要传播推广白岑的这个疗法，来大范围的实行救济。张好古给了白岑数十金，白岑却没有把真的药方给他。张好古在给别人治病疗伤时，都没有疗效。后来，白岑被老虎吃了，有一个小口袋遗留在路边。正巧张好古奉命出差，经过这里，捡到了这个口袋，真的药方就在里面，张好古这才知道，白岑之前给他的是假的药方。

好古为吏，肯出重价买药方以救人，则亦公门中之好善者也。至于白岑以一药方而得重价，尚以假方给之，贪饕无餍①，虎噬之报，亦云巧矣。囊遗真方，所以报好古也，好古由此可以救人矣。噫！人有不得已之急难，到官时，求主吏秉公一言，剖白周全，不啻②病者之求方。乃或③受其财而不告以实，其人之饮恨何如，恐亦不免虎噬之报也。

【注释】①贪饕（tāo）无餍（yàn）：贪婪而不满足，即贪得无厌。饕，龙生九子之一，生性贪吃，用以比喻贪婪的人。餍，满足。②不啻（chì）：不亚于。③或：有的。

【译文】张好古作为一个小吏，愿意出高价购买药方来治病救人，倒也是官府中好善乐施的人。至于白岑，凭借一个药方而获得了大量的钱财，却仍用假药方欺骗张好古，如此贪得无厌，被老虎吃了的报应，也可以说是很巧了。口袋里遗留的真方，是用来回报张好古的，张好古从此可以救人了。哎！人都有遇到不得已的危急患难的时候，到官府的时候，请求主管官员说一句秉持公道的话，能够周到全面的剖析辩白，这不亚于一个病人去寻求治病的良方。可是有的人收受了别人的钱财，却不据实相告，这样的人是多么的令人感到可恨，恐怕他也免不了被老虎吃了的报应！

9.有人因他适回，见其妻被杀于家，但失其首。奔告妻族。妻族以婿杀女，讼于郡守。刑掠既严，遂自诬服。独一从事疑之，谓使君曰：人命至重，须缓而穷之。且为夫者，谁忍杀妻。纵有隙而害之，必为脱祸之计。或推病殒，或托暴亡。今存尸而弃首，其理甚明。请为更谳①。使君许之。从事乃迁此系于别室，仍给酒食。然后遍勘在城件作行人，令各供近来与人家安厝②坟墓多少文状。既而一一面诘之曰：汝等与人家举事，还有可疑者乎。中一人曰：某于一豪家举事。共言杀却一奶子③。于墙上舁④过，凶器⑤中甚似无物。见在某坊。发之，果得一妇人首。令诉者验认，则云非是。遂收豪家鞫⑥之。豪家款伏⑦。乃是与妇私好，杀一奶子，函首而葬之。以妇衣衣奶子身尸，而易妇以归，畜于私室。其狱遂白。（《智囊》）

【注释】①谳（yàn）：审问断案。②厝（cuò）：安置、放置，停放灵柩。③奶子：乳母、奶妈。④舁（yú）：抬。⑤凶器：古代泛指丧葬用的器物，如棺木及棺中服器。⑥鞫（jū）：审问。⑦款伏：招认罪行，诚心服罪。

【译文】有个人因为有事外出，刚刚回到家中，发现他的妻子在家中被杀死了，然而她的头颅却不见了。他跑去告诉妻子的娘家人，妻子的娘家人却认为是女婿杀害了自己的女儿，向郡守提出诉讼。在一番严刑拷打之后，这个人最终认下了这桩他没有犯下的罪行。判案的官员之中，就只有一个从事对案件怀有疑问，他向使君提出说："人命是最重要的，不能急着定罪，一定要对案情寻根究源，况且，做丈夫的人，有哪个会忍心杀害自己的妻子？纵使有嫌隙想要加害于她，那也必定会做好脱罪的计划，要么推托是生病死了，要么推托是突然死了。可现在出现的是一具无头女尸，这其中（凶手另有他人）的道理已经非常明白了，希望您能重审改判。"使君听从了他的建议，于是从事便将嫌犯转移到其他的牢房收押，每天仍旧照常供应酒食。然后全面勘察城中的殡葬业者,下令让他们各自提供近一段时间以来为人下葬的所有文件,紧接着又一一当面询问他们说:"你们给人家办事,还有什么可疑的吗?"其中有一个人回答说:"我在一个富豪家办事,大家都说这家人杀死了一个奶妈,从墙上抬了过去,可棺木中似乎像是没有东西,棺木现在在某坊。"将棺木打开,果然发现了一个妇人的头颅。让那个被控杀人的嫌犯辨认,他却说不是自己妻子的头颅。于是将那个富豪收押审讯,富豪招认了罪行。原来是富豪与妇人私通,杀害了一个奶妈,用盒子把奶妈的头装好下葬,将妇人的衣服穿到奶妈的尸体上,冒充成是妇人的尸体放回家,而将妇人藏在密室之中。案件这才终于真相大白。

凡狱,官司或难骤明,从事者从旁推勘,其疑似虚实,无不悉知,第恐①以贿托之有无为出入耳。此狱情事甚纫。从事一片公心,为之推究,卒能昭雪奇冤,岂非千古一大快事哉?念人命之至重,仁也。知案情之非实,遍访仵作行人而得其首,智也。不阿顺本官,而救其枉断之失,忠也,一事而三善备焉,求之士大夫,有不可多得者,使君亦何幸而获此也。惜其名姓不著耳。

【注释】①第恐:只怕。

【译文】一般而言,遇到刑事案件,官府有时很难一下子探明真相,如果参与案件的人能够从旁相助,推理勘察,那么案件中的疑似虚实之处,是全都能够清楚明悉的,怕就怕有人用贿赂、请托而使案件的结果生出变化。这桩案件的情节非常令人迷惑,而从事能一心为公,为还原真相推理、探究,终于能为无辜的人昭雪奇冤,岂不是一件千古大快人心的事吗?从事挂念个人性命的至关重要,是仁心;明白案情不实,遍访殡葬业者,从而找到了消失的头颅,是智慧;没有一味顺从上级领导,因而补救了他错判冤狱的失误,这是忠诚。一件事中具备了三种善举,即使是在士大夫中,这样的人也不可多得,使君是多么的幸运啊，能获得这样的人才，可惜他的姓名没有流传下来。

10.严求微时，为阳邑吏。阳宰器之，待以宾礼。每曰：卿当自爱，他日极人臣之位。吾不复见卿之贵，幸以遗孤留意。及求登公辅，宰殁①既久。其子候谒严门，严赠担石束帛②复遣家人赍③黄金数十斤，伺于逆旅④间。谢之曰：非阳宰之子乎？相君使奉金以备行李。又荐一官，地宅仆马，毕为之置。其子他日及门致谢。严曰：聊以报尊府君平昔之遇耳。一见后，终身谢绝焉。(《南唐近事》)

【注释】①殁(mò)：去世。②担石束帛：担石，一担一石之粮，比喻微小。束帛，捆成一束的布帛，古时作为馈赠的礼物。③赍(jī)：携带，拿着东西送人。④逆旅：旅馆。

【译文】严求旧日地位低微的时候，在阳邑做小吏，阳宰(阳邑的地方)长官对他很器重，用宾客的礼节来待他，经常说道："您应当自爱，将来有一天您位极人臣，我是没有机会再见到您的尊贵了，届时若仍有幸的话，希望能将儿子托付与您，请您留意。"等到严求晋升到公辅的地位时，阳邑的地方长官已经去世很久了，他的儿子到严求的府上拜访。严求赠送给他少量的礼物之后，又派家仆送去了几十斤黄金，仆人在旅店等候他，向他辞别，说道："你不是阳邑的地方长官的儿子吗？宰相大人派我带着黄金来给你置备行装。"严求又给他推荐了一个官职，田地宅院、仆人车马，全部为他置办。阳邑的地方长官的儿子后来到严求的府上登门致谢，严求说："只不过是报答您父亲当年对我的知遇之恩罢了。"这一次见面后，严求终身谢绝了阳宰之子的拜谒。

故官之子，荐一官而厚赠之。不负所托，已属高情，至谢其请谒，尤不欲以德自居也。具此识量，自是公辅之器，岂有埋没于掾属者耶？

【译文】严求对于故官（旧时长官）的儿子，给他推荐官职并赠送他丰厚的财物，没有辜负故官的托付，这已经算是高尚的情怀了，至于说谢绝阳宰之子的拜见，更是不想以德自居。具有这样的见识和度量，自然是公辅的才能，怎么会埋没在掾属中呢？

11.李崇矩①，字守则，潞州上党人。幼孤贫，有至行，乡里推服。汉祖②起晋阳，史洪肇③时为先锋都校。闻崇矩名，召署亲吏。乾佑初，洪肇总禁兵，兼京城巡检，多残杀军民。左右惧，稍稍引去。惟崇矩事之益谨。及洪肇被诛，独得免。周祖④与洪肇素厚善，即位，访求洪肇亲旧，得崇矩。谓之曰：吾与史公受汉厚恩，戮力同心，共奖王室。史公卒罹大祸，我亦仅免。汝史氏故吏也，为我求其近属，吾将恤之。崇矩上其母弟福。崇矩素主其家。财产悉以付福。周祖嘉之。宋初，屡以军功，历官至枢密使。卒赠太尉，谥元靖。（《宋史》）

【注释】①李崇矩：字守则，今山西长治人，五代、宋初大臣。②汉祖：指后汉高祖刘知远。③史洪肇：即史弘肇，字化元，今河南郑州人。洪字为清代人避讳改称。④周祖：指后周太祖郭威。

【译文】李崇矩，字守则，潞州上党人。从小就过着贫寒孤苦的生活，但他的品行高尚，乡里对他都推崇佩服。后汉高祖刘知远在晋阳起兵，史弘肇当时任先锋都校，听说了李崇矩的名声，把他召来安排作为自己随身的小吏。乾祐初年，史弘肇总领禁军，兼任京城巡检，残杀了很多军民。身边的人都很惧怕他，渐渐离他而去，只有李崇矩事奉更加谨慎。等到史弘肇被杀以后，只有李崇矩得以幸免。后周太祖郭威与史弘肇一向十分友好，即位后，探访求求史弘肇的亲戚故旧，找到了李崇矩。郭威对李崇矩说："我与史公受后汉皇室的厚恩，戮力同心，共同辅助王室。史公突然遭罹大难，我也仅仅是幸免生还。你是史家的老部下，为我寻找他的亲近家属，我将周济他们。"李崇矩献上了史弘肇的同母弟弟史弘福。李崇矩一直管理着史弘肇的家事，此时把财产全部交给史弘福，郭威对此十分赞许。宋朝初年，李崇矩因为屡次获得军功，逐渐晋升到了枢密使的职位。去世以后赠太尉衔，谥号元靖。

崇矩为都校之吏。都校罹祸，麾下士卒，去之惟恐不速，独崇矩始终以之。至身跻贵显，都校子孙，均已式微①。犹能抚恤之，厚礼之。不肯忘负，亦绝无嫌忌。不独忠义所积，其识见有大过人者。宜其攀鳞附翼，为宋元勋也。

【注释】①式微：衰落，衰败。

【译文】李崇矩当都校的小吏，都校遭罹灾祸，麾下的士卒纷纷离开，避之不及，只有李崇矩始终追随他。等到李崇矩跻身于显贵，都校的子孙均已衰落，他还能抚恤他们、厚待他们，不愿意忘恩负义，也绝对没有猜嫌疑忌。这不仅仅是忠义的累积，也是他的见识有大大超过别人的地方，他能够攀鳞附翼成为宋朝的元勋，确实应该啊！

12.陈恕①，字仲言，南昌人。少为县吏，折节②读书，成进士，除大理评事。通判澧州。吏多缘簿书，干没为奸。恕尽摘发其弊，以强干闻。为营田制置使，太宗谕以农战之旨。恕曰：古者兵出于民，无寇则耕，寇至则战。今之戎事。皆以募致。衣食仰给乡官。若使之冬持兵御寇，春执耒服田③，万一生变，悔无及矣。拜盐铁使，有心计，厘去宿弊，太宗器之。亲题殿柱曰，真盐铁御史。将立茶法，恕使商人各条利害，列为三等。曰：下等固灭裂无足论。上等计利刻深，此商贾之事。惟取中等，兼济公私，稍裁损之，可以经久。于是着法，财货流通。真宗即位，加户部侍郎，命条中外钱谷以闻。恕久不进，因曰：陛下富于春秋，若知府库充实，恐生侈心（后三司使丁谓，上景德会计录，遂启封禅之事）。知贡举，荐王曾为首。以疾求解任，荐寇准自代。准为三司使，检恕前后兴革事，葺成一册。及镌其旧榜，诣恕第判押。自是计使，迭循其旧贯。卒赠吏部尚书。恕多识典故，精于吏理。前后掌计柄十余年，人莫敢干以私云。(《南昌府志》)

【注释】①陈恕：字仲言，今江西南昌人，北宋名相。②折节：改变志向。③服田：服，从事。服田，从事耕作，种田。

【译文】陈恕，字仲言，南昌人。年轻时当县吏，改变志向读书，成为进士，被任命为大理评事。他在做澧州通判时，小吏大多依据记录财物出纳的账簿，攫取官府或他人的利益为己有，陈恕尽力摘除其弊端，以精明干练闻名。陈恕担任营田制置使，太宗晓谕他从事农耕、作好战备的意旨。陈恕说："古时候军队出自老百姓，没有敌人就耕田种地，敌人来了就战斗。如今的军事，都靠招募而来，衣食仰赖乡官，如果让他们冬天手拿兵器抵御敌人，春天手执农具从事耕种，万一发生变故，后悔就来不及了。"后来陈恕被任命为盐铁使，他很有心计，改正了过去的弊端。太宗非常器重他，亲自在宫殿的柱子上题写道："真盐铁御史"。朝廷将要制定茶法，陈恕使商人各自按条写出利弊，列为三等，说："下等本来就很粗略，不值得谈论，上等计较利益比较苛刻，这是商贾的事，我们只取中等，兼济公私，将其稍稍裁剪，可以长期施行。"于是定为法律，财货流通。真宗即位，陈恕加户部侍郎，皇帝命令他将中央和地方的钱粮分列条目来报告。陈恕很久没有呈上，因而说："陛下很年轻，如果知道府库充实，恐怕生出奢侈的念头。"后来三司使丁谓，把景德年间的账本给了皇帝，于是启动封禅的事情。而后，陈恕主管贡举，推荐王曾为第一名。陈恕因为患病请求解任，推荐寇准接替自己。寇准担任三司使，他挑选陈恕前后发起变革的事情，编订成一册，以及镌刻陈恕当时的告示，到陈恕的宅中签字画押。从此以后，掌管账簿的官吏交替沿袭陈恕的旧制。陈恕去世后赠吏部尚书。陈恕熟悉很多典故，精通为官之道，前后掌管财务大权十多年，没有人敢谋取私利。

恕为县吏，折节读书，成进士。则凡给事县庭之时，无非读书有得之地。即事即学，已与寻常为吏不同。更与寻常读书不同矣，观其历仕，除簿书之奸弊，论兵农之相资。虽有心计，而茶法惟取中等，同民利也。虽司府库，而奉诏不言充实，沃君心也，举荐皆一代之名贤，兴革为三司之法式，有体有用，宜古宜今，非为吏而兼读书，焉能如此？人毋谓吏可不读书，而读书无裨于吏也。

【译文】陈恕当县吏，改变志向读书，成为进士。那么凡是他在县庭任职的时候，不过是把这里当作读书有所收获的地方，一边做事一边学习，已经跟平常做官的不一样，更与平常读书不同了。看看他历来所任的官，铲除利用记账簿做坏事的弊端，讨论军队与农耕相互资助，虽然有心计，然而茶法只取中等，与老百姓一同获得利益；虽然掌管府库，而奉诏不说府库充实，向皇帝献计献策；举荐的都是一代著名的贤士，发起变革制定了三司的制度，有体有用，宜古宜今，要不是一边做小吏一边读书，怎么能够这样呢？人们不要认为做官可以不读书，而读书对于做官没有裨益。

13.郑惟则，熙宁初，为郡主库吏。家苦贫。夜梦道士告曰：明日交官钱处，有异宝。汝能得之，后必致富。清晨，惟则如其告而阴察[1]焉。有古五铢钱，极细薄。自众钱间滚出，圆转不已。惟则辄[2]以大钱易而藏之归，自此家日多财。晚年，遂为富室。（《建昌府志》）

【注释】①阴察：暗中观察。②辄：就。
【译文】郑惟则在熙宁初年，担任郡里管理库房的小吏。他的家境穷苦贫寒，有一天夜里梦见一个道士告诉他说："明天在交官钱的地方有奇异的宝物，你如果能得到它，日后必定致富。"清晨，郑惟则按照道士所说，在交官钱的地方暗地里悄悄观察，发现有古代的五铢钱，极其细薄，从钱堆里滚了出来，团团转个不停。郑惟则就用大面额的铜钱交换，把五铢钱藏了起来带回家。从此以后，家中的财富日渐增多，到了晚年，郑惟则终于成为了富庶的人家。

为主库吏，而其家苦贫，必能奉公守法，丝毫不染者也。故神灵默佑，使之自然饶富。吏之不苟求，不妄取者，断无终于贫乏，不能自存之理，观此，则奉公守法之吏，益有恃而无恐矣。

【译文】郑惟则作为一个库管小吏，他的家里却穷苦贫困，说明他一定是个能奉公守法、丝毫不染的人。因此神灵默默地保佑他，让他自然而然的富裕了起来。小吏中有原则，不任意妄为，有底线，不妄加索取的人，一定不会到死都贫穷困顿，无法自己生存的道理。看到这个故事，那么奉公守法的小吏，应当更加有所依仗无需担心了。

14.李处厚知庐州，值县尝有殴人死者，处厚往验伤。以糟𦞦①灰汤之类薄②之，都无伤迹。有一老父求见，曰邑之老书吏也，知验伤不见其迹，此易辨也。以新赤油伞日中覆之，以水沃③其尸，其迹必见。处厚如其言，伤迹宛然。自此江淮之间，官司往往用此法。（《梦溪笔谈》）

【注释】①𦞦（zì）：切成大块的肉。②薄：迫近、靠近，这里指涂抹、覆盖。③沃：浸泡，使没于水中。

【译文】李处厚在庐州地方当知县，正好遇上县里有人打架斗殴致人死亡的案件，李处厚前往验伤，拿糟肉、灰汁一类的东西覆盖在尸体上，但都没有显现出受伤的痕迹。有一个老头请求来见李处厚，对他说："我是县里的老书吏，听说了验尸伤痕无法显现的情况，其实这个问题很容易搞清楚，拿一把新的红油伞，在正午时分盖在上面，再把尸体浸泡在水里，伤痕就必然会显现出来。"李处厚按照他的说法，伤痕果然清晰显现。从此以后在江淮地方，官府便通常使用这种方法。

此老吏，事非切己，肯献验伤秘法，使冤者得伸，其存心亦厚矣。身当职役者，何可不细心体察，反从中得贿，混行捏报耶？

【译文】这个老书吏，事情虽然与自己没有切身的利害，却愿意贡献出验伤的秘法，令含冤而死的人得到伸张，真是宅心仁厚啊！那些身负职责的人们，又怎么能不细心体察，反倒从中接受贿赂，捏造胡来呢？

15.相府书吏张日新。嘉定初，玉堂①草休兵之诏。有曰：国势渐尊，兵威已振。日新时在学士院为笔吏，仍兼卫王府书司，密白卫王曰：国势渐尊之语，恐贻笑于邻国，不当素以为弱也。卫王是其说。遂改曰国势尊隆，兵威振励。盖吏胥亦有识义理者，文字之不可不检点如此。（《癸辛杂识》）

【注释】①玉堂：翰林院的别称，此处代指翰林院的官员。

【译文】宰相府里的书吏张日新，嘉定初年，翰林院的大臣起草停战的诏书，其中有这样的话："国势渐尊，兵威已振。"张日新当时在学士院做笔吏，同时还兼任卫王府书司，他暗地里向卫王报告说："诏书里写'国势渐尊'这样的话，恐怕要被邻国所耻笑了，国家不应当认为自己素来就很弱小。"卫王肯定了他的看法，于是就将诏书里的文字改为："国势尊隆，兵威振励。"大概吏胥中也有深明大义的人，一字一句都都不可不谨言慎行，文字的重要性就如同这个故事所告诉我们的那样。

一字推敲，深关国体，其识见高于玉堂学士矣。甚哉吏之不可不学也。

【译文】一个字的推敲，都深深关系着国家的体统，张日新这个小吏的见地、认识，要比翰林院的学士还高了。作吏的人不可不学啊！

16.黄镛，充泉州解试官。校文日，有一卷黜落①。昼寐，忽梦一老妪②。言其夫曾为州司推款吏，尝活二罪囚。有此阴功，故上帝敕③吾孙，当预乡荐④。今其卷已携在案上矣。早起，卷果在案。吊后二场看，则论果可取。因取充数，及揭晓视之，亦甚平平也。（《迪吉录》）

【注释】①黜（chù）落：指科举考试的落第、落榜。②妪（yù）：年老的妇女。③敕（chì）：帝王所下的命令。④预：参加。乡荐：州县等地方上的科举考试。

【译文】黄镛担任泉州的解试官，批改试卷的那一天，其中有一份试卷被判落榜。黄镛白天正在休息睡觉，忽然梦见一个老妇人，说她的丈夫以前是州司的推款官，曾经救活过两个罪犯。由于有这样一桩阴功，因此上帝降下敕命，说我的孙子应当参加乡试，如今他的试卷已经拿来放在书案上了。早早起来，试卷果然就在书案上。拿后二场的答卷来看，他的论述果然有可取之处，于是重又将此人选取进考中的试卷之中充数。但等到揭榜的时候再看，那人的名次也非常的一般。

能于无辜者死里求生，则应举者自当失而复得。此天人感应之理，非故神其说也。

【译文】能够在必死之境地让无辜的人重获新生，那么本该落榜的应试者也自当失而复得，这是天人感应的道理，并非有意让这个故事显得神奇。

17.御史台有老隶,素以刚正名。每御史有过失,即直其梃。台中以梃为贤否之验。范讽一日召客,亲谕庖人以造食,指挥数四。既去,又更呼之,叮咛告戒。顾①老隶梃直,怪而问之。答曰:大凡役人者,授以法而责其成。苟不如法,自有常刑,何事喋喋? 使中丞宰天下,安得人人而诏之。讽甚愧服。(《智囊》)

【注释】①顾:回头看。

【译文】御史台有一个老差役,一向以刚正闻名,每当御史有了过失,他就把梃竖的直直的。御史台中于是将梃是否竖直作为是否贤能的验证。范讽有一天会见客人,亲自下令让厨子做饭,指挥了很多次。等他离开以后,又再次回来喊厨子,叮咛告诫他该如何行事。范讽回头发现老差役把梃竖直了,就感到奇怪,于是问他,老差役回答说:"一般来说差遣别人做事,教给他方法而要求他完成,如果他不按照所教的方法来做,自然按照现有的规则来处理,您又为了什么事情要这么喋喋不休呢? 如果有朝一日让中丞您来管理全国的大小政务,您难道要给每一个人都下达具体的命令吗? "范讽非常地惭愧和佩服。

此隶具骨鲠之姿,而所言又深知大体,诸御史之严师益友也。安得以舆台目之? 惜不记其姓名也。

【译文】这位差役具有正直的品质,而所言又深知大体,是诸御史的严师益友,怎么能够把他当作地位低微的人看待呢? 可惜的是没有记载他的姓名。

18.姚时可为狱吏。有张邦昌之族弟某,坐谋逆党,被逮。与其家属,同人狱中。张嘱姚曰:吾自分①必死。有藏金在某室中,君往取之。烦为密营毒药十余服，俟^②命下，即与子弟辈共引决。以后事托君。姚慰之曰：朝廷仁政尚宽，当为公探消息。果不可免，徐为此计，未晚。后张竟以不与谋获免。张感其全护之恩，以百金馈之，拒不受。是时姚未生子，后连生八男。迨^③长立，皆有名誉。廷衮，一谦，相继登第。廷昂，一夔，悉为名士。（《人生必读书》）

【注释】①自分：自己估量，揣测。②俟（sì）：等待，等到。③迨（dài）：等到，到达。

【译文】姚时可在做狱卒的时候，张邦昌有个族弟张某，受到牵连被认定为是张邦昌的逆党成员，判处为谋反之罪，遭到逮捕。张某和他的家属一起被关押进了大牢。张某对姚时可嘱托道："我自己觉得这次是死定了，我家里的某间屋子里还藏有钱物，请您去取走。就是麻烦您暗地里替我买十几服毒药来，等到命令正式下达，我就同家人后辈一道自杀。我和家人的后事就全都托付给您了！"姚时可安慰他说："现在朝廷的仁政还算宽大，我会替您打探消息的。如果死罪实在无法避免，那么到时候再按您的计划办也不晚。"之后，张某最终因为没有参与谋反而获得赦免。张某十分感念姚时可对他全家周全保护的恩德，拿了百金送给他，姚时可拒绝了，没有接受。当时姚时可还没有孩子，后来连续生了八个儿子，等到他们长大以后，都有很好的名声。姚廷衮、姚一谦相继考中了进士，姚廷昂、姚一夔都成了名士。

为胥吏者，遇此等事，未有不喜为奇货可居，得遂所欲矣。方且甚其词以恐吓之，神其说以怂恿之，孰肯好言宽慰，委曲护持？卒全一家之命，力却百金之酬，由其满腔中全是救人危难之诚心，不参一毫私意，不涉半点牵强者也。人服之，天佑之，子孙之多而且贤也，宜哉！

【译文】做胥吏的人，遇上这样的事情，都乐于将它作为谋取利益的本钱，用来满足自己的欲望。不仅如此，还要加重语气把话说严重来恐吓他，添油加醋来怂恿他，又有谁会愿意好言宽慰，暗中保护他呢？姚时可最终保全了张某一家人的性命，还极力拒绝了百金的酬谢，都是由于他心中全是救人性命于危难之间的一片诚心，没有掺杂一丝一毫的私心，没有涉及一星半点的勉强啊。人们都佩服他，上天都保佑他，膝下多子多孙，又都非常贤能，确实应该啊！

19.梵公，宋时为邑皂隶。邑令刑峻，杖责血流方止。公用葱贮血匿杖中，杖易见血，受杖者，多因得活。一日令见公行不履地，询知其阴德，大异之。梵公亦遂置皂隶不为。修炼山中，后为大神。

【译文】樊公在宋朝的时候做邑中的皂隶，邑令行事喜好严刑峻法，杖打责罚，一定要鲜血横流才会停止。樊公在葱里贮存血液，再悄悄把葱藏进杖里，这样杖刑的时候就容易见血。被杖打的人，大多由于这个缘故能够活下来。有一天，邑令发现樊公行走时脚不触地，询问之后知道了他的这份阴德，非常的惊讶。樊公也就从此不再做皂隶了，在山里面修仙，后来成为了大神。

皂隶以敲朴①为役，其术不仁甚矣。然苟心存救济，其阴德反多于寻常之人。谓必择术而后可以为善，毕竟不肯为善耳。

【注释】①敲朴：行刑的刑具，亦指行刑。
【译文】皂隶是以行刑为职役的，这种职业选择可以说是非常的没有仁德了，但是如若心中存有救人济世的愿望，那么他的阴德反而要比寻常之人来得多。所谓一定要选择好合适的职业，然后才能够行善的说法，说到底还是打心眼里不愿意行善罢了。

20.王赞，澶渊人，为检校吏，迁本州马步军都虞候。周世宗镇澶渊，每旬①决囚，赞辨析中理。问之，知其尝事学问，即署右职②。旋领河北诸度使。五代以来，姑息藩镇，有司不敢绳以法。赞所在发奸伏，无所畏忌。振举纲领，号为称职。(《宋史》)

【注释】①旬：十日为一旬。②右职：古时以右为尊，指重要的职位。

【译文】王赞，澶渊人，担任检校吏，后来晋升为本州马步军都虞候。周世宗镇守澶渊，每十天对死囚进行一次审理判决。王赞每次的分析辨别都能合乎道理，周世宗询问之后才知道，他曾经做过学问，于是马上任命王赞出任要职。不久，又任命王赞统领河北诸度使。五代以来，朝廷对藩镇采取姑息的对策，地方政府也不敢绳之以法。王赞所到之处，揭发检举奸邪隐患，丝毫没有惧怕畏忌的地方。王赞重振法纪，被认为是称职的大臣。

史论曰：王赞奋迹小校，有奉公之节。绳奸列郡，不畏强御，皆由其学问之有素也。孰谓吏胥不当学问哉？

【译文】《宋史》评价王赞说道："王赞从小校奋起发迹，有奉公的节操，制裁各州的奸恶，不畏惧于豪强权势。"这些都是源于他的学问中本来就具有的素养，谁说吏胥不该有学问呢？

21.何比干，字少卿，宋时汝阴人。经明行修，通律法，为汝阴狱吏。每恳启邑宰，从重减轻，从轻减免，所活数百人。后为丹阳县尉，多方矜恤，狱无冤囚，人称为何父。政和间家居，有老妪来避雨，于怀中出一菜，凡九百余叶。谓比干曰："君家世有阴骘①，又治狱平恕②，子孙佩印绶③者如此数。"言毕，老妪忽不见。后子孙累世科甲，爵禄荣显，一如老妪所言。(《丹桂籍》)

【注释】①阴骘（zhì）：原指上苍默默地安定下民，转指阴德。②平恕：持平宽仁；公平正义，宽厚仁慈。③印绶：旧时称印信和系印的绶带。

【译文】何比干，字少卿，宋朝时汝阴人。通晓明白经术，修养德行，精通法律，任汝阴狱吏一职。何比干每每诚恳启发县令，让其对罪行重的犯人减轻处罚，对罪行轻的犯人减免处罚，因此而得以存活下来的有数百人。后来何比干任丹阳县尉，从各个方面同情和体恤百姓，致使狱中没有被冤屈的囚犯，人们称他为仁父。政和年间，何比干在家闲居，有一老妪来避雨，从怀中取出一棵青菜，总共九百余个叶子。她对何比干说："您家世代积有阴德，判案又公平正义，您的子孙佩带印绶的有这个数。"说完，老妪忽然不见了。后来何比干的子孙世世代代中科举，爵禄荣耀显赫，就如老妇人所说。

以经明行修之人而为狱吏，又通律法，必有求生不得然后死之之意，与非理纵会者有别。宜邑宰之见信，而全活者多也。为吏且然，及为县尉，矜恤平反者，岂可胜道？奕世①簪缨②之报，理也。孰谓狱中非造福之地，吏胥非行善之人耶？

【注释】①奕世：累代。②簪缨：古代达官贵人的冠饰。后遂借以指高官显宦。

【译文】何比干以一个通晓明了经术、注重修养德行的人而做狱吏，同时又精通律令法典，一定有用尽办法之后，还是没有办法让其求生，再让其去死的意图，与那些不合道理的宽松者不同。大概是他深得县令的信任，才使众多人活了下来。他做小吏时尚且能这样做，等到做县尉时，怜悯、体恤百姓，为含冤者平反的事，真是道也道不完啊！使他的子孙世世代代做官的回报，真是合情合理啊。谁说监狱不是给人带来福报之地，胥吏不是行善之人呢？

22.张庆，汴人。为省司狱①，矜慎自持。日亲扫狱舍，暑月尤勤。每戒其徒曰："人罹于法，甚属可矜，况我辈以司狱为职，若不加矜恤，则罪人何所倚赖？"饮食汤药卧具，必加精洁。因有受枉者，为之缓词请释，狱中多获保全。每重囚就戮，为之斋戒诵经一月。一日妻病已殁复苏。庆年八十二，无疾而终。六子皆显。（《人生必读书》）

【注释】①司狱：为我国明清两朝提拿控管狱囚的职官。

【译文】张庆，汴梁人。担任省司狱的官职，谨严慎重，能很好的把持自己。每天亲自打扫监狱的狱舍，到了炎热的夏天更加勤快。张庆常常告诫他的同伴说："人遭到法律的惩罚，已经实属可怜，让人同情了，更何况我们这些以管理监狱为职的人，如果不对他们加以同情、体恤，那么这些犯罪的人还能依赖谁呢？"对于囚犯的饮食、汤药、卧具，张庆必定都加以精心处理，以保证干净整洁。囚犯中有受到冤枉入狱的，张庆为他们请求宽缓和释放，狱中有很多这样的人因他而获得保全。每当有犯重罪的犯人要被处死，张庆都会为他们斋戒诵经一个月。有一天，张庆的妻子生病死了又苏醒过来。张庆享年八十二岁，无病终老。他的六个儿子都很显达。

汉周勃繁狱，叹曰："吾尝将十万军，安知狱吏之贵？"又司马迁云："见狱吏则头抢地，视徒隶则心惕息①。"可知人到狱间，生死之权，半操于狱吏，此地能矜恤保护，阴德最大。张君矜恤狱囚，无微不至。可生者缓词请释，已死者斋心诵祷。狱地有此，生全实多。后之夫妇寿考②，子孙衍庆③，夫岂偶然？凡吏卒有管囚之贵者，不可不学其居心行事也。

【注释】①惕息：心跳气喘。形容极其恐惧。②寿考：年高、长寿。③衍（yǎn）庆：绵延吉庆。

【译文】汉代的周勃被关到监狱中，感叹道："我曾经统率十万大军，哪里知道狱吏有这么重要？"另外司马迁说："看到狱吏头就会撞地，见到服劳役的罪犯就会心跳气喘，极其恐惧。"可知人到了监狱中，生死之权大半操纵在狱吏的手中，这个地方如果能对犯人施以同情、体恤和保护，所积的阴德是最大的。张君同情和体恤囚犯，对他们照顾的无微不至，可以活下来的就为他们请求宽缓和释放，遇到已经被判死刑的犯人，张君就清心寡欲、诚心为他们诵经祈祷。监狱之地有他这样的人，犯人生命得以保全的越来越多。后来张君夫妇双双长寿，子孙绵延吉庆，这怎么会是偶然呢？但凡小吏小卒有管理囚犯的责任的，不可不学他的居心行事。

23.嘉善支立之父，为刑房吏，有囚无辜陷重辟^①，支哀之，欲求其生。囚语妻曰："支公嘉意，明日延至家，汝以身事之。彼或有意，则我可生也。"妻从而听命。及至家，妻自出劝酒，具告夫意。支坚却之，终为尽力平反。囚出狱，夫妻登门叩谢曰："公如此厚德，何无子？吾有弱女，愿为箕帚妾^②。"此礼之可通者。支为备礼聘纳之。生立，弱冠^③中魁，官至翰林。立生高生禄，皆贡为学博^④。禄生大伦，登第。（《迪吉录》）

【注释】①重辟：极刑；死罪。②箕帚妾：持箕帚的奴婢，借作妻妾的谦称。③弱冠：古代男子二十岁行冠礼，表示已经成人，但体还未壮，所以称做弱冠，后泛指男子二十左右的年纪。④学博：唐制，府郡置经学博士各一人，掌以五经教授学生。后泛称学官为学博。

【译文】嘉善支立的父亲担任刑房吏，有个囚犯无辜受陷害被判了重罪，支很怜悯他，想使他活下来。囚犯对他的妻子说："支公好意救我，明日把他请到家中，你以身事奉他。他或许有意的话，那么我就可以活下来了。"妻子遵从了他的命令。等支到了囚犯的家中，囚犯的妻子亲自出来劝酒，并且把丈夫的意思原原本本的告诉了他。支坚决拒绝了囚犯的妻子，最终竭尽所能为囚犯平反。囚犯出了监狱，夫妻两人登门叩谢，说："您有如此深厚的德行，怎么会没有儿子呢? 我有弱女，希望让她作您的箕帚妾。"这从礼仪上讲是完全行得通的。支备礼行聘，娶了囚犯的女儿。后来，生下支立，支立初加冠时应试就中了第一名，官做到了翰林。支立生了支高和支禄，二人都被推举为学博。支禄生支大伦，应考中式。

见无辜而恻然动念，人或有之。至于坚拒其妻，不乘危以败节，此心真可对天地而质鬼神矣。若无此一段皦皦之诚，则后之纳女为妾，心迹何以自明? 而天之所以报之者，又岂能如是之厚耶?

【译文】见到无辜而动恻隐之心，人或许都会这样。至于支公能够坚决拒绝囚犯的妻子，不乘人危急而败其妻的名节，这样的心真可以直面天地而质问鬼神了。如果没有这样光明磊落的心胸和诚意，那么后来纳囚犯的女儿为妾，支公的心迹又怎么能够自明呢? 而上天对他的报答，又怎么能够如此丰厚呢?

24.项德，婺州武义人，郡之禁卒也。宋宣和间盗发帮源，明年陷婺，而邑随没。德率败亡百余人，破贼，因据邑之城隍祠。自二月迄五月，东抗江蔡，西拒董举，北捍王国，大小百余战。出则居选锋之先，入则殿后。前后俘馘①，不可胜计。贼目为项鹞子。闻其钲②，则相率遁去。方谋复永康诸县，而官兵至，德引其众欲合，会贼尽锐邀之黄姑岭下，德战死。邑人哭声震山谷，图其像，岁时祭之。(《宋史》)

【注释】①馘(guó)：古代战争中割取敌人的左耳以计数献功。②钲：古代的一种乐器，用铜做的，形似钟而狭长，有长柄可执，口向上以物击之而鸣，在行军时敲打。

【译文】项德，婺州武义人，是郡中的禁军士兵。宋宣和年间，强盗在帮源起事，第二年攻陷婺州，而武义随之陷落。项德率领败亡的百余人打败了叛贼，并趁机占据了县邑的城隍祠。从二月到五月，东面抗击江蔡，西面抵挡董举，北面抵御王国，大小百余场战斗。项德每次在战斗中出击都会身先士卒，居于突击队的最前面，撤退回城时却在最后面殿后。前后俘虏和杀死的叛敌，不可胜数。叛贼称他为"项鹞子"。战争中，对方只要听到他鸣钲的声音，就争相逃走。项德正在谋划收复永康各县时，官兵到了，项德率领他的部众想与官兵会合，这时正好碰上叛贼的全部精锐人马在黄姑岭下拦截，项德战死。邑人的哭声震动了山谷，他们为项德画了画像，每年都按时为他祭祀。

一禁卒耳，忠义所结，可以捍卫一方。其平日之见利思义，积德行仁，已可概见，宜其庙食①百世也。

【注释】①庙食：有功者死后祀之于庙，称为"庙食"。

【译文】项德仅仅是一个禁军的士兵罢了，却集忠义于一身，能够捍卫一方。项德见利思义，积德行仁的善举，已经可以从他平日的行为中大概地看出来了，应该把他供在寺庙里祭祀百年。

25.萧资为文丞相天祥幕下书史①。丞相起兵，资于患难中扶持甚至。空坑兵败，以全督府印功，升阁门路铃辖。资性和厚，临机应变，辑睦②将士。总摄细务，任腹心③之寄。潮阳移屯，与大兵遇，死之。（《宋史》）

【注释】①书史：记事的史官。亦指掌文书等事的吏员。②辑睦：和睦。③腹心：比喻极亲切可深信的人。

【译文】萧资是文天祥丞相幕下的书史。丞相出兵，萧资在患难中对丞相关心照料的十分周到。空坑兵败，萧资因为保全督府大印而立功，被提升为阁门路铃辖。萧资性情温和敦厚，能随机应变，与将士能够和睦相处。他总管繁细的事务，担负亲信的寄托。他在潮阳转移驻军时，与敌人的大军相遇，战死。

信国为忠臣，萧君为义士，至今同列史传。千载下，皆知有书史萧资其人，岂不足为书史生色耶？

【译文】信国为忠臣，萧资为义士，至今他们共同被列在史传中。千年之后，人们还都知道有书史萧资这个人，难道不足以为书史增色吗？

26.张养浩，自幼有行义，勤学业。元时由台省掾①，为堂邑尹，毁淫祠三十余。仁宗延佑初，为礼部侍郎，知贡举②。进士诣谒③不纳。使人戒之曰："诸君子但思报效，毋劳谢也。"为御史中丞，时关中大旱，民相食。既闻命，登车就道，遇饥者赈之，死者瘗（yì）之。经华山，祷雨岳祠，泣拜不能起。天忽阴翳，一雨三日。及到官，复祷于社坛④，大雨如注，禾黍自生。四月未尝居家，止宿公署，夜祷于天，昼出赈饥，无少怠。封滨国公⑤，谥文忠。尝著书三卷，一曰《庙堂忠告》、二曰《风宪忠告》、三曰《牧民忠告》。子引，拜南台御史。（《臣鉴录》）

【注释】①掾（yuàn）：原为佐助的意思，后为副官佐或官署属员的通称。②知贡举：旧制，会试时的正副主考官。③诣谒：前往谒见；造访。④社坛：古代祭祀土神之坛。⑤国公：我国古代封爵名，位次郡王，为封爵的第三等，公爵的第一等。

【译文】张养浩，自幼有道义和德行，勤于学业。元朝时由台省掾升任堂邑尹，捣毁淫祠三十余处。仁宗延佑初年，张养浩任礼部侍郎，知贡举。进士前去拜见，他不接见，使人告诫他们说："诸位君子只要想着报效国家就行了，不用来感谢我。"张养浩任御史中丞时，正赶上关中大旱，百姓互相残食。他接到命令后，立即登车上路。途中遇到饥饿的人就赈济他们，遇到死了的人就把他们埋葬。经过华山时，他在岳祠祈雨，哭着跪拜不能起来。天空忽然阴云密布，一场大雨连下了三日。等他到任以后，又在社坛祈雨，大雨如注而下，庄稼在雨水的滋润下自然生长。他有四个月都不曾在家里住过，每天住在公署里，夜里向上天祈祷，白天出去赈济饥民，没有一点懈怠。张养浩被封为滨国公，谥号文忠。他曾著书三卷，一曰《庙堂忠告》、二曰《风宪忠告》、三曰《牧民忠告》。他的儿子张引，被授与南台御史之职。

由台掾而为尹，而能毁淫祠、却诣谒。其公忠直亮，可以告天地、质鬼神。至于夜宿于公，昼出赈饥，无少怠，其迫切为民又如此，此所以有祷辄应也。

【译文】张养浩由台掾升为堂邑尹，而依然能够捣毁淫祠、阻止请谒，他秉公忠诚而又正直信实，可以禀告天地、质问鬼神。以至于能够夜里住在公署，白天出去赈济饥民，却没有稍微的懈怠，他又是如此的迫切为民，这就是他有祈祷就有回应的原因。

27.处士①萧㪍斗，陕西奉元人。初出为府吏，语当道不合，即引退。力学三十年，不求进。乡人有暮行遇盗，诡曰我萧先生也，盗惊愕释去。(《元史》)

【注释】①处士：有才学而隐居不做官的人。
【译文】处士萧㪍斗，陕西奉元人。最初出任府吏，与掌权之人谈话不合心意，就引退了。他努力学习三十年，却不希求被进用。有一乡里人晚上走路遇到盗贼，他谎称："我是萧先生。"盗贼惊愕，放他离去。

府吏之于当道，多趋迎之恐后，乃以语不合而引退，其志趣过人远矣。三十年力学，使盗贼闻名而畏之，当非偶然。使当道能用其言，留之府曹中，人之感而为善者岂少哉？

【译文】府吏对于上司或掌权之人，大多趋炎附势而唯恐落后，萧奭斗却因为话不合意而引退，他的志趣已经远远超过那些人了。他三十年努力学习，使盗贼只是听到他的名字都感到敬畏，这当然不是偶然。假使上司或掌权者能够采纳他的意见，把他留在府曹中，受他行为感动而做善事的人难道还会少吗？

28.许衡，号鲁斋。当元时徭戍繁迫，其舅氏适典县史。鲁斋从授吏事，参摭①名议，考求立法用刑之原。久之以应办宣宗山陵，州县追呼旁午②，鲁斋代舅氏分办。因执政方怒，舅氏不敢见，先生代为应对。及还，叹曰："民不聊生，而事督责以自免，吾不为也。"遂不复诣县，而决意求学。（《遗书》）

【注释】①摭（zhí）：拾取，摘取。②旁午：交错；纷繁。
【译文】许衡，号鲁斋。当元朝服劳役和戍守边疆特别频繁紧迫的时候，许衡的舅舅正好主管县史。许衡跟随舅舅，被授以吏职，参与收集事物的名称和含义，考证研求立法和用刑的根源。很久以后，受命筹办修建宣宗的陵墓，州县交相催逼工期，许衡代替舅舅分头去办理。因为主管的官吏正发怒，舅舅不敢去见，许衡代替舅舅作出答复。等到回来以后，许衡叹息道："民不聊生，而主管的官吏却靠督察、责罚来免除自己的过失，我不做这样的事了。"于是不再到县里任职，而是下定决心求学。

鲁斋先生，继孔孟之传，倡明正学，配飨①庙庭。乃其少时，亦尝从授吏事，人固不可以流品②限也。观其参撅名义，考求立法用刑之原，以平执政之怒，于群吏中，早已鹤立鸡群矣。太息一言，纯是万物一体之心。后来希圣根基，已具于此。凡百吏胥中，当自问有此心否？有则宜提醒之，推广之，毋使为利欲所澌灭③也。

【注释】①配飨：贤人或有功于国家文化的人，附祀于朝，同受祭飨。②流品：派别、职等或门第。泛指人的社会地位。③澌灭：消灭净尽。

【译文】鲁斋先生，继承孔孟的传统，倡导并阐明儒家学说，配飨庙庭。原来他在年轻的时候，也曾跟随别人而被授以吏职。人本来就不能以官阶作为限制，看看他参与收集事物的名义和含义，考证研求立法和用刑的根源，靠平息主管官吏的怒气，在群吏中早已是鹤立鸡群了。他叹息的一句话，纯粹是万物一体的想法。后来希望达到圣人境界的基础，在这时就已经具备了。大凡百官胥吏，应当自己问一问有这样的想法没有？有就应该提醒它，推广它，不要使它被权利欲望所泯灭了。

29.黄翊，字孟翔，新建人。通《春秋》，工属文①。元末，弃举业，为庐陵郡掾。性刚劲不可回挠。事碍于法，辄抱案历阶而升，摘其语，与上官议，反复相钩连。上官怒，斥之，屹立不少动，已而卒如翊言。安城土豪暴甚，州县畏之。一旦杀人，上下相目，莫敢逮。同列憎翊木强（倔强也），嗾②使行。豪树栅自固，翊命拔去。抵其门，恶少年数十，执刃，哗而出。翊叱曰："汝欲反耶？"少年曰："反则不反，但汝足稍前，即刳③汝肠矣。"翊曰："汝主自杀人，何与尔事？顾乃同灭族耶。"少年色动，翊挺身呼而入曰："汝即杀我。"少年皆投刃走。翊坐堂上，索豪。豪知事急，出见求解，且诱以重赂。翊佯诺之，与俱来，置诸法。人见翙，咸戟手曰："此健吏，不可犯也。"至正间，大盗起薪黄，将及郡，郡二千石与官吏皆散走，翙独立孔子庙堂，盗获之，知为府掾，强之仕，使行官书。翙骂曰："死狗奴，我死即死，其能官于贼耶？"盗怒，反接于树(绑着树也)。历一日，意其自悔，抽刀砺颈曰："从则禄，不从，则血浣吾刃矣。"翙大骂，甚于初，贼砍首而去。宋学士景濂为作吊忠文。(《南昌府志》)

【注释】①属文：连缀字句而成文，指写文章。②嗾（sǒu）：教唆、指使别人做坏事。③刳（kū）：从中间破开再挖空。

【译文】黄翙，字孟翔，新建人。精通《春秋》，擅长作文。元朝末年，放弃举子的学业，做庐陵郡掾。黄翙性情刚劲，不肯屈服。事情如果有碍于法律，他就抱着案卷登着台阶而上，摘录其中的话，与上司讨论，反复与上司沟通连接。上司非常生气，指责他，黄翙屹立纹丝不动，不久终于按照黄翙的说法去做。安城土豪特别残暴，州县都害怕他。土豪一旦杀人，上下都互相观望，没有人敢去逮捕他。同事憎恨黄翙木讷、倔强，怂恿他去。土豪树起栅栏自己坚守，黄翙命令他拔掉。到了他的家门口，有数十个恶少手里拿着刀，大声喧哗着跑出来。黄翙呵斥他们说："你们想造反了吗？"少年说："你别管反还是不反，但凡只要你的脚稍稍向前，就挖出你的肠子！"黄翙说："你们的主子自己杀了人，关你们什么事？难道你们都要被一同诛灭吗？"少年变了脸色，黄翙挺身呼喊着进去了，说："你立即把我杀了！"少年都扔下刀跑了。黄翙坐在大堂上，要他们交出土豪。土豪知道事关紧急，赶紧出来寻求和解，并且用丰厚的财物来贿赂他。黄翙假装答应，与他一起回来，按照法律处置了他。人们见到黄翙，都用手指点说："这是位精干的官吏，不能触犯他。"至正年间，大盗在薪黄闹事，快要到达郡里的时候，郡守与官吏都各自分散跑了，只有黄翙一人站在孔子庙堂，盗贼将他抓获，知道他是郡府的属吏，强迫他做官，让他撰写官府的公文。黄翙大骂道："死狗奴，我死就死了，有什么可怕的，怎么可能给你们盗贼做官呢？"盗贼大怒，将他反绑在树上。过了一天，盗贼估计黄翊自己应该悔过了，抽刀在他的脖子上磨来磨去说："你要是答应，以后就会跟着我们一起享福，要是不答应今天就会让你的血染了我的刀刃。"黄翊大骂，言辞和语气比一开始的时候还要激烈。盗贼把他的头砍下来之后就离开了。宋学士景濂为他作吊忠文。

事有违碍，辄与上官力争，必如其言而后已，惟其理之直也；众人置之死地，而毅然竟行，制豪恶如犬豕，惟其气之壮也。骨鲠①本于性生，忠义蓄于平日，卒之见危授命，杀身成仁，大节皎然，争光日月。当日之二千石长吏，对此能不愧死？

【注释】①骨鲠：比喻个性正直、刚健。

【译文】事情有阻碍时，黄翊总是与上司力争，一定要和他说的相同才罢休，这是由于他理直；众人将他置之死地时，而他却义无反顾，毅然前行，制服土豪恶霸如同猪狗，这是由于他气壮。黄翊的正直、刚健本于天性而生，忠义则是从平日里积累来的，最后遇到危险献出自己的生命，杀身成仁，大节皎然，可与日月争光。当时的二千石长官，对此能不羞愧而死吗？

30.徐熙为成都吏，运使李之绳，专掩骼埋胔①，积至千万，熙共勤宣力②。有金华街王生，死而复苏。述见冥官云："上帝鉴李之绳，德葬枯骨，注充显仕；徐熙襄力着劳，与一子及第。"后李三任御史中丞，熙子果及第。(《感应事实》)

【注释】①胔(zì)：指带有腐肉的尸骨；也指整个尸体。掩骼埋胔，指掩埋腐烂的尸体。②共勤宣力：共，通恭。共勤宣力指恭谨勤劳的效力。

【译文】徐熙任成都吏时，运使李之绳专门收罗那些暴露、腐烂的尸体，后将它们埋葬，这样的事情累积起来能上千万了，徐熙与他一起竭尽全力。金华街有个叫王生的人，死了以后又苏醒过来，说见到冥官说："上帝明察李之绳，发现他行善积德埋葬枯骨，想让他担任重要的职位；徐熙全力相助甚是辛劳，让他的一个儿子应考中式。"后来李之绳三任御史中丞，徐熙的儿子果然及第。

官司行一善事，率皆藉资①于吏者也。当时李运使之吏甚众，肯宣力此举者独徐，则徐亦有心人也。为吏者无日不欲为官宣力，但狐假虎威，营私害公，适足以贾祸②受殃也。何不留意于此等事，为积福种德之计耶？

【注释】①藉资：指利用某一机会作为达到某种目的的凭借。②贾（gǔ）祸：自招祸患。

【译文】官府做一件善事，大多都要依靠那些做小吏的人。当时李运使有很多小吏，但肯致力于此举的人却只有徐熙一个人，由此可以看出徐熙也是一个有心的人了。做小吏的没有一天不想着如何为长官效力，但狐假虎威，营私害公的行为，实在足以自招灾祸啊！为什么不留意这等事，为积福积德做打算呢？

31.吉州城内徐姓，遣婢送金钗还人。婢插头上，中途坠地。城卒李姓拾之，因随婢行，观其所之。婢入人家，仓皇即出至江边，欲投水。李急呵而问之。婢曰："主母性酷，适命送钗还人，中途坠失，必遭棰毙，不如先死。"卒还其钗，婢感谢。后婢嫁默林渡村民为妻。一日卒将登渡，婢力挽到家，沽酒款之。忽闻渡口喧噪，出视之渡舟溺，人俱死。李卒以留故得全。（《感应事实》）

【译文】吉州城内有个姓徐的人，派遣婢女去给人家送还金钗。婢女把金钗插在头上，中途金钗掉到了地上。一个姓李的守城小卒拾到了，趁机跟着婢女走，看她要到什么地方去。婢女进了一户人家，就仓皇而出，来到江边，想投水自杀。姓李的小卒急忙将她喊住，问她缘故。婢女说："主人的母亲性情残暴，刚才派我送钗还人，我中途将钗弄丢，回去一定会遭棍棒打死，还不如自己先死了好。"小卒拿出金钗归还给她，婢女感激万分。后来婢女嫁给梅林渡的村民为妻。一天，姓李的小卒将要登上渡船，婢女极力把他拉到家中，买酒备菜来款待他。忽然听到渡口喧噪不停，出去一看，才知渡船沉溺，船上的人全都死了。姓李的小卒因为被婢女留下来而得以保全。

一守城穷卒耳，拾钗不取，复尾随而还之。原有一段扶危济困之心，不仅于见利不取而已。若李止于失金之所，坐待来索，而婢又不知钗失何处，婢命之亡也久矣。其后款留酒食，不过寻常之报施，竟成拯溺之大德。为善之报，抑何巧耶。莫谓穷役中无善人也！

【译文】姓李的小卒不过是一个守城的穷卒罢了，拾到金钗却不占为己有，并且尾随婢女把金钗还给她。原本是他有一颗扶危济困的心，而不仅仅是见利不取而已。如果姓李的小卒只是停在丢失金钗的地方，坐等遗失之人回来寻找，而婢女又不知金钗究竟遗失在哪里，那婢女丧命也就很久了。后来婢女将姓李的小卒留下来，并以酒食款待他，不过是寻常的报答，竟然成了拯救溺水的大德。行善的回报，也是多么的巧妙啊！千万不要说穷役中没有好人啊！

32.豫章大祲①。新建县一民，乡居窘甚，家止存一水桶，售银三分。计无复之，乃以二分银买米，一分银买信②，将与妻孥③共一饱食而死。炊方熟，会里长至门，索丁银。里长远来而饥，欲一饭而去，辞以无。入厨见饭，责其欺。民摇手曰："此非汝所食。"因涕泣告以故。里长急倾其饭而埋之，曰："若何遽至此。吾家尚有五斗谷，负归以延数日。"民感其意而随之，得谷以归。出之，则有五十金在焉。民骇曰："此必里长所积偿官者，误置其中。渠救我死，我安忍杀之？"持金还之。里长曰："吾贫人，安得此银，殆天以赐若者。"其人固让，久之，乃各分其半，两家皆得饶裕。（《言行汇纂》）

【注释】①祲（jìn）：这里指遭灾。②信：砒霜，一种毒药。③孥：儿女。

【译文】有一年，豫章郡严重遭灾。新建县有一百姓，在乡里居住，生活十分窘迫，家中只有一只水桶，卖掉得了三分银子。这户乡民考虑没有办法再生活下去了，就用两分银子买了点儿米，又用一分银子买了砒霜，想要与妻子儿女一起饱食一顿后自杀。饭刚做熟，正巧里长上门来索要人口税。里长远道而来，肚子很饿，想在乡民家里吃一顿饭再走，乡民回答说没有饭吃。里长进厨房看到饭，就责怪他欺骗自己。乡民连忙摆手说："这不是给您吃的。"于是哭着告诉了原委。里长急忙把饭倒掉并埋起来，说："你怎么窘迫到了这种地步呢？我家还有五斗谷，你去把它背回来先延缓几天。"乡民感动于他的心意，跟着到他家里，拿到谷子并带回家。到了家里，把谷子倒出来一看，却有五十金在里面。乡民吃惊地说："这一定是里长积攒的偿还长官的，误放在里面了。他救我活命，我怎么忍心害死他？"乡民赶紧把五十金带去还给了里长。里长说："我是穷人，怎么可能有这些银子，大概是上天赐给你的吧。"乡民坚决不要，两人互相推辞了很久，才各分一半，从此以后，两家都得以富裕起来。

胥役持片纸下乡，百端苛索，鸡犬不宁，岂知贫人之苦，至有求生不得者乎？若不因索饭喝破，倾而埋之，一家命尽，里长亦将受累矣。里长中多有与胥役朋比为奸，吸民财物，独此里长怜贫救死，又委曲赡以多金。里长固非常人，而乡民虽极贫，不肯昧金，亦属难得，故两人皆化灾为福也。

【译文】胥吏持片纸下乡，百般勒索、敲诈，常常闹得鸡犬不宁，哪里知道穷人的困苦，有的已经到了求生不得的地步？如果不是因为到贫困人家索要饭吃而说破，才把有毒的饭倒了埋掉，那一家人的性命就完了，里长也将受到连累。里长中有很多人与胥吏朋比为奸，压榨老百姓的财物，唯独这个里长怜悯贫苦，救了这濒死的一家人，又曲折辗转地供给很多金钱。里长本来就不是寻常的人，而乡民虽然家里极度贫困，却不肯私自留下这不属于自己的钱财，也属难得，所以两人最后都化灾为福。

33.李质，字文彬，德庆人。少为吏，天资颖悟，器度宏伟，博习经史，明体达用。沉浮府掾中，日以泽物为己任。元末，中原扰攘①，质起义兵，捍乡里。及德庆路陷，士民遑遑无所依戴②，推质守之，质日夜浚③城隍，缮甲兵，扼险要，以遏他寇。一路赖之以宁。时据乡邑者，多刻剥残忍。质尝戒麾下，非遇敌，毋妄杀。或执敌人来献，率给衣粮纵之。家富饶，急于赈施，贫者咸有所仰。及太祖定鼎金陵，质遂散麾下，全城归附。上嘉其忠诚，慰劳再三，赍④于优渥。就擢⑤中书断事，转都督断事，皆能执法，丞相都督咸敬惮之。升刑部尚书⑥，尤慎于刑狱，尽哀怜之情。拜浙江行省参知政事⑦。振纪纲，正风俗，劝农桑，兴学校，举遗贤，恤民隐。知无不为，为无不力。居五年，惠流两浙，厥绩以懋⑧。尝因乞归省墓，上亲挥翰赋诗以赐，复命藩宪诸臣，宴饯漓江之浒。人莫不以为荣。（《掾曹名臣录》）

【注释】①扰攘：吵闹混乱的暴动、纷乱。②依戴：依靠、奉戴。③浚：疏通，挖深。④赍：赐予，给予。⑤擢：提拔，提升。⑥刑部尚书：中国古代官职，公检法司四长合一的职务，掌管全国司法和刑狱的大臣。⑦参知政事：中国古官职名。原是临时差遣名目，后来演变成一个常设官职，作为副宰相，其根本目的是为了削弱相权，增大皇权。⑧懋（mào）：盛大；勉励，鼓励；美；高兴。这里指政绩突出显著。

【译文】李质，字文彬，德庆人。他年轻的时候是一名小吏，天资聪颖，才能和风度不同于一般人，读过很多关于经史方面的书籍，而且通晓事理，办事也很好。他升降起浮于同僚之中，每天都把帮助他人做为自己的责任。元朝末年，中原地区混乱、暴动，李质就组织了一支义军，负责保卫乡里的安全。等到德庆路被攻陷以后，老百姓们惶恐不安，没有可以依靠的人，就推举李质守城。李质不休不眠日日夜夜都在修治城墙和护城河，以及修理盔甲和武器，掌握控制险要的地方，防止贼寇侵犯。整个德庆路有赖于李质而得以安宁。当时占据一方的人，大多刻薄残忍。李质曾经告诫自己手下的士兵，如果不是碰到敌人，就不可以随便杀人。有人把抓来的敌人来献给他，他却送给俘虏衣服粮食，并放走了他们。李质的家里很富有，经常赈济施舍穷苦的百姓，百姓们都很敬仰他。等到明太祖在金陵建立明朝的时候，李质就解散了手下的士兵，率领全城的老百姓归顺明朝。皇上为了嘉奖他的忠诚，多次派人慰问，赏赐了非常多的东西。皇上提拔他做中书断事，后来又改为都督断事，他都能依法办事，丞相和都督都对他既尊敬又畏惧。李质后来升刑部尚书，慎重处理每一个案子，非常体恤和同情老百姓。后来他又做了浙江行省的参知政事，到任后整治法律法规，校正民风，鼓励百姓种田养蚕，大力开办学校，推举没有受到重用的贤人，体恤同情百姓的疾苦。只要知道对老百姓有好处的事情他没有不做的，只要他做的就没有做不好的事情。五年之后，他的恩惠遍及两浙，政绩突出显著。他曾经请求回到家乡为父母扫墓，皇上亲自挥笔写诗赐给他，又命令都督府的所有大臣，在漓江边为李质设宴饯行。人们没有不以此为荣的。

当鼎沸鱼烂之日，而能捍卫乡里，宽仁好施，其有德于斯民甚厚。归朝后，所居称职，勋绩灿然，何莫非浮沉府掾时，所讲明而切究者哉？

【译文】李质在形势混乱危急的时候，能够捍卫乡里的安全，为人宽厚仁义，又乐于助人，对老百姓的恩德非常深厚。他归顺朝廷之后，无论做什么官都很尽心尽责，政绩卓著。这难道不是他升降起浮同僚之中时，通晓事理并且深入追究的结果吗？

34.单安仁，字德夫，凤阳人。少为府吏①，昼夜以洗冤泽物为事。元末，江淮兵乱，安仁集义兵保乡里。时群雄四起，安仁叹曰："此辈皆为人驱除耳！王者之兴，当自有别。"及闻太祖定集庆，乃曰："此诚是已。"率众归附。太祖悦，命守镇江。严饬②军伍，敌不敢犯。移守常州，其子叛降张士诚③。太祖知安仁忠谨，弗疑也。久之，迁浙江副使。悍帅，横敛④民，名曰寨粮⑤，安仁置于法。进按察使⑥，入为将作卿。寻擢工部尚书⑦，仍领将作事。安仁精敏，多智计。诸所营造，大小中程，甚称帝意。逾年，改兵部尚书，请老归家。居常奏请浚仪真南坝，至朴树湾，以便官民输挽；疏转运河江都深港，以防淤浅；移瓜州仓廒⑧，置杨子桥西，免大江风潮之患。帝善其言，再授兵部尚书，致仕。卒年八十五。

【注释】①府吏：指官吏；州郡长官的属吏。②严饬(chì)：严加整治。③张士诚：元末位于江浙一带的义军领袖，因受不了盐警欺压，起义，他为首领。袭据高邮，在高邮自称诚王，建国号大周，建元天祐。④横敛：滥征捐税，强取豪夺。⑤寨粮：是明初征收军队给养的名目之一。⑥按察使：按察使是中国古代的一个官名，主要任务是赴各道巡察，考核吏治，主管一个省范围的刑法之事。⑦工部尚书：雅称大司空，古代官职名。工部是古代中央六部之一，掌管全国屯田、水利、土木、工程、交通运输、官办工业等，工部尚书为其长。⑧仓廒(áo)：储藏粮食的仓库。

【译文】单安仁，字德夫，凤阳人。年轻的时候曾经是府中的小吏，总是把洗清冤情、施恩他人做善事作为自己的职责。元朝末年，江淮地区发生了战乱，单安仁就组织义兵来保卫里的安全。当时各路英雄都借机起事，单安仁感叹道："这些都是被别人驱逐排挤的人！王者的兴起吗，自然是与他们不同了。"当他听说明太祖在集庆定都的时候，于是说："这才真正是王者啊。"于是率领众人都归顺了明太祖。明太祖非常高兴，命令他镇守镇江。他严加整顿军队，敌人因此都不敢侵犯。后来他改为镇守常州，他的儿子叛变投靠了张士诚。明太祖知道单安仁为人忠厚老实踏实严谨，一点儿也不怀疑他。过了很久，他又被改为浙江副使。军队的主帅凶残强悍，对老百姓滥征税捐强行夺取财物，打着征收"寨粮"的旗号，单安仁就按法律处置了他。单安仁后又升为按察使，回到京城成为将作府正卿。不久被提拔为工部尚书，仍然管理将作府的事务。单安仁精明机灵，足智多谋。他负责建造的工程，各个方面都令皇帝非常满意。过了一年，单安仁改为兵部尚书，他告老还乡。在家里还曾经上书请求整治修理仪真县南面的大坝，一直到朴树湾，方便官府和老百姓运送物资；疏通运转大运河江都地区的深港，以避免泥沙淤积，使船只搁浅不能行驶；又转移瓜州地区的粮仓，安置在杨子桥西面，以免被台风及潮水所侵害。皇帝认为他的建议很好，又一次封他为兵部尚书，他依然辞官不做，回到家乡。他去世时八十五岁。

凡开国时，率众款附之人，能始终保全者少矣。此独以功名善终，固由其忠谨所孚，亦向日洗冤泽物之报也。

【译文】在国家刚建立时，能率领手下归顺国家的人，能够自始至终一直保全名节的人很少。唯独单安仁这个人事有所成而且很有名望，有一个好的结果，固然是因为他所表现出的为人忠厚老实踏实严谨，也是曾经他总是把洗清冤情、施恩他人做善事作为自己的职责所得的善报啊。

35.王恺，字用和，太平当涂人。幼有大志，沉酣六经诸史。应公府之辟①，为府史。疏谳②狱讼，人服其平。太祖取江南，兵临当涂，召至幕府③，命为掾④，参决戎事。王师下建业，又下京口。民新附，杌陧⑤不安。恺抚慰之，始定。升左右司都事，遇事善于弥纶，日以荐贤为先。元戎宿将，咸器倚之。积功擢左司郎中⑥，总制衢州军民事。增城浚濠。置游击军，垦废田。兵食并足，威信大行。民饥疫，则出仓粟以赈，修惠济局，居药以治病者，所生全不可胜数。学校废于兵，恺为浚泮池，筑杏坛，建极高明亭，设博士弟子员。孔子家庙之在衢者，亦为新之。退食之暇，集荐绅之徒，劘⑦切道艺，人士翕然悦服。后婺⑧帅刘震等为乱，欲拥之而西。恺正色叱曰："吾天子大吏，义当死，宁能从贼反邪？"贼初缩首不敢犯，拘系一日，而骂贼声逾厉。命左右取酒引满，竟日达夜，旁若无人。贼知不可屈，遂刃之。上亲为文祭奠，赠当涂县男。

【注释】①辟：君主招来，授予官职。②谳（yàn）：审判定罪。③幕府：古代将帅治事的地方。④掾：原为佐助，后为副官佐或官署属员的通称。⑤杌陧（wù niè）：动摇不安，形容危险。⑥左司郎中：左司郎中、右司郎中、左司员外郎、右司员外郎各一人，掌受六曹之事，而举正文书之稽失，分治省事。⑦劘（mó）：切磋。⑧婺（wù）源：今属江西省上饶市下辖县，是古徽州一府六县之一。

【译文】王恺，字用和，太平府当涂县人。在他很小的时候就胸怀大志，沉迷陶醉在阅读经书和史书之中。他曾应了公府的征召，做了府史，专门负责评定诉讼的案件审判定罪。世人都佩服他秉公办事。明太祖攻打下江南，率领军队来到当涂县。把他召到幕府，让他做了幕僚，参与决断有关战争的事。皇上的军队攻下了建业，又攻下了京口。老百姓刚归顺于朝廷，惶恐不安。王恺安抚慰问他们，百姓这才安定下来。王恺后来升为左右司都事，遇到事情善于弥补缝合，每天都把推荐贤能的人作为最重要的事。那些过去的老元帅老将军们，都很器重倚靠他。他依靠功劳担任了左司郎中，衢州所有的军民事务都靠他来处理。他加高城墙，整治修理护城河，组织游击部队，开垦荒废的田地，不仅使兵力充足，而且老百姓粮食富足，使得他在军民中的威信很高。老百姓遇到饥荒或瘟疫的时候，他就拿出官府粮仓里的粮食赈济百姓，又兴建惠济局，储存药物治疗用以那些生病的人，救活保全的人多得无法计算。学校因为战乱而长期荒废了，王恺就为学校整治疏通泮池，修筑杏坛，建起极高明亭，设立博士弟子员。凡是在衢州的孔子家庙，也都进行装修翻新。他利用回公堂吃饭的空闲时间，聚集官员或做过官的人，切磋学问、技能，大家都十分的敬佩他。后来婺源主帅刘震等人叛乱，想要拥戴他一起向西边进军。王恺一脸正色地叱责说："我是皇上的大臣，从道义上讲就应该以死殉职的，怎么能够和叛臣贼子一起作乱呢？"最初叛贼们害怕不敢进犯他，于是就把他关押了一天，而他痛骂叛贼的声音更加严厉了。他命令左右的人取来酒倒满杯子，日日夜夜都是这样，说话行事毫不忌惮。叛贼们知道他是不会屈服的，于是就把他杀了。皇上亲自写文章祭奠他，追封为当涂县男爵。

天下甫定，汲汲以招抚流亡，荐贤兴学为事，可谓深知治本者矣。功业既就，忽为乱贼所劫，从容赴义，视死如归。有决策定乱之功，自有生荣死哀之报，孰非从府史中讲求得来者耶？

【译文】在天下刚安定的时候，王恺急切地招安抚慰流亡的百姓，把推荐贤士、大力修建学校作为每天最重要的事，可以说是非常知晓治理根本的人啊！功成名就之后，他突然被叛贼逼迫，但他维护正义毫不畏惧的安然赴死，视死如归。他有做出决策都有助于安定混乱局面的功劳，自然就得到了生前荣耀、死后被人哀悼的善报，这难道不是在做府史时学习、研究得来的吗？

36.王堂，字维政，绍兴诸暨人。七岁能赋诗，读书日记千言，终身不忘。洪武初，堂父以元故官，谪①濠梁②。堂侍行，躬勤孝养。后奉父还乡，辛苦辟草莱③，治田庐。有诏发兵民筑沿海城邑，令推堂为吏，堂就役，抚驭规画，悉有条理，民不困而事先集。吏之率兵民者，多效法焉。有司以贤良举。送堂至京。因奉命使蜀，还奏称旨。得疾归。时太康王师鲁，为浙江布政使，所用簿书史，必慎简贤良知名之士。遂采舆论，举堂为掾。凡所言与行，皆惬王公之意。被檄督赋嘉兴，有推官不职，不为堂所礼，衔之。推官后坐贿，下京狱，诬词连堂。逮至，诬竟直。未出京，病卒。以子珏贵，赠翰林院修撰④。堂自少负迈往之志，操执刚正，议论高明，素欲有所见于世。未及大施用，众咸以为宜有子云。

【注释】①谪：封建时代特指官吏降职，调往边外地方。②濠梁：河南岸支流。一名石梁河，在今安徽凤阳县境内，东北流至临淮关入淮河。③草莱：杂生的草；荒芜之地。④翰林院修撰：官名，从六品，主要职责为掌修国史、掌修实录、记载皇帝言行、进讲经史，以及草拟有关典礼的文稿。即封建皇帝的秘书机构。

【译文】王堂，字维政，绍兴诸暨人。他七岁的时候就能吟诵诗词，读的书每天能记住很多，终身不忘。洪武初年，王堂的父亲曾经是元朝旧官，因此被降职流放到濠梁。王堂一路上侍奉父亲，躬敬勤快，十分孝顺。后来侍奉父亲回到家乡，非常辛苦地开辟荒地，管理田地和屋舍。皇帝下诏征集士兵和百姓修筑沿海的城市，县令就推举王堂做小吏，于是王堂就做了小吏。他安抚控制，做好规划，每件事都做得井井有条，老百姓不疲乏而且还把事情做得很好。那些率领士兵百姓的官吏们，大都向他学习。有关部门认为王堂贤良，因此推举送他到京城。王堂奉命出使四川，回到京城报告情况，非常符合皇帝的旨意。后来王堂因病，回到了家乡。当时太康人王师鲁任浙江布政使，他选拔管理文书的文官，一定慎重的任用贤良有名的读书人。于是采纳众人的意见，就任用王堂做了幕僚。王堂说话行事，都让王公觉的称心如意。后来王堂奉命去嘉兴监督征收赋税，有一个推官不尽职尽责，王堂就对他不尊敬，他因此对王堂在怀恨在心。这个推官后来因为接受贿赂而犯罪，被关到京城的监狱里，说慌话诬陷王堂。等王堂到了之后，最终假证词被揭穿了。王堂还没有出京城，就生病死了。后来因为他的儿子王珏受重用，皇上追封他为翰林院修撰。王堂从小就心怀有远大的志向，品行端正刚强正直，所说言论很高明，一直想在世上有所作为，没有来得及发挥自己的作用就死了。众人都认为他应该有一个有出息的儿子。

一吏之微，能抚驭兵民，指挥如意。固其才识干练，亦诚意足以相孚也。虽以掾终，未竟其用，而后嗣贵显，名列清华。所谓"不于其身必于其子孙者"耶？

【译文】一个微不足道的小吏，能够安抚控制士兵百姓，指挥时镇静自如，就是因为他才能学识都很高，做事干练，也是因为他的诚意足以为人所信服啊！虽然他死的时候只是一个僚属，没来得及发挥他的作用，但他的后代显赫尊贵，名字列在那些达官显贵的人当中。他就是大家所说的"不报在自己身上，就一定报在子孙身上"的人吧？

37.刘敏，河间府肃宁县人。为中书吏时，暮以小车出市芦苇，旦载于家，而后入录事。妻以芦织席，鬻①以奉母。人或瞯亡，以绢帛瓦器遗其家者。敏悬于梁，候其复来，竟还之。为楚相府录事②，值中书以没官妇女给文臣家，众咸劝其请给以事母。敏固辞曰："事母乃子妇事。何预他人？"及胡惟庸③谋反事觉，敏独无所与，人称其有行识。洪武十三年，由工部侍郎，转刑部侍郎。

【注释】①鬻（yù）：卖。②录事：古代官职，涉及官署名、官名、官员的职掌等方面。各朝代的情况，也不尽相同。大体可分为中央官职和地方官职两大类。③胡惟庸：明朝开国功臣，最后一任中书省丞相。因被疑叛乱，爆发了胡惟庸案，后被朱元璋处死。

【译文】刘敏，河间府肃宁县人。他做中书吏的时候，傍晚外出用小车去买芦苇，第二天早晨运到家里，然后回到朝廷处理公务。他的妻子在家里用芦苇织席子，卖了以此养活母亲。有人在他外出后，偷偷送给他家里一些绢帛瓦器。刘敏就把这些东西挂在梁上，一直等到这个人第二次来，最终还是把东西还给了他。刘敏做楚相府录事时，正碰上中书省把抄没的官员家里的女眷送给文臣家，众人就劝刘敏，让他去请求官府赐给他去事奉他的母亲。刘敏坚决推辞说："事奉母亲是儿子和媳妇的事，和其他人有什么关系？"等到胡惟庸谋反的事情被发觉以后，只有刘敏没有参与，众人都称赞他有品行有见识。洪武十三年，刘敏由工部侍郎升为了刑部侍郎。

　　人所遗之绢帛瓦器，官所给之妇女，似于义可受。而刘君独一无所取，宁甘刻苦自励。古人所谓"淡泊明志，宁静致远。"何多让焉？后之免祸患而跻通显，实基于此。

【译文】别人送的绵帛瓦器，官府赐的女眷，从道义上来说，似乎是可以接受的。而刘敏却什么都不拿不要，宁愿生活贫苦，仍旧靠自己努力。他的做法，又哪里输给古人所说的"淡泊明志，宁静致远"呢？后来他没有遭受祸患，而且荣升高官，通达显贵，确实也是以此作为根本啊！

38.万钢，字仕坚，南昌人。少曾为吏。洪武中，应聪明正直①荐。高皇帝问曰："天下何人快活？诸选人对皆不称。钢从容对曰："畏法度的快活。"上曰："朕改一字，守法度的快活。"即授广平府同知②。有惠政，凿石改道，石上有文曰："万钢改路南行"，人咸异之。广平民为之立祠③。（《南昌府志》）

【注释】①聪明正直：明洪武今年，暂停科举，实行举荐，举荐的科目有聪明正直、贤良方正、孝弟力田、儒士、孝廉、秀才、人才、耆民等。②同知：明清时期的官名。为知府的副职，负责分掌地方盐、粮、捕盗、江防、海疆、河工、水利以及清理军籍、抚绥民夷等事务。③祠：祠堂，封建制度下供奉祖宗、鬼神或有功德的人的房屋。

【译文】万钢，字仕坚，南昌人。年轻时曾经是一名小吏。洪武年间，万钢受到聪明正直科的举荐进入京师。高皇帝问道："天底下什么人快活呢？"众位选举上来的人的回答都不能让皇上称心如意。万钢从容地回答道："畏惧法度的人快活。"皇上说："我改动一个字，遵守法度的人快活。于是马上就任命他为广平府同知。他在位的时候，对百姓实施仁爱的政策，开凿石头改造道路，石头上有字，写道："万钢改路南行"，大家都觉得这件事很神奇，广平府的老百姓还为他立了祠堂。

畏法度，才肯守法度；能守法度，则理得心安，灾害日远，魂梦常宁。谚所谓"半夜敲门不吃惊者"，岂非极乐境界耶？钢自幼从事公门，于天理王法，实在有一番体验。故能为此语，实千古不易之论。明太祖改一守字，觉渐近自然。要其吃紧处，全在畏字也。公门中无不知法度之人，止因不畏法度，遂至常常干犯。律有如法加等之文，无非使其知所畏耳。试看不畏法度者，贪一时之微利，丧一己之天良。一旦破败，刑辱立至。即使幸免旦夕，而风吹草动，无非惊怖，有不长怀戚戚者乎？吾愿为吏胥①者，三复斯言,常从一点畏心,去寻乐境也。

【注释】①吏胥:地方官府中掌管簿书案牍的小吏。

【译文】畏惧法度的人,才愿意遵守法度;能遵守法度,就会因为行事合情合理,而心中坦荡无为,远离灾祸,睡觉也踏实安宁。谚语所说的"半夜敲门不吃惊",难道不是极乐的境界吗?万钢从小就在官府做事,对于天理王法,确实有一番自己的体会。所以他才能够说出这样的话,实在是千年不变的精辟言论啊!明太祖改动一个"守"字,让人感觉更加接近自然。总的来说,最关键的地方全在于一个"畏"字。官府中没有不明白法度的人,正是因为不畏惧法度,才会经常触犯法度。法律有"知法犯法,罪加一等"的条文,不过就是想让人们知道做人应该畏惧法度而已。看看那些不畏惧法度的人,只因为贪图一时的小便宜,却丧失了自己的良心。一旦事情败露,马上就遭到法律的制裁以及各种屈辱。即使侥幸逃脱一时不被发现,一旦有风吹草动,心里能不担惊受怕吗?有心里不常常提心吊胆的人吗?我希望做胥吏的人,心中常记这番话,心中经常怀有一丝丝的畏惧,去追寻极乐的境界。

39.洪武永乐间,苏郡有人,为嘉定县吏。其乡人以事诖误①至县,潜②白吏,求助直之。吏曰:"今自郡守,下至县首领官,皆廉公奉法。吾曹亦革心戒谨,敢私出入文牍③耶?然若事既直,汝第公庭实对,决无枉理。"后果获昭雪。乡人感吏情,以米二石馈之。吏坚辞,乡人不肯持去。吏乃曰:"吾为乡曲故,为君受一斛④。"其人别去。后半载,吏假归。以原粟奉还乡人之母曰:此若儿向寄我处,今以还母。(《近古录》)

【注释】①诖(guà)误:因为受到蒙蔽而犯了过失。②潜:隐藏的,秘密地,这里指私下里,偷偷地。③文牍:公文、书信的总称。④斛(hú):中国

259

旧量器名，亦是容量单位，一斛本为十斗，后来改为五斗。

【译文】洪武、永乐年间，苏州郡有一个人做嘉定县的小吏。他有一个同乡因受到蒙蔽而犯了过失所以来到嘉定县，同乡私下里偷偷向他陈述，请求他帮助伸冤。小吏说："现在上自郡守，下到县令，都公正廉洁，按法律行事。我们也改过向善处处小心谨慎，怎么敢私自改动文书呢？既然你是清白的，在公庭只要你实话实说，绝对不会被冤枉的。"后来同乡果然沉冤昭雪。同乡非常感激小吏，就送给他两石米，小吏坚决推辞不肯要，同乡也不肯拿走，小吏就说："我看在同乡的面上，接受你一斛米。"那个人才肯辞别离去。半年以后，小吏请假回乡，把那些粟米丝毫不差地还给那个同乡的母亲，说："这是你的儿子曾经寄存在我那儿的，现在还给您。"

有理之讼，一入衙门，吏胥方故为恐吓。或因以为功，或探官长之意，以神其招揽需索之计，此衙门人惯技也。兹独开心见诚。劝其以实具对。又慰以官长必无枉理。如此举止，何等光明正大！惟其事前绝无所为，故事后亦坚不受谢，盖始终一点主持公道之良心耳，衙门中得如此者数人，愚懦之受害者少矣，吏胥之造福者亦多矣。

【译文】本来是有理有据的案子，一旦进了衙门，那些小官就要故意恐吓，或者是把它作为自己的功劳，或是窥探长官的意图，以彰显自己的本领，招揽案子，向人要钱，这是衙门里那些小官惯用的伎俩。这个小吏却坦诚无私，劝告打官司的同乡在公堂实话实说，又安慰他官府的长官绝对不会冤枉好人。这样的行为，是多么的胸怀坦荡，做事正派啊！只因为他在事前不做手脚，所以事后他也坚决不收谢礼，大概自始至终都秉持公道坚守自己的道德底线吧。如果衙门中有许多人都像他一样，那么愚笨和懦弱的受害者就少了，胥吏为民造福的自然也就多了。

40.龚翊，字大章，昆山人。年十八，为门卒^①，守金川门。靖难兵由金川门入，翊大哭。宣德中，巡抚^②周忱两荐为昆山太仓学官。谢曰："翊仕无害于义，恐负往日城门一恸^③耳。"竟隐终身。门人私谥^④为安节先生。(《藏书》)

【注释】①门卒：守门的隶卒。②巡抚：职官名。明代始设，职责为代天子巡视天下。至清朝则以巡抚为省级地方政府的长官，总揽一省的军事、吏治、刑狱、民政等。③恸(tòng)：极悲哀，难过。④谥：谥号，古代帝王大官或有德行的人死后评给的称号。

【译文】龚翊，字太章，昆山人。他十八岁时，是一名守门的士兵，把守金川门。靖难的部队进金川门的时候，龚翊放声大哭。宣德年间，巡抚周忱两次推荐他做昆山太仓的学官。他都谢绝道："我做官是没有损害道义的，但是我害怕辜负自己当年在城门的痛苦。"最终他一辈子隐居在家，不入仕途。他的门人私下里给他一个谥号，叫安节先生。

龚生身为门卒，非有朝廷知遇之感，非有服肱一体之义。城门一恸，殆发于天性之所不容已也。其后两荐不起，高隐^①终身，孰谓下卒中无节义之士哉？

【注释】①高隐：隐居。
【译文】龚翊身为守门的士兵，并不是对朝廷的知遇之恩怀有感激之情，并不是和朝廷关系密切、不可分割的道义。然而他却在城门嚎啕大哭，也许是出自天性，不允许自己无动于衷吧。至此以后，两次被举荐都不做官，隐居了一辈子。谁又能说下等士兵中没有有高尚节操遵守道义的人呢？

41.李友直，字居正，保定清苑人。为北平布政司掾史^①，成祖初奉藩^②燕国。建文廷臣^③，有因齐藩不法，遂建议凡藩国所在，更置守臣。于是擢^④张昺为北平布政使^⑤，昺至日，求王府细事，将为不利。友直密闻于成祖，靖难兵起，遂擢用焉。友直质朴直亮，知无不言，甚见嘉奖，日益信任。出理饷运，入严城守，率以命之。初授北平布政司右参议^⑥，后累升工部尚书^⑦。为人坦夷闿敏。虽不与物竞，而持已正直，亦不屈于物。有恤人之心，施济弗吝，与人言，必归于忠厚。有之官往辞者，必勉以爱民之政。（《掾曹名臣录》）

【注释】①布政司：即承宣布政使司的简称，为明清两朝的地方行政机关，前身为元朝的行中书省；掾史：官名。掾与史的合称。古代指分曹治事之属官。②藩：封建时代称属国属地或分封的土地，借指边防重镇。③建文：指明朝，建文帝；明朝皇帝，即朱允炆（wén）；廷臣：朝内大官。④擢：提拔，提升。⑤布政使：官名，承宣政令，承接上级指派的政务、法令宣达到各府、厅、州、县，督促其贯彻实施；理府、州等各级官员，考核政绩等等。⑥右参议：明代清初布政使的下属官员。主要分守各道，并分管粮储、屯田、军务、驿传、水利、抚名等事，一般是正四品。⑦工部尚书：雅称大司空，古代官职名。工部是古代中央六部之一，掌管全国屯田、水利、土木、工程、交通运输、官办工业等。

【译文】李友直，字居正，保定清苑人。做了北平布政司掾史，明成祖初年投降归顺了燕国。建文帝朝中的大臣中，有人因为齐国不遵守法度，就建议凡是藩国的领地，都要更换镇守的大臣。于是就提拔张昺做北平政使，张昺上任的第一天，就细细询问了一些小事，要对燕王有所不利。李友直将此事秘密地报告给明成祖，靖难部队发起之后，就提拔任用了他。李友直为人质朴正直，有什么说什么，皇上对他十分赞赏，渐渐地越来越信任他。外出运送军粮，严加守备京城，这些任务都命令他去做。最初他担任北平布政司右参议，后来李友直不断升迁，做到工部尚书。他为人坦率直率，开朗聪敏，虽然不和别人竞争，但能够恪守自己，为人正直，也不屈服于别人。他有体恤别人的心思，毫不吝啬的帮助他人，同别人说话的时候，最后都归结到为人要忠厚上。如果有人要到其他地方做官来同他告别时，他一定勉励那人对百姓实施仁义政策。

当燕藩未有衅端，而守臣推求细故，将为不利。友直之以实告，亦见其公正也。至于坦怀接物，不激不随，官必勉以爱民，言必归于忠厚，非独优于材而且丰于德矣。

【译文】当燕王还没有挑事的端倪时，驻守的大臣仔细询问一些小事，对燕王将有所不利的行为。李友直以实相告，从中也可以看出他的公正。至于他的为人处世，胸怀坦荡，既不激烈，也不随从，勉励官员一定要他爱惜百姓，同别人说话的时候，最后都归结到为人要忠厚上。这不只是因为他人才出众，还因为他的品德高尚啊！

42.徐晞，字孟晞，江阴人。在县三考皆兵房。有戍绝勾丁而误及者，其人祈脱。贫无可馈，具酒食，令妻劝觞①而出避之。妻有丽色，晞绝裾②而走，彻夜具文移脱免。他事类此。由佐贰③起家，累迁至兵部郎中④。时同官一主事，每向胥曹⑤辄⑥骂，意在晞，晞不为动。后主事殁⑦，晞为棺殓送归。正统初，授兵部右侍郎，镇凉州庄浪诸要害地。迁南京户部左侍郎。会征麓川，晞往督馈饷。凯还，以功升兵部尚书⑧，卒。晞谦德有容，处事惟慎。士论以此多之。子讷，举贤良，终尚实司丞。讷子世英，以荐授中书舍人，累官南京通政司左通政。

【注释】①觞（shāng）：欢饮，进酒。②绝：断；裾：衣服的大襟。③佐贰：辅助主官的副官。至明清时，凡知府、知州、知县的辅佐官，如通判、同知、州同、县丞、主簿等，统称佐贰。④兵部郎中：官名。兵部属官。兵部下属兵部司曹主官。⑤胥：古代的小官；曹：古代分科办事的官署。⑥辄(zhé)：总是，就。⑦殁：死了。亦作"没"。⑧兵部尚书：是六部尚书的其中之一，别称为大司马，统管全国军事的行政长官。

【译文】徐晞，字孟晞，是江阴人。在县里对官员进行考绩的时候管的都是军事方面的。有一个戍守边疆的人已经够了年限，却被错误地选上了，他希望徐晞能为他开脱。这个人家里很穷，没有什么东西可以送给徐晞，于是就准备好酒好菜，让自己的妻子劝酒而自己躲了出去。他的妻子很漂亮，徐晞扯断了衣服的大襟才跑了出来，他整个晚上都在为那个人写公文开脱。遇到其他的事情也都类似这样。徐晞由副职起家，最后升到了兵部郎中。当时与他官职相同的一个主事，总是责骂那些办事的小吏，其实主要是在骂徐晞，而徐晞一点儿也不在乎。后来这个主事死了，徐还为他买了棺木，将其入殓后送回家乡。正统初年，徐晞被授予兵部右侍郎，镇守凉州、庄浪等各个重要的地方。后来又改为南京户部左侍郎，当时正好赶上征伐麓川，徐晞去临督运输军粮。后来军队大胜，他因为有功而荣升为兵部尚书，在此期间去世了。徐为人谦逊品德高尚宽容待人，做事情考虑得详细周密，士人们因此而赞扬他。他的儿子讷，被举荐为贤良，官至尚宝司丞。讷的儿子世英，被推荐而授予中书舍人，最后升到南京通政司左通政。

救人而拒非礼之馈，方是真能救人；容人而施不报之恩，方见真能容人。即此二事，便见大臣风度，断非凡琐之器也。人欲有所树立，当先从品行端方、居心长厚始矣。

【译文】徐晞救人而拒绝接受不合礼义的馈赠，这才是真正救人；能宽容大度的容忍别人而且施于别人不可能报答的恩情，这才是能够真正的容忍别人。从这两件事，就可以看出一个大臣的风度，绝不是平庸浅薄的度量。一个人想要建功立业，应当首先从品行端正、为人正直、居心仁爱、宽厚待人开始做起。

43.况钟，字伯律，江西靖安人。始为吏，以荐授主事，迁郎中，擢苏州守，授玺书^①，假^②便宜从事。初视事，阳^③为不解事者，诸吏抱案牍，环立请判，钟左右顾问吏，吏所欲行止，辄听，而诸弊蠹^④悉识之。吏喜，谓太守易欺。三日，召诘之曰：“某日某事，汝作如此拟，应窃贿若干。某日某如之。”群胥股栗不敢辨。命引出六人，即庭下捶杀之。郡中谓太守神威，咸畏法不敢犯。乃扫剔诸宿蠹，置通关勘合簿，防欺诈，痛绳卫卒之为暴横者。又籍民善恶名，而榜列之示惩劝。令民婚丧必以礼，谕告反复，而校督其不如命者。威禁大行。疏减重赋官田，募民开垦荒田，以抵粮额。罢平江伯董漕，岁取民船五百艘，辨诬军，修河港。凡所论列，悉允施行，民困尽苏，逃移复籍。复与周文襄画收粮法，建济农仓，置纲运簿，防运夫侵盗，置馆夫簿，防非礼需索。综理周密，而行之又甚不难。大抵钟为治，专戢豪狡，抚善良，至寒门下士，挟片艺，皆获收，故吏畏民安。述职，锡宴赐诗。九载满，民上章乞留者八万人。诏进正三品俸，仍视府事。卒于官吏民聚哭，为立祠焉。

【注释】①玺书：是古代以泥封加印的文书。防止破损，所以书于竹简木牍，两片合一，缚以绳，在绳结上用泥封固。秦以后专指皇帝的诏书。②假：借用，利用，凭借。③阳：古同"佯"，假装。④弊蠹：弊病、祸害。

【译文】况钟，字伯律，江西靖安人。开始的时候是一名小吏，受到举荐而被授予主事，升任郎中，后被提拔为苏州郡守，皇上赐予他文书，凭借这些文书可以遇事不用上奏，自己处理即可。最初他处理事情的时候，假装自己什么都不明白，那些小吏抱着文书，围着他站立，请求判决。况钟就左右回头问小吏，小吏说如何如何做，他都一一听从，而小吏们所有的弊端毛病他都弄得一清二楚了。小吏们十分高兴，认为这个太守太容易糊弄欺骗了。三天之后，他召集那些小吏责问道："某天某件事，你是这样策划的，应该窃取受贿了多少多少财物。某日某人也是这样。"那些小吏们吓得两腿颤抖，不敢辩解。况钟命令拉出六个人，当庭就扔下签子杀了。郡里的人说太守英明威武，都畏惧法度不敢触犯。于是况钟扫清剔除了所有以前的弊端，设置通关勘合簿，防止欺诈，彻底惩治那些对百姓凶狠残暴的士兵。他又登记老百姓中谁是好人和谁是坏人的名单张贴公布，以此进行鼓励和惩戒。而且命令老百姓结婚和办丧事一定要按照礼节举行，他多次反复告诫，而且派人监督那些不听从命令的人。况钟的威信和禁令流传的很广。他还减轻赋税以及官田的租金，广泛招募老百姓开垦荒田，用开垦的荒田来抵上应缴纳的皇粮的数额。请求取消平江伯对漕运的管理，每年征集民船五百艘，让那些搞欺骗的人充军，修理整治河流和港口。但凡是他讨论定出来的条款，皇上都允许施行，老百姓的困苦都得以解除了，逃难或移民到其他地方的人又都回来重新上户口。况钟又和周文襄一起策划订立征收粮食的法规，建立粮仓救济穷苦的老百姓，设置纲运簿，防止运输的人偷盗；设置管夫簿，防止不合理勒索钱财的。总的来说管理周密，而且实行起来又不太困难。况钟治理百姓，专门禁止强取豪夺奸诈狡猾的人，安抚善良的人，至于那些出身贫寒的读书人，只要有一点点的技艺，他都会收下来，因此官吏们畏惧他，百姓得以安宁。况钟回朝述职，皇上专门为他设宴又赐给他诗歌。九年后他的任期满了，有八万多的老百姓们都上书要求他留下来。皇上下诏晋升他为正三品的俸禄，仍然管理苏州府的事务。况钟在任上去世，官员和百姓们聚集在一起痛哭，为他立了祠堂。

为胥吏者，一有轻视其官长之心，便作奸勃法，靡所不至。况公所为，惩一以警百也。数人虽毙，而人知畏法，所保全者多矣。迹其摘发奸伏，设立条教，繁简得宜，旌善罚恶，劝惩悉当。减烦重之赋，而民苏困累；立收粮之法，而吏无侵盗。要皆为吏时，熟悉利弊，见之真故行之力也。

至今江南人犹称为"况青天"，妇人稚子，无不知之。设专祠于学宫之内，春秋致祭。其遗爱在人如此。

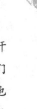

【译文】身为小官，心里一旦有了轻视上级长官的念头，就会作奸犯科，无所不为。况钟所做的就是杀一儆百。虽然死了几个人，但人们都知道了要畏惧法度，这样得以保全生命的人太多了。仔细推敲研究他揭露潜伏未露的坏人坏事，设立条文教令，难易适中，惩恶扬善，劝勉处罚，做的都很得当。况钟减轻繁重的赋税，使老百姓从困苦疲惫中解放出来；设立征收粮食的法规，官吏中没有人敢偷盗。总的来说，这都是他当初做小吏时，知道各种各样的利弊，看到了真实的一面，所以能够取得成功！至今江南人还把他称作"况青天"，就连妇女和孩子，都没有不知道他的。人们还专门为他在学校里设了祠堂，长期的祭祀他。他遗留给后世的爱就是这样。

44.黄子威，名辂，以字行，江西进贤人。少为吏员，以荐署屯田主事，改长洲县丞，莅①政勤敏，省刑罚，升刑科给事中②，迁刑部员外郎③。吴淞大涝，塞夏二尚书交荐，擢松江知府。首蠲秋税，出廪给赈，请收古钱而罢铸役，请免解京绣造材，民赖以苏。在郡廉能明断，治松者皆莫能及。以丧去官，松民乞留，巡抚胡概以闻。上谓塞尚书曰："松江烦剧难治，渠能得人心如此，从之。"后以诖误谪戍边，民复请得宥，还职。久之，老郡中，至今祠祀焉。（《南昌府志》）

【注释】①莅：到。②给事中：官名。秦汉为加官，晋以后为正官。明代给事中分吏、户、礼、兵、刑、工六科，辅助皇帝处理政务，并监察六部，纠弹官吏。③员外郎：职官名。员外指正员以外的官，晋武帝始设员外散骑侍郎。隋唐以后，直至明清，各部均设有员外郎，位次郎中。

【译文】黄子威，名辂，大家都称呼他的字，江西进贤人。年轻时

267

是一名小吏，被举荐代理屯田主事，后来升为长洲县丞，黄子威从政勤奋、机灵、聪明，懂得运用法律处分犯罪，后升为刑科给事中，又升刑部员外郎。吴淞发生了大水灾，蹇尚书和夏尚书交替推荐他，黄子威被提拔为松江知府。第一件事他就免除了秋季的税收，打开粮仓救济穷苦的百姓，上书请求征集古钱从而免除铸钱的劳役，还请求免除往京城运送建筑用的木材，老百姓因为他的政策得到了解救。黄子威在郡里公正廉能，遇事能够公正处理，治理松江的人都比不上他。他因为家里的丧事而离任时，松江府的老百姓请求他留下来，巡府胡概把这件事告诉了皇上。皇上对蹇尚书说："松江府事务繁多，很难治理，他能够这么得民心，应该顺从了老百姓的意愿吧。"后来黄子威受人连累而贬官戍守边疆，老百姓再次为他请求，黄子威得到赦免，官复原职。很久以后，老死郡中。至今老百姓还在祭祀他。

观黄公为政，省刑罚，蠲秋税，出廪赈给，请罢铸役，免解京材，种种皆及民善政。良由为吏时，目击民间苦累，无过于此。故一麾出守，行而宜之，民受其惠也。黄与况，同为江西吏员；苏州松江，同为江南剧郡，号称难治。二公治行，冠绝前后，至今皆有祠祀，诚千秋佳话哉！

【译文】看黄子威做官，减轻刑罚就免除秋季的税收，打开粮仓救济穷苦的百姓，上书请求皇帝征集古钱，免除铸钱的劳役，还请求免除往京城运送建筑用的木材，他的各种做法都是仁慈爱民的好政策。很大一部分原因是因为他在做小吏时，亲眼目睹了百姓的困苦劳累，没有超过这些事的。所以一旦他离京到外地就职以后，就施行了那些有利于老百姓的好政策。黄子威和况钟，都是江西的官员；苏州和松江，都是江南事情繁多的郡，据说都难以治理。而这两个人实行的惠民政策，古往今来都无人能比，直到现在，老百姓还在祭祀他们，实在是千古佳话啊！

45.平思忠，吴江人。初为县吏，永乐中被荐，授礼部主客司主事，进郎中。时帝方事招怀，主客务方殷，思忠有精力，事皆立办，尚书吕震特器之。俄以事下狱，北使入贡，他任主客者多不称旨，震因以思忠为言，即日赦复其官。时以给事杨弘为陕西布政，欲使清强有力者；伺察之，遂拜思忠陕西参政。未几为人所诬，谪戍北边。会市马西域，诏释其戍，给冠带，使夷蕃诸国而还。后卒于家。初，郡守况钟官主客，与思忠有交承^①之分。至是数延见思忠，执礼甚恭，且令二子给侍，曰："非无仆隶，欲使儿辈知公为吾故人尔。"其见敬如此。然思忠居贫自守，未尝以事干钟，人尤多之。（《掾曹名臣录》）

【注释】①交承：谓前任官吏卸职移交，后任接替。

【译文】平思忠，明代江苏吴江人，起初做县吏，永乐年间被推荐，授予他为礼部主客司主事，后升为郎中。当时皇上正要推行招抚怀柔的政策，主客司的事务正是繁忙的时候。而平思忠精力充沛，有事都马上就办了，尚书吕震非常器重他。不久，他因为案件被关进了监狱。北方的使臣来到朝廷进贡，其他管理主客司事务的人，大多不合皇帝的旨意。吕震因此就把平思忠的事禀告了皇上，当天平思忠就被赦免，官复原职。当时因为给事杨弘是陕西省布政使，皇上想让一个清正刚强会办事的大臣去监视他，于是就任命平思忠为陕西使参政。没过多久，平思忠被人诬陷，贬官戍守北方边疆。正赶上朝廷去西域买马，皇帝下诏免除了他戍边的惩罚，赐予他帽子和腰带，让他出使那些异族国家，出使后他返回京城，后来在家里去世。起初郡守况钟，在主客司做官，和平思忠有官职移交的情分。到后来，况钟数次邀请平思忠见面，对他十分恭敬，而且还让他的两个儿子在旁边服侍，说："不是没有仆人，只不过是想让孩子们知道您是我的故交。"他对平思忠的尊敬到了这样的程度。然而平思忠安于贫困，严守德操，从没有因为私事去求见况钟，世人尤其称赞他这种操守。

平君为人，大率清刚耿介，不逐时趋者。故入仕后再起再废，不能一日安于朝。至其退居里门，虽与太守有布衣之旧，亦复远嫌自重。此等人，爵禄不足以动其心，况公门中非义之财哉？

【译文】平思忠为人处世，大致是清正刚强、耿介正直，不随波逐流、趋炎附势的人，所以当官后几次被起用，又几次被罢免，在朝廷里没有一天安宁日子。等到他卸任官职住在乡里时，虽然与太守在平民时有故交，也还是远避嫌疑，自我持重。像这样的人，爵位俸禄不能够打动他的心，又何况官府中的不义之财呢？

46.郑牢，广西府吏。凡镇帅初至，土官率馈献为故事。帅受之，即为所持。征蛮将军山云始至，闻牢刚直。召问曰：馈可受乎。牢曰：洁衣被体，一污不可湔^①，将军新洁衣也。云曰：不受，彼且生疑，奈何。牢曰：黩货^②法当死。将军不畏天子法，乃畏土夷乎。云曰：善。尽却馈献，严驭之。由是土官畏服，调发无敢后者。牢尝逮事征夷将军韩观。观醉，辄杀人。牢辄留之，醒乃以白。牢为士大夫所重，然竟以隶终。（《明史》）

【注释】①湔(jiān)：洗涤。②黩(dú)货：贪污纳贿。

【译文】郑牢，广西府小吏。凡是镇守的大帅刚到，当地的少数民族官员都送礼物，这已成惯例。大帅接受了礼物，就被这些当地官员挟制了。征蛮将军山云刚到的时候，听说郑牢为人刚强正直，就把他召来问道："礼物可以接受吗？"郑牢说："干净的衣服穿在身上，一旦弄脏了就不可能洗干净了，将军您是一件干净的新衣服啊。"山云说："如果不接受的话，他们就会起疑心，怎么办呢？"郑牢说："贪污受贿，按照法律应当被斩，将军您不畏惧皇帝的法律，却害怕当地的少数民族吗？"山云说："你讲得好。"完全拒绝了所有馈赠的礼物，严格地管理政务。从此地方官都畏惧敬服，调动发派任务没有敢落后的。郑牢曾经碰上事奉征夷将军韩观，韩观一喝醉酒就杀人。郑牢总是留下来，等他醒了以后才告诉他真相。郑牢被士大夫所器重，然而最终也仅仅是以一个小吏的身份老死。

官衙中于不应受之馈献，因恐人之自疑而亦受之者，大抵皆黩货者，巧于借词之故智也。牢以洁衣为喻，而断之以天子之法，可谓要言不烦矣。具此卓识，平日所以自律者可知。更能存心救人，遇威严好杀之帅，而曲行其保全民命之仁，其功德尤无量也。虽以隶终。而名标青史，流芳百世，食报不已厚禄。

【译文】在官衙中对于不应该接受的礼物，因为害怕别人怀疑自己就接受的人，大都是贪污纳贿的人，只不过是善于用某些理由作借口罢了。郑牢用干净的衣服来打比方，又用皇帝的法律打断他的念头，可以称得上说话简明扼要了。拥有这样不凡的见识，平常约束自己的情形也就可以知道了。而且郑牢还能有心思救别人，碰到威严而喜欢杀人的主帅，婉转地施行自己保全百姓性命的仁心，这种功德尤其无量。虽然他终身只是一个小吏，但是他名垂青史，流芳百世，受到的报答不也很丰厚吗？

47.杨旬，夔①州吏。子椿，年二十四，大魁天下。太守命旬解职。旬曰：念旬为吏四十年，家无余赀。惟留下三个悭②囊，乞取来开看。第一个，有三十九文大钱。第二个，有四千余文中钱。第三个，有万个小钱。太守问故。曰：每论狱囚，遇有入轻为重者，从死罪请改流罪，即投一大钱。从流罪请改杖罪，即投一中样钱。从杖罪改放，便投一小钱。今

日旬男中天下都魁，皆此悭囊所积也。尚敢舍公门而自放逸哉？（《感应篇注》）

【注释】①夔（kuí）州：古地名，今在重庆市奉节县。②悭（qiān）囊：聚钱器，即扑满。口小，钱易入不易出，故称。

【译文】杨旬，夔州的小官。他的儿子杨椿，年仅二十四岁时，在考试中夺魁。太守命令杨旬辞职，杨旬说："请看在我杨旬做了四十年小官，家里没有多余的财物，只有三个存钱袋的份上，乞求拿来打开让您看看。"太守看到第一个钱袋里面有三十九文大钱，第二个有四千多文中钱，第三个约有一万个小钱。太守问他为什么这样，他说："每次讨论监狱里的犯人，该定何罪时，碰到轻罪重判的，从死罪请求改为流放罪的，就投一个大钱；从流放罪请求改判为杖责的，就投一个中钱；从杖责改为无罪释放的，就投一个小钱。现在我杨旬的儿子天下夺魁，大概都是这些存钱袋积的德，又怎么敢离开衙门而放纵自己呢？

按狱问罪，主张原在官司。然承行之吏，苟肯悉心体究，亦可以助官司所不及察。杨公为吏，将所平反罪囚，逐一登记，足知其四十年中，孜孜汲汲。以此为事，苟可矜全，不惜心力，故能积至一万数千之多。名曰悭囊，所得多矣。彼同时之吏，必有舞文骩法①，溪刻是尚者，钱财虽可饱囊，罪孽擢发②难数，与此悭囊，直是人鬼关头③，岂止祸福分途而已耶？

【注释】①骩（wěi）法：枉法。②擢（zhuó）发：拔下头发计数，极言其多。③关头：起决定作用的时机或转折点。

【译文】按照罪案审问犯人，决定权在官府，然而负责办案的小吏，如果能够细心体察深究，也可以帮助官府看到他们不易细察之处。杨旬做小官，把平反的囚犯，逐一都进行记录。足以得知他在这四十年中，兢兢业业踏踏实实地做好这件事，如果能够谨守这份赤城之心，就不会吝惜自己的心神与体力，所以能够积攒到一万几千钱这么多。虽然名字叫做存钱袋，但他得到的东西太多了。和他一同当差的办事员，一定有徇私枉法，非常刻薄之人。虽然金钱财物可以中饱私囊，但犯下的罪孽太多了，和这个存钱袋攒的钱相比，真是人和鬼的转折点，难道仅仅是祸和福的分界点吗？

48.杨时习，江西丰城人。初为吏，后为大理卿①虞谦属官。仁庙时，虞谦奏事。侍臣有言此当榻前密请旨，不当于朝班敷奏为卖恩者。又有言其属官杨时习，先导之密陈，而谦不从者。遂降谦为大理寺少卿②，而升时习为卿。其后大学士杨士奇奏对，言外间皆云时习实无先导之言。时习是臣江西人，亦亲语臣本无此言。今冒居卿位，惭惧不安。士奇又言谦历事三朝，颇为得大臣体者，且今所犯小过。上曰：吾亦悔之。因问时习其人若何。对曰：虽起于吏，然明习法律，公正廉洁。上喜，乃复虞谦大理卿，授时习交址③按察使④。时习居官，尽心王室。交人黎季犁官京师，求归祭扫。时习知其将为变，连疏请留之，不得。后果叛。同事者皆署降状，时习独不屈。怀印归朝，至则已籍其家矣。及检得前疏，乃复官。（《掾曹名臣录》）

【注释】①大理卿：古代掌管刑狱的高级官员。②少卿：卿的副职③交址：又作"交趾"、"交阯"，原为古地名，泛指五岭以南。此处指越南。④按察使：中国古代官名。宋仿唐初刺史制设立，主要任务是赴各道巡察，考核吏治，主管一个省范围的刑法之事。

【译文】杨时习，是江西丰城人。最初成为办事员，后来成为大理寺卿虞谦的下属官员。明朝仁宗时候，虞谦上奏事情，服事皇上的大臣中有人说这件事应当在皇帝的榻前秘密地请求旨意，不应当在朝庭里禀告，以小恩小惠收买人；又有人说他的下属杨时习事先开导他应该秘密奏陈，而他不听，于是就将虞谦降职为大理寺少卿，而把杨时习升为正卿。发生这件事后，大学士杨士奇上奏皇上，说："外面的人都说杨时习实际上没有在事先说过开导的话，杨时习和我是江西人，他也亲自对我说原本没有说过那些话，现在冒然攫据正卿大位，心中惭愧恐惧，遑遑不安。"杨士奇又说"虞谦服事过三位皇帝，是非常具有大臣风范的人，况且如今他犯的仅仅是小的过失。"皇上说："对这件事，我也后悔。"于是询问杨时习这个人怎么样，杨士奇回答说："他虽然出身小吏，然而熟悉律法，廉洁公正。"皇上大喜，于是把虞谦官复大理寺正卿，任命杨时习为交址按察使。杨时习做官，对朝廷用尽心力。交址人黎季犁在京城做官，请求回家乡扫墓，祭祀祖先，杨时习预知他将要发动叛乱，接连上书，请皇上把他留下来，没能阻止。后来黎季犁果然发动叛乱，和杨时习一同为官的人都写了投降书，唯独杨时习一人没有屈服，怀揣印绶回到了朝廷。回到朝廷的时候，他的家已被抄了，等到查出他以前的奏章，才恢复了官职。

虞谦奏事忤旨，而时习以之得卿，所谓不虞之誉也。在常情方居之不疑，而时习惭惧不安。且自明其实无先导之言。即此见其举止光明，居心廉退矣。至于识变几先，克全晚节，其卓见尤不易及耳。

【译文】虞谦上奏事情的时候忤逆了圣上旨意，杨时习因为这件事而被提升为正卿，正是没有意料到的荣耀啊。按照常情来说，做这个官职没什么疑惑的，而杨时习却惭愧畏惧，惶恐不安，并且自己说明确实没有事先说过开导的话，由此可以看出他行为举止光明磊落，存心廉洁谦让。甚至于他事先看出黎季犁叛变的迹象，能够保全晚年的节操，这种卓越的见识尤其是不容易达到。

49.王得仁，名仁，以字行。江西新建人。本谢姓。初为卫吏。宣德间，授汀州府[①]经历[②]。廉能勤敏，上下爱之。时卫官卒横甚，辄笞杀府隶。得仁按奏，置之辟③。中官④入闽，索府县金。得仁遽⑤欲上闻。其人踉跄而去。秩满当迁，军民数千人乞留。诏增秩再任。旋擢本府推官。数辨冤狱，却馈遗，政绩益著。沙仁贼陈政景反，得仁与守将击败之，禽政景等八十四人。诸将议穷搜，得仁恐滥及无辜，下令招抚。辨释难民三百人。都指挥得通贼者姓名，将按籍行戮。得仁力请焚其籍，民多自拔归。俄遣疾众欲舆归，得仁不可。曰：吾一动，贼必长驱。乃起坐帐中，谕将吏戮力平贼。遂卒。汀人哀恸，以祠祀请，从之。赐额曰忠爱之祠。子一夔，天顺四年状元。奏复谢姓。累官工部尚书，赠太子少保。（《掾曹名臣录》）

【注释】①汀州府：唐开元二十一年（733年），始置汀州；明曰汀州府，属福建布政使司。②经历：明清都察院、通政使司、布政使司、按察使司等亦置经历，职掌出纳文书。③辟(pì)：此处特指死刑。④中官：宫内、朝内之官，此处指宦官、太监。⑤遽(jù)：赶快、疾速。

【译文】王得仁，名仁，大家都只称他的字，江西新建人，原本姓谢。他最初担任卫吏，宣德年间，被授予汀州府出纳、文书。廉洁能干，勤劳敏捷，上上下下都喜爱他。当时卫里的兵卒非常蛮横霸道，动不动就打死官府里的差役。王得仁按奏报给他们定罪，把他们判处死刑。太监去福建，向府县索要金银钱财，王得仁想马上禀告皇上，太监慌慌张张地逃跑了。王得仁任职的期限满了，应当改任他职，汀州的军民数千人乞求他留下来，皇帝下诏增加他的任职年限，再做一任。很快，王得仁被提拔为汀州府推官，多次辨别清楚冤案，退却别人的馈赠的礼物，政绩更加显著。沙仁的贼寇陈政景谋反，王得仁和守将共同击败了贼寇，逮住了陈政景等一共八十四人。大家商议彻底进行搜查，王得仁担心会牵连到没有罪的人，颁布命令进行招降安抚，辨别清楚并释放了难民三百人。都指挥使得到了沟通叛贼的人的姓名，将要按照名单屠戮。王得仁竭尽全力请求烧掉名单，老百姓大多自己回家了。不久王得仁生了病，大家想用车子把他送回去，王得仁没有同意，说："我一回去，盗贼必定会长驱直入。"于是他从车上起来坐在军帐之中，下令官兵们奋力平定贼寇，最终在军中去世。汀州人非常哀伤悲痛，请求建立祠堂祭祀他，皇上同意了，亲赐了一块匾额，题写"忠爱之祠"。王得仁的儿子王一夔，天顺四年中了状元，奏请恢复了本家谢姓，官做到了工部尚书，去世后封为太子少保。

由吏员而为经历，官卑职小，绝无依傍。乃能执法不回，使横卒伏辜，中官丧胆。非识力坚定，未易及此。迨奋力行间，而处处以救人为念，全活甚众。此其仁心为质，又非徒以强干为能者也。享身后之荣，而笃子孙之庆，宜哉。

【译文】王得仁从小官吏而成为经历，官位低下，职权极小，肯定没有后台依靠。却能够执法不留回环余地，让蛮横霸道的军卒伏诛，让太监闻风丧胆，要不是识别事物的能力坚定不移，不容易做到这个地步。等到他努力做事的时候，时时处处想着救人，保全救活的人很多。这是他以仁心为本质，而不只是把精明干练作为才能的缘故。他尊享身后的荣耀，而且又增厚了子孙的福泽，做得太适宜妥当了啊！

50.熊尚初，南昌人。宣德间，初为吏。以才荐授都察院都事①，转经历。正统末，升泉州知府。刚方廉谨，有善政。会沙寇邓茂七猖獗，尚初奉檄监军。不旬日，降贼数百人。明年寇逼境，守将不敢御，尚初率民兵讨之。拒于古陵坡。中流矢卒。郡人立祠祀焉。（《南昌府志》）

【注释】①都事：管收发文书、稽查缺失及监印等事。

【译文】熊尚初，江西南昌人。宣德年间，他最初做小官吏，因为有才能被举荐授予都察院都事，后来改为经历。正统末期，升任泉州知府。他为人刚正方直，廉洁谨慎，有良好的政绩。恰巧沙仁的贼寇邓茂七非常凶恶放肆，熊尚初奉命征讨，做了监军。没到十天，投降的贼寇就有几百人。第二年贼寇逼近泉州府边界，守将不敢抵抗。熊尚初率领民兵讨伐贼寇，在古陵坡抗拒贼寇，中了流箭死亡。当地的老百姓建立祠堂祭祀他。

刚方廉谨，士君子所难。熊以吏员而能兼之，尤不易得也。监军讨贼，不旬日而降者甚多，其威信远矣。使非中道蹉跌①，勋业岂可量哉？

【注释】①蹉跌：失足跌倒。

【译文】刚正方直，廉洁谨慎，这是士君子难以做到的。熊尚初作为一个吏员能够兼备这几种品德，尤其不容易。做监军讨伐贼寇，不到十天而投降的人很多，他的威信传播得很远了。假使不是中途去世的话，他的功业难道可以估量吗？

51.胡鼎，字宗器。福州侯官人。总角①颖悟，修洁寡言。其父尝曰：儿不凡，宜以学显，因资遣之。鼎既游庠序②，未几弃归。时宪府③谋辟从事④，诸从史相与言，如胡某不宜掾耶。得胡掾者，宜增重。争罗致鼎。鼎之在宪署也，志弗为贬。益树奇操，人不敢干以私。尝从孙金宪⑤分司于泉。孙凶恶而贪蔑，莫敢与计事。前后从史，不相能⑥者，反为所中。鼎摘其奸利歙法⑦，诣阙飞章劾之。孙竟得罪。诸长佐每视鼎盱眙⑧曰：斯吏胸藏阳秋，吾可弗自检哉。由宪府三最，内选叙用。鼎为主掾，掌笺奏，识典故以决群疑，咸服其能。会尚膳监选清慎史，遂得官七品，阶从仕郎。鼎晨入暮出，进止有常所。既执礼度，而仪观清伟，青宫见而咨羡之。性谨密，内有事，未尝言于外。或问之，直曰：所职上用，有司存焉，他吾不知也。退直无事。焚香振书。衣冠兀坐。神情翛⑨然。如在物表。宾客非故知，莫与往来者。盖在两京独处者十

余年，而人见之常如一日焉。(《搂曹名臣录》)

【注释】①总角：古时儿童束发为两结，向上分开，形状如角，故称总角。②庠（xiáng）序：古代的地方学校。后亦泛称学校。③宪府：御史台，是中央行政监察机关，也是中央司法机关之一，负责纠察、弹劾官员、肃正纲纪。④从事：官名。汉以后三公及州郡长官皆自辟僚属，多以从事为称。⑤佥（qiān）宪：古时称御史为宪台。明代，都察院设有左右佥都御史，所以称为"佥宪"。⑥能：亲善。⑦觖（wěi）法：枉曲法律，贪赃枉法。⑧盱眙（xū yí）：张目上视。⑨翛（xiāo）然：无拘无束、超脱的样子。

【译文】胡鼎，字宗器，福州侯官人。他儿童时期就聪颖、悟性好，修养自己的品性，寡言少语。他的父亲曾经说："我的孩子不是普通人，应该靠学业显贵。"于是出钱送他去求学。胡鼎在地方学校学习了一段时间，没过多久，就放弃学业回家。当时御史计划征召从事寮属，从史们都对御史说："像胡鼎这样的人不适合做僚属吗？得到他做僚属的人，会增高名望、加重威信的。"都争相笼络胡鼎。胡鼎在御史府中，志向并不因此而贬低，更加树立自己高尚的情操，人们都不敢求他办私事。他曾经跟随一名姓孙的佥宪分司到泉州，这个姓孙的人凶恶贪婪，爱诬蔑他人，无人敢和他一同谋划事情。他周围的从史，不跟他亲善的，就会被他中伤。胡鼎挑出他贪赃枉法的事项，向皇帝飞报奏章弹劾他，姓孙的人最终受到应有的惩罚。诸位年长的佐官每次看到胡鼎，都张大眼睛看着他，说："这个小吏胸怀大志，我们能不自我检查吗？"由于胡鼎在御史府的考核中多个方面成绩突出，被皇上选用。任命胡鼎做主搂，掌管大臣写给皇上的奏章，他熟悉各种典故，能够决断各种疑惑，大家都佩服他的才能。恰巧尚膳监选拔清廉谨慎的官员，胡鼎最终成为七品官，官阶是从仕郎。胡鼎早晨上朝，晚上回家，进退举止符合法规，既保持了礼仪风度，外表也清高伟岸，青宫太子看到他很是感叹、羡慕。胡鼎性情严谨缜密，心里有事情，从来不对外人说。有人询问，就直截回答说："我的职责是侍奉皇帝，相关部门及其官吏可以询问，其他事情是我所不知道的啊。"退朝以后遇到无事，就点上香，抖掉书上的灰尘，穿戴整齐端正地坐着，神情很超然，如同在世俗之外。宾客如果不是以前相知的，就不跟他们来往。他在南京和北京独自一人生活了十多年，大家感觉他十年如一日一样。

吏，畏官者也，苟能正直无私，则官反畏吏。以是知公道在人，不以势位殊也。观胡君之居官清慎，雅有儒者之风，又非徒以强干为能者，贤者之不可量如是哉！

【译文】小吏，是畏惧长官的，如果能够正直没有私心，长官反而会畏惧小吏。从这里可以看出公道在于人心，不会因为权势和职位而有所不同。观察胡鼎为官清廉谨慎，文雅而有读书人的风度，又不仅仅是精明干练的人可以比的，贤能的人不可小视，就像胡君这样啊！

52.曾仍，字弘宗。福建莆田人。六岁失怙，日夜泣，水浆不入口，比长，礼度循习。应辟为藩臬①从事②，矢心任公，持法惟谨。方伯③廉访④而下，咸器爱之。既事，得冠带⑤，待次铨曹⑥。时知府林慈，知县张朝，教谕黄暹，相继客死于京。仍悉为之棺殡，经纪仓猝，而不惄于礼。教谕病且革⑦，囊白金三十二两，置仍袖中。曰：仆辈非所托，其幸藏诸。时无复与闻者。仍以虞患不他告，久之，完金授其子曰：此属纩⑧时寄也。乡翰林学士林澹庵闻之，嘉其谊，语同列曰：掾之行顾尔，吾儒庸有弗及者乎。遂相与定交。任浙江小鹿巡检⑨。属岁饥，民多亡匿为盗。仍安辑劳来，伺其长而尤者，还致之。发摘如神。盗用遁去，境赖以不扰。越三岁。致政而归。（《掾曹名臣录》）

【注释】①藩臬（niè）：藩司和臬司。明清两代的布政使和按察使的

279

并称。②从事：官名。汉以后三公及州郡长官皆自辟僚属，多以从事为称。③方伯：殷周时代一方诸侯之长。后泛称地方长官。汉以来之刺史，唐之采访使、观察使，明清之布政使均称"方伯"。④廉访：察访。⑤冠带：帽子与腰带，比喻封爵，授予官职。⑥铨曹：主管选拔官员的部门。⑦革：告诫。⑧纩（kuàng）：棉絮。此处指纩息。指弥留之际的呼吸，古人临死，置纩于其口鼻之上，以验气息之有无。⑨巡检：掌训练甲兵，巡逻州邑，职权颇重，后受所在县令节制。明清时，凡镇市、关隘要害处俱设巡检司巡检为主官正九品，归县令管辖。

【译文】曾仍，字弘宗，福建莆田人。他六岁时父亲死了，他日日夜夜哭泣，连水都不喝一口。等他长大以后，礼仪风度都依循传统。他响应官府的征召，做了布政使和按察使的从事。曾仍开诚本心，力求公正。执法很谨慎。地方长官察访下属时，都很器重喜爱他。查访完成以后，曾仍得到了官职，在铨曹等待按资历次第候缺。当时知府林慈、知县张朝、教谕黄暹，都相继死在京城里，曾仍分别为他们买棺木装殓、出殡，事情办得仓猝，曾仍却能不违背礼仪。教谕黄暹患病临死时，用口袋装了三十二两白金，放置在曾仍的袖子中，告诫说："我的那些朋友不是可以托付的人，幸运的是能够由你保藏。"当时无人共同听到，曾仍忧虑惹祸也没有告诉别人。过了一段时间，曾仍把白金全部交给了教谕的儿子，说："这是你父亲临死前寄放在我这儿的。"曾仍的同乡、翰林学士林澹庵听说这件事，赞美他对朋友的情谊，对同事说："掾属的品行，看他就知道了。我们这些读书人难道有比不上他的地方吗？"于是就和曾仍做了朋友。曾仍后来出任浙江省小鹿巡检，正遇饥荒年岁，老百姓大多逃亡做强盗。曾仍对他们安抚他们，用恩德招感召他们，发现他们的首领以及优异的人，就招引归顺。曾仍举发盗贼如有神助，其他强盗因此逃走了。这个地方依赖曾仍不再受到侵扰。过了三年，曾仍辞官回到了家乡。

居家而孝，从事而忠。人方攫金，此独还金。不欺暗室之中，克敦友朋之谊。居然圣贤一路人，林学士谓吾儒有弗及，信然！

【译文】曾仍在家里孝顺父母，做公事忠诚国家和人民。别人攫取财物发迹兴旺，唯独他却归还了金子。虽在别人看不见的地方，也不做亏心事，能够使朋友间情谊更加敦厚，显然和圣贤是一路人。林学士说我们这些读书人有比不上他的地方，果真如此啊！

53.刘本道，常州江阴人。少嗜学，有才略。由掾史见知于靖远伯王骥，引置幕下。奏授刑部照磨①，从征云南。凡战克攻守之策，多咨访之。正统中，闽贼猖炽，命宁阳侯陈懋往讨。尚书金濂综理军务。以本道识达，请以自随。军中事宜，悉以委之。本道尽心戮力，活胁从者万余人。放还妇女八百余口。凯旋，升户部员外郎。景泰中，西北二边境，民不能生。本道奏请给价买牛二千头，并易谷种与之。贵州边仓侵粮事觉，展转连坐，推本道往治。不逾月，积弊洞彻无遗。且立法以为治规。时苗贼作乱，本道遗书总兵官李贵。贵如计讨平之，奏上其功。本道曰：吾职在粮储，用兵乃分外事也。固止之。竣事还，上嘉其廉能进户部侍郎。总督粮储，兴利除弊。上复赐二品服以宠异之。（《掾曹名臣录》）

【注释】①照磨：掌管宗卷、钱谷的属吏。

【译文】刘本道，江苏常州江阴人。年少时喜好学习，很有才华谋略。被靖远伯王骥发现，从一个掾史召为幕僚。向皇上禀奏，授予他刑部照磨，跟从王骥一起征战云南，大凡打仗时进攻或防守的策略，大多向他咨询商议。正统年间，福建的盗贼气焰嚣张，皇帝命令宁阳侯陈懋前去讨伐，尚书金濂总览军中事务。因为刘本道有识见，能洞察事理，陈懋、金濂二人上书皇上，请求让他跟随一同去讨伐。军中大小事务，一概委托给他。刘本道尽心尽力，使强盗的胁从者一万多人保全了性命，释放了八百多名妇女回家。凯旋而归，刘本道被提升为户部员外郎。景泰年间，西部、北部边境的老百姓无法活命，刘本道上奏请求给边民购买两千头牛，并购买谷种一起送给边民。贵州边疆的粮仓被侵盗的事情发觉了，辗转牵连了许多人，推举刘本道去处理。没有超过一个月，以前累积的弊病就被他统统侦察清楚，他还制定法律作为治理的规范。此时苗族人作乱，刘本道向总兵李贵写了一封信，李贵按照他的计谋讨伐，平定了叛乱，总兵李贵想奏上刘本道的功劳。刘本道说："我的职责在于管理粮食储备，打仗是我分外之事。"坚决制止了李贵的想法。事情办完回到朝廷，皇帝赞赏他廉洁能干，提升他做户部侍郎，总管粮食储备。他兴办有利的事业，革除弊端，皇帝又赏赐他二品服色，对他恩宠非同一般。

掾史嗜学有才略，屡赞军务，着绩边疆，经济卓然可观，尤难得者，能活胁从万余人，放还妇女八百余口，救济宏多，阴功莫大，宜其以小吏而位跻卿贰，名垂史册也。

【译文】刘本道作为一个掾史，好学而有才能谋略，屡次辅佐管理军务，在贵州边疆功绩卓著，经国济民的成绩异常突出。尤其难得的是，能够让被强盗协从的一万多人活命，释放八百多名妇女回家。他救助的人极多，积的阴德没有再比这更大的了，他从一个小吏而跻身于高官显贵之中，名垂青史，也是应该的啊！

54.贾斌，商河人。山西都司令史也。景泰时，惩王振蒙蔽，大辟言路，吏民皆得上书。斌乃疏言宦官之害，引汉桓帝，唐文宗，宋徽，钦为戒。且献所辑《忠义集》四卷。采史传所记直谏尽忠守节之士，而宦官恃宠蠹政，可为鉴戒者附焉。乞命工刊布，礼部以其言当，乞垂鉴

纳，不必刊行。帝报闻。(《明史》)

【译文】贾斌，山东商河人，任山西都司令史。明景帝景泰年间，把王振蒙蔽皇上的事情作为教训，广开言路，官吏百姓都可以向朝廷上书言事。贾斌于是上疏论宦官的危害，援引汉桓帝、唐文宗、宋徽宗、宋钦宗的事情作为借鉴，并且献上自己编辑的《忠义集》四卷。此书采录史书中记载的那些敢直言进谏、尽忠皇帝、坚守节操的人的事迹编成的，并将宦官依恃皇上恩宠、为害朝政可以作为后代教训和借鉴的事情附在书后，贾斌请求皇上命令书工刊刻颁布发行。礼部以为他的话很正确，就乞求皇上借鉴采纳他的意见，书就不必刊刻发行了。皇上答复所报的事情都已知晓。

有明阉寺弄权，流毒最酷。景泰时，虽惩王振之事，大辟言路。而根本未拔，余焰方张。斌以一令史抗疏直陈。且以古来忠臣义士，及宦官之蠹政者，胪列^①以献，深得古大臣忠君爱国之体，惜其书未得刊行也。

【注释】①胪(lú)列：列举。

【译文】明代宦官专权，遗留的毒害极为严重。景泰年间，虽然因为王振擅权的教训，广开言路，但是危害的根本并没有拔除，残余势力还很猖狂。贾斌以一个令史的身份上书直言，并且把自古以来的忠臣义士事迹以及宦官为害朝政的事件，排比罗列献给皇上，深得古代大臣忠君爱国的根本，只可惜他的书没有刊刻发行。

55.广东吏张裵，以诖误^①为布政使陈选所黜革。时番禺知县高瑶，发市舶太监韦眷通番赃巨万，选以闻诸朝。眷挟恨，因诬奏选、瑶，朋比为贪墨^②。诏遣刑部员外李行，同巡按御史徐同爱，讯之。眷意裵必怨选，引令诬证，裵坚不从。执裵拷掠，终无异词。行、同爱，

283

畏眷竟坐选如眷奏，与瑶俱被征。途中选病，行阻其医药，竟卒。裴闻选死，上书为选讼冤。其略云，臣本小吏，讵误触法，被选黜罢，实臣自取。眷意臣憾③选，厚赂啗④臣。臣虽胥役，敢昧素心。眷知臣不可诱，嗾⑤行等逮臣致理，考掠弥月。臣忍死吁天，终无异口。行等乃依傍眷语，文致其词。选故刚正，不堪屈辱。愤懑旬日，婴疾⑥而殂。行幸其殒身，阻其医疗，讫命⑦之日，密走报眷。小人佐毒，一至于此。臣摈黜罪人，秉耒田野，百无所图，诚痛忠良含屈，而为圣朝累也！书虽不报，天下高其义。

【注释】①讵误：指贻误、连累。②贪墨：贪污。③憾：怨恨。④啗（dàn）：同"啖"。拿利益引诱人。⑤嗾（sǒu）：教唆、指使别人做坏事。⑥婴疾：缠绵疾病；患病。⑦讫命：生命完结、终了。

【译文】广东小吏张裴，因为受连累而被布政使陈选罢免革职。当时番禺知县高瑶揭发市舶太监韦眷里通外国，所得赃款达到百万，陈选奏知了朝廷。韦眷怀恨在心，于是上奏章诬陷陈选与高瑶依附勾结，贪财受贿。皇上下诏派刑部员外郎李行会同巡按御史徐同爱一起审讯他们。韦眷料想张裴一定对陈选心怀不满，拉他来让他做伪证，张裴坚决不答应。他们把张裴抓起来严刑拷打，最终也没有让他说出不同的话来。李行和徐同爱害怕韦眷，终于按韦眷所奏的那样判了陈选的罪，和高瑶一起被征召进京。在路上陈选患病，李行阻止他求医问药，陈选最后病死了。张裴听到陈选病死的消息，向皇帝上书替陈选喊冤。他上书的大致意思是说："我本是一个小吏，受连累触犯了法律，被陈选黜免了职位，这实在是我咎由自取。韦眷猜想我一定会怨恨陈选，拿许多财物来贿赂我。我虽然只是一个小吏，却不敢昧了良心。韦眷知道我无法用财物引诱，就唆使李行等人把我逮捕审判，拷打了一个月。我拼死挣扎，呼天抢地，最终也没有改口。李行等人于是依靠韦眷的话，舞文弄法，陷害陈选入罪。陈选本来就刚直正派，不能忍受这种屈辱，愤怒、抑郁不平了十几天，终于疾病缠身而死。李行一直希望陈选死掉，阻止他治疗疾病。完成命令以后，李行偷偷地跑去报告韦眷。奸邪小人佞妄的祸害，竟然到了这种地步！我只是一个被罢免弃用的罪人，拿着耒在田地里劳作，根本没有什么可希求的，但却对忠良之臣含冤受屈，成为圣明之朝的污点感到痛心啊！"张裒的上书虽然没有被答复，但是天下之人都崇扬他节义高洁。

官衙胥吏，凡被官司责革者，官司去仕，摘其短而飞诬之，此中岂复有是非公论耶？裒被选黜，及选被诬，引裒为证，以常情论，此正可报怨之时，况重以中官①之权势乎！乃裒诱之以利不动，胁之以刑不改，且侃侃正论，为选身后讼冤。彼李行、徐同爱，固所称士大夫也，而枉法媚奄②，颠倒曲直，有愧于裒多矣。裒以被黜小吏，所上一书，载在正史，奕世传诵，岂非伟然丈夫耶？

【注释】①中官：宦官、太监。②奄：古同"阉"，指宦官。
【译文】官衙里的胥吏，凡是被长官斥责革职的，当长官离任时，他们都会挑选长官的缺点诬陷他，这里面难道还有什么是非公论吗？张裒被陈选免职，等到陈选遭受诬告，张裒被拉做伪证时，按常理推断，这正是能够报仇的时候，况且又加上宦官权势逼人呢！但是张裒做到了在财利引诱面前不动心，在严刑拷打威胁时也不改初衷，并且慷慨激昂地发表议论，为陈选的病死鸣冤。那李行和徐同爱，本来就是所说的士大夫，但是歪曲法令谄媚阉宦，颠倒是非曲直，与张裒相比真是太羞惭了。张裒作为一个被免职的小吏，他所上奏朝廷的文书，却收录在正史里，世世代代被人传诵，难道算不上伟岸的大丈夫吗？

56.张昭，天顺初为忠义前卫吏。英宗复辟，甫数月，欲遣都指挥马云等使西洋，廷臣莫敢谏。昭闻之，上疏曰："安内救民，国家之急务。慕外勤远，朝廷之末策。汉光武闭关谢西域，唐太宗不受康国内附，皆深知本计者也。今几辅^①山东，仍岁灾歉，小民绝食逃窜，妻子衣不蔽体，被荐裹席，鬻^②子女无售者，家室不相完，转死^③沟壑，未及埋瘗^④，已成市脔^⑤，此可为痛哭者也。望陛下用和番之费，益以府库之财，急遣使赈恤，庶饥民可救。奏下公卿博议，言云等已罢遣，宜籍记所市物俟命。帝命姑已之。

【注释】①几辅：京都周围附近的地区。②鬻（yù）：卖。③转死：死而弃尸。④瘗（yì）：掩埋，埋葬。⑤脔（luán）：切成小块的肉。

【译文】张昭，天顺初年做忠义前卫吏。英宗重新当上皇帝，才几个月，就想派遣都指挥马云等人出使西洋，朝廷大臣没有敢进谏的。张昭听说了这件事，上书说："安抚国内、救济民众，是国家当务之急的事情；羡慕外国，帮助穷远之地，这是朝廷最不重要的事情。东汉光武帝闭关谢绝西域的修好，唐太宗不接受康国的投靠，都是很懂得国家的根本大计啊！现在京城附近和山东连年受灾、收成不好，百姓粮食无着落，四处流窜，妻子儿女衣不遮体，披裹着草席，卖儿卖女却没有人买，家室没有完好的，死后尸体抛弃在山沟水渠，还没来得及掩埋，就已经成了市上零割切卖的肉了，这些都是应该为之痛哭的事情啊。希望陛下用交好外国的费用，再加上府库中的财物，赶快派使者去赈救抚恤，大多数饥饿的老百姓可能还有救。"皇上把张昭的奏章让百官商讨，说马云等人已经停止派遣了，应该登记所需购买的东西待命。皇上的命令姑且放弃了。

昭为卫吏，而能极陈灾伤之状，沮^①人主好奕^②喜功之思，识见闳远，词义激切，当时廷臣，愧此多矣。民间困苦，摹写曲尽，读之惊心惨目，与古之绘流民图以献者，宁有异哉？

【注释】①沮：阻止。②奕：大。

【译文】张昭作为一个卫吏，却能极力陈述百姓受灾及伤亡的情况，阻止皇帝好大喜功的想法，见识确实深远，他慷慨陈词，当时的朝廷大臣，和他比较起来真是羞惭。张昭对民间穷困疾苦、百姓流离失所的情状，描述得细致详尽，读了让人触目惊心，跟古代画《流民图》来献给皇帝的，难道有什么不同吗？

57.余杭蒋嘉，家贫弃儒，从刀笔①为郡吏，藉之养亲。事祖母继母至孝。人以冤苦投，无不救解。成化二年，一夕暴卒。至广廷中，见主者呼曰："汝寿当终。念汝事亲纯孝笃性恳至，况复公门积德，许回生，增寿三纪②。夫公门案牍③，奉公守法，勿以贿赂未得，置而不行；勿以舞文弄法，乘威吓诈，加意苛求；勿图报；勿务名；勿辞难；勿始勤终怠，耐心委曲成就而后止。若力量不能，亦要勤勤恳恳，使寸心无愧。盖拯彼患难，全彼身名。救一命，活一家。不特一人所关，实其祖宗父母相延之兴废也。况钟九载黄堂④，政治丕显。徐晞财色不苟⑤，济困扶危，历官二品。杨旬减囚积德，子夺大魁⑥。皆案牍中所为，得此显荣特报。则而效之，福报不爽。嘉以此言，敬录于厅事⑦。其后济人益力，由吏曹办事，得陶文襄之举，历官宪副⑧。子俨，登第；俦，乡举；僖名儒。嘉寿至百岁。

【注释】①刀笔：古代在竹简上刻字记事，用刀子刮去错字，因此把有关案牍的事叫做刀笔。②纪：记年代的方式，一纪指十二年。③案牍：公务文书。④黄堂：古代州郡太守都在厅事墙上涂饰雌黄，以驱邪消灾，故称其厅事为"黄堂"。后泛指知府。⑤不苟：不随便，不马虎。⑥大魁：旧时指状元。⑦厅事：古作"听事"。指官署视事问案的厅堂。⑧宪副：清代都察院副长官左副都御史的别称。

【译文】余杭人蒋嘉，家境贫寒，放弃了读书，从掌文牍的小吏做到郡里的胥吏，靠它来赡养父母。他侍奉祖母和继母非常孝顺。人们有来鸣冤叫苦的，他没有不从中搭救的。成化二年，一天晚上，蒋嘉突然死了。他来到广廷中，看到主管的人大声喊道："你的寿命应该到头了，考虑到你侍奉父母十分孝顺，天性纯厚，诚恳切直，况且你又在官府中积德行善，准许你复活，增加三十六年的寿命。你在官府里处理公务文书，一定要奉公守法，不要因为没有得到贿赂，就扔下不管；不要粉饰文辞，淆乱法令，威逼恐吓，刻意提出苛刻要求；不要企求别人的报答；不要追求名声；不要推辞难做的事；不要开始勤勉而最终懈怠，要耐心详尽地做完一件事才能罢休。如果力量达不到，也要勤勤恳恳，使自己内心无愧。从灾祸患难中解救他人，保全他们的生命和名声。救一条人命，使他们全家都存活下来，这不只是涉及一个人，实在是有关他们祖宗父母相因袭的兴亡盛衰啊。况钟做了九年太守，政绩卓著。徐晞对财物、美色一点儿都不随便，救助困顿，扶助危难，最后做到二品官。杨旬减免囚犯的刑罚，积累阴德，儿子最终中了状元。这些都是文牍小吏所做的事情，却得到了这样显赫荣耀的报答。如果你以他们为榜样，并效法他们的做法，就一定会得到好的报答。"蒋嘉把这些话恭敬地抄录在厅事里。从此以后帮助别人更加尽力，从吏曹办事得到陶文襄的举荐，官职做到宪副。他的儿子蒋俨，中了进士；蒋俦，中了举人；蒋僖，是著名儒士。蒋嘉一直活到一百岁。

蒋君为吏，敦孝积德，死而复生，为善之报，已云不爽。尤可幸者，主者所言，入情入理，步步着实，觉案牍中有许多方便利济之道，随人可行，随地可施，实公门中万金良药也。蒋君因此益加力行，遂以致富贵显荣之报。愿为吏胥者，将主者此言，揭之壁间，以为朝夕之警焉。

【译文】蒋嘉做郡中小吏，对父母孝顺又积累德行，死去以后重又生还，做善事的果报已经可以说是没什么差错了。更为幸运的是，主管的人所说的话，合乎情理，一步步都实在可行，让人感觉做文牍小吏也有许多方便别人、有益于事的办法，每一个人都可以去做，任何地方都可施行，这实在是官府中万金难买的良药啊！蒋嘉因为这些而更加尽力行善，最终得到富贵荣耀的报答。希望那些做胥吏的人，把主管人说的这些话，标明在墙壁上，作为早晚的警示吧！

58.商辂之父，为严州府吏。平生周急济危，容过悯孤，积善好施，人多称其隐德①。在吏舍，尝劝群吏奉公守法，不可舞文害人。诸县因解府者，公委曲申救，多所全活。一夕太守遥见吏舍有光，翌日问群吏家，夜来有何事？对曰："商某生一子。"太守异之，语其父曰："子必贵。"命抱来看。看讫，命张黄罗伞复送还家，即辂也，后三元及第②。（《人生必读书》）

【注释】①隐德：施德于人而不为人所知。②三元及第：接连在乡试、会试、殿试中考中了第一名，称"三元及第"，又称"连中三元"。

【译文】商辂的父亲，做严州府中的小吏。一生中周济那些有急事和危难的人，宽容别人的过失，怜悯孤儿，积累善行，喜好施予，人们都称赞他施德于人而又不彰显的美德。他在吏员的住所，曾经劝各位小吏奉公守法，不能粉饰文辞害人。各县解送到府里的囚犯，他都查明原委，替人申冤并加以救助，使很多人活了下来。一天晚上，太守远远地看见吏员的住处有亮光，第二天就问小吏们晚上家里发生了什么事？小吏们回答说："商某生了一个儿子。"太守感到很惊讶，对孩子的父亲说："你儿子日后一定富贵。"就让孩子的父亲把孩子抱来看看。太守看完后，叫人打着黄罗伞再送回家，这个孩子就是商辂，后来连中三元。

一人之施济有限，能劝群吏人人为善，方是无量功德。人徒羡三元为旷世所希，不知皆其父自为府吏时，积累所致也。

【译文】一个人的施予救助是很有限的，能够劝诫众小吏人人都做善事，才是无量的功德。人们只是美慕连中三元为世所罕见，却不知道都是他父亲从做府吏时，就积累德行，才有这样的结果。

59.顾芳，弘治初年间，为太仓吏典①。凡迎送官府，停泊于城外卖饼江溶家。后溶被盗诬，至下狱。芳集众诉其冤，遂得释。溶以贫不能报，愿将十七龄少女，送顾芳为妾。芳固却之不可得，暂留月余，使妻具礼送还之。后江溶益窘，鬻女于商。又数年，顾考满赴京，拨韩侍郎门下办事。一日侍郎他往，顾偶坐前堂槛下，闻夫人出，趋避。夫人见其貌，似昔日恩主顾芳，使婢问之曰："君得非太仓顾提控（明制，一品衙门，吏曰提控）乎？"顾曰："然也。"夫人跪而拜，乃言曰："是吾恩主也！吾受君之赐，复赖某商以女相畜，嫁充相公少房，寻继正室。今天幸相逢，当为相公言之。"侍郎归，乃备陈首末。侍郎曰："仁人也。"上其事于朝，孝宗称叹，命查何部缺官，遂除芳礼部仪制司主事。生三子，皆中高第。享年百岁。

【注释】①吏典：元、明、清府县的吏员。
【译文】顾芳，弘治初年，做太仓县的吏典。凡是迎送官府人员，都停泊在城外卖饼的江溶家里。后来江溶被强盗诬陷，以至于被捕入狱。顾芳集合众人为江溶申诉冤屈，于是江溶被释放出来。江溶因为家境贫寒不能报答，愿意把他十七岁的女儿送给顾芳做妾。顾芳坚决推辞却没能推掉，暂时把她留在家里待了一个多月，就让妻子备办礼物送她回家。后来江溶更加困窘，就把女儿卖给了一个商人。又过了许多年，顾芳考核期满到京城去，被调拨到韩侍郎手下做事。一天侍郎到别处去了，顾芳偶然坐在前堂的窗栏下面，听说夫人出来，赶忙避开。夫人看到他的容貌，好像是从前的恩人顾芳，就让婢女来问他："您不会是太仓县的顾提控吧？"顾芳回答说："正是。"夫人赶忙下跪拜倒，然后才说："您是我的恩人啊！我受您的恩赐，又仰仗一个商人把我当女儿养活，才能嫁给相公做妾，不久成为正室。今天有幸与您相见，应该对相公说明这件事。"韩侍郎回来，夫人就详细地向其说明事情的始末。侍郎说："这真是仁义之士啊。"就把顾芳的事情上奏朝廷，孝宗皇帝赞叹不已，下令查看哪个部有空缺的官位，最终授予顾芳礼部仪制司主事之职。顾芳有三个儿子，都取得了好的功名。顾芳享年一百岁。同上

明其冤而却其报，全是一片至诚之心，何尝逆料此女之必贵，且有相遇之日哉？惟无望报之心，而后之获报乃愈奇，甚矣善事之当为，天道之不爽也。

【译文】顾芳为别人申明冤屈却拒绝他人的报答，这全是因为一片至诚之心，又怎么会预先想到这个女子日后一定富贵，并且有相遇的一天呢？只有事先不存希望得到报答的想法，以后所得到的报答才更奇异，善事应该积极去做，上天的报答一定不会有差错，真是这样啊！

60.王文庄公鸿儒。甫成童，作书端劲，以贫依亲属为府史①者，从治文书。郡守段公坚，见而奇之，留居府中衣食之，亲课其业，遂入郡学为诸生。提学②副使陈选，尝识其文曰，是经世之文也。居乡试第一，成进士，授南京户部主事，迁山西提学副使。刘忠宣公荐于孝皇，历迁吏部左侍郎。以甄拔为己任，崇奖实行，不纯采虚名。尝曰："济天下事，惟诚实者能之。趋名者亦趋利也。不见夏忠靖王盐山乎？唯知有朝廷而不知有亲党，唯知有天理而不知有身家。如是，社稷生民乃攸赖云。"（《近古录》）

【注释】①府史：古时管理财货文书出纳的小吏。②提学：掌管州县学

政的官职。

【译文】王文庄是一代大儒。他还是个小孩的时候，写字就端正有骨力，因为贫困而依靠一个做府史的亲戚，跟着他一起处理官府文书。太守段坚看见他非常惊奇，就把他留住在府里并供给衣食，亲自教他学习，王文庄于是进入郡学做学生。提学副使陈选曾经很赏识他的文章，说："这真是可以治世的文章啊！"王文庄在乡试中考了第一名，又中了进士，被授予南京户部主事，后来升任山西省提学副使。刘忠宣向孝皇帝推荐他，王文庄经过多次升迁最后做到吏部左侍郎。王文庄把选拔优秀人才作为自己的职责，推崇奖励真正有德行的人，而不只是考虑虚名。他曾经说："想要成就天下大事，只有那些诚实的人才能做到。追逐虚名的人也会追逐财利。难道你没有看到忠靖王夏盐山吗？只知道有朝廷而不知道有亲友朋党，只知道有天理而不知道有自己和家人。像他这样的人，国家和百姓才能依靠他们。"

士之能书而贫难自给者，为人佣书，犹是以笔代耕，砚田糊口之事。如今之贴写清书，皆此类也。此中岂无有志之士？毋遽目为贱役凡夫事也。文庄公之志行卓卓，何尝以佣书稍为贬损哉？

【译文】读书人能够写字但因贫穷难以承担自己生活的，被人雇用书写，这也是用笔来代替耕作，用笔墨来养活自己的事情。像现在那些抄录文书的，都是这一类人。这些人中难道就没有有志之士吗？不要庸庸碌碌地做那些卑贱烦琐的事情。文庄公的志向高远，又何曾因为替别人书写而有些许地看不起自己呢？

61.郑某，号乐泉，福建莆田人。父珏，郡学生，将贡而斥落，为藩司史①，官龙泉典史②。九载满职去，有惠政，民怀之。乐泉事父孝。长游燕赵间，遇贼，以己金予之，而完乡人所寄之金。寄者请分，固却不受。

【注释】①司吏：负责办理文书的小吏。②典史：我国古代官名。元始置，明清沿置，是知县下面掌管缉捕、监狱的属官。

【译文】郑某，号乐泉，福建莆田人。他的父亲郑珏，是郡学生，快要被选拔进京的时候被黜免，做了藩司吏，任龙泉典史。九年任期满离职，政绩很好，百姓都怀念他。郑乐泉侍奉父亲很孝顺。他长年在燕赵地区游历，遇到强盗，把自己的钱给了他们，却保全了乡里人托他保管的钱。相托的人请求分他一些钱，郑乐泉坚决拒绝不接受。

明制，生员被黜者，罚充书吏①。郑以微员②而有惠政，所去见思，愈于坐守一毡，无所短长者矣。子孝且义，其流泽③岂有既耶？

【注释】①书吏：承办文书的吏员。②微员：职位卑下的人员。③流泽：广布的恩泽。

【译文】按明代的制度，郡学生凡是被黜免的，都被罚充当文牍小吏。郑珏作为一个职位卑下的下层官吏却有好的政绩，离职后被百姓思念，这大大胜过那些因循固守、无所作为的人。他的儿子既孝顺又有气节，广布恩泽难道会穷尽吗？

62.蔚能，陕西朝邑人。起家吏员，由光禄寺典寺卿，进礼部右侍郎。在光禄三十余年，未尝持一禁脔①归家。尝偕僚联名，疏请查入内供应器皿。下禁狱，问所徭，能奋曰："上怒不可测，能老矣。当独任，不以累诸公也。降官，未尝有后言。"（《藏书》）

【注释】①禁脔（luán）：比喻独自占有，不容别人分享的东西。

【译文】蔚能，陕西朝邑县人。他从吏员开始做起，从光禄寺典寺卿升到礼部右侍郎。蔚能在光禄寺三十多年，不曾拿过一件珍贵的东西回家。他曾经和同事一起联名上疏，请求清查进入宫中供给的器皿。被捕入狱，审问原由，蔚能慷慨激昂地说："皇上生气是不能预料的，我年纪大了，应该自己承担责任，不要连累诸公。"被降了官职，后来就不再有什么消息了。

事当群情畏避之地，公道一时难明。有人能担当一分，则受庇者不少矣。蔚公只此一节，亦足知其平日为吏，存心利济，非沾沾一身之计者也。

【译文】事情在大家都避之惟恐不及的时候，公道一时之间就难以辨明。如果有人能够承担一分责任，那么受庇护的人就会增多。只凭蔚能这一件事，也足够知道他平常做官，一心帮助别人，并不是仅仅考虑自己、为自己打算的人。

63.杨自惩，鄞县人。初为吏，存心仁厚。时令好苛刻，自惩常为宽解，不使含冤。日久，令大信之。家甚贫，私遗一无所受，而囚人在禁无食者，撤己食之粥以济之。令鞫[1]事，常怒一罪人，自惩从旁请曰："如得其情，哀矜勿喜。喜且不可，何况于怒？"令为之霁威[2]。生子守陈，吏部侍郎[3]，谥文懿；次守址，吏部尚书。孙茂元，刑部侍郎；茂仁，四川按察使。俱以名节著。今科第犹绵绵不绝。此上天福善之不爽也。（《迪吉录》）

【注释】①鞫（jū）：审问犯人。②霁威：收敛威怒。③侍郎：中国古代官名，明清时代是政府各部的副部长，地位次于尚书。

【译文】杨自惩，鄞县人。开始做吏员时，心地仁慈宽厚。当时的县令喜欢用苛刻的刑罚对待犯人，杨自惩常常宽慰劝解，不让犯人含冤。时间长了，县令也非常信任他。杨自惩家境非常贫困，但别人私下送的东西他一概全不接受，而且碰到狱中的囚犯没有饭吃，他就拿出自己吃的粥去周济他们。县令审问案件，曾经对一个犯人非常生气，杨自惩在旁边恳请说："如果弄清了事实真相，一定要哀悯而不要高兴，高兴尚且不应该，更何况是大怒呢？"县令因此消除了怒气。杨自惩的儿子杨守陈，做到吏部侍郎，死后谥号文懿；另一个儿子守址，做到吏部尚书。孙子杨茂元，做到刑部侍郎；杨茂仁，任四川按察使。他们都以名节高洁著名。现在他的后代仍然不断有中科举的。这就是上天给行善的人赐福没有差错啊！

一片哀矜恻怛之心，随处而施，故能使大令信服，而全活甚多，宜子孙之鼎盛也。为书吏而欲昌厥后，当以此为法。

【译文】杨自惩一片怜悯同情之心，到处施予，所以能使县令信服，而使很多人活了下来，他的子孙后代也应该荣耀发达啊！做文书吏员的要想使后代昌盛，应该以杨自惩为榜样。

64.黄冈王思旻，为县刑房吏。有被盗诬者，陷狱中。王心知其枉，力言于令，获释。思旻后以三考为泰州判官。岁大水，值巡方御史至，思旻具饥民册，求请发赈。御史弗许，王抱册投水中。御史悯其意，令人急拯之，允所请。丁忧①归，卜葬山中，见一处形势完美，恐不能得，徘徊久之，遇前被诬者曰："此非王恩人乎？何为至此？"语之故，且指其处。曰："此我家山也。吾荷再生恩，岂惜此一抔土乎？"遂捍葬焉。孙济，进士，官参政。曾孙廷瞻，官大司寇；廷陈，官翰林②，与李梦阳、何大复等，号称"嘉靖七才子"。至今科第联绵。（《黄冈县志》）

【注释】①丁忧：遭逢父母的丧事，也称"丁艰"。②翰林：皇帝的文学侍从官，唐朝以后始设，明、清改从进士中选拔。

【译文】黄冈县的王思旻，县里刑房的小吏。有一个受强盗诬陷的人，被关到了监狱里。王思旻心里明白他是冤枉的，于是向县令极力言说，那人最终得到释放。王思旻后来经过三次考核做了泰州判官。当年发大水，正赶上巡方御史到泰州，王思旻准备好饥民名册，请求发放赈济财物。御史不准许，王思旻就抱着名册跳入水中。御史怜悯他的诚意，命人赶忙救他上来，答应了他的请求。王思旻因父亲去世而回到家，到山里去卜算埋葬的地点，看到一处形势完美，只是担心得不到，在那儿徘徊很长时间，碰巧遇到以前被诬陷的那个人，那人说："这不是王恩人吗？您为什么到这里来了？"王思旻就告诉了他前后的原由，并且指着那个地方。那人说："这是我们家的山。我领受了您的再生恩德，怎么会吝惜这一点土地呢？"于是王思旻就把他父亲移葬到那里。王思旻的孙子王济，中了进士，官做到了参政。曾孙王延瞻，官做到了大司寇；另一曾孙王延陈，官至翰林，与李梦阳、何大复等人号称"嘉靖七才子"，到现在王家仍然不断有人科举题名。

王之脱人于狱，特心知其冤而白之，非为买山计也。其人虽感激，亦不知此山之可以报王也。十余年后，两相需而适相遇，似冥冥中有阴相之者。语云："阴地由于心地。"于此益信。身在官衙，此等被诬于盗之事，所见不少，盍恻然动念为之觧[1]救，培此方寸善地，比之百般计巧以图吉壤，不且逸而有获耶？

【注释】①觧（jiě）：通"解"。

【译文】王思旻把人从狱中解救出来，只不过是心知那人冤枉而替他申明，并不是为日后买山打算。那人当时虽然感激不尽，但也不知道这座山可以报答王思旻。十多年以后，两人的需求正好碰到一起，好像是冥冥之中有暗中相助的人。俗话说："阴地由于心地。"从这件事看更让人深信不已。王思旻身在官府，这种被盗贼诬陷的事，见到的一定不少，他非常同情他们，并想办法去解救他们，培养他们善良的心地，与那些千方百计谋求好墓地的做法相比，不是既安闲又有所收获吗？

65.徐一元，字在川，昆山人，任交河主簿①。先曾在严文靖公幕，因三吴大水，为草《蠲②粮疏》上之，得请，全活数百万人。后子孙皆贵。至五世孙干学，庚戌探花；秉义，癸丑探花；元文，己亥状元。同胞三及第，从古未有，人以为世德之报云。（《配命录》）

【注释】①主簿：为汉代以来通用的官名，主管文书簿籍及印鉴。中央机关及地方郡、县官府皆设有此官。②蠲（juān）：除去，免除。

【译文】徐一元，字在川，昆山人，担任交河县的主簿。起初曾在严文靖的幕府中做事，因为三吴地区发大水，替文靖公草拟了一篇《蠲粮疏》奉上朝廷，请求得到批准，挽救了数百万人的生命。后来徐一元的子孙都很富贵。到五世孙徐乾学，中了庚戌年科举的第三名；徐秉义，中了癸丑年科举的第三名；徐元文，中了己亥年科举的第一名。同胞兄弟三人都中了进士，这是自古以来没有的事情，人们都认为是世代积累德行的报答。

王峰徐氏，兄弟甲科，一门鼎盛，其先世积德行善，定非一端。此事载《配命录》中，与家乘相合，尤信而有征者。故并录之，以为世劝。凡地方水旱灾伤之事，动关民命，官司虽有职掌，而心力或多不周。身在公门者，果能尽心筹划，力图救济，虽无显名，必有厚报，此正所谓阴德也。

【译文】王峰徐氏，兄弟三人同中甲科，整个家族繁荣昌盛，他们的祖先累世积累德行做善事，肯定不是一件。这件事记载在《配命录》里，跟徐氏家谱中的记载相吻合，更是让人信服且有证据的。所以，一起抄录下来，作为劝世人行善的榜样。凡是地方上水旱灾害一类的事情，都与百姓的身家性命息息相关，官府里虽然有专门掌管这事的人，但是在心思和能力上也许有不周全的地方。在官府中做吏员的，果真能够用心筹划，竭尽全力想去救济灾民，虽然不会有显赫的名声，但日后必定有丰厚的报答，这就是人们常说的阴德。

66.万历戊戌状元赵秉忠，父某，作邑掾①。有袭荫②指挥系冤狱，赵力出之。指挥感极，无以为报，请以女奉箕帚③。赵摇手曰："此名家女，使不得。"强之，又曰："使不得。"如是再四，竟不从。后其子上公车，途有拊其舆者曰："使不得的中状元"，如是者再。及第归，语其父。父太息曰："此二十年前事。吾未尝告人。何神明之告尔也。"（《丹桂籍》）

【注释】①掾：原为佐助的意思，后为副官佐或官署属员的通称。②袭荫：是封建时代，子孙承继先祖的官位爵号。③箕帚：泛指家中洒扫的事情。后用以比喻妇人之职或妻、妾的代称。

【译文】万历戊戌年状元赵秉忠，父亲赵某曾经做县邑的掾史。有一个继承恩荫的指挥被人冤枉入狱，赵某极力解救他出狱。那个指挥非常感激，没有什么可用来报答的，就请求把女儿送给赵某做侍妾。赵某摆手说："这是名门闺秀，使不得。"指挥勉强他，他又说："使不得。"连续这样很多次，赵某最终也没有接受。后来他儿子进京赶考，路上有人拍着他的车箱说："'使不得'的中状元。'"像这样有两次。赵秉忠中状元后回家，把这件事告诉了父亲。父亲叹了口气说："这是二十年前的事情了，我不曾告诉别人，为什么神明要告诉你呢？"

救人之冤甚力，却人之女甚坚，掾吏中之忠信而正直者也。子中大魁，而若或示之符契。正以见天不负善人，虽未尝告人之言，鬼神无不阴识之也。

【译文】解救别人的冤屈非常卖力，拒绝别人的女儿却特别坚决，赵某真是掾吏中正直而忠信的人啊！他的儿子中了状元，就好像有人给他显示符节一样。这正可以看出上天从不辜负行善之人，虽然不曾告诉别人这件事，但是鬼神们没有不暗中知道的。

67.徐珪，应城人，为刑部典吏。先是千户朱能，以女满仓儿，付媒者鬻于乐妇张。绐^①曰："周皇亲家也。"后转鬻乐工袁璘所。能殁，妻聂访得之。女怨母鬻己，诡言非己母。聂与子劫女归。璘讼于刑部，郎中丁哲、员外郎王爵讯得情。璘语不逊，哲笞璘，数日死。御史陈玉、主事孔琦验璘尸，瘗之。东厂^②中官^③杨鹏，从子尝与女淫，教璘妻诉冤于鹏，而令张指女为妹，又令贾校尉^④属女，亦如张言。媒者遂言聂女前鬻周皇亲矣。奏下镇抚司^⑤，坐哲爵等罪，复下法司^⑥锦衣卫谳^⑦，索女皇亲周彧家，无有。复命大臣及科道^⑧廷讯，张与女始吐实。都察院奏哲因公杖人死，罪当徒；爵、玉、琦及聂母女，当杖。狱上，珪愤懑抗疏曰："聂女之狱，哲断之审矣。鹏拷聂使诬服，镇抚司共相欺蔽。陛下令法司锦衣会问，惧东厂莫敢明，至鞫之朝堂，乃不能隐。夫女诬母，仅拟杖，哲等无罪，反加以徒，轻重倒置如此，皆东厂威劫所致也。臣愿陛下革去东厂，戮鹏叔侄，并贾校尉，及此女于市，谪戍镇抚司官极边，进哲、爵、琦、玉，各一阶，以洗其冤。臣一介微躯，知祸必不免，顾与其死于东厂镇抚司，孰若死于朝廷！愿斩臣头以行臣言。帝怒，下都察院考讯，抵以奏事不实，赎徒还役。时孙盘以进士观政在部，上疏："谓近谏官以言为讳，而非宠幸、触权奸者，乃在胥吏，臣窃羞之。"珪后以荐授桐乡丞，历赣州通判^⑨，以平盗功，擢知州。（《明史》）

【注释】①绐（dài）：古同"诒"，欺骗；欺诈。②东厂：明朝时，专由宦官掌理事务的特务机关，用来查访谋逆，监管吏民言行，与锦衣卫均势，成立于明成祖永乐年间。③中官：宦官、太监。④校尉：汉时始有此官，当时为职位略低于将军的武官。隋唐以后地位逐渐降低。⑤镇抚司：官署名。明沿元制，于诸卫置镇抚司。锦衣卫所属之南北两镇抚司，尤专以酷刑镇压人民。朱元璋为加强中央集权统治，特令锦衣卫掌管刑狱，赋予巡察缉捕之权，下设镇抚司，从事侦察、逮捕、审问活动，且不经司法部门。⑥法司：古代掌司法刑狱的官署。⑦谳（yàn）：审判、定罪。⑧科道：明、清时，督察院所属的吏、户、礼、兵、刑、工六科给事中及十五道监察使的统称。⑨通判：在知府下掌管粮运、家田、水利和诉讼等事项的官职。

【译文】徐珪，应城人，任刑部的典史。在此以前，千户吴能把女儿满仓儿托中介人卖给姓张的乐妇，并欺骗说："已经卖给周皇亲家了。"后来又转卖到乐工袁璘那里。吴能死了以后，他妻子聂氏探访到女儿的下落。女儿埋怨母亲把自己卖掉，就撒谎说她不是自己的母亲。聂氏和儿子把女儿抢回家里。袁璘告到刑部，郎中丁哲、员外郎王爵通过审讯知道了实情。袁璘说话非常无礼，丁哲使人用荆条抽打他，几天后袁璘就死了。御史陈玉、主事孔琦验过袁璘的尸体后把他埋葬了。东厂中官杨鹏的侄子曾经和这个女子淫乱，就让袁璘的妻子向杨鹏去申诉冤屈，并且让张氏假称吴能的女儿是她妹妹，又让贾校尉叮嘱她也要跟张氏所说的保持一致。中介人于是说聂氏的女儿以前已经卖给周皇亲家了。奏章传达到镇抚司，判丁哲、王爵等有罪，又发布到法司、锦衣卫审判定罪，到皇亲周家索问聂氏的女儿，没有找到。皇上又命令大臣以及科道在朝廷上当众审讯，张氏和聂氏女儿才吐露实情。都察院上奏，认为丁哲因为公事打死人，他的罪应该判徒刑；王爵、陈玉、孔琦以及聂氏母女，应该判杖刑。审判结果奏上，徐珪满腔悲愤，上书直言说："有关聂氏女儿的案件，丁哲判案非常详明。杨鹏拷打聂氏，使她无辜而服罪，镇抚司也一起来欺骗蒙蔽。陛下您命令法司和锦衣卫共同审问，他们害怕东厂而不敢明辨，到朝廷上当众审讯时才不能再隐瞒实情。女儿诬告母亲只判杖刑，丁哲等人无罪反而判徒刑，轻重颠倒到了这种地步，都是东厂威胁逼迫所导致的后果。我希望陛下您废除东厂，并把杨鹏叔侄以及贾校尉、聂氏女儿在街市上当众斩首，把镇抚司的官员降职去戍守边疆，给丁哲、王爵、孔琦、陈玉各升一级，来洗雪他们的冤屈。我只是一个卑贱之人，本来就知道一定免不了一死，只是与其死在东厂镇抚司，还不如死在朝廷上呢！我希望您把我斩首来实现我的话。"皇上大怒，把他发送到都察院审讯，徐珪拒不承认上奏的事情不真实，最终赎免了徒刑恢复劳役。当时孙盘以进士的身份在刑部考察行政事务，上疏说："近来谏官们有顾忌而不敢讲话，指责受宠的佞臣、触犯有权势的奸臣的，却是小小的胥史，我私下为此感到羞愧。"徐珪后来因为别人的推荐而被任命为桐乡县丞，又做过赣州通判，因为平定盗贼有功，升为知州。

直道自在人心，朝野岂无公论？惟持禄保位之心胜，遂致依违①顾忌，明知其非而不敢言。徐君一刑曹吏耳，绝无顾忌，痛切指陈，存天下是非之公，正国家刑罚之失。典吏之名，荣于公卿台谏矣。

【注释】①依违：顺从或违背，不能作决断。

【译文】天下正道自然存在于人心当中，朝廷与民间怎会没有公正的评论？只是人们往往都是保全俸禄名位的想法占上风，于是导致顺从或违背都不能决断而有所顾虑，明知道不对却不敢说。徐珪不过是刑部的一个小吏罢了，却没有一点儿顾忌，痛切指摘陈述，保存天下是非的公道，纠正国家刑罚的过失。一个小小典吏的名声，却比公卿大臣和台谏官员更为显耀了。

68.吴成器，休宁人，由小吏为会稽典史。倭三百余，劫会稽，为官军所逐，走登龟山。成器遮击①，尽殪②之。未几，又破贼曹娥江，擢浙江布政司经历③，旋授绍兴通判，论功，进秩二级。成器与贼大小数十战，皆捷。身先士卒进止有方略，所部无秋毫犯。士民率于其战处，立祠祀之。

【注释】①遮击：中途伏击。②殪（yì）：杀死。③经历：掌管出纳文移的官名。自金代、元代至清代都曾设置。

【译文】吴成器，安徽休宁人，从普通小吏做到会稽典史。有倭寇三百多人抢掠会稽，被官军追赶，逃跑到登龛山。吴成器带兵伏击，全部消灭了他们。不久，又在曹娥江打败贼寇，升为浙江布政司经历，不久任绍兴通判，评定功劳，给他官升二级。吴成器跟贼寇大大小小打过几十次仗，都取得胜利。他总是身先士卒，进退都很有谋略，他带领的部队纪律严明，秋毫无犯。士人百姓一起在他打过仗的地方立祠来祭祀他。

成器御寇立功，居然将帅之才，而出身亦由小吏，是胥曹中不惟可以习吏治，并可以讲武略也。其所以每战必克，士民爱慕者，尤在于秋毫无犯。孰非本平日好行方便，不宜妄取之心所推而暨之者乎？

【译文】吴成器抵御倭寇立下大功，像他这样的将帅之才，居然也是出身小吏，因为官府胥吏不仅可以熟悉吏治，还可以讲求武略。吴成器之所以战无不胜，受到士人百姓的爱慕，更在于部队纪律严明，秋毫无犯。难道不是他平时就喜欢与人方便，不肯随便索取的善心推而广之的结果吗？

69.猗氏人原良相者，性愿谨，明末为仓老人。受郭某交代，皆平斛①。及役满而代之者，荆某也。其人狡黠，故尖其斛，折数多。良相夜寝仓中，拜祷于神。夜分，忽有红光，见东南隅，继闻空中掷米声，

觉米大充溢，渐逼卧处。质明，则仓廪悉满。县令闻之，往验，溢米六十余石。人以为忠厚之报云。(《陇蜀余闻》)

【注释】①斛(hú)：我国旧量器名，亦是容量单位，一斛本为十斗，后来改为五斗。

【译文】猗氏人原良相，性情质朴恭谨，明朝末年做仓老人。他接替郭某时，都是按平斛计算粮食。等到他服役期满，接替他的是荆某。此人非常狡诈，故意用尖斛来量，所以损失的粮食很多。原良相晚上睡在粮仓里，向神灵跪拜祈祷。到了半夜的时候，忽然有红光出现在东南角，接着又听到空中有撒米的声音，感觉到米充满了粮仓，逐渐逼近他躺卧的地方。天亮的时候，仓库里堆满了米。县令听说了以后，前去查验，多出六十多石米。人们认为这是原良相忠厚老实得到的报答。

当含冤莫诉之时，而鬼神为之默济其厄。忠厚之报，彰彰若此。世有为善不免受累，而天独巧于相报，皆此类也。

【译文】原良相在有冤屈不能申诉的时候，鬼神都他暗中度过劫难。忠诚厚道所得的报答，就是这么明显。世上有人做善事却免不了受连累，可是上天惟独巧妙地帮助他，都是这一类的事情。

70.万历间，增城县狱卒名亚穑(nái)，素称朴健。值腊月逼除，狱有重囚五十余人，号哭不止，声闻于外。亚穑亟止之，问其故。众曰："岁朝将临，合邑之人，无不完聚。我等各有父母妻子，不能相见，且系重犯，势不可出，是以悲耳。"亚穑俯首良久曰："无难也。我与尔等约，今夕各还尔家，俟正月二日，齐来赴狱。我释尔罪，应死；尔俱不来，我亦死；尔来而或失一人，我亦死；尔人人来，我至寿尽亦死。等死耳，何如行此善事而死也？"是时法网阔疏，且值改岁，不甚严稽，悉放回家。明年初二日，前因陆续而至，按名呼入，不失一人。亚蘧鼓掌大笑曰："善哉！"遂趺坐①而逝。狱众感德，浣濯其体而加漆焉。以其事言于县，县上巡按御史，请为县狱之神。今肉身尚在狱中。（《賸觚》）

【注释】①趺（fū）坐：两脚盘腿打坐。

【译文】万历年间，增城县有个叫亚蘧的狱卒，一向朴实刚健。正赶上腊月快到除夕的时候，牢狱中有五十多名重犯，不停地号叫痛哭，声音在狱外就可以听到。亚蘧赶忙阻止他们，询问原因。大家说："正月初一快要到了，全县城的人没有不团聚的。我们都有父母妻儿，却不能见面，并且都是重犯，肯定不能出狱，因此非常悲伤。"亚蘧低头想了很长时间，说："这也没有什么困难的，我跟你们约定好，今天晚上你们各自回家，到正月初二，一块儿回到监狱。我放你们出狱，罪该判死刑；你们都不来，我也是死；你们回来但或许少一个人，我也是死；你们都回来，我寿命到头也是死。反正都是等死，哪里比得上做了这件善事而死去好呢？"当时法令并不严密，而且正好赶上过年，查得不太严格，所有犯人都被释放回家。第二年正月初二，那些犯人陆续回来了，按照名册点名，一个都不少。亚蘧拍手大笑，说："太好了！"于是双足相交叠坐着死去。狱中众人对他的德行非常感动，为他沐浴身体并且把他的尸体用金漆涂过后供奉起来。有人把他的事情告诉了县令，县令又报告给巡按御史，请求把他作为县狱的保护神。直到现在，亚蘧涂过金漆的肉身还在狱中供奉着。

以狱卒而纵囚，虽不可为训，然其轻视一己之死，而切于救众人之死，则固仁人义士之所存心也。以视凌虐囚徒，因而为利者，何啻什伯哉？

【译文】亚糧身为狱卒，却放囚犯回家，虽然不能作为法则，但他不看重一己之死，而是真诚地挽救别人的生命，本来就是仁人义士应有的存心。从这里来看那些欺凌、虐待囚犯，并因此获取利益的人，和他相比差的何止十倍百倍啊？

71.江阴门军^①张旺，恨一仇家。一夕匿^②火，将焚其室。道经观沟，有画帅吴碧山未寝，闻步覆声，窥而见旺，有怪鬼数百随行。顷见旺回，则皆青衣音子前导。诘旦^③叩其故，旺曰："我恨某不能已，本欲焚其室，既而默念冤冤相报，将无已时，故止。"旺自是猛然回首，弃家入山修道，遂证仙果。（《丹桂籍》）

【注释】①门军：守门的兵丁。②匿：隐藏。③诘旦：明朝、翌晨，通俗为明天早晨，次晨。

【译文】江阴县的门军张旺，十分痛恨一个仇人。一天晚上他悄悄地藏了火种，想要去烧了那家人的房子。在路上经过一个观沟，里面有一个叫吴碧山的画师，他还没有睡觉，听到脚步声，便出来察看，看见了张旺，同时他的身后跟着有几百个怪鬼。过了一会儿看到张旺回来了，却看到他的身前都是青衣童子在前面引路。到第二天早上以后吴碧山问张旺其中的原因，张旺说："我非常痛恨某某，原本想去烧了他家的房子，接着又想到如果像这样冤冤相报，永远不会有停下来的时候了，于是就放弃了。"张旺从此幡然醒悟，舍弃家人进山修道，最终得道成仙。

一念杀机，凶鬼随之，一念悔悟，吉神导之。公门中人常作是想，则欺人害人之心，乍发即止。虽未能证道登仙，而转祸为祥，逢凶化吉，所得已多矣。

【译文】一旦有凶杀的念头，恶鬼就跟其身后，一有悔悟的想法，就有吉祥之神在前引路。如果官府里的人经常这么想，那么产生欺骗加害他人的想法，刚一产生就消失了。即使不能得道成仙，但是一定可以转灾祸为吉祥，逢凶化吉，所得到的已经很多了。

72.栎阳①尉郭犄，困顿无一善状，亲友渐相疏斥。每困倦时，见二物如猿，跳跃其旁，心甚恶之，却之不得。后自悔过，折节改行。忽一日，二物见形作人，言曰："我乃主世之灾耗者，君有罪，故来相扰，今君有悔过迁善之心，当从此逝矣。"

【注释】①栎阳：古县名。在今陕西省临潼县北渭水北岸。

【译文】栎阳县尉郭犄，生活穷困潦倒却仍旧不做好事，亲友们渐渐地疏远排斥他。每当他困倦的时候，眼前都会浮现两个像猿猴一样的东西，在他旁边跳来跳去，他心生厌恶，却无法赶走它们，后来他改过自新，纠正错误，向上向善。忽然有一天这两个东西化作人形，说："我们是专门掌管人间的灾和耗，你有过错不加以改过，所以时时烦扰你，现在您有改过向善的念头，我们应该离开了。"

同下灾耗二物，竟至有形可见。今人处此，必思所以祈禳①之术，岂知悔过迁善，遂不复相犯。所谓人有善念，吉曜②照临者也。吏役中有机巧过人，而动遭刑辱，困穷不免者，焉知非二星作祟之故，尚其以改行从善，为祈禳之上策乎？

【注释】①禳（ráng）：祈祷消除灾殃。②曜（yào）：照耀；明亮。

【译文】灾和耗这两种东西，竟然是有形可见的。现在的人如果遭遇此境况，必然会想一些祈求的办法，又怎么知道只要改过向善后不再造恶，它们就不会再来烦扰。这就是所说的如果一个人心存善念，就一定会吉星高照。胥吏中有一些精明过人，但经常遭受刑法之辱，难以摆脱穷苦困顿的人，又怎么知道不是由于灾耗二星时时烦扰的原因，希望他们可以改过向上向善，以此作为祈求的上策。

73.潘奎为本郡掾①，慈仁好拯物。太守御下严，胥吏②无敢启口。有豪甚残暴，往往诬陷杀人，贿诸役煅炼，人无敢辨。一日当审录退，奎伏地为诸囚白冤，并数豪不法事甚具。守乃覆讯得实，悉解放，捕豪下狱。后奎于吏舍生子，守梦诸神骑秉鼓吹，送一儿至吏舍，醒而念曰："有德者必有后，是潘奎家也。"月给粟周之。所生子即尚书恩也。（《江南通志》）

【注释】①掾：原为佐助的意思，后为副官佐或官署属员的通称。②胥吏：旧时官府中办理文书的小官吏。

【译文】潘奎在本郡做掾吏，为人仁慈而又乐于助人。太守对待下属非常严厉，胥吏们没有人敢随便开口说话的。有个豪强非常残暴，经常诬陷别人杀人，贿赂胥吏网罗罪状，陷害无辜，却没有人敢申辩的。一天，当太守审讯完案子以后，潘奎趴在地上替众囚犯申辩冤屈。又非常详细地列举豪强违法乱纪之事。太守于是再次审讯，详细查证后，因囚犯无罪全部释放，而豪强却被逮捕了。后来潘奎在吏舍生了一个儿子，太守梦见有许多神灵骑着马奏着鼓乐，把一个小孩送到吏舍，醒来后念叨说："有德行的人一定会有后代，这是潘奎家的小孩。"太守每月供给粟米帮助他们解决生活。潘奎的儿子就是尚书潘恩。

乡豪之诬陷良善，惟恃钱多，足以饱啖吏胥耳。使吏胥尽如潘也，虽钱如山积，技何所施？潘真仁人也，义士也，雪冤枉，除民害，功德最大，神物降生，克昌厥后，夫复何疑？

【译文】乡里的豪强诬陷善良的乡民，就是因为自己的钱多，能够贿赂胥吏罢了。如果所有的胥吏都像潘奎一样，即使有些人钱多可以堆成山，又能贿赂谁呢？潘奎真是有德行又信守节义的人啊。为百姓洗雪冤屈，为民除害，功德最大。这样，就会有神灵降世，他的后世昌盛，又有什么疑问呢？

74.朱仲南，为县主刑吏。景泰末，无锡大饥，民无食者，群聚而之有谷之家强贷焉，有谷之家指为盗，上之郡。郡守拟^①以辟，仲南争之曰：“法当笞^②足矣。”守怒其徇^③，榜掠甚毒^④，严讯至再，无异辞，狱以不成。英宗复辟，诸囚邀赦出，仲南曰：“我为小吏，活三十六人，亦可以无负矣。”遂解役归。

【注释】①拟：打算，将要。②笞：笞刑，古代五刑之一。以竹板或小荆条抽打背部或臀部。自十下至五十下，分为五等。③徇：徇私，为了私情而做不合法的事。④榜掠：鞭笞。毒：凶狠，猛烈。这里指严刑拷打。

【译文】朱仲南，任县里的主刑吏。景泰末年，无锡闹饥荒，没有粮食吃的老百姓，都聚集起来商量要去有谷米人的家去强行借贷，有谷米的人不答应，指控他们是盗贼，告到了郡里。郡守打算判那些百姓死刑，朱仲南为其争辩说：“按刑法判笞刑就够了。”郡守对他为了私情而做不合法的事很生气，对他进行严刑拷打，再次严厉地审讯了他，他依旧都没有改口，因此没有给他定罪。后来英宗又当了皇帝，囚犯因大赦出狱，朱仲南说：“我作为一个小吏，能救活三十六个人，也可以说是无愧了。”于是就解除吏役回家了。

强贷有应得之罪，坐之以盗，则失入矣。仲南揆情准法，执之甚坚，甘受榜掠而不辞，即使终不邀赦，而在我之心已尽，可无愧于三十六人也。主刑之吏，均当以此为法。

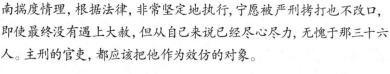

【译文】强求把借贷的罪行，按盗贼来判罪，实在有些过分。朱仲南揣度情理，根据法律，非常坚定地执行，宁愿被严刑拷打也不改口，即使最终没有遇上大赦，但从自己来说已经尽心尽力，无愧于那三十六人。主刑的官吏，都应该把他作为效仿的对象。

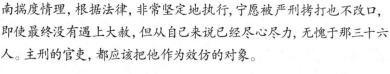

75.李太宰邦彦，父曾为银工，或以为诮①，邦彦羞之，归告其母，母曰："宰相家出银工，乃可羞耳；银工家出宰相，此美事，何羞焉？"（《智囊》）

【注释】①诮（qiào）：责备；风言冷语地讥嘲。

【译文】太宰李邦彦的父亲曾经是一名银匠，常常有人以此来讥笑他，李邦彦对此非常羞愧，回家便告诉了他的母亲，母亲说："宰相家出银匠，那才是羞愧的事；银匠家出宰相，这是好事，哪有让人觉得羞愧的呢？"

银工之子为相，此必其能行善事，积有阴德，与寻常业冶，惟利是计者不同。此正可为白屋①出公卿、行善获美报者，立一榜样。世人遇此，往往不称羡之，效法之，而反有薄之之意，何所见之谬也。胥吏之役，不贱于银工，而以读书识字之人，处是非法纪之地，苟欲为善积德，较之一手艺人，更易推广。试观古今来，祖父为胥吏，而子孙登科第、作公卿者，在在有之。三复李母之训，益思其致此之由，而厚自培植也。

【注释】①白屋：茅草覆盖的房屋。指贫穷人家住的房子。

【译文】银匠的儿子做宰相，这一定是银匠能够常做善事、积累了阴德，跟那些普通做冶工、惟利是图的银匠可不一样。这正可以给那些贫贱之家出公卿、行善事得好报的人树立一个榜样。世人见到这样的情况，常常不是称赞、羡慕和效仿，相反却鄙视瞧不起，这种看法是多

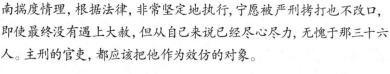

法录下

309

么荒谬啊。胥吏的工作，并不比银匠更卑贱，而且一个读书识字的人，在事关是非法纪的地方，如果想要行善积德，比起一个普普通通的手艺人来说，反而更容易做到。古往今来，祖父做胥吏，但子孙中科举、做公卿的，也有不少。世人应该多加思虑李母的教导，更应该想想这其中的缘由，与此同时要好好地从基础、踏实做起。

76.方麟，号节庵，苏州昆山人。弃举子业为商，未几，弃商为郡从事（即府吏也）。其友怪而问之，方翁曰："子乌知士之不为商、不为从事，而为商与从事之不为士乎？"会岁歉，尽出所有以赈饥乏。朝廷义其所为，荣以冠服，选授建宁州吏目。方翁不赴，惟竭力农耕，殖其家，乐善好施。以士业授二子鹏、凤，皆举进士，志节较然，有声朝宁。顾太史九和云："吾等见翁与二子书，皆忠孝节义之言，出于流俗，类古之知道者。"阳明子①曰："古者四民异业，其要在有益于生人之道而已。自王道熄而学术乖，人失其心，交骛势利以相驱轶，于是有歆②士而卑农，荣宦游而耻工贾。夷考其实，射财罔利有甚焉。方翁士、商、从事之说，隐然有当于古者四民之义，是以二子皆敦古道，敏志于学，其居官临民，务在济世及物，求尽其心也。"（《王阳明集》）

【注释】①阳明子：王守仁，字伯安，号阳明子，世称阳明先生，故又称王阳明。中国明代最著名的思想家、哲学家、文学家和军事家。②歆：喜爱，羡慕。

【译文】方麟，号节庵，苏州昆山人。先是放弃了科举从商，不久，又放弃了经商，改做郡里的从事。他的朋友感到很奇怪，就问为何要这样做。方麟说："你怎么知道读书人不从商、不做从事，而从商、做从事的就不是读书人呢？"正赶上收成不好，方麟就把自己的所有财物拿出来救济饥饿困顿的百姓。朝廷认为他这样做合乎仁义道德，就赐给他冠服以作为表扬，并选拔他担任建宁州吏目。方麟没有去上任，只是尽力从事农耕，经营家业，喜欢行善、施舍，帮助他人。他给两个儿子方鹏、方凤传授学业，后来他们都中了进士，志气节操都非常显著，在朝廷中享有很高声誉。太史顾九和说："我看到方老先生写给两个儿子的书信，字字句句都在讲忠孝节义，超过了一般凡夫俗子的看法，很像古代通晓道义的圣贤的观点。"阳明子说："古时候士、农、工、商四民职业不同，重要的是有益于救济百姓。自从王道不兴而学术凋零，人们都忘记了初心追权夺利，这才有了重视读书人而轻视农民，认为做官就是荣耀而做工、商就是羞耻的现象。详察这些现象的背后，是盲目过分的追权夺利。方麟对于读书人、商人和从事的看法，与古时候的四民的本义暗合，因此他的两个儿子都尊崇传统的正道，努力学习，做官教化百姓，必须要救助世人，恩及万物，力求尽心尽力。"

论寻常择术，郡吏不如为商，商又不如为士也。然苟以济世为念，则又不在此论。如方翁之弃士商而为郡吏，岂知其有益于人，乃在士商之上耶？得阳明之论，可以励世之为郡吏者，更可以愧世之为士商而不如郡吏者。

【译文】要说到平常选择职业，做胥吏不如从商，从商又不如做读书人。可是如果要想救助世人恩及万物，就不能这样认为。像方麟这样不做读书人和商人而去做郡吏，难道是认为做胥吏比做读书人和商人更有利于救助世人吗？王阳明的观点，可以劝勉世上做郡吏的人，更可以来羞辱那些是读书人和是商人却比不上郡吏的人。

77.吴江朱大经，繇①吏员任仓大使②，甫③半岁，乞归。训蒙度日，取予不苟。令公刘时俊访求邑中善士乡耆，或以大经对，公书匾具礼，差养民官旌其庐。（《近古录》）

【注释】①繇：古同"徭"：劳役，这里指的是一种官吏，介于官长与杂役之间的事务员。②仓大使：官名，知县所属仓官。③甫：刚刚，才。

【译文】吴江县的朱大经，从普通的胥吏做到仓大使，才担任半年，就恳请离职回家。在家依靠教小孩读书为生，收取和给予一点儿都不马虎偷懒。县令刘时俊寻访全县的善士以及德高望重的贤人，有人推荐朱大经，刘公亲自书写匾额、准备礼物，派养民官送到他家以此作为表扬。

由吏员而得官，人所视为进身媒利之阶者也。乃不半岁而乞归，其志远矣！苟无善行，何足动有司之景慕也？以尘埃趋走之吏，为矜式一乡之人，是故君子贵乎自立。

【译文】从普通的胥吏升为官员，人们就认为是升官逐利的阶梯。但是朱大经不到半年就恳请离职回家，他的志向真是远大啊！如果他没有好的德行，又靠什么能使官府仰慕崇拜呢？一个在人世间忙忙碌碌的小吏，最终却成为乡里百姓学习的榜样，因此，君子要特别注重自立。

78.段常，浙江鄞县人。初为功曹掾①。有患疫疠者，众徙以避。常曰："夫舍中人，皆兄弟也，而急乃弃之乎。"躬视汤药，或竟夕不还。其人有妾而弗蠲也（素不贞洁），众疑之。常每往，必与仆偕，明烛达旦。久之，人始服其至诚云。后移役兰溪，晨出，路遗一青布囊，中有金也，归而悬诸廨②舍，往迹其人于亡所。俄有泣而至者，曰："我里役也。掌收都料，持五十金输县。时天未曙，假寐道左。会县官仓卒至，前驱辟而遗之，死无偿矣。"常即挈而授之，其人以十金为谢，常曰："君谓有还金而望取分者耶？"辞而去。后奉化尹曹，兰溪尹唐，同食于棘闱③，谈及段掾事。叹曰："孰谓世无好人哉。"

【注释】①曹掾：分曹治事的属吏，胥吏。②廨（xiè）：官署，旧时官吏办公处所的通称。③棘闱：科举考试的场所，也称试院。

【译文】段常，浙江鄞县人。开始的时候做曹掾。同事中有人感染上了瘟疫，大家避而远之。段常说："大家同住在一起，都是自家亲兄弟，当别人有危难的时候就要丢弃他不管吗？"于是亲自服侍那人吃药，有的时候一晚上都不回家。那人有一个小妾，一向很不贞洁，大家都怀疑段常。因此段常每次到病人家里，就同仆人一起去，整个晚上都灯火通明直到天亮。久而久之，大家才开始敬佩他的诚心。后来段常转到兰溪县做胥吏，有一天早上出来，在路上捡到青布口袋，里面有金子，回到县衙后他把口袋挂在官舍，又到原地去等失主。不一会，有一个人哭着过来说："我是乡里的差役。专门掌管征收都料，我拿着五十两黄金要送到县里去，当时天还没亮，我在路边小睡。正碰上县里官员要从这条小路这里经过，于是把我赶到远处回避，一不小心就把金子丢了，我即使死了也赔不起啊。"段常立刻拉他到官舍把金子还给他，那人拿出十两黄金表示感谢，段常说："你认为有人把捡到的金子还给失主，是希望得到回报吗？"于是段常拒绝他的酬谢就离开了。后来奉化县尹曹某、兰溪县尹唐某一起在试院吃饭，说到段常的事迹，都赞叹说："谁说世上没有好人呢！"

此种居心行事，求之古人中，亦不可多得。虽以掾吏终身，而闻其风者，足使贪夫廉，薄夫敦，其功不在夷惠①下也。

【注释】①夷惠：伯夷与柳下惠。伯夷：爱国守志、清正廉明、仁义礼让、孝感天地的高尚品行；柳下惠：是遵守中国传统道德的典范，他"坐怀不乱"的故事广为传颂。《孟子》中多次把他与伯夷并列，誉为儒家的模范。

【译文】像段常这样的为人处世，从古人那里找，也是难得一见。他虽然做了一辈子胥吏，但是听到他的事迹，就可以使贪婪之人变得廉洁,浅薄之人变得忠厚老实,他的功劳并不在伯夷与柳下惠之下。

79.韩乐吾,名贞,字以中,兴化县人。陶甓为生,居破窑中。受业于心斋仲子,渐习识字,粗涉文史,久之学有得,以倡道化俗为任。无论工贾佣隶,咸从之游,随机因质诱诲之,顾化而善良者以千数。有县令某,闻而嘉赏之,遗米二石、白金一锾①,受米而还其金。令问政,对曰:"侬窭②人,无辅左右。第凡与侬居者,幸无讼牒③烦公府,此侬所以报明府。"令检案牍④稽之,果然,益敬礼焉。号曰乐吾,从祀乡贤。(《观感录》)

【注释】①锾(huán):古代重量单位,亦是货币单位,标准不一。②窭(jù):贫穷,贫寒。③牒:文书,证件。④牍:古代写字用的木片。

【译文】韩乐吾,名贞,字以中,福建兴化人。以烧制陶器、砖块为生,居住在破窑里。他跟随王艮的第二个儿子学习,渐渐地能够认识字,粗略地读一些文史著作,久而久之学有所得,把提倡道义、淳化风俗作为自己的责任。无论是工匠、商贾还是奴仆隶役,都愿意同他相处为友、跟着他学习,韩乐吾随时随地因人而宜地教化、引导他们,听从他的教导而成为善良的人有好几千人。有一个县令,听说他的事迹以后非常赞赏他,送给他二石米、一锾白金,他收下了米却退还了白金。县令向他询问国家政事,他说:"我只是一个穷苦老百姓,没有什么可以帮助您的,但凡只要和我居住在一起的,幸而没有诉讼案件来烦扰官府,这就是我能报答您的。"县令回去找来案件档案仔细查看,竟然真的是这样,从此以后更加尊敬爱戴他了。他的号是"乐吾",担得起乡里先贤的美名。

乐吾一窑匠耳,而曰讲学以倡道,人鲜不异而笑之。今观其因人诱诲,从游者化而善良,与居者均无讼牒,则其功又岂在讲学者下哉?吏胥托身官府，苟能随事劝导，为之解纷而释怨，其人之乐从而有益也，又岂在窑匠①下也？

【注释】①窑匠：专门制陶器、砖块的人。

【译文】韩乐吾不过是一名窑匠，却要讲学提倡道义、淳化风俗，很少有人不感到惊奇并且嘲笑他的。现在看他因材施教、谆谆善诱，跟随他学习的都同他一样，向上向善，和他住在一起的都没有诉讼案件，那么他的功绩又怎么会在讲学的人之下呢？在官府里做事的胥吏，如果能经常劝导别人，替他们排忧解难，调节矛盾，那么大家都喜欢同他们交往而且对胥吏也会所帮助，又怎么会在窑匠之下呢？

80. 李可从，字信吾，陕西盩厔①人，慷慨有志略，充才官。明季闯贼犯河南，信吾倡义勤王，随督师汪乔年、监纪孙兆禄，讨贼。临行抉其一齿留其家，与妻诀曰："此行誓不歼贼不生还。家无忆我，有齿在也！"贼陷襄城，信吾从汪公抵死出敌，汪数目之，曰："尔何官？"信吾曰："才官耳，愿效死命。"汪奇之。城破，汪自刎未死，骂贼被磔②。孙亦被执，贼方加刃，信吾以身蔽翼，遂同遇害。其子颙③招魂葬于西郭，襄城人为表其墓，曰"义林。"颙孤贫能自立，讲学明道，崛起关中。为理学宗工，一时贤达，皆尊师之，即所称李二曲先生也。（《李氏家训》）

【注释】①盩厔（zhōu zhì）：今周至。②磔（zhé）：古代一种酷刑，把肢体分裂。③子颙（yóng）：李可从的儿子李颙，明清之际思想家、哲学家。字中孚，号二曲。陕西盩厔（今周至）人。因为"周至"的古字在《汉书》中解释为山曲和水曲。所以人们便称他为二曲先生。家贫，借书苦学，遍读经史诸子以及释道之书。

【译文】李可从，信吾，陕西盩厔人，为人慷慨，常怀远大理想，曾经担任过才官。明朝末年李自成进犯河南，李信吾率兵援救朝廷，跟着督帅汪乔年、监纪孙兆禄讨伐李自成。临走之前，撬下自己的一颗牙齿留在家里，跟他的妻子诀别说："这次出兵，我发誓不歼灭李自成绝不会活着回来，家里人不要太思念我，有我的牙齿在呢！"李自成率军攻占了襄城，李信吾跟着汪公拼死逃离敌人，汪公看了他好几次，说："你是什么官职？"李信吾说："我只是个才官，愿意舍命报效国家。"汪乔年感到十分惊奇。城被攻破后，汪乔年想要自杀没有成功，破口大骂敌军，最终被分裂肢体而死。孙兆禄也被抓住，敌人刚要杀他，李信吾用身体去保护他，于是一起被杀害。李信吾的儿子李颙为父亲招魂安葬在西城，襄城人为他立了墓碑，称做"义林"。李颙贫困潦倒孤独自立于世，讲学倡导道义，从关中开始兴起，成为理学宗师，当时贤能通达的人士，都尊敬崇拜他以他为师，这就是大家所说的李二曲先生。

襄城之陷，一时三帅，望风而靡，信吾以营卒捍卫督帅，同死王事，襄城士大夫招魂以葬，私谥"忠武，"有以哉！有子二曲，读书行孝，蔚为儒宗，虽未仕宦，而显亲扬名，莫大乎是，所以报信吾者，不亦厚与？

【译文】襄城被攻陷时，当时三位统帅，都被敌军吓得落荒而逃。李信吾作为一个小小的才官，舍身保护将帅，一起舍身报国，襄城的士大夫为他招魂安葬，私谥他为"忠武"，非常合乎他的行径啊！他的儿子李颙，读书讲学，成为一代儒宗，虽然没入仕做官，但是光宗耀祖，名声远播，没有比这更好的了。上天不也厚待了李信吾吗？

81.李珠，字明祥，泰州人。充州吏，事^①州守王瑶湖。闻学有感，勇决嗜学，躬体实践，久之名闻远迩。士大夫异其为人，争相褒美。珠逊谢不居，惟以导人为善为功课，一时州县吏书皂快，感化迁善者甚众。有欲弃役就学者。珠曰："苟实心为善，在公门尤易施功。何必弃役？"闻者叹服。珠事亲极孝，母殁不能葬，及期数日前，启圹得天全钱百缗②，珠号"天泉"，适与钱合，人皆以为孝感所致。后配享崇儒祠③。李二曲④曰："道无往而不在，学无人而不可，苟办肯心，何论侪类，若明祥者，可以鉴矣。安得各衙门吏书，尽如明祥之慷慨笃信，则有益于官民，有造于地方非少，孰谓公门非行道之地耶。"（《观感录》）

【注释】①事：事奉，服侍。②缗（mín）：古代计量单位：钱十～（即十串铜钱，一般每串一千文）。③崇儒祠：崇敬、祭祀儒学先师的祠堂。④李二曲：李颙，明清之际思想家、哲学家。陕西盩厔（今周至）人。因为"周至"的古字在《汉书》中解释为山曲和水曲。所以人们便称他为二曲先生。

【译文】李珠，字明祥，泰州人。担任州里的胥吏，事奉太守王瑶湖。李珠学习学问常常有自己的感悟和体会，英勇无畏，又特别好学，与此同时还亲自去实践，久而久之远近闻名。士大夫对他的为人非常惊奇，都争着想赞美歌颂他。李珠为人十分谦逊都谢绝了这些美名，只把教导人们改过向善作为己任。一时间州县里的胥吏、书吏、皂隶、捕快，都受他的教化改过向善的人很多。有一个人想放弃吏役专心学问，李珠说："如果诚心诚意作善事，在官府里会更容易做到，为什么一定要放弃吏役呢？"听了的人都非常赞叹佩服他。李珠非常孝顺父母，他的母亲去世后不能下葬，到临下葬几天前，打开墓穴发现有一百缗"天全"钱，李珠号"天泉"，正好跟钱名相符，人们都认为这一定是是李珠的孝心感动了上天。后来李珠配享崇儒祠。李二曲说："天下正道无所不在，任何人都可以学习，只要有想学的念头，无论他是哪一类人，像李珠这样的，是大家学习的榜样。如何才能使各衙门的胥吏、书吏，都像李珠那样慷慨讲诚信，如果真是这样的话，那么对官府、百姓们的好处，对地方上的功绩就自然不少，谁说官府不是行善积德的好地方呢？"

善莫大于及物，德莫厚于感人，而能感官衙之人，使之共迁于善，此中所全更多。益胜于享高爵厚禄，不能有所化导者多矣，奚必弃役而别求利济哉？

【译文】行善没有比恩及万物更好的，积德没有比教化别人更淳厚的，如果能够教导感化官衙里的胥吏，让他们一起改过向善，这里面所蕴含的德、善、美比比皆是。这样，远远超过那些只享受高官厚禄、却不能教导感化别人的人，为什么一定要放弃吏役去寻找其他更容易行善积德的机会呢？

82.周蕙，字廷芳，号小泉，山丹卫人。为戍卒①，年二十，听人讲大学②首章。奋然感动。戍③兰州守墩，闻容思段公集诸儒讲理学，时往听之，有闻即服行。久之诸儒令坐听，既而与坐讲，既而以为畏友，有疑与订论焉，遂殚力就学，笃信力行，慨然以程朱自任。有总兵恭顺侯吴瑾者，闻其贤，欲延教其子，先生固辞。或问故，曰："吾军士也，召役则可，若以为师，师岂可召哉？"闻者叹服，侯遂亲送二子于其家以受教。尝正冠婚丧祭之礼示学者，秦人至今遵之。迨老，以父游江南，历险踪访，没于扬子江。人皆称其孝，而又重悲其死云。后崇祀乡贤。李二曲曰："小泉先生，崛起行伍之中，阐洛闽绝诣以振颓俗，远迩向风，贤愚钦仰。思庵薛子④，不远数千里从之学，卒得其传，为一时醇儒。其后吕文简公，又问道于薛，以集关中大成。渊源所自，皆先生发之，有功于关学⑤甚伟，然其初特一军卒耳。甚矣，人贵自立也！"

【注释】①戍卒：戍守的兵卒。②大学：论述儒家修身治国平天下思想的散文，原是《小戴礼记》第四十二篇，相传为曾子所作，实为秦汉时儒家作品，是一部中国古代讨论教育理论的重要著作。③戍：军队防守。④思庵薛子：薛敬之，字显思，号思庵。他天生姿容秀美，腹有7颗赤痣，左膊有一胎裏带来的"文"字，黑入肤裹。5岁即喜读书，尊儒重道，乡人以道学呼之。⑤关学：是儒学重要学派，因其实际创始人张载先生是关中人，故称"关学"。

【译文】周蕙，字廷芳，号小泉，山丹卫人。曾是戍守的兵卒，二十岁时，听到别人讲解《大学》的第一章，内心十分震撼，颇有体会。后来周蕙到兰州戍守墩堡，听说容思段公召集儒者讲解理学，他经常去听，听了以后经常加以亲身实践。久而久之，儒者们让他坐着听讲，慢慢的又同他坐着讲论，后来就把他当作品格端庄、令人敬畏的朋友，有了不明白的就同他一起讨论。周蕙也非常努力的学习，诚信力行，慷慨激昂地把程朱当作自己要学习的榜样。有一个叫吴瑾的总兵，被封为恭顺侯，听说周蕙非常贤能，就想请周蕙去教自己的儿子，周蕙坚决推辞了。有人问他为什么，他说："我是一名士兵，把我召去服役可以，如果想让我做老师，老师怎么能随便被召唤去上门教学生呢。"听了的人非常赞叹佩服，于是恭顺侯亲自送两个儿子到周蕙家里学习。周蕙曾经给学生展示纠正冠、婚、丧、祭的礼义，秦地的人到现在还遵从他的做法。等到他年纪大了，因为父亲到江南游历，他经历险地追寻父亲，结果淹死在扬子江里。大家都歌颂他的孝顺，但是因为他的离世又十分伤心难过。后来周蕙被称为"乡贤"受人祭拜。李二曲说："小泉先生从军队里起家，弘扬洛学、闽学的精髓，来拯救颓败的习俗，无论远近都响应风从，无论贤者、愚人都很敬佩仰慕。薛敬之，不远万里来这里跟随他学习，最终得到他的传授，成为当时的学识精粹的儒者。后来吕文简又向薛敬之学习，从而集关中理学之大成。追溯本源，周蕙是最开始的根源所在，对于关学的发展有极大的帮助，但是他最初也只是一名士兵罢了。人们重视自立，这是非常好的！"

厮养中有此大人物，可见人性皆善，力学在人。无人不可与讲学，无地不可以为学也。始则为人所役，继则为世所师，天爵尊于人爵也。凡役于人者，慎毋视为可以不学，薄待其身哉？

【译文】厮役中能有周蕙这样伟大的人，不难看出人之初，性本善，努力学习全因个人而言，没有人不能同他讨论学问，没有什么地方不能专心学习。起初被别人使唤，后来却成为人人学习的榜样，自己提升自己的地位远比依靠别人提升自己的地位更为尊贵啊！凡是被别人使唤差遣的人，一定要慎重思考，千万不要以为自己可以不学习，自己轻视自己。

83.程品，庐陵人。崇祯间，以谒选^①吏员至京。适武举陈启新，以疏请罢科目考选，擢^②为吏科给事^③，品抗疏纠启新，其略曰："启新非参科目也，是坏国体也，废孔孟也。孔孟之书，修齐平治之要，立身行政之本，忠孝节义由此而出。罢推知考选，语尤不经。按臣^④巡方，有入境，有考核，有复命，有岁参，有风闻。又有大计^⑤黜陟^⑥，法网不为不密。贤者自应选举以风世，不肖者自应摈斥以示惩"云云。(《吉安府志》)

【注释】①谒选：官吏赴吏部应选。②擢：提拔，提升。③给事中：职官名。秦、汉时，无论何等官职，若加上给事中之衔称，即可出入宫庭，常侍帝王左右。魏晋时始为正官。隋代给事中一度改称为"给事郎"。唐、宋以来，居门下省之要职，掌侍从规谏。④按臣：负责按察的大臣，主要任务是赴各道巡察，考核吏治，主管一个省范围的刑法之事。⑤大计：每三年封官吏施政的考察。⑥黜陟：官职的升迁和降黜。

【译文】程品，庐陵人。崇祯年间，作为吏员到京城等候吏部的选拔。刚好碰上武举陈启新因为上书请求罢免科目考选而被提升为吏科给事中，程品上书，弹劾陈启新，大体的意思是说："陈启新并不是罢免科目考试，而是破坏国家的法度，废弃孔孟之道。孔孟的著作是修身、齐家、治国、平天下的重要典籍，是为人言行举止以及治理国家处理政务的本源，忠教节义都是从中提出来的。至于罢免科目考试，更是无稽之谈。按察使巡视地方，有入境，有考核，有复命，有岁参，有风闻奏事，又有官吏施政的考察及官职的升迁和降黜，法网不能说不严密，贤能的人就应该选拔出来感化世人，贪官污吏就应该黜免以作惩罚"等等。

程以吏员出身，而方言罢科目考选之非，其心之大公无我已可概见。至谓孔孟之书为忠孝节义所从出，是其读孔孟之书，而身体力行者。莫谓吏胥中无读书有得之人也。

【译文】程品出身于一个普普通通的吏员，但是却敢辩驳罢除科目考选的弊端，他的大公无私，已经能够大略的看出来。至于他说孔孟著作是忠孝仁义的根本，这是由于他读孔孟之书并亲自加以实践的体会。再也不要说胥吏中缺少读书有收获的人。

84.欧阳光任，兴国人。为邑掾①，以公事至吉安，拾遗金一囊，守以待亡者，讯得实，完而归之。居家多赈贫乏，掩②枯胔③，乡闾④仰其善行。（《潋水志林》）

【注释】①掾：原为佐助的意思，后为副官佐或官署属员的通称。②掩：遮蔽，遮盖；掩埋。③胔（zì）：带有腐肉的尸骨；也指整个尸体。④乡闾（lú）：古以二十五家为闾，一万二千五百家为乡，因以"乡闾"泛指民众聚居之处。

【译文】欧阳光任，兴国人。在县里做掾吏，因为公事到吉安去，路上捡到别人丢失的一袋金子，就在原地等待失主，问清楚事情的缘由后，全部还给了失主。欧阳光任生活中经常救济穷苦的百姓，掩埋尸骨，乡里人非常称赞仰慕他的善行。

人自厕身公门，每以天下无不可取之财，方将设诈以攘夺之。遇一切贫乏急难之人，则更漠然不复动念矣。今独拾金不昧，又复赈贫乏，掩枯骨。即此而观，其于衙门，必不肯为非理横索，倚势害人之事。莫谓吏胥中无轻财好义之善人也。

【译文】人们一旦进入官府为吏，就自以为天下没有不能拿的钱财，用狡诈的方法设下圈套强取豪夺，遇到贫苦有困难的人，就产生更加冷淡而不再想去帮助他人的念头。现如今只有欧阳光任拾金不昧，又救济穷苦的人，掩埋尸骨。由此来看，他在官衙里一定不会做不讲道义、强取豪夺、仗势欺人的事情。再也不要说胥吏中缺少轻财好义的人了。

85.王璋，字丰年，浙江人。以掾吏起家，康熙时，知兴国县。精强有干才，政治多所兴厘。闽海①降兵屯垦②邑中，璋条请按籍授田，析置诸乡，俾不得聚处合势；卒伍有宄③法者，按律绳之，皆敛戢不敢动。以盐政罣误④去。后屯弁应耿⑤逆，煽起为寇，驿骚者数年。故老皆言使王侯无去，当不至此也。

【注释】①闽海：指福建和浙江南部沿海地带。②屯垦：屯兵边境，垦殖荒地。③宄：奸邪、作乱。④罣误：因事受蒙蔽而犯了过失。⑤耿：清朝靖南王，康熙十二年，朝廷下诏撤"三藩"，耿精忠反，自称总统兵马大将军，蓄发恢复衣冠，与吴三桂合兵入江西，被清军镇压，遂降。

【译文】王璋，字丰年，浙江人。从一个普普通通的掾吏起家，康熙年间在兴国做知县。他精明能干，十分有才能，治理百姓也很有成效。福建沿海的降兵在县内垦殖荒地以屯田，王璋奏请按户籍分田地，把降兵分散到各乡，使他们不能聚众闹事。士兵有触犯法律、为非作乱的，按刑律加以惩处，所以大家都有所收敛不敢作乱。不久王璋因为盐政的事受蒙蔽而犯了过失离职了。后来屯田的士兵响应耿精忠的叛乱，煽动起来做贼寇，一直骚乱了多年。老部属都说如果王璋还在任的话，事情应该也不会发展到这种地步。

以掾吏起家，于民生吏治，留心已久，故为令多所兴厘，更能约束悍卒，以卫善良，使故老思之不置，可谓贤矣。事在康熙间，流风未远，尤足慨慕也。

【译文】王璋从一个普普通通的掾吏起家，关注民生吏治已经很久了，所以他任县令时能够做出很好的政绩，也能够约束好那些作乱的士兵，保护善良百姓，使老部属仍旧对他念念不忘，他可以称得上是贤明的人了。事情发生在在康熙年间，好风气距今并不太远，更值得感慨与景仰。

86.朱瑾，字玉衡，直隶肃宁县人。母早故，事①父能得欢心，乡里有孝子之目②。家贫，弃儒业为府刑曹吏。醇谨无欺，为府官所信任。交河县贫民韩爵，拾粪夜起，遇群盗胁令负赃至庙中。贼分赃毕，以布衫遗爵，诬为盗首。县拟重辟，瑾廉得其情，力请于府，竟得开脱。爵知之，贫无以报，将子女为奴婢，瑾峻拒不纳，曰："此官府明察，我无与也。"又本邑染布铺内杀人，县吏视为奇货，株连阖村，十家苦累不堪。瑾力言于府，立令省释，悉追偿所费。被诬之村，至今尸祝焉。寿终七十。生三子，俱庠生③。孙阔，庚戌进士，今任山西祁县知县。

【注释】①事：服侍，伺候。②目：名称，称号。③庠生：科举时代称府州县学的生员。

【译文】朱瑾，字玉衡，直隶肃宁县人。他的母亲早早就去世了。他侍奉父亲，父亲非常满意，在乡里有孝子的称谓。朱瑾家境贫寒，于是就放弃读书去做府里的刑曹吏。朱瑾为人纯朴忠厚，谨言慎行，从不欺骗他人，深得府里官员的信任。交河县的贫民韩爵，晚上出来拾粪，碰到一群强盗，逼迫他把赃物背到庙里。盗贼分赃以后，把布衫给了韩爵，以此诬陷他是强盗的头领。县里打算判其死罪，朱瑾查清事实真相，极力向官府申诉，最终韩爵被无罪释放。韩爵知道是朱瑾查清此案，但家里贫穷，无以回报，打算把儿女送给他做奴婢，朱瑾坚决拒绝不答应，并说："这是官府明察的结果，跟我没有关系。"另外，本县一个染布铺里发生了杀人案，县吏认为它是稀奇的事情，株连全村，十家连坐，使人苦累不堪。朱瑾向太守极力申诉，太守下令释放他们，所花的费用全部偿还，被诬陷株连的村民一直到现在还在祭拜他。朱瑾活了七十岁。他有三个儿子，都是庠生。他的孙子朱阆，庚戌年中了进士，现在任山西祁县知县。

执役官衙，窥见官府审理狱囚，有所省释，方且攘为己功。乘机诈取，不苛索于事先，必受谢于事后，况拾粪被诬，阖村株累，实由瑾一言而释者耶？力行救人之事，而不居其功，不受其谢，吏胥中有此婆心盛德，宜其后嗣之克昌也。

【译文】在官府里做吏役，看到官府审讯囚犯，能够释放无辜，就想要据为自己的功劳，乘机敲诈，假如事前不勒索，事后一定会接受人家的重谢，更何况像韩爵拾粪被诬陷、全村受株连，确实都是由朱瑾的一句话而被释放的情况呢？能够全心全意救助他人，却不居功自傲，不接受他们的酬谢，胥吏中有这样的善心美德的人，他的后代必然兴旺发达。

卷
四

戒 录

1.张汤,杜陵①人。父为县吏,汤为儿时,守舍,鼠盗肉,汤掘得鼠,掠治②讯鞠③,取鼠磔④堂下。父视其文辞(所作狱辞),如老狱吏,大惊。遂使书⑤狱,父死后,汤为长安吏。迁太中大夫,与赵禹共定律令,务在深文。为廷尉,治狱⑥必舞文巧诋(dǐ),深刻吏多为爪牙⑦用。汤始为小吏,乾没⑧(取他人利以为己有也),与长安富贾交私。及列九卿,阳收接天下名士,巧排大臣,自以为功。为御史大夫七年,有罪自杀。(《汉书》)

【注释】①杜陵:县名,在今西安市东南。②掠治:拷打讯问。③讯鞠(jū):亦作"讯鞠",审问。④磔(zhé):一种分裂肢体的刑法。⑤书:记录。⑥治狱:审理案件。⑦爪牙:古代则是得力帮手的意思,属于褒义。现多比喻为坏人效力的人,他们的党羽、帮凶,是贬义词。⑧乾没:投机图利。

【译文】张汤是杜陵人。父亲是县里的官吏。张汤小时候有一次看家。老鼠偷了家中的肉,张汤掘开老鼠洞,抓住了偷肉的老鼠,拷打审讯并将老鼠的肢体在堂下分裂。父亲查看他审问老鼠的狱辞,如同办案多年的老狱吏,大为震惊,于是让他书写治狱的文书。父亲死后,张汤继承父职担任长安吏。后来调任太中大夫,与赵禹一起制定法律,务必使法律条文苛细严峻。担任廷尉一职,审理案件时玩弄文字,诋毁构陷。

他把严酷刻薄的小吏当作爪牙来用。张汤开始只是一名小官，投机图利，占取他人的利益为自己所有。同长安的富商们偷偷地进行交往。等他居于九卿之位，表面上招纳全国的知名人士和官吏。暗地里巧妙排挤大臣，自认为很有功劳。担任御史大夫七年，后获罪自杀。

张汤为酷吏之首，其深刻残猛，自儿时已然。虽若出于天性，要因其父生平作吏，务以刀笔为事。汤耳濡目染，不觉习惯成自然也。磔鼠之举，已见后来残酷之端。父不闻有义方之训①，反使书狱以宠异之。遂致舞文巧诋，卒杀其身而不悔也。

【注释】①义方之训：教人以为人之道的训言。

【译文】张汤是酷吏的首领，他严酷刻薄、残暴凶猛的品行从儿时就已经是这样了。虽然像是源自天性，但最关键的是（张汤的）父亲生平为官，致力于法律案牍、诉讼文字的工作。张汤耳濡目染，不知不觉习惯成了自然了。他肢裂老鼠的行为举动，已被看作是他后来一系列残酷行为的开端。不闻（张汤的父亲）教他以为人之道的训言，却让（张汤）书写治狱的文书进而来娇纵他。最终导致张汤养成玩弄文字，诋毁构陷的品行，最终导致自杀也不知道后悔。

2.赵禹，斄①人也。以佐史，补中都官。用②廉为令史（公府属吏），事太尉周亚夫。亚夫为丞相，禹为丞相史，府中皆称其廉平③，然亚夫弗任。曰：极知禹无害④，然文深（用文法深刻），不可以居大府。武帝时，以刀笔吏积劳，迁为御史，至中大夫，与张汤论定⑤律令。作见知（知而不告），吏传⑥相监司（互相稽察），以法尽自此始。禹为人廉倨⑦，为吏以来，舍无食客⑧。公卿相造请，禹终不行报谢。务在绝知友宾客之请，立行一意而已。见法辄取，亦不覆案，求官属阴罪⑨。尝中废，已为廷尉。始条侯（即亚夫）以禹贼深⑩，及禹为少府九卿，治加缓，名为

平。以老徙为燕相，有罪免。（《汉书》）

【注释】①斄（tái）：古县名，今中国陕西省武功县西南。②用：因为。③廉平：廉洁公平。④无害：无人能胜过，特殊无比。⑤论定：编写、制定。⑥传：流传。⑦廉倨（jù）：廉洁孤傲。⑧食客：古代寄身于豪门权贵家为主人谋划办事的人。⑨阴罪：不为人知的罪恶。⑩贼深：猾贼苛刻。

【译文】赵禹，斄县人。凭佐史一职补任京师官职中都官。因为为人廉洁清明而担任令史一职。赵禹侍奉太尉周亚夫，周亚夫是丞相，赵禹担任丞相史。丞相府中的人都说赵禹廉洁公平，然而周亚夫却并不加以任用。周亚夫说："我很明白，赵禹的品行无人能比，但他执法太过于严苛，不能做高官。"汉武帝时，赵禹因从事文牍案头工作积累了功劳，升任御史，官至中大夫。赵禹和张汤一起讨论编定法律。制定见知法，知而不告官吏间流传依靠法律互相稽察，赵禹严苛执法就是从这时开始的。赵禹为人廉洁孤傲，做官以来，家中没有门客。公卿之间相互登门拜见，赵禹却从不答谢，其目的在于断绝知心朋友及宾客的邀请，以便独立实行自己的主张。他见到法律就采用，也不审察和追究官属们不为人知的罪恶。赵禹曾经中途被废黜，随即担任廷尉一职。当初周亚夫认为赵禹较为苛刻，等到赵禹担任少府九卿时，治理稍微宽松了一些，名义上是为了稍微平和一些。因年老调任燕相，后获罪被罢免。

禹为丞相史，府中既称其廉平。独周亚夫谓文深不可任，真至言也！观其历跻①通显②，秩③非不尊。而与张汤辈论定法律，为严刑之始。卒以罪免，亦为法自毙之报也。

【注释】①跻（jī）：升、登。②通显：官位高、名声大。③秩：官吏的品级第次。

【译文】赵禹担任丞相史一职，府中的人已经说他廉洁公平，唯独

戒录

周亚夫说他太过于严苛而不可任用，这真是至理之言。看他任官位高，名声大的职位，为官的品级第次也很是尊贵。后与张汤等人制定法律，这就是严苛刑罚的开始。最终因罪被罢免，这也是作法自毙的报应。

3.严延年，字次卿，东海下邳①人。其父为丞相掾。延年少学法律，为郡吏。补御史掾，举侍御史。为涿郡②太守，所诛杀甚众，郡中震恐。三岁，迁河南太守。其治阴鸷③酷烈，曲法深文。冬月④，传属县囚，会论府上，流血数里，河南号曰屠伯。左冯翊⑤缺，上欲征延年，符已发为其名酷，复止。后以府丞义，上书奏延年罪名十事。下御史丞按验⑥，坐⑦怨望，诽谤政治，不道。弃市初，延午母从东海来。到雒阳⑧，适见报囚（决囚），大惊。因子责延年曰：幸得备郡守。专治千里，不闻仁爱教化，有以全安愚民。顾乘刑罚，多杀人以立威。天道神明，人不可独杀。我不意当老，见壮子被刑戮也。行矣，去汝东归，埽除墓地耳。遂去归郡。后岁余果败。（《汉书》）

【注释】①下邳：现江苏省睢宁县古邳镇。②涿郡：今河北省涿州市。③阴鸷（zhì）：阴险、凶狠。④冬月：农历十一月。⑤左冯（píng）翊（yì）：左内史。⑥按验：查验。⑦坐：因为。⑧雒阳：洛阳。

【译文】严延年，字次卿，东海下邳人。他的父亲是丞相的属官。严延年年轻的时候学习法律，担任郡吏。后来补任御史属官，又被推荐做了侍御史。（严延年）担任涿郡太守，诛杀了很多人，郡里的人都很惊恐。三年之后，调任河南太守，治理手段残暴凶狠，歪曲法律执法极为严苛。到了冬天行刑时，他就命令所属各县把囚犯解送到郡上，总集在郡府统一处死，此时往往血流数里，所以河南郡的人都称他为屠"伯"。左内史一职空缺，皇上想要任用严延年。公文已发出但因他太过于残酷的名声又被终止。后来有人以府丞的名义，上书奏报十件严延年的罪状。皇帝命令御史丞审查核实。结果严延年以怨恨朝廷、诽谤国事及杀人无道之罪而被处以死刑，在闹市斩首并陈尸示众。当初，严延年的母亲从东海郡来，到达洛阳，恰巧碰上处决囚犯，感到很震惊。于是斥责他说："有幸当了一郡太守，治理方圆千里的地方，没听说你以仁爱之心教化百姓，以使百姓安宁，反而靠着动用刑罚，大肆杀人，想以此来建立威信。苍天在上，明察秋毫，人不能只顾杀人啊？想不到我在垂老之年还要目睹壮年的儿子身受刑戮。我去啦！和你别离，回到东方的家乡去，为你准备好葬身之地。"母亲于是就离开了，回到本郡，过了一年多，严延年果然因罪被杀。

残酷性成，真与业屠者无异，一死不足以快天下之心。独惜其母贤智若此，而不能化诲其子也，伤哉！

【译文】严延年残酷成性，当真和那些以屠宰为业的人没什么区别。严延年一人的死并不足以使天下人的心快乐，唯独让人感到可惜的是，他的母亲有如此的贤德、才智，却不能感化教诲她的儿子，不得不让人感伤。

4.陈万年，字幼公，沛郡相①人。为郡吏，察举至县令。迁广陵②太守，入为右扶风，迁太仆。万年廉平，内行修。然善事人，赂遗外戚许史，倾家自尽。以丙吉荐，为御史大夫。子咸，字子康。以任为郎，有异材。抗直③数言事，刺讥近臣。万年尝病，召咸教戒于床下，语至夜半，咸睡④，头触屏风。万年大怒，欲杖之。咸叩头谢曰：具晓所言，大要教咸谄也。万年乃不复言。

【注释】①相：今安徽濉溪县西北。②广陵：今江苏省扬州市。③抗直：刚直不屈。④睡：瞌睡。

【译文】陈万年，字幼公，沛郡相人。担任府郡官吏，后被考察举荐担任县令。后升任广陵太守，入朝担任右扶风一职，随后又担任太仆。陈万年廉洁公正，自己注重内心修养。但是陈万年善于奉承巴结人，贿赂外戚许氏和史氏，倾其所有。因为丙吉的推荐，担任了御史大夫。陈万年的儿子陈咸，字子康。因为陈万年的缘故出任为郎官，陈咸有与众不同的才能，性子比较直，而且敢于说话。多次上书论及国事，讽刺皇帝身边的近臣。有一次陈万年病了，把陈咸叫到床边，教育他。讲到半夜时，陈咸打瞌睡，头碰到了屏风。陈万年于是大怒，要打陈咸，陈咸叩头谢罪，说："实在是因为您所讲的我都知道了。大要来说，就是教我要谄媚。"陈万年这才不再说话。

万年自郡吏以至九卿，皆以谄谀得之。虽富贵终身，龌龊实甚，尚欲以衣钵传授其子，真不知人间有羞耻事者矣。得志一时，贻笑万世，自好者不为也。

【译文】陈万年从郡县官吏直至升到九卿一职，都是通过阿谀逢迎他人获取的。虽然终生富贵，实则甚是龌龊。陈万年还想要将职位传给他儿子，真是不知道人世间有羞耻二字。虽然得志一时，但终会贻笑万世。自重的人是不会这样做的。

5.王温舒，阳陵①人。少时椎埋（掘冢也）为奸，已而为吏，以治狱②至廷尉史，事张汤。迁为御史，督③盗贼，杀伤甚多。稍迁至广平都尉，择豪④吏十余人为爪牙。皆把其阴重罪，纵使督盗贼，快其意所欲得。迁河内⑤，捕郡中豪猾，相连坐千余家。上书请大者至族，小者乃死，家尽没入偿赃。温舒具⑥私马五十匹为驿，自河内至长安，奏行不过二日，得可论报⑦，流血十余里。其好杀行威如此。张汤败后，徙为廷尉，复为中尉。温舒多谄，善事有势者。即无势，视之如奴。有势，家虽有奸如山，弗犯。无势，虽贵戚，必侵辱。舞文巧请，所穷治⑧，大抵皆靡烂狱中，无出者。其爪牙吏虎而冠，多以权富贵。后有人告温舒受员骑钱，及他奸利事。罪至族，自杀。其时两弟及两婚家，亦各自坐他罪而族。光禄勋徐自为曰：悲夫，古有三族，而王温舒罪，至同时而五族乎？温舒死，家累千金。

【注释】①阳陵：位于今陕西省咸阳市。②狱：官司、案件。③督：监督、督察。④豪：豪放、豪壮。⑤河内：汉代名郡，位于今日河南北部、河北南部和山东西部。⑥具：置办、准备。⑦论报：论罪得到批准，亦泛指定罪判刑。⑧穷治：彻底查办。

【译文】王温舒是阳陵人。年轻时做盗墓等坏事。不久，当了官吏。因善于处理案件升为廷尉史，服事张汤。升为御史后，他督捕盗贼，杀伤的人很多。后逐渐升为广平都尉。他选择郡中豪放勇敢的十余人当自己的爪牙，（王温舒）掌握他们每个人过去的隐秘的重大罪行，放手让他们去督捕盗贼。王温舒想要的都能获得，这让他很满意。王温舒升任河内太守，逮捕郡中豪强狡猾之人，郡中豪强狡猾相连坐犯罪的有一千余家。上书请示皇上，罪大者灭族，罪小者处死，家中财产完全没收，偿还赃物款。王温舒下令郡府准备私马五十匹，从河内到长安设置了驿站，奏书送走不过两天，就得到皇上的可以执行的答复，竟至流血十余里。王温舒喜欢杀伐、施展威武就是这个样子。张汤失败之后，王温舒改任廷尉，后又当了中尉。王温舒为人谄媚，善于巴结有权势的人，若是失去权势，他对待他们就像对待奴仆一样。有权势的人家，虽然罪恶之事堆积如山，他也不去冒犯。无权势的，就是高贵的皇亲，他也一定要欺侮。他玩弄法令条文，巧言诋毁他人，对于犯人，王温舒必定穷究其罪，大多都被打得皮开肉绽，烂死狱中，没有一个人能走出牢狱。他的得力部下都像戴着帽子的猛虎一样，大多凭借职权而富有起来。后来有人告发王温舒接受员骑钱和其他的坏事，罪行之重应当灭族，他就自杀了。当时，他的两个弟弟以及两个姻亲之家，各自都犯了其他的罪行而被灭族。光禄勋徐自为说:可悲啊,古代有灭三族的事,而王温舒犯罪竟至于同时夷灭五族!王温舒死后,他的家产价值累积有一千金。

温舒本无赖①惨刻②之人。又复为吏以事张汤,得以逞其惨刻之技。杀人至流血十余里,为自古所未有。其身死家灭,且同时五族。获报之惨,亦自古所未有也。惨刻之人,岂可一日在公门以肆其毒耶?

【注释】①无赖:指没有出息,无所依赖。②惨刻:凶狠刻毒。

【译文】王温舒本来是无赖、凶狠刻毒之人。后又担任官员服事张汤,这样他凶狠刻毒的手段得以施展。杀人竟至流血十余里,是自古以来从未有过的。王温舒死之后其家被灭,并且祸及五族。王温舒得到报应的惨烈程度,也是自古以来从未有过的。凶狠刻毒的人,怎可让他在政府机关待一天来放纵他的刻毒呢?

6.尹齐,东郡①茌平人。以刀笔吏,稍迁至御史,事张汤。督盗贼,以斩伐为治。为淮阳尉,诛灭甚多,及死,仇家欲烧其尸。(《汉书》)

【注释】①东郡:今河南省东北部、山东省西部。

【译文】尹齐,东郡茌平人。担任记录法律案牍、诉讼文字的官员,随后又担任御史,服事张汤。督察盗贼,将诛杀作为治理手段。担任淮阳尉,诛杀的人很多。等到尹齐死之后,仇家想要烧掉他的尸体。

在公门中,纵不能有恩惠于人,且勿结仇怨于人。尹齐死后,至不能保其尸,怨毒之于人甚矣。

【译文】在政府部门中,即使不能施恩惠给别人,也不要跟别人

334

结仇怨。尹齐死之后，达到不能保全尸身的程度，怨恨之心对于人来说实在是太厉害了。

7.咸宣，扬人。以佐史给事河东守，稍迁至御史及丞。治淮南①反狱，所以微文深诋，杀者甚众。后为右扶风，捕吏上林中，射中苑门。宣下吏，坐大逆，当族，自杀。

【注释】①淮南：淮南王。
【译文】咸宣是扬州人，起初在河东太守手下做佐吏，渐渐地升迁成了御史和中丞。治理淮南王谋反的案件时，咸宣想尽办法把无罪的人定成有罪，杀人很多。咸宣后来担任右扶风，咸宣派人闯进上林苑抓人，还把上林苑的门也给射坏了。咸宣是下级官员，犯了大逆的罪，应当被灭族，咸宣自知躲不过去，就自杀了。

捕吏，公事也。射中苑门，无心之过也。情轻法重，至坐大逆之罪。盖缘生平好为深文，每将公事中偶然过误，煅炼成狱。故天亦以此报之耳。

【译文】咸宣派人捕捉犯人，这是在执行公务。上林苑的门被射坏，这是无心之过。情轻法重，达到犯了大逆不道之罪的程度。这大概缘于咸宣平生喜欢严苛执法，屡次把公务中的偶然之过，罗织为入狱的罪名。因此上天以此来报应他罢了。

8.赵绣，涿郡蠡吾人。为掾吏，涿大姓高氏，宾客为盗贼，吏不敢追。太守严延年，遣绣按①高氏，得其死罪。绣见延年新将②，心内惧。即为两劾，欲先白其轻者。观延年意怒，乃出其重劾。延年知其如此，索绣怀中，得重劾。即收送狱，杀之。

【注释】①按：审查、查究。②新将：新为郡将或新为太守。

【译文】赵绣是涿郡蠡吾人，担任官府中辅助官吏一职。涿郡有个大姓高氏，宾客做盗贼，官吏不敢追捕。太守严延年，派遣赵绣去调查高家的罪行，得到他们犯有死罪的证据。赵绣见严延年是新来的郡将，心中惧怕，就起草了两份劾罪书，准备先禀告那轻的，如果严延年发怒，就把那份重的劾罪书拿出来。严延年早已知道他的这种做法，从赵绣怀里搜出了那份重罪检举书，立刻将赵绣送进了监狱，杀了他。

　　事无两可，法有一定①。只须依理持平②，自可立身无过。吏人引律查例，往往心怀观望，阴持两端③。不明道理，昧却良心，故绣本欲避祸，反以触④祸，可鉴也。

【注释】①一定：固定不变。②持平：主持公正或公平，没有偏颇。③阴持两端：即左右两边都能讨好。④触：触犯、冒犯。

【译文】事情没有可此可彼的，而法律是固定不变的。只需要依据法理去主持公平，自然可以安身无过。小吏引用法律审查案例，往往心里常怀观望的态度，两边都不愿得罪。不明白以上的道理，昧着自己的良心，因而赵绣本来想要避祸反而触犯了灾祸，值得借鉴！

　　9.陈遵，字孟公，杜陵人。少为京兆史，日出醉归，曹事①数废。大司徒马宫，谓为大度士，不以小文责之。举为令，后以击贼有功，封嘉威侯。居长安中，每大饮，宾客满堂，辄关门，取客车辖投井中。虽有急，不得去。遵容貌甚伟，略涉传记，赡②于文辞。性善书，请求不敢逆。所到衣冠③怀④之，唯恐在后。起为河南太守。久之，复为九江，及河内都尉。凡三为二千石。更始至长安，遵为大司马护军。使匈奴还，留朔方。为贼所败，时醉见杀。

【注释】①曹事：即曹务，指官署分科掌管的事务。②赡(shàn)：足、够。③衣冠：缙绅、名门世族。④怀：亲附、归向。

【译文】陈遵，字孟公，杜陵人，年轻的时候担任京兆史。每天一定外出饮酒，喝醉了回家，该办的公事多次耽误。大司徒马宫称陈遵是旷达大度之士，不能以琐碎的法令来要求他。陈遵被举荐担任县令，后来因为打击贼人有功，被封为嘉威侯。他居住在长安城中，每次大饮，宾客满堂，就把门锁上，把客人车轴外端的辖取下来丢到井里去，即使有急事，他们也无法离开。陈遵容貌十分轩昂，略涉猎经书传记，富于文辞。生性善于书法，有人请他写书法，他从不敢违背。所到之处，官绅一定都来依附，唯恐在他人之后。陈遵从河南太守起步，许久之后，又担任九江和河内的都尉。总共三次做两千石的官职。更始帝(刘玄)到长安，大臣荐举陈遵为大司马护军，出使匈奴归来，留在北方，被贼人打败，当时陈遵喝醉因而被杀。汉书。

遵为吏时，以酒废事。既贵不改，卒以醉见杀。其豪俊之才，甚可惜也。耽①于曲糵②者，当知所儆惕矣。

【注释】①耽：沉溺。②曲糵(niè)：代指酒。

【译文】陈遵做小吏时，因醉酒荒废政事。地位显贵以后仍不改正，最终因醉酒被杀。他豪迈俊秀之才，甚是令人惋惜。那些沉溺酒之人，应当知道加以警惕了。

10.王立，池阳①人。为狱掾，县令举立廉吏，府未及召。太守薛宣，闻立受囚家钱，责县案验。乃其妻独受系②者钱万六千，受之再宿，立实不知，惭恐自杀。

【注释】①池阳：今陕西省泾阳县和三原县的部分地区。②系：拘囚，关进牢狱。

【译文】王立，池阳人，担任狱曹的属吏。县令举荐王立为清廉的官吏，府衙还没来得及征召。太守薛宣听闻王立收受囚犯家人的钱财，责令县令调查罪证。原是他的妻子自己收受囚犯一万六千的钱财，接受贿赂的钱财后才肯休息，王立确实不知道。王立因惭愧惊恐自杀了。

狱掾之妻，亦有受赃之事。足见狱中人，号呼望救，百计营求，千古一辙也。立失于不知，惭恐自杀。则其真廉也可知。为吏者不但检束自己，并须防闲家人，共知法守，乃免于刑祸。

【译文】狱曹属吏的妻子，也会有受贿取赃的行为，这足以看出牢狱中的犯人，呼号求救，千方百计谋求救助，自古以来如出一辙。王立的过失因不知妻子受贿，惭愧惊恐自杀而死，他真正的廉洁的品行是可被世人知晓。为官的人不仅要检点自己的行为，而且还需防备、阻止家人犯罪。一同知法守法，才能免于刑罚灾祸。

11.韩安国为梁中大夫，坐法抵罪①。狱吏田甲困辱之，安国曰：灰死不复燃乎？田曰：燃即溺之。后安国为内史，田亡匿。韩曰：田不就官，我灭尔宗。田肉袒谢，卒善遇之。（《汉书》）

【注释】①抵罪：指因犯罪而受到相应的处罚。

【译文】韩安国担任梁国中大夫一职，因犯法被判罪，狱吏田甲侮辱韩安国。韩安国说："死灰难道就不会复燃吗？"田甲说："要是再燃烧就撒一泡尿浇灭它。"过了不久，韩安国被任命为梁国内史，田甲弃官逃跑了。韩安国说："田甲不回来就任官职，我就要夷灭你的宗族。"田甲便脱衣露胸前去谢罪，（韩安国）最终友好地对待他。

遇人在患难中，即使死灰无复燃之日，亦当加意存恤。况屈伸何定？始困终亨，不可胜数，奈何止知目前可逞，不复留人余地耶？幸是大量人，不计旧怨，反善遇之。然相形之下，益觉前日之小人情状，无地自容矣。

【译文】遇到他人在患难之时，即使是死灰没有复燃之日，也应当加以抚慰救济。况且进与退怎可评定？一开始困窘到最后亨通的不计其数。怎可只知道当下逞一时之意，不再给他人留有余地呢？幸亏韩安国是有大肚量的人，不计较旧时的怨恨，反而对田甲善待有加。然而相比较之下，田甲更加感觉以前的卑下情形让他无地自容了。

12.周纡为南行唐长，到官，谕吏人曰：朝廷不以长不肖①，使牧②黎民。而性仇猾吏，志除豪贼，且勿相试。遂杀县中尤无状③者数十人，吏人大震。(《后汉书》)

【注释】①不肖：不才、不正派、品行不好，没有出息等。②牧：管理。③无状：罪大不可言状。

【译文】周纡担任南行唐的长官，到任后对大小官员说："朝廷不认为我无能，派我来治理本县百姓。我生来仇视贪官污吏，决心除暴安良，你们谁也要不以身试法。"数十名为害百姓的贪官污吏及豪贼被一一斩首，大小官员十分震惊。

吏所以佐官理民者也，不相倚而相仇，为其猾耳，人性皆善，而猾吏方日趋于恶，猾吏不除，民生不安，故人人侧目①，非杀之无以彰公道而快人心，不然，吏亦赤子②也，何至于此？思之思之。

【注释】①侧目：斜目而视，形容愤恨。②赤子：百姓、人民。

【译文】小吏是用来辅佐官员管理百姓的人，不相互支持帮扶却相互敌视仇恨，是因为他们狡黠罢了。人生来都是善良的，但贪官污吏却逐渐变得邪恶。贪官污吏不剪除，老百姓的日常生活将不得安宁，因此众人都怒目而视。不杀了他们不足以彰显公道而大快人心。其实并不是这样的，小吏也是老百姓，为什么会变成这样？需要我们慎重思考！

13.王忳，广汉人。仕郡功曹，州治中从事。举茂才，除①郿令。到官至斄亭，亭有鬼，数杀过客。忳入亭止宿，夜中闻有女子称冤②之声。忳咒③曰：有何枉状，可前求理乎？女子曰：无衣不敢进。忳便投衣与之。女子乃前诉曰：妾夫为涪令，之官，过宿此亭。亭长无状，枉杀妾家十余口，埋在楼下，悉盗取财货。忳问亭长姓名。女子曰：即今门下游徼④者也。忳曰：汝何故数杀过客？对曰：妾不敢白日自诉，每夜陈冤。客辄眠，不见应。不胜感恚，故杀之。忳曰：当为汝理此冤，勿复杀良善也。因解衣于地，忽然不见。明旦召游徼诘问，具服罪，即收系。及同谋十余人，悉伏辜⑤。遣吏送其丧归乡里，于是亭遂清安。

【注释】①除：担任。②称冤：诉说冤屈。③咒：祝告。④游徼：乡官之一，有秩禄的官吏中最低级人员。⑤伏辜：服罪。

【译文】王忳，广汉人，担任州郡长官助理一职，主管众曹事务。选上茂才，担任郿县县令。到任抵达斄亭，亭有鬼，多次杀死过路客人。王忳进亭住宿，夜里听见有女子诉说冤屈的声音，王忳祷告说："有什么冤枉事，可以前来求公理嘛。"女子道："没有衣服，不敢进入。"王忳便丢了一件衣服给她，女子于是前来申诉道：我丈夫是涪县令，赴任经过此亭，在这里住宿，亭长无故残杀我家十多口人，埋在楼下，抢了我家的全部财物。"王忳问亭长姓甚名谁。女子说：就是你门下现在的游徼。王忳问："你为什么多次杀害过客？"女子答道："我不能白天自己申冤，每到夜晚陈述冤情，过客常睡觉不应，不胜愤慨，所以杀过客以泄恨。"王忱说："我当为你审理这桩冤案，再莫杀害善良人了。"女子把衣服脱下，扔在地上，忽然不见了。第二天，王忱召游徼审问，游徼承认了全部罪行，王忱下令马上逮捕，同谋十几个都处死。王忱派小吏送涪县令的棺木回家，薤亭从此安宁了。

此亭长杀一家十余口，劫取财货，惨毒极矣。彼①方谓其迹已灭，岂知怨鬼为厉，必使之伏其辜而后已也。身在公门，所为攫财害人之事，以为必不破败。而其后卒至破败，无能劫脱者，其相报之巧，往往如此，可畏哉！

【注释】①彼：他，他们。

【译文】这位亭长杀了一家十余口人，抢取财物，残忍恶毒到了极点。他以为犯罪的踪迹已被销毁，哪里知道冤魂变为恶鬼，一定要使他服罪方肯停下来。身处官署衙门，所做谋财害命的坏事，以为一定不会败露。但到最后终至败露，没有能逃过劫难的人。相互报复的巧妙往往都是这样的，可怕呀！

14.黄盖为吴石城长，石城吏特难检御①。盖至为置两掾，分主诸曹。教曰：令长不德，徒以武功得官，不谙②文吏事。今寇未平，多军务，一切文书，悉付两掾。其为检摄③诸曹，纠摘④谬误。若有奸欺者，终不以鞭朴相加。教下，初皆怖惧恭职。久之，吏以盖不治文书，颇懈肆。盖微省之，得两掾不法各数事。乃悉召诸掾，出数事诘问之，两掾叩头谢。盖曰：吾业有劫，终不以鞭杖相加，不敢欺也。竟杀之。诸掾自是股栗，一县肃清⑤。（《智囊》）

【注释】①检御：督察驾驭。②谙：熟悉，精通。③检摄：约束监督。

④纠摘：督察揭发。⑤肃清：清平。

【译文】黄盖早年时曾当过吴国石城长，石城的属吏是出了名的难以统领管束。黄盖到任后，就设立两处属官，统领各部门。黄盖召集所有僚属说："我的德行浅薄，是由战功而得官职，所以根本不懂公文及官场应对。今天贼寇尚未铲平，军务繁重，所以一切文书全交付两处处理，并负责督导各部门，纠举僚属的失误，若有人胆敢敷衍欺瞒，虽不至于招致鞭打，但后果自行负责。"命令宣布后，刚开始各僚属还能尽忠职守，时间久了，有些属吏认为黄盖看不懂公文，就开始怠慢放肆起来。黄盖稍加留意后，发现两处各有几件不法的事情，于是召集所有僚属，举出不法情事，两处长吓得叩头认错，黄盖说："我早就有话在先，不打你们，但后果自行负责，没想到你们还是敢欺瞒我。"于是杀了两处长！所有僚属自是惊恐颤栗。石城从此清平。

长以诚教，而掾以诈应，殊负一番委任之意，此所以见杀也。

【译文】长官以诚相教，但两掾却以欺诈来回应，太辜负（长官）的一番委任，这就是他们之所以被杀的原因。

15.征东将军胡质，以忠清著称。子威，亦励志尚。质为荆州刺史，威自京师定省①。家贫无车马僮仆，自驱驴单行。既至十余日告归，质赐绢一匹为装，威受之去。帐下都督（军吏），先威未发，请假还家。阴资装于百里外，要威为伴，每事佐助。行数百里，威疑而诱问之。既知，乃取父所赐绢与都督，谢而遣之。后因他信以白质，质杖都督一百，除吏名。（《晋书》）

【注释】①定省：探望问候父母或亲长。
【译文】征东将军胡质，以忠诚清廉著称于世。他的儿子胡威，也同样发扬其父的清廉美德的志向。胡质担任荆州刺史，胡威从洛阳去探望省亲，因家贫以至于胡威去看望父亲时，没有一车一马，也没有仆人随从，只有他独自一人骑着毛驴上路。在荆州小住十几天后，胡威向父亲辞行，胡质赐绢一匹作为行装。胡威接受后随即离去，胡质帐下都督在胡威出发回京前，就请假回家。（都督）暗中在百余里外置下路上所需物品，邀胡威作为旅伴，事事都帮助胡威，一起行走几百里。胡威心中疑惑，就引他说话得到实情，胡威就取出父亲所赐给的那匹绢偿付给都督，向他道谢后与他分手。后经别的使者，详细地把这件事告诉胡质，胡质责打都督一百杖，除去了他的吏名。

吏胥于官之亲戚子弟，无不竭力趋奉者。无非依附声势，以为媒利之计耳。胡君清忠励节，军吏无隙可乘。及其子还家，乃先期请假，候之百里之外。阳为结伴，阴助其费，可谓巧于逢迎矣。岂知其父子清操如一，不惟不得其欢，反以自取其辱。为吏而交结①内衙，献媚左右者，均当以此为戒。

【注释】①交结：指勾结。

【译文】下级官吏对于上级官员的亲戚子弟，没有不竭力逢迎讨好的。（他们这样做）无非是为了依仗上级的声势来为自己谋取利益。胡质清正廉明、气节高尚，军中官吏无隙可乘。等到他儿子（胡威）回家，就先他（胡威）请假，在百里之外等候他。明着是结伴而行，暗地里却资助他费用，可以称得上是巧于逢迎。哪知他父子是一样的清正气操，不但不能让他高兴，反而自取其辱。身为小吏却去勾结内衙，献媚于长官左右的人，都应当以此为戒。

16.元嘉①中，南康平固②人黄苗，为州吏，受假③违期。行经宫亭湖庙，祷于神，希免罚坐，还家当上猪酒。苗至州，皆得如志。还，竟不过庙。行至都界，中夜，船忽自下，至宫亭湖。有乌衣三人，持绳收缚苗，诣④庙阶下。神遣吏送苗山林中，锁腰系树。但觉寒热，举体生斑毛爪牙，化为虎形，性欲搏噬⑤。历五年，神乃放还。以盐饭食之，体毛稍落。经十五日，还如人形。后八年，得时疾死。（《述异记》）

【注释】①元嘉：南朝宋文帝刘义隆年号。②平固：今江西兴国县。③受假：休假。④诣：到……去、前往。⑤搏噬：搏击吞噬。

【译文】元嘉年间，南康平固人黄苗，在州里当官吏。休假超期，经过宫亭湖便进庙祷告，，希望能够免于处罚，（如果这些愿望能够实现）回家他将带着酒和全猪来祭祀一番。黄苗赶回州府之后，这些愿望全都实现了。返回故里时，竟然没有经过庙门口。走到四县的交界处，半夜，船忽然被吹得顺流而下，漂到宫亭湖。有三个人都穿着黑衣服并拿着绳子，将黄苗绑住，把他押到庙门口的石阶下。神明遣派小吏把黄苗送进深山老林，锁住黄苗腰并系在树上，只觉得一阵冷一阵热，整个身体都生出斑毛爪牙来，变为老虎的形状，性情也变得狂暴嗜杀。前后过了五年，神人让把他放了，并用饭和盐水喂他，他身上的斑毛渐渐脱落。十五天后，他复原为人。八年后患病而死。

衙门人诳骗，是其惯技，几于无日无之。故其视神，亦以为可诳者矣。以人化虎，事虽不经①。然作吏者平日弱肉强食，吞噬良民，其心已与虎狼无异。戾气所感，形质随之而化，此理之无足怪者耳。

【注释】①不经：近乎荒诞，不合常理。

【译文】衙门中人行骗，是他们惯用的伎俩，几乎没有一天不在做它。因而他们看待神明，也觉得是可以欺骗的。把人变作老虎，事情虽然很荒诞，然而做官的人平日里弱肉强食，侵占百姓，他们的良心已经和老虎没有什么差别了。感受着暴戾之气，外表也随之发生变化，这个道理没有值得奇怪的。

17.隋大业中，有京兆狱卒，酷暴诸囚。囚不堪其苦，而狱卒以为戏乐。后生一子，颐①下肩上，有若肉枷，无颈。数岁不能行而死。(《迪吉录》)

【注释】①颐：面颊。

【译文】隋炀帝大业年间，京兆有个狱卒，残酷凶暴地对待囚犯，囚犯们不能忍受这种痛苦，而狱卒却以此游戏为乐。后来他生了一个儿子，面颊下肩上长了一块肉好像肉枷，没有脖子，都好几岁也不能行走而死。

以狱囚为戏乐之具，可谓别有肺肠①。残忍成性，生理②已绝。所生之子，形貌不全，有同桎梏③。理也，非怪也。不知其心亦尝戚然一动否？

【注释】①别有肺肠：比喻人动机不良，故意提出一些与众不同的的奇特的主张。②生理：为人之道。③桎梏：刑具，脚镣手铐。

【译文】把狱中囚犯当作娱乐的工具，可谓是动机不良。残暴成性，毫无为人之道。生的孩子，形体容貌不完整，如同戴了枷锁一般。天理啊，没什么可责怪的。不知他（狱卒）的内心是否也曾悲伤过没有？

18.义宁中，豫章郡吏易拔，还家不返。郡遣吏追拔，见拔言语如常，亦为设食。使者迫令束装。拔因语曰：汝看我面。乃见服目角张，身有黄斑，径出门去。一至山麓，即便成三足虎。竖一足，即成其尾。(《异苑》)

【译文】义宁年间，豫章郡郡吏易拔，回家到期后没有回来，郡守就派人去追找易拔。被派的人见到易拔后，看到易拔说话很正常，也为他准备饭。被派的人催易拔穿衣束带准备上路，易拔就说："你看看我的脸。"被派的人这才看到，易拔的眼角张开了，身上有黄色斑纹，径直走出门去。他跑到山脚下，就变成了一只三条腿的老虎。那竖起的一只脚，变成了老虎的尾巴。

黄苗化虎，尚复人形于五年之后，此则永为异类矣。要皆其平时积恶害人之所致也。世之嫉吏者，每曰虎而冠，虎而翼，言其贪残之性，有似乎虎也。观此两事，即吏即虎，非特如之而已，为吏者其猛省于人兽之关乎？

【译文】黄苗变作老虎，尚且在五年之后恢复人形，而易拔则是永远变作异类（老虎）了。关键都是因为他平日里祸害他人积累太多恶行所导致的。世人嫉恨官吏，每每称他们虽穿衣戴帽而凶残似虎，如老虎增添了翅膀，都是在说他们残暴成性，就像老虎一样。看这两件事，做官于做虎，并不是特意为之，做小吏的人能猛然醒悟同做人或是做野兽有关系吗？

19.主书滑涣，久司中书簿籍。与内官典枢密刘光琦，相倚为奸。每宰相议事。与光琦异同者，令涣往请，必得。四方书币贽货，充集其门。弟泳，官至刺史。及郑余庆为相，与同僚集议。涣指陈是非，余庆怒叱之。未几，罢为太子宾客。其年八月，涣赃污发，赐死。（《日知录》）

【译文】主书滑涣，长期主管中书省文书档案，与宦官典枢密刘光琦私情颇好，狼狈为奸。每当宰相议事，凡与刘光琦意见不同的，只要让滑涣转达意思，没有不能达到目的的。四方书信钱财礼物，聚集到滑涣门下。其弟滑泳官至刺史。等到郑余庆担任宰相，与同僚会集议事，滑涣指着郑余庆陈说是非，郑余庆恼怒他僭越身份，叱责他。不久，（郑余庆）即被罢相，贬为太子宾客。那年八月，滑涣贪赃之罪被揭发，赐死。

涣以中书吏，交结内官，纳贿招权，倾动朝野。参预国政，目无公卿。余庆叱之而即罢退，是宰相皆为所操纵矣。乃不旋踵^①而赃发见诛，平生势焰，一朝俱尽。虽有狡兔三窟，奚益哉？

【注释】①旋踵：意指掉转脚跟，比喻时间极短。
【译文】滑涣凭借中书吏一职，与宦官相互勾结，揽权受贿，权倾朝野。参与国事，目无上司。郑余庆叱责他却随即被罢免身退，虽是宰相却也全被滑涣操纵控制。还不是随即就被发现贪污受贿而被处死，滑涣平生气焰嚣张，却一朝俱尽。虽然狡兔三窟，又有什么用呢？

20.汤铢者，为中书小胥^①，其所掌谓之孔目房。宰相遇休暇，有内状出，即召铢至延英门付之，送知印宰相。由是稍以机权自张，广纳财贿。韦处厚为相，恶之。谓曰：此是半装滑涣矣！乃以事逐之。

【注释】①小胥：旧时官府中的低级官员。
【译文】汤铢是中书府的小胥，他所掌管的部门被称为孔目房。宰相遇到休息时，有宫内事务要处理，就召汤铢到延英门然后交付给他，呈送主政宰相。因此汤铢逐渐凭借枢机大权自我膨胀起来，到处收受贿赂。韦处厚担任宰相以后，非常讨厌汤铢。对他说：这是半个滑涣呀！于是找个事由把汤铢放逐了。

滑涣之恶已稔(rěn)，故罪至于死。汤铢之权方张，故罪止于逐。由前而观，则为汤铢者，诚不如滑涣威权之重。由后而观，则为滑涣者，又不如汤铢得祸之轻也。然汤铢当日，方酷慕①滑涣之所为。苟非被逐，不至于滑涣之势盛而祸烈焉不止。噫，世间贪赃犯法之吏，后先相望。不惟②不以为鉴，反从而仿效之，殆不可解。

【注释】①慕：敬仰、羡慕。②不惟：不但。

【译文】滑涣罪大恶极，因而他的罪行达到了被处死的程度，汤铢滥用职权，才刚刚开始膨胀，因而他的罪行只停留于被放逐的程度。对比前者来看，汤诛真的不如滑涣那般位高权重。对比后者来看，滑涣又真的不像汤诛一样获得那样轻的罪刑。然而汤铢当时，才刚刚开始想像滑涣那般残暴行事。如果不是被放逐，虽不至于像滑涣那样势力强盛，但灾祸也不会仅限于这样。哎，世间贪赃犯法的小吏，前后相望，不但不引以为戒，反而却想要去效仿前者，真是让人无法理解。

21.刘自然，泰州人。天佑中为吏，管义军案。因连帅李继宗点乡兵，捍蜀城①。纪县百姓黄知感，名在籍中。自然闻其妻有美发，欲之。诱知感曰：能致②妻发，即免是行。知感归语其妻。妻曰：我以弱质托于君。发有再生，人死永诀矣。君若南征不返，我有美发何为。言讫，剪之。知感深怀痛愍③。既迫于差点，遂献于刘。而知感竟不免徭成，寻④殁于阵。是岁自然亦亡。后黄家驴产一驹，左胁下有字云刘自然。邑人传之，达于郡守。郡守召自然妻子识认。其子曰：某父平生好饮酒食肉，若能饱啖⑤，即父也。驴遂饮酒数升，啖肉数脔⑥。食毕，奋迅⑦长鸣，泪下数行。刘子请备百千赎之，黄妻不纳，日加鞭挞。后经丧乱，不知所终。刘子亦惭憾而死。（《迪吉录》）

【注释】①蜀城：即四川。②致：送、送达。③痛愍（mǐn）：悲痛怜悯。④寻：随即、不久。⑤饱啖（dàn）：吃东西吃到饱。⑥脔（luán）：切成小块的肉。⑦奋迅：精神振奋，行动迅速。

【译文】刘自然，泰州人唐昭宗天佑年间，主管义军案卷文书。因为连帅李继宗要招集乡兵保卫四川，成纪县的老百姓有个叫黄知感的也在名册中。刘自然听闻他的妻子长了一头的秀发，就想要获得它。他引诱黄知感说："如果你能把妻子的头发拿来，我就免除你去当乡兵。"黄知感回家将此事告诉了妻子，他的妻子说："我把自己微弱的身体都托付给你了，头发剪去还可以长出来，人如果死了，就永远不能再见了，你如果去南边打仗不能回来，我的头发再秀美又有什么用呢？"说完，就把头发剪了下来，黄知感心里十分的痛悔和忧愁，又被征兵所逼迫，就只好将头发献给了刘自然。其实刘自然之意并不在头发，黄知感最终也没有免除征召，只好去当了乡兵。不久就在战争中死去了。这一年，刘自然也死了。后来黄家的一头母驴生下了一个驴驹，左肋下写着字是"刘自然"。县里的人们把这件事传扬开去。于是被郡守知道了，郡守就把刘自然的妻子和孩子叫来辨认。刘自然的儿子说："我父亲一生喜欢喝酒吃肉，如果它能够饮酒吃肉，就是我的父亲。"郡守让人搬来了酒肉，结果那驴驹喝了好几升酒，吃了好多块肉。吃完，就长鸣不已，流下了很多眼泪。刘自然的儿子准备了百千钱请求买回这头小驴，但黄知感的妻子却不接受这个要求，并且每天用鞭子抽打它，后来经过丧乱，也就不知道这头驴的下落了。刘自然的儿子后来也因惭愧遗憾而死了。

　　假公事而髡①人之妻，即使能为出籍，亦未必不遭阴谴②也，发犹如此，况于诈取财物，至令卖男鬻女③者哉？世俗言及恶报，辄曰变驴变狗，不必实有其事也。怨毒之必报，理自如此。

【注释】①髡（kūn）：剃去毛发。②阴谴：冥冥之中受到责罚。③卖男鬻（yù）女：因生活所迫而出卖自己的儿女。

【译文】假借公事的名义而剃去别人妻子的头发，即便能把黄知感从名册中去掉，也未必不会在冥冥之中受到责罚。剃人头发尚且这样，更何况是骗取钱财，导致别人卖儿卖女的人呢？世人说到报应，就会讲变驴或变狗，不一定真的有这种事。恶毒之人必遭报应，情理自然是这样的。

22.潘逢为吏，有民因罪而法未合①死，潘曲②杀之。后见形为祟③。他人即不见。惟闻语声云：阴中④论尔，须去对之。潘召人禁咒厌劾。不能除。每日同饮食行坐，惟不入国门。潘问之，何不入其门？曰：我是鬼，门神不与入。潘曰：尔是官杀，何相执？不能取我命，空朝夕系缀⑤何也？鬼曰：尔不上文字，官焉能杀我。盖缘尔命未尽，是以随之耳。（《灵应录》）

【注释】①合：对、核对。②曲：不正派、不公正。③祟（suì）：鬼神作怪。④阴中：冥冥之中、阴间。⑤系缀：跟随。

【译文】潘逢做吏时，有百姓犯罪，法律未对其是否被杀头进行核查，但潘逢却不公正的杀了他。后来那人现身做鬼，别人都看不到，唯独潘逢听到他说："阴间正在判定你，你需要去对证。"潘逢招人来念咒驱邪，仍然不能消除。每天（那鬼）都与潘逢一起饮食行坐，唯独不进国都的城门。潘逢问他："为什么不进此门？"那鬼答道："我是鬼，门神不让进。"潘逢说："你是官府杀死的，但却为何如此执着的跟着我？不能取我的性命，白白的朝夕跟随我，为什么呢？"鬼说："你如果不上呈书信，官府怎么能杀我？大概是因为你的阳寿未尽，所以一直跟着你罢了。"

吏之务为深刻者，动云尚有官府作主，与己无干。岂知一字轻重之间，伯仁①由我而死，怨气必不能销也。下笔时安可不慎？

【注释】①伯仁：代指别人。

【译文】官吏致力于执法严苛，动不动就说都有官府做主，与自己无关。岂不知一字的轻重，别人就会因我而死，怨气必定不会消除。下笔时怎么可以不慎重呢？

23.衢州一里胥，督促民家租赋。民家贫无以备飧①。只有哺鸡一只，拟烹之。里胥恍惚间，见桑下有着黄衣女子，前拜乞命云：不忍儿子未见日光。里胥惊恻。回至屋头，见一鸡哺数子，其家将缚之。意疑之，不许杀，遂去。后再来，其鸡已抱出一群子。见里胥向前踊跃②，有似相感之状。里胥行数百步，遇一虎，跳踯渐近。忽一鸡飞去，扑其虎眼，里胥奔驰得免。至暮，从别路仍至其家，已不见鸡。问之，云朝来西飞去无踪。里胥具说见虎之事。遂往寻之，其鸡已毙于草间，羽毛零落。自后一村少有食鸡子者。

【注释】①飧（sūn）：晚饭，亦泛指熟食、饭食。②踊跃：是指形容情绪激烈，争先恐后，比喻做某事积极。

【译文】衢州的一个里胥监督催促赋税征收情况，这个地方有一个村民因为家里贫穷的无米下锅，正准备要杀正在孵小鸡的母鸡。里胥眼前突然模模糊糊，看到桑树下有一个穿黄衣服的女子，上前拜倒向他乞求救命，说："不忍我的小孩连这个世界都还没有见过啊！"里胥大惊，回到屋前，见这户人家房子的一角正有一只母鸡正在孵小鸡，主人正要来抓它杀了下锅，里胥深感疑惑，制止了他杀鸡的行为，然后离去。后来，里胥再一次来到这户人家，只见母鸡带着一群小鸡争先恐后的扑到里胥面前以谢恩。里胥离开村民的家后，走了数百步，突然遇见了一只老虎跳至身前想要吃他，忽然一只鸡飞过来啄瞎了老虎的眼睛，里胥奔逃得以幸免。到了傍晚时分，里胥从别的路仍然来到农户家中，已经见不到那只鸡了，询问农户，农户答道早上向东飞走从此不见踪影。里胥叙说了路遇老虎的事情，于是前去寻找那只鸡，农户家的鸡已经死在草丛间，羽毛散落其中。从此，这个村再也没有吃鸡蛋的人。

柳子厚有云："悍吏之来吾乡，叫嚣乎东西，隳突乎南北，虽鸡犬不得宁焉。"追呼之扰，比比皆是。天使一鸡，巧示报应，欲需索①者恻然动心，洒然变志耳。

【注释】①需索：敲诈勒索。

【译文】柳子厚曾说过：凶暴的官吏来到我们乡，到处吵嚷叫嚣，到处骚扰，即使是鸡犬也不得安宁。追呼纷扰到处都是。上天派下一只鸡，巧妙的显示报应，是想让那些敲诈勒索的人动恻隐之心，毅然改变想法罢了。

24.郎吏冯球，家最富。为妻买一玉钗，奇巧①直七十万钱。先是相国王涯之女，请买此钗。王曰：我一月俸金即有此，岂于尔惜之？但一钗七十万，妖物也，必与祸相随。女不复敢言。数月。王知前钗为冯球所买，叹曰：郎吏而妻首饰如此，其可久乎？后未浃旬②，冯为苍头③鸩死，卒符王涯所料云。（《迪吉录》）

【注释】①奇巧：凑巧。②浃(jiā)旬：一旬，即十天。③苍头：指奴仆

【译文】郎吏冯球，家中殷富，为他妻子买了一支玉钗，很凑巧，那支玉钗价值七十万钱。首先是相国王涯的女儿请求想要这支玉钗，王涯说："我一月的俸金就有这些钱，怎会对你爱惜这些钱财。但是一支玉钗就要七十万钱，这是妖物，一定有灾祸相随。"王涯的女儿不敢再说了。几个月以后，王涯获知玉钗被冯球买了。叹气说到："郎吏的妻子首

饰都是这样，他可以长久的了吗？"后来不到十天，冯球被奴仆毒死，最终如王涯所料想那样。

　　宰相之女，嫌其贵而不买之钗，郎吏之妻，买之若不费力。非其家赀厚薄不同，一惜福，一折福耳。世之以胥吏致家富饶者，其什物用度，色色美丽，多在官司之上。犹且夸耀乡里，卖弄豪华，要之皆其速亡之兆也。果有余赀，何不周给穷戚，施济乡里？为穷人所不能做者，做一二件，庶①几免于悖出②之后患。

　　【注释】①庶：差不多。②悖出：胡乱花掉。

　　【译文】宰相的女儿，因嫌太贵而没有买的玉钗，郎吏的妻子，毫不费力的就买了它。并不是因为他们家财的贫富程度不一样。只不过一个是惜福，一个是折福罢了。世俗当中凭借胥吏职位而发家致富的人，他家中的日常用品，都是光鲜亮丽的，很多都比官府大员家中的（日常用品）还要好。还要在乡里炫耀，卖弄财富，这些都是他迅速败亡的征兆。如果真的有多余的钱财，为何不用来救济穷亲戚，布施乡里？穷人做不了的事，为他们做一两件。差不多就可以免掉悖入悖出的灾患了。

　　25.陆元方子象先，为河东按察使。小吏有罪，诫①遣之。大吏白争②，以为可杖。象先曰：人情大抵不相远，谓彼不晓吾言耶？必责者，当以汝为始。大吏惭退。尝言天下本无事，庸人扰之为烦耳。第③澄其源，何忧不简耶？（《唐书》）

　　【注释】①诫：告诫、警告。②白争：争辩。③第：只要、仅仅。

　　【译文】陆元方的儿子陆象先，担任河东按察使。有个小吏犯了点罪，陆象先只是告诫谴责一下就算了。另外一个大吏就争辩说，认为应该用棍棒打那个小吏。象先说：人情大概相差不多，你说他不明白我的话吗? 一定要责罚的话, 应当从你开始。大吏惭愧地退了下去。陆象先曾经说: 天下本来没有什么事端, 只是庸人扰乱它, 制造麻烦罢了。只要澄清源头, 有什么忧愁解决不了呢?

共事公门, 朝夕相对。有朋友之谊, 即当有体恤之情。小吏有罪, 大吏不能劝诲于前, 有罪方当为之分过, 乃争白于官, 以为可杖。此中实不可问, 陆公公恕①之论, 可使诬陷同类之猾吏愧死矣。

【注释】①公恕: 公正宽厚。

【译文】一起在政府部门公事, 朝夕在一起。互相之间有朋友的情谊, 就应当有互相体恤的情谊。小吏犯了点过错, 大吏不能在犯过之前加以劝阻, 等到小吏有了罪过应当替他分担部分过错, 却去与上司争辩, 认为应当施以杖刑。这其中的缘由确实不可过问, 陆象先公正宽厚的言论, 足以让那些诬陷同僚的奸猾之人羞愧难当。

26.李日知为刑部尚书, 不行捶挞①而事集②。有令史受敕三日, 忘不行。日知怒, 欲捶之。既而曰: 人谓汝能撩李日知嗔, 受李日知杖, 不得以为人。遂释之, 吏皆感悦, 无敢犯者。(《臣鉴录》)

【注释】①捶挞: 杖刑。②集: 成功。

【译文】李日知担任刑部尚书, 从来不捶打下属, 但事情却办得很顺利。有个令史, 接受敕令后, 三天过去了却还没有执行。李日知很生气, 准备用鞭子抽打这个令史, 接着又说: "天下人一定会说你能激起李日知我的怒气, 受了李日知的杖击, 你就会比别人低一等了。" 于是便把令史释放了。李日知的下属吏员都深受感动, 以后再也没有犯法的人了。

官之于吏，原以相资集事者也。吏有小过，不加鞭挞，所以养吏之廉耻，亦正见官之公恕也。为吏者因此生感生奋，岂非两全之道？若以为不足畏而玩①视之，甚或以为有所私厚于己，而阴以为利。不但负恩，实为自弃，得祸岂浅鲜②哉？

【注释】①玩：轻视、忽视。②浅鲜：微薄、轻薄。

【译文】上级长官和下级小吏，本来就是相互帮助来顺利办事的。下级小吏有过错，不施加鞭打杖刑，这是在培养小吏的礼义廉耻，也正由此看到上级官吏的公正宽厚。下级小吏因这事而心里感激振奋，这岂不是两全其美吗？如果认为不足为惧而轻视他，或者认为这是私自对自己施以恩惠，偷偷的以此为利。不但辜负长官的恩情，这实际上是在自暴自弃，因此而得到的灾祸难道会少吗？

27.唐有一吏，贷军吏吴宗嗣钱二十万，不还。逾年，宗嗣忽见此吏衣白来，潜入厩中。俄而马生白驹。问其家，吏正以是日死也。驹长卖之，适合所欠之数。（《丹桂籍》）

【译文】唐朝有一个官吏，借了军吏吴宗嗣二十万钱，不归还。过了一年，吴宗嗣忽然看到这个官吏穿着白衣服走来，暗中进入马厩中。不久之后马生了一匹白色的马驹。吴宗嗣询问借他钱的那个官吏的家人，那人正是在当日死的。管马的人把马驹给卖了，得到的钱正好是那人欠钱的数目。

贷钱不还，或由力不能偿，未必有心图赖也，尚为马以偿之。可见人之财帛，不容妄取。取之生前，必使偿之身后。冥冥中不啻①有持筹而握算者。若为吏而倚势欺公，非理横索，较之贷钱不还者，丧心尤甚，业②报更当何如？

【注释】①不啻(chì)：无异于、如同。②业：罪孽。

【译文】借钱不还，或者是因为财力暂时不能偿还，不一定是有意要赖。尚且是变做马来偿还债务。由此可以看出，别人的钱财，容不得妄加获取。活着的时候取来，一定在死后来偿还它。冥冥之中如同有人在管理财务一般。如果做吏而仗势欺人，无理索取别人财物，与那些借钱不还的人相比，更加的丧尽天良，此种罪孽的报应还能怎么样呢？

28.包孝肃公之尹京也，初视事①。吏抱文书以伺者盈庭。公徐②命阖③府门，令吏列坐④阶下，枚⑤数之以次进，取所持案牍遍阅之。既阅，即遣出。数十人后，或杂积年旧牍其间，诘问⑥辞穷。盖公素有严明之声，吏用此以试，且困公。公悉峻⑦治之，无所贷⑧。自是吏莫敢弄以事，文书益简矣。天府⑨虽称浩穰⑩，然事之所以繁者，亦多吏所为。本朝称治天府，以孝肃为最者，得省事之要故也。（《却扫编》）

【注释】①视事：就职治事。②徐：安适的样子。③阖：关闭。④列坐：按次序坐。⑤枚：一个。⑥诘(jié)问：责问、质问。⑦峻：严肃、严厉。⑧贷：宽恕、宽免。⑨天府：天子的府库，也比喻某地物产丰饶。⑩浩穰：众多、繁多。

【译文】包孝肃到达尹京，刚开始就职办事。小吏怀抱文书等待的站满了庭堂。包孝肃从容地命人关上府门，让小吏们按次序坐在庭堂阶下，一个一个的按次序进来，包孝肃取来小吏拿的案牍逐一审阅。审阅完了，就让那人出去。数十人之后，有的掺杂陈年旧文其中，都被包孝肃责问的无言以对。大概是因为包孝肃素来有严明的名声，小吏想用这种做法来试探一下，想要困扰住包孝肃。包孝肃全都严肃地处理了，没有徇私宽恕的。从此之后小吏都不敢再生是非，文书更加简明了。天下的政事虽然重多。但政事之所以那么繁杂，也多是因为小吏所为。本朝治理天下政事，以包孝肃最得力，是由于他掌握了精简办事的关键的缘故。

吏胥狡狯①之技，历来如此。然毕竟有何用处？徒自取罪戾而已。

【注释】①狡狯(kuài)：诡诈。

【译文】吏胥狡猾诡诈的手段，历来都是这样的。但究竟有什么用处？只是自招罪过罢了。

29.张咏在崇阳，一吏自库中出，视其鬓畔有一钱。诘之，乃库中钱也，咏命杖之。吏勃然曰：一钱何足道，乃杖我耶？尔能杖我，不能斩我也。咏笔判云：一日一钱，千日千钱；绳锯木断，水滴石穿。自仗剑下阶，斩其首，申①府自饬②。崇阳人至今称之。(《宋史》)

【注释】①申：申述、说明。②自饬(chì)：自行整肃。

【译文】张咏在崇阳，一个小吏从库房出来，看到他头发鬓角的头巾上有一枚钱币，张咏就责问他，小吏回答说是库房里的钱。张咏命令下属打了他，小吏很恼火，说："拿一枚钱有什么大不了的，为什么要打我呢？你能够用杖打我，但是你不能够杀了我。"张咏拿过笔来，上面判他说："一天偷一钱，一千天就是一千钱，绳锯木断，水滴石穿。"走下台来，自己拿剑斩了他，并向御史台上书自我弹劾。在崇阳，至今还流传称颂这个故事。

吏胥稍知律例，每以数未满贯，罪不至死。肆志为之，不复顾忌。不知饮啄前定①，点水难消②。且贪婪无厌，积少成多。放利多怨，偶一发觉③，刑祸竟不可测。此即绳锯木断，水滴石穿之意也。

【注释】①饮啄前定：指凡事必有因果。②点水难消：虽菲薄之物也不能受用。③发觉：败露。

【译文】吏胥稍懂一些法律，每每因所犯罪行不大，罪过不至于杀头。肆意胡作非为，不再有所顾忌。他不明白凡事皆有因，虽菲薄之物也不能受用。况且贪婪没有限止，积少成多。以谋求利益作为做事的目的多会招致怨气，偶然间其中一个败露，那招致的刑祸将是不可预测的。这就是绳锯木断、水滴石穿的意思。

30.包孝肃尹京，号为明察。有编民犯法，当杖脊。吏受赇^①，与之约曰：今见尹，必付我责状。汝第^②呼号自辩，我与汝分此罪。汝决杖，我亦决杖。既而包引囚问毕，果付吏责状。囚如吏言，分辩不已。吏大声诃之曰：但受脊杖出去，何用多言？包谓其市^③权，捽^④吏于庭，杖之七十，特宽囚罪。止从杖坐，以抑吏势，不知乃为所卖，卒如素约，小人为奸，固难防也。（《梦溪笔谈》）

【注释】①赇（qiú）：贿赂。②第：只管。③市：交易、做买卖。④捽（zuó）：揪、抓。

【译文】包孝肃在京城做地方官，称要明察。有一位编入当地户籍的居民犯了法要杖脊，一个小吏接受贿赂，与那人约好说：今天见到京兆尹他，一定会交给我审问事情经过，你只管大声为自己辩白，我和你分担这个罪名，你肯定要挨打，我也会被挨打。不久包孝肃问询案件完毕后，果然叫这个小吏问他的罪行，囚犯像小吏说的那样，不停的为自己辩白。小吏大声呵斥：只管去受杖脊，用不着狡辩！包孝肃说小吏是出卖权力，把小吏揪到堂上，杖责他七十，特地宽大处理囚犯的罪过，只判处鞭打的刑罚，用来抑制小吏的权势。不知道竟被恶吏出卖，他们最终按早先约定的办了。小人奸诈，实在难以防范。

此计诚巧,但以捶楚而易钱财,细思终不直得。衙门中竟有以代杖为业者。伤父母遗体,博酒食醉饱之乐。下愚不为,奈何反以为得计也?

戒录

【译文】这个计谋真的很巧妙,但是用杖脊来换取钱财,仔细一想始终觉得不值得。衙门中竟然有以代人受杖刑为业的人。伤害父母留给的躯体,来换取酒醉饭饱的欢乐。下等的愚人都不会去做,那个小吏怎么会反而认为计谋得逞呢?

31.吉水猾吏,于令始至,辄诱民数百讼庭下,设①变诈②以动令。如此数日,令厌事则事常在吏矣。葛源摄令事。立讼者两庑③下,取其状视。有如吏所为者,使自书所讼。不能书者,吏受之。往往不能如状。穷④之,辄曰:我不知为此,乃某吏教我所为也。悉捕劾致之法,讼故以少。(《断狱龟鉴》)

【注释】①设:筹划、谋划。②变诈:诡变巧诈。③庑(wǔ):堂下周围的走廊。④穷:寻究到底。

【译文】吉水有一奸猾的小吏,在县令刚到任的时候,就诱导数百民众在庭堂下告状,筹划用诡诈的手段来让县令震动烦恼。这样进行了好几天,县令厌烦公事因而常把公事交由小吏来处理。葛源代理县令,让告状的人站在堂下走廊两侧,拿来他们的诉状查看。有像小吏做的那样,让他们自己书写诉状。不能写的人,就说小吏交给他的,所写往往不像之前所写的诉状,追问其缘由,就说:我不知道怎么回事,是某小吏教我这样做的。葛源下令将这些吏人全部抓起来依法审判,从此之后诉讼文书就少了很多。

为官者方虑事多,为吏者惟患事少。事少则官不能欺,难于弄权也。此种惯弊,至今人共见闻矣。虽极狡诈,究何益哉?

【译文】做官的人担心政事繁多，小吏却担心政事稀少，政事太少就不能欺骗上级，很难滥用权力。这种一贯的弊端，到现在世人都很清楚明白了。即使穷极狡诈的伎俩，又有什么好处呢？

32.宋初，吏人皆士大夫子弟不能自立者，忍耻为之。犯罪许用荫赎（祖父作官，曾有恩荫者，子孙为吏犯罪，准折赎也），吏有所恃，敢于为奸。天圣间，吏毋士安犯罪，用祖令孙荫。诏特决之。仍诏今后吏人犯罪，并不用荫。又诏吏人投募①。责状在身无荫赎，方听入役。苟吏可用荫，则是仕宦不如为吏也。诱不肖子弟为恶，莫此为甚。禁之诚急务也。（《燕翼贻谋录》）

【注释】①募：特指征兵。

【译文】宋朝初年，小吏都是由那些不能自己有所作为、独立谋生的士大夫家的子孙来担任，忍受着耻辱来任职。小吏犯了罪允许用祖先的恩荫来赦免其罪。小吏有恃无恐，敢于做奸邪的事情。天圣年间，小吏毋士安犯了罪，用祖上的恩荫来赦免其罪，皇帝特意下诏书来判决此事。接着又下了一道诏书，从今往后小吏犯了罪，不能再用恩荫赦免。至于小吏服兵役，因有皇帝的诏书责令失去了恩荫，才听从入军服役。如果小吏可以使用恩荫，那么做仕宦的还不如小吏了。（允许用恩荫来赦免其罪）诱导没有出息的子孙后代作恶，没有比这更厉害的了。禁止这种事情真是当务之急呀！

祖宗之荫，不能庇不肖之子孙。吏有出身名家者，当努力自爱，毋重辱其先也。

【译文】祖宗的恩荫，不能用来庇护没有出息、胡作非为的子孙后代。出身名门望族的小吏，应当努力自爱，不要有辱祖先的名望。

33.皇祐中，赵及判流内铨，始置阙亭。凡有州郡申到阙，实时榜出，以防卖阙①。部吏每遇申到，匿而不告。州郡丁忧②事故，有申部数年，而部中不曾榜示者。吏人公然评价③。长贰④郎官，为小官时，皆尝由⑤之，亦不暇问。太宗皇帝曰：幸门⑥如鼠穴，不可不塞也。遂严禁之。

【注释】①卖阙：出卖缺额的官职。②丁忧：遭逢父母的丧事。③评价：衡量、评定其价值。④长贰：指官的正副职。⑤由：经历。⑥幸门：奸邪小人或侥幸者进身的门户。

【译文】皇祐年间，赵及担任流内铨一职，开始设置阙亭。凡是有州郡的呈文到达阙亭，就张榜公示，用来防止买卖官爵。部门内部小吏每当遇到有呈文送到，就藏起来不告知。州郡官吏遭逢父母的丧事，有呈文到达部中多年，而部中从来没有张榜公示。小吏明目张胆地加以评定各种阙位的价格正副郎官，担任低级官吏时，都曾经经历过此事，也无暇过问。太宗皇帝说：奸邪小人得以进身的门户就像老鼠洞，不能不加以封堵，于是就严令禁止此事。

卖缺之弊，自昔有之。当纲纪①肃清，自无所施其伎俩。凡起文②出结③，惟宜秉公速办，以成人之功名。不得勒揞④钱财，高下其手⑤也。

【注释】①纲纪：治理。②起文：向上级呈报文件。③出结：出具事已了结或事情属实的证明。④勒揞（kèn）：勒索。⑤高下其手：比喻玩弄手法，串通做弊。

【译文】买卖官缺的舞弊行为，自古就有。应当严肃治理加以消除，自然而然也就没有（奸邪小人）施展其伎俩的机会了。凡是呈报的文件需出具事实结果的，应当秉公急办，以此来成就别人的功业。不能勒索敲诈钱财，不能玩弄手法串通作弊！

34.中书五房吏，操^①例在手，惟顾金钱，去取任意。所欲与，即检行^②之。所不欲，或匿例不见。韩魏公为相，令删取五房例，及刑房断例，除其冗谬不可用者，为纲目类次之，封誊(téng)谨掌。每用例，必自阅。自是人始知赏罚可否，一出宰相，五房吏不得高下其间。(《智囊》)

【注释】①操：掌握；控制。②检行：查验。

【译文】中书省五房的官吏手握管理条例大权，然而只要有钱，就可随意调阅条例，只要五房官吏点点头，任何条例随时可取；一旦他们摇头，所有的条例仿佛都隐而不见了。韩琦升任宰相后见五房官吏太过嚣张，就下令取消五房掌例的职权，删除过去错误冗赘的条例，再分类按次编排，盖上戳记，官吏判案如须援用条例，一律亲自阅查。命令颁布后，人们才真正认识宰相韩琦的耿直公正，而五房的官吏再也不能挟权敛财了。

多立条例，原以防吏胥之奸。不知例愈多而用例愈巧，益左^①其奸耳，此种伎俩，千古一辙。故韩魏公厘定^②章程，而吏不能任情高下，孰谓清官难出猾吏手也。为官者固不可不知，而吏亦当深以为戒。

【注释】①左：帮助、辅佐。②厘定：整理制定。

【译文】制订许多条例，本来是为了来防止吏胥做奸邪之事。却不知道条例越多反而吏胥利用条例越巧妙，更加助长他们的奸邪行为。这其中的伎俩手段，自古以来如出一辙。因而韩琦整理制订了制度、规定，使得小吏不能任意胡作非为，谁说官员不论如何廉洁清正，也难免被属吏蒙蔽呢? 做官固然不能不知道, 而小吏也应当以此为戒!

35.宋时经略府承差某。奉檄^①办公, 止于驿舍。怒驿卒服事不恭, 及去, 以饲马残草投于井中, 谓已无再过之期矣。未几复奉差过此。时天暑渴甚, 临井汲饮。昔日残草在内, 不及细视, 哽喉气塞而死。(《配命录》)

【注释】①檄(xí): 通电、通告。

【译文】宋时经略府承差某, 奉上峰命, 出外办公。在驿舍住宿的时候, 怪驿卒服侍怠慢, 心中怀恨。临去, 将喂马的残草抛弃井中, 以为自己此后不会再来的了。不久, 再奉差过此, 时当大暑, 非常口渴, 看见有井, 赶去汲饮。往日丢在井中的残草, 尚留在那里, 他忘却过去所积的恶因, 饮时不及细看, 草屑混在水中, 卡在喉咙里气塞而死。

官司差人, 狐假虎威, 到处肆横, 以为排场应如此, 岂知显报即在眼前耶? 可异者, 驿卒原无加害之心。而承差自作自受, 何相报之巧也。

【译文】官府的差人, 仗势欺人, 蛮横无理, 到处胡作非为, 自认为排场就应该是这样的, 岂不知报应就在眼前吗? 可奇怪的是, 驿卒本来没有加害的心思, 但承差却自作自受, 报应是多么的巧妙呀!

36.寇莱公为枢密院。王旦在中书, 吏倒用印寇公即行惩责。后枢密吏亦倒用印, 中书吏人亦欲王惩责, 以报前怨。王公问众吏曰: 汝等且说他当初责尔等是否^①? 众吏曰: 不是。公曰: 既不是, 岂可学他不是? 陈镒、王文, 同为御史。每入院, 陈或后至, 主辄命鸣鼓, 集诸道御史升揖。诸道与堂吏皆不服。一日陈先至, 堂吏请击鼓。陈曰: 少待, 岂可学他? 王至愧甚, 曰: 吾自知气质浮躁, 不及陈公远矣。(《言

【注释】①是否：对不对，是不是。

【译文】寇准在枢密院任职，王旦在中书省任职。中书省的小吏把印用倒了，寇准就责罚了他。后来枢密院的小吏也倒用印，中书省的吏人也想让王旦责罚他，以报之前的怨恨。王旦问众人说："你们说说看，他（寇准）当初责罚你们对不对呢？"众人说："不对。"王旦说："既然不对，为什么要学他不对的行为呢？"陈镒、王文，共同担任御史。每当到御史院议事，陈镒有时会晚到，这时王文就会命令堂吏敲鼓，聚集众位御史升堂作揖议事。众位御史和堂吏都心有不服。有一天，陈镒先到了，堂吏请求敲鼓，陈镒说："再等一会儿，我怎么能学他呢？"王文到了之后非常惭愧，说："我明白自己性格急躁，远不如陈镒呀！"

为吏者罔识大体，乐于有事。每因文移①礼貌间，小有不平。辄耸动长官，展转②报复。及至嫌怨日积，伤僚友之和，误国家之事，吏独何所利于其间哉？观二公之度量宏远，以德服人，为吏者亦可以爽然③失矣。

【注释】①文移：文书，公文。②展转：形容经过多种途径，非直接的。③爽然：豁然、了然。

【译文】做小吏的不识大体，喜欢搬弄是非。每当因为文书、礼貌稍有不公平，就鼓动上司，间接进行报复。导致彼此之间怨恨日益积累，伤害同事之间的和睦，耽误了国家的政事。小吏又怎能在这其中独自获得好处呢？看这二人的度量如此宏远，以德服人，小吏也可以豁然释怀了。

37.苏涣知衡州时，耒阳民为盗所杀，而盗不获。尉执一人指为盗。涣察而疑之，问所从得。曰：弓手见血衣草中，呼其侪①视之，得

某人以献。浣曰：弓手见血衣，当自取之以为功，尚何呼它人，此必奸。讯之而服。（《断狱龟鉴》）

【注释】①侪（chái）：辈、类。

【译文】苏浣任衡州知州时，耒阳县有个人被盗贼所杀，但盗贼没有捕获。县尉捉来一人，指控他是杀人的盗贼。苏浣审查后觉得可疑，问是从哪里捕得的。县尉回答说："弓箭手发现草丛中有血衣，招呼同伴们去看，捉到了这个人，并献上。"苏浣说："弓箭手发现草丛中有血衣，就应当自己取了去请功，又何必招呼他人呢？这一定是在弄鬼。"于是审问弓箭手，弓箭手服罪。

奸徒作事瞒人，未有不自取败露者，况人命乎？弓手杀人，弃其血衣，可谓巧于掩饰矣。不知呼侪同视意在嫁祸，实已自留破绽也。谚云：若要人不知，除非已莫为。愿作弊嫁祸之胥役，常常三复此语。

【译文】奸诈阴险的人制造假象欺瞒众人，没有不自取败露的，况且是任命呢？弓箭手杀了人，丢弃他的血衣，可以称得上是在巧妙的掩饰自己的罪过。不知道呼唤同伴去看想要嫁祸他人，实际上是在自留破绽人。正如谚语说的那样：若要人不知，除非已莫为。但愿那些作弊嫁祸他人的胥役，时常重复、深思体会这句话。

38.眉山有人窃芦菔①根，而所持刃误中主人。尉幸赏以劫闻，狱掾受赇掠成之。太守将虑②囚，囚坐庑下泣涕，衣尽湿。参军程仁霸适过之，知其冤。谓盗曰：汝冤盍③自言，吾为直之，盗果称冤。移狱于公，既直其事，而尉掾争不已，竟杀盗，公坐逸④囚罢归。不及月，尉掾皆暴卒。后三十余年，公昼日见盗拜庭下。曰：尉掾未伏，待公而决。前此地府欲召公暂对，我叩头争之曰：不可以我故惊公，是以至今。公寿尽今日，我为公荷担而往。暂即生人天。子孙寿禄，朱紫⑤满门矣。公具以语家人，沐浴衣冠，就寝而卒。后子孙果寿至期颐，累世贵显，而尉掾之子孙微矣。(《东坡题跋》)

【注释】①芦菔：萝卜。②虑：审问。③盍(hé)：怎么、为什么。④逸：通"佚"，散失。⑤朱紫：古代高级官员的服色或服饰，这里代指高官厚禄。

【译文】眉州当地一人去偷了人家几个萝卜，结果不小心用手持的刀刃误伤了萝卜的主人。当地尉官好大喜功，一心想邀功请赏，在听说这件事后，便想把那个小偷以抢劫罪来定罪。于是给了狱官一些好处，把小偷抓进了牢狱之中。太守在审查囚犯的罪状时，小偷坐在走廊下痛哭流涕，把衣服都湿透了。参军程仁霸正巧从这里走过，知道此人可能有冤情，便对小偷说："你如果有冤情，尽管告诉我，我一定为你主持公道。小偷果然喊冤并将事情原委告诉了程仁霸，程仁霸把小偷调转到了别的牢狱中，想为小偷讨回公道。可尉官和狱官死活不同意，他们又把那小偷调回了原来的牢狱中，并且以死罪杀了他。程仁霸因放走囚犯被罢，辞官回到了家中。此后不到一个月的时间，那个尉官和狱官都暴亡了。三十多年之后，有一天，程仁霸白天突然发现当年那被冤杀的小偷在堂下对他跪拜，并说道：那个尉官和狱官在地府还未伏法，正等待您去对证后再判决。之前地府曾经想暂时召您去对证，我叩头请求说，不可以因为我的事情而惊扰了您，所以一直拖到现在。现在您的寿命已经终尽了，我来为您挑着担子前往地府对证。对证之后，您将转生成天人，你的子孙将长寿，福禄、官爵满门啊！"程仁霸将这些话告诉了家人后，自己沐浴更衣，在睡梦中安然而逝。程家子孙后来果然成了当地的名门望族，子孙高寿，代代显责。而当年那位尉官、狱官的子孙却很是衰败。

程君一念慈悲，不但得享天年，而且泽流后裔，尉掾有心煅炼，非惟死不旋踵。而且子孙式微。善恶报应，彰明较着若此，阅之当为毛骨悚然。

【译文】程仁霸只因一念慈悲，不但得以安详天年，而且恩泽流于后人。尉官、狱官有意罗织罪名、陷害他人，非但转瞬既死，而且子孙也很是衰微。善恶的报应，对比如此明显，看了之后让人毛骨悚然。

39.元符中，宜春尉遣弓手三人，买鸡豚于村墅①。阅②四十日不归。三人妻诉于郡守。守责尉，尉绐③曰：有盗已得其窟穴，遣三人往侦，久而不返，是殆毙于贼手。愿自往捕。久之无以复命。适见四乡民耕于野，从吏持二万钱买之，使诈为盗。曰：他日案成，不过受杖数十耳。四人许诺，遂缚诣县。送府，黄司理治之狱成，将择日赴市。黄念四人无凶状，诘得其寃，欲出之。郡守不允，强黄书押，四人遂死。越二日，有皁衣持梃，押县吏二人，追院中二吏，同时四吏暴卒。又数日，摄④令死，尉亦死。郡守越四十日，中风死。一日黄见四囚拜曰：某等枉死，上帝并欲逮公。某等感公意，哀求四十九日，始转许三年。及期，黄果见四人复至，遂洞泄血痢而死。（《监惩录》）

【注释】①村墅：乡村房舍、村郊别墅。②阅：经历、经过。③绐（dài）：欺骗、哄骗。④摄：代理。

【译文】元符年间，宜春县尉派遣弓箭手三个人到村郊去买鸡买猪，但过了四十多天却还没有回来。这三个人的妻子于是上诉到太守那里，而太守责令县尉解决此事。县尉撒谎说："因发现那里有盗贼，并已得知他们的藏身窟穴，才派遣这三个人前往侦察，这么久还没有回来，一定是遇害于贼人之手了，愿意自己前往抓捕。"但是过了很久仍无法回去复命。刚好看见四个村民在野外耕田，便让属吏手持二万铜钱，用手段诓骗他们自认是盗贼，说："来日案子一成，只不过受到杖击数十下而已。"贫穷的村民答应了，于是就捆缚了这四个人。送到府衙，黄司理主持这个案子，案子一成就上报给御史，将择日捆赴刑场开刀问斩。黄想起这四个人并无凶恶的样子，并盘问出了实情。黄司理想解脱他们的罪过，而太守却坚决不允，强求黄司理签字画押，这四个人于是就被杀死了。过了二天，看见有黑衣手持棍棒，押着二个县吏，并追赶院中另二个县吏，同时间这四个县吏全都得急病突然死了。又过了几天，代理县令死了，县尉也死了，太守在过了四十天以后也中风死了。一天，黄司理看见这四个因犯向自己下拜说："我等因被冤枉而死，上帝也想逮捕您，我等感激您的恩德，苦苦哀求了四十九日，才转而允许让您多活三年。"一到日期，黄司理果然看见这四个人又来了，突然之间，腹泻不已下血痢而死。

枉杀①四人，而官吏之死者倍之，岂不可畏？世之捕役缉盗不获，往往诬指平民以塞责。而主刑之吏，又从而文致②其罪，皆难逃此种冤报也。

【注释】①枉杀：无罪而乱加杀害。②文致：指舞文弄法、致人于罪。

【译文】无罪而乱加害了四个人，但官吏却死了双倍的人，这难道不让人害怕吗？世俗中，捕役抓不到强盗，往往诬陷百姓来搪塞责任。而主持量刑审判的官员，又随之舞文弄法、罗织罪名于人，都难以逃脱这种冤报。

40.陈贯为三司副使，恶一胥狡猾，欲逐之。胥奉事①弥谨，岁余并无坏事，贯亦竟善待之。贯偶宴客，付钱令办。胥明日携十岁女，卖于东华门。扬言曰陈副使请客，所需十未付一，今不得已卖此女也。因密结②逻者，使闻于内。贯以此罢官。后胥恶死灭门。(《感应篇注》)

【注释】①奉事：侍候、侍奉。②密结：暗中结交。

【译文】陈贯担任三司副使，厌恶一个小吏太过于奸邪狡猾，想要赶走他。(小吏知道后)侍奉的更加谨慎、小心，一年多过去了，这期间并没有办错一件事，陈贯竟然也开始善待小吏了。偶然的机会，陈贯宴请宾客，付钱给小吏让他操办此事。第二天，小吏带着十岁的女子，在东华门售卖。扬言说陈贯请客，所需要的钱财十未付一，现今不得已要卖这个女孩。因暗中结交巡察的人，使这件事传于宫内。陈贯因此而被罢官。后来小吏全家遭遇横祸而惨死。

官知胥之狡猾，因无坏事，不加斥逐，竟善待之，其驭下①也公而厚矣。宴客而发钱令办，更非违法扰索之事。乃胥无隙可乘，即藉此而中伤官长，诚事出情理之外者也。观其扬言曰：副使宴客，胥今卖女，最易骇人听闻，计则巧而心寔险毒矣。宜其有灭门之祸也。

【注释】①驭下：统治部下、百姓。

【译文】官员知道小吏奸邪狡猾，却因没有办错事，就不斥责赶走，居然还善待他，他管理部下公正宽厚。宴请宾客给他钱财让他操办，更不是非法索要钱财的事情。这使小吏没有空子可钻，因而借此来诽谤中伤上司，这种事真是出自情理之外。看小吏扬言说：副使宴请宾客，我今天要卖这个女孩。最容易使人震惊，算计巧妙、心思着实险毒。他应当有灭门的灾祸。

41.孙奋为扶风吏，克取民财，遂至巨富。大将军闻其富，索白珠十斛，紫金三千两，不与。坐以叛逆，抄没赀产。并逮家口，相继灭绝。

【译文】孙奋担任扶风吏，克扣索取民财，因而暴富。大将军听说他很富裕，索要白珠十斛，紫金三千两，孙奋不给。因叛逆的罪名，抄没家产，并逮捕家人，相继被杀光。

吏以巧猾之才，凭官衙之势，横行乡曲，克剥小民。自谓惟我独强。不知更有强于彼者，随其后而钞①夺之。且并其家口而灭绝之，悖入悖出之理，章章②如此。谚云：螳螂捕蝉，岂知黄雀在后？可为猛省。

【注释】①钞：掠取、抢掠。②章章：鲜明、显而易见。

【译文】小吏凭借奸猾的手段，仰仗官衙的权势，横行乡里，克扣、剥削百姓。自认为只有我最强，却不知还有比自己更强的人，跟在他后面掠取他的钱财。他（小吏）的家人也被全部杀光。不正当的手段得来的财物，也会被别人用不正当的手段拿去，这个道理是显而易见的。谚语说道：螳螂捕蝉，岂知黄雀在后？可以猛然让人醒悟。

42.润州一监征官，与务胥盗官钱，皆藏之胥。官约之曰：官满①，分以装我。胥伪诺之。既代去，不与一钱。监征不敢索。悒悒②渡扬子江。竟死于维扬③。胥得全贿，遂富。告归，买田宅。是年妻孕，如见监征褰④帷而入，即诞子。甚慧。长喜读书。使之就学，二十岁登第。胥大喜。尽鬻其产，挈家至京师。其子调官南下，已匮乏。至中途子病，罄所余召医，及维扬而死。胥无所归，旅寓贫索无聊⑤。亦死。（《可谈》）

【注释】①官满：官职任职期满。②悒悒（yì）：忧郁、愁闷。③维扬：扬州。④褰（qiān）：提起、掀开。⑤贫索无聊：贫穷而无所依靠。

【译文】润州有一监征官，和共事的小吏偷了官钱，都藏在小吏家中。监征官和小吏相约说：官职任职期满后，分开装给我。小吏假装答应他。监征官被代代离开，小吏不给他一分一毫。监征官又不敢向他索要，心情愁闷舟渡扬子江，竟然死在了扬州。小吏获得了全部的赃钱，于是富裕了起来。小吏告老回乡，置办田宅。当年妻子怀孕，小吏仿佛看见监征官掀开幕布进来，妻子随即生下一子。很聪慧。长大后喜欢读书。让他上学，二十岁科举中榜。小吏很高兴。卖了他所有的家产，带着全家到达京师。他儿子调动官职要南下，这时小吏家中已经很匮乏了。到了中途儿子病了，小吏花光了所有的余资叫来大夫为他儿子治病，等到了扬州他儿子就死了。小吏没有地方可去，旅居的馆舍贫穷又无所依靠。小吏也死了。

监征而盗官钱，此不义之物，务胥独吞之，以为彼固无可奈何也。迨①其人隐忍而死，益喜更无后患，可以安享终身矣。岂知子丧财尽，客死道途，与监征同一结果。吁，可畏哉！

【注释】①迨(dài)：等到；到；及。

【译文】监征官偷了官钱，这是不义之财，共事的小吏独吞这笔钱财，认为监征官不能拿他怎么样。等到监征官隐忍而死之后，更加欣喜认为从此之后再无后患，可以安享一生了。哪知道他儿子把其家财丧尽之后，死在了路上，和监征官一样的结果。唉，可怕呀！

43.常山吏魁①徐信，主②上真道会。有一道人赠以诗云："一方眼目共推尊，祸福无门却有门。夜半忽传人一语，明朝推背受皇恩。"徐大刻之③石。未几詹峒作梗，诿④其罪于徐，夜半省札⑤下，竟伏极刑。（《癸辛杂识》）

【注释】①魁：头目、首领。②主：掌管、主持。③之：到……去。④诿：推卸。⑤省札：中枢各省的文书

【译文】常山小吏的头目徐信，主持上真道会。有一道人赠了一首

诗给他，说："一方眼目共推尊，祸福无门却有门。夜半忽传人一语，明朝推背受皇恩。"徐信将这首诗刻到石头上。过了不久，詹峒暗中作梗，把罪过推卸给了徐信，半夜，中枢省的文书下达，竟把徐信给处以极刑。

吏而曰魁，其恣肆横行可知。一旦恶贯既盈，身遭奇祸。道人能预示之，而卒不能解免之也。虽阳为奉道，奚益哉？

【译文】小吏被称为头目，由此可知他横行霸道的行为。一旦恶贯满盈，就会身遭灾祸。道人可以预先警示他，却最终不能解救免除他的灾祸。即使表面上尊奉道义，又有什么用呢？

44.庐陵法曹吏，尝劾①一僧致死，具狱上州。时妻女在家，方纫缝。忽见二青衣卒，手执文书，自厨中出。谓妻曰：语尔夫，无枉杀僧，遂出门去，妻女皆惊怪流汗。视其门，扃②闭如故。吏归，具言之。吏甚恐，明日将窃其案，已不及矣。竟杀僧。僧死之日，即与吏遇诸涂③。吏旬日竟死。(《迪吉录》)

【注释】①劾：揭发罪行。②扃(jiōng)：门闩。③诸涂：路上。
【译文】庐陵有个法曹吏，曾揭发一个僧人，歪曲事实导致他死，备齐了案卷去州府上报。那一天，他的妻子女儿在家中西窗下作缝纫活儿。忽然有两个身上穿青衣的兵，手里拿着文书从厨房里出来，大声对他的妻子说："告诉你丈夫，不要冤屈杀僧。"于是走出门去，妻子和女儿都吓出了一身冷汗。看看大门，门锁着同原来一样。法曹吏回来了，妻子把当天的事都告诉了他。法曹吏听后非常害怕，第二天要偷回案卷，但是已经来不及了。最终还是杀了僧。僧人死的那天，法曹吏就在路途上遇到了僧人。十天之后法曹吏竟然也死了。

天地间极恶之事，一有悔心，便可转移①。惟衙门中下笔如山，立案成铁。纵有忏悔之心，而死者不可复生，岂能偿其诬陷之罪? 慎之慎之!

【注释】①转移: 改变。

【译文】天地之间，极其恶劣的事，一旦有了悔改之心，就可以改变。只有在衙门中是不容随意更改的。即使有悔改的心思，但死了的人是不会复活的，下笔如山，立案成铁能补偿他诬陷别人的罪过呢? 一定要慎之又慎!

45. 徐文献公琰，元至元间，为陕西省郎中。有属路①申解②到省，误漏圣字。案吏指为不敬，议欲问罪。公改其牍云: 照③得来解内，第一行脱去④第三字。今将元文随此发下，可重别申来。时皆称为厚德长者。(《辍耕录》)

【注释】①属路: 沿途、相续于路。②申解: 上报的文书。③照: 察看。④脱去: 漏掉。

【译文】徐文献公名琰，元朝至元年间，担任陕西省郎中一职。有沿途上报的文书到达本省，失误遗漏了"圣"字。负责文书的官吏指出这是大不敬，商议要去追究问罪。徐琰修改了他的文书写到: 查看呈报上来的文书，第一行漏掉第三字。今将原文随此书信发下，可以重新更换文书送来。时人都称徐琰为宽厚仁德的长者。

院司书吏，于各属申文，凡钱已到手者，虽有讹谬①，必为掩饰照应。不然，则吹毛索瘢，无所不至。竟有挟②官府以不得不驳之势，不知适中其攫取③之计也。遇徐公，则其计穷矣，吏亦何利而为此哉?

【注释】①讹谬：差错谬误。②挟：挟制。③攫取：掠取，夺取。

【译文】公门中掌握文书的小吏，对于各自管辖的上报文书，凡是钱财到手之后，即使有差错谬误，也一定遮掩照顾。如果不这样，就吹毛求疵，无所不用其极。甚至有挟制官府不能不辩驳责问的势力，不明白这正好中了他们掠取钱财的计谋。遇到徐琰，（计策）就不管用了，小吏做这个又有什么好处可得呢？

46.周景远，为南台①御史。分治浙省。每日与朋友往复。其书吏不乐，似有举刺②之意。大书壁上曰：御史某日访某人，某日某人来访。御史见之，呼谓曰：我尝又访某人，汝乃失记，何也。第③补书之。因复谓曰：人之所以读书为士君子者。正欲为五常④主张也。使我今日谢绝故旧。是为御史而无一常。宁不为御史，不可灭人理。吏赧⑤服而退。

【注释】①南台：御史台，以在宫阙西南，故称。②举刺：检举揭发。③第：但且，只管。④五常：仁、义、礼、智、信。⑤赧：由于害羞或者惭愧而脸红。

【译文】周景远曾经担任南台御史，负责治理浙江省。每天和朋友之间来往。他的书吏很不高兴，似乎有检举揭发他的意思。他在墙上大笔写道："御史某日拜访某人。某日某人来访。"御史见了，把他叫来对他说："我曾经又拜访过某人，你竟然忘记了没记，这是为什么呢？你暂且把它补录上。"因此又对他说："人之所以读圣贤书想做士人、君子的原因，正是想要落实仁、义、礼、智、信这五常啊。如果我现在谢绝了过去的老朋友，这就是身为御史而少了一常，我宁可不作御史。也不能把人的常理抛弃。"书吏听后既惭愧又佩服地退下了。

书吏舞弊作奸，惧不为官长所容，则窥伺长官阴私①，以为挟制把持②

之计，奸蠹③伎俩，往往如此，非必尽出于公也。御史本无所私，故不加谴怒④，使之怀惭而退。至于亲故往来，官场原不能废。倘有所干请⑤，则岂能不为谢绝？此又居官者所宜知也。

【注释】①阴私：隐秘不可告人的事。②把持：拿，握。③蠹：蛀蚀器物的虫子。④谴怒：谴责。⑤干请：请托。

【译文】书吏营私舞弊为非作歹，担心自己不被官长所包容，就暗中搜寻官长的私事，并把它作为挟制官长的手段。奸蠹小人的伎俩，往往都是这样，不一定全出于公心。御史本来没有什么隐私，所以不加以怒斥，让他心怀惭愧而退。至于亲戚故旧往来，官场中人本来就不能废止。如果是因为私事有所请托，那又怎么能不加以谢绝呢？这又是做官的人应该知道的。

47.胡铎，为云南布政使，库有羡金数千两。吏告云：无碍官帑①，例得归公。铎曰：无碍于官，不有碍于民乎？叱之！（《明外史》）

【注释】①官帑（tǎng）：国库；国库里的钱财。

【译文】胡铎曾经担任云南布政使。任职期间，库房里有几千两银子多出来。胡铎手下的官吏报告说："对国库没有妨碍，按照之前的做法这金子应当归您。"胡铎说："对国库没有妨碍，难道对百姓就没有妨碍吗？"呵斥了他一顿。

官衙攫取非义，不曰无碍，则曰旧规。吏胥①之耸动其官，以遂其染指②，皆由于此。不知财物非从天降，不取于民，于何得之？不碍官则碍民二语，唤醒贪官污吏多矣。

【注释】①吏胥：地方官府中掌管簿书案牍的小吏。②染指：比喻插手以获取不应得的利益。

【译文】官府的衙役掠夺不义之财，不说没有妨碍，就说是以前的规矩。属官怂恿他们的长官为非作歹，来达到自己获得不应当利益的目的，用的都是这种手段。不知道财物并不是从天而降的，如果不是取自百姓，那又是怎么得来的呢？"不是妨碍国库，就是妨碍百姓"，这两句话，唤醒了多少贪官污吏呀！

48.王克敬，为两浙盐运使。温州解盐犯，以一妇人至。克敬大怒曰：岂有逮妇人行千百里外与吏卒杂处者？污教甚矣！自今毋逮，着为律令。夫人生之祸多矣，刑狱为甚；刑狱之祸惨矣，妻孥①为甚。苟能于此存心体察，则捶楚②自不妄施，囹圄③自无冤系矣。（《臣鉴录》）

【注释】①孥（nú）：子女。②捶楚：一种用木杖鞭打的古代刑罚。亦作"棰楚"、"箠楚"。③囹圄：监狱。同"囹圉"。

【译文】王克敬担任两浙盐运使的时候。温州押解盐犯，把一个妇人带来了。王克敬十分生气，说："怎么会有从千里之外押解一个妇人和吏卒杂处在一起的呢？太有伤教化了！从今往后不要这样做了。"并且发布为法律条令。人生的灾祸很多了，其中以入狱受刑最厉害。入狱受刑的灾祸很惨了，其中又以妻子孩子遭受到的最厉害。如果能在这方面留心体会察看，那么杖击之类的刑罚自然不会随便施用，监狱里自然没有含冤入狱的人了。

罪人不孥，法中之仁也。凶恶捕快，往往以牵及妇女，饱图诈索，更有私系而污辱之者，最伤天理。试念己若犯罪，忍令辱及妻子乎？报应①非远，衙门中人，皆不可不常作是想也。

【注释】①报应：指有施必有报，有感必有应，故现在之所得，无论祸福,皆为报应。

【译文】判人入罪却不波及妻子儿女,这是律法的仁慈之处。凶恶的捕快,往往通过牵涉妇女而过分地敲诈勒索。甚至有私自囚禁而加以奸淫的,最伤天理。试想一下如果是自己犯罪,会忍心让妻子儿女受到污辱吗?报应离自己并不远。衙门里的人,都应当时常这么想一想。

49.黄鉴,苏州卫人。厥父善舞文。起灭词讼,荡人产业,为害不少。晚生鉴,登正统壬戌进士。以青年美才。获宠眷为近侍①。苏人咸曰:父苦事刀笔②而子若此,何天理耶? 景泰间,宠渥③益甚。后驾自北还,禁锢南宫④。及复位,以旧恩待鉴。升大理少卿。朝夕召见无期。一日上御内阁,露一本角,微风扬之。命取以观,乃鉴所进禁锢疏。上叹曰:不意鉴之奸有是耶。亟召鉴至,掷此本视之,鉴连呼万死。伏诛,遂灭族。吁! 使鉴宠不及此,何能报之深耶?(《迪吉录》)

【注释】①近侍:左右侍从的人。多用于指在君主身边侍从的臣子。②刀笔:古代在竹简上刻字记事,用刀子刮去错字,因此把有关案牍的事叫做刀笔,后多指写状子的事。多用作贬义。③宠渥:皇帝的宠爱与恩泽。④南宫:南宫位于故宫东南方向,即南池子大街缎库胡同内,又名崇质殿,俗称小南城,是明代北京的南宫即洪庆宫,后来李自成入北京,将其焚毁,清朝不再复建。

【译文】黄鉴是苏州卫人氏,他的父亲擅长舞文弄墨,帮人代写讼词或取消讼词,弄得别人倾家荡产,造成的祸害甚多。到了晚年生了黄鉴,黄鉴中了正统壬戌年间的进士。凭着年青有才能,获得英宗皇帝的眷顾恩宠而成为近侍。苏州卫的人都说:"父亲苦心从事刀笔小吏的工作,但是儿子却有这样好的境遇,这是什么天理呀!"明代宗朱祁钰景泰年间,黄鉴受到的宠爱更加厉害。明英宗朱祁镇从北方那里放回来后，被禁锢在南宫里。后来英宗复位，仍然用以前的一样的恩泽对待黄鉴。升任他的职务为大理寺少卿，不论早晚随时召见。一天，英宗驾临内阁，有一份奏本露出了一角，一阵微风把它吹了起来。英宗命人拿来一看，原来竟是黄鉴进呈给代宗建议禁锢自己的上疏。英宗叹息道："想不到黄鉴竟是这样的奸邪小人！"于是立即召黄鉴觐见，把这个奏折扔给他看。黄鉴连喊罪该万死，于是被处以死刑，诛灭九族。唉！如果黄鉴受到的宠信不到这种程度，怎么会报应得这么深刻呢？

大凡巧于害人者，天亦巧以报之。鉴父舞文害人，而鉴科甲①显仕，似乎便宜②。不知鉴之首鼠两端③，即其父舞文之余智也。自谓巧于固宠，不知卒以此灭族。祸以迟而弥烈，舞文之报，抑何巧耶？

【注释】①科甲：科举。因汉唐时举士考试分甲、乙等科。也指科举出身的人。②便宜：不应该得到或额外的利益。③首鼠两端：形容迟疑不决、瞻前顾后。

【译文】大体上用机巧谋害他人的人，上天也会用机巧报应他。黄鉴的父亲舞文弄墨害人，而黄鉴科举仕途显要，看上去似乎是占了便宜，却不知道黄鉴两面三刀、阳奉阴违的在英宗、代宗之间周旋，正是他父亲舞文弄墨所遗传下来的鬼蜮伎俩。自以为用机巧能巩固上方对自己的恩宠，却不知最终会因为这种机巧而导致灭族的灾祸。灾祸因为来得晚而更加剧烈。舞文弄墨的报应，可也是多么地巧妙呀！

50. 戴月湖，南靖人。为书手①。与侪②假印勾摄，害人甚多。后发觉，其侪俱承伏充军。月湖狡，不肯招，止问徒。死于驿中。一子行衢，少年能文。后忽狂醒③窝盗。或告之官，官初犹不信。乡里共证之，乃死于狱，无嗣。妇与盗通，流落街市为乞丐。众共指其业报④云。

【注释】①书手：古代从事书写、抄写工作的书吏。②侪（chái）：辈；类。③酲（chéng）：喝醉了神志不清。④业报：佛教用语。善恶业因的苦乐果报。

【译文】戴月湖，南靖人，是官衙内从事抄写工作的书吏。和同僚假借印信发布拘捕、传拿的命令，害了很多人。后来被揭发，他的同伙都认罪伏法被充了军。戴月湖狡猾，不肯招认，只被判处了个限制人身自由的刑罚，后来死在驿站里。戴月湖有一个儿子叫戴行衢，年青又能写文章。后来忽然发疯窝藏盗匪。有人向官府告发，官府起初还不信。乡里百姓一起作证，才被拘捕、关押后来死在狱中。戴行衢没有后代。他的妻子和盗匪通奸有染，流落街头成了乞丐。大家都认为这些是戴月湖为非作歹的罪业报应。

诪张①为幻，造物最忌。忍刑不服，原属漏网。身虽未减，卒使其子若妇，堕落火坑，为世讪②笑，悲夫！

【注释】①诪（zhōu）张为幻：欺诳诈惑。②讪（shàn）：不好意思，难为情的样子。

【译文】欺诳诈惑行骗，是造物主最忌讳的。强忍刑罚不肯认罪伏法，原本就属于漏网之鱼。自身的处罚虽然减轻了，但是最终却使他的儿子和媳妇堕落火坑，被世人讥笑。真是可悲呀！

51.陈霁岩，为楚中督学①。初到任，江夏县送文书千余角。书办②先将照详照验，分为两处。公夙③闻前道有驳提文书，难以报完者。必乘后道初到时，贿嘱吏书，从照验中混缴。公乃费半日功，将照验文书，逐一亲查。中有一件驳提该吏书者，混入其中，先暗记之。命书办细查，戒勿草草。书办受贿，竟以无弊对。公摘此一件而质之。重责问罪革役。后照验文书，更不敢欺。（《智囊》）

【注释】①督学：旧时主管教育的部门中负责视察、监督学校工作的人，是提督学政或督学使者的简称。②书办：衙署中掌管文书或簿记的官吏。或称为"书吏"、"书差"、"书役"。③夙：素有的，旧有的。

【译文】陈霁岩是楚中的督学。刚一上任，江夏县的属官就送来一千多封文书。书办先把照详，照验分到两处。陈霁岩平素就听说前任官员有零散提交的文书难以完全批复的，一定会趁后任官员刚上任的时候，贿赂嘱托书吏从照验中混着交上去。陈霁岩花费了半天的时间，把照验文书逐一亲自查验了。里面有一件零散提交给这个书吏的混在里面，先暗暗记住。然后命令书办仔细检查，告诫他不要草率。书办由于受了贿，竟然回报说没有舞弊的。陈霁岩把这一件挑出来质问他，严厉的责问并革除了书办的职务。后来照验文书，没有人再敢欺诈了。

吏胥惯计，无不于新旧任交代时，乘其倥偬①，因而舞弊。一遇有心人，其弊立见。即或未即查察，而事久未有不破者。一事伪而百事皆为可疑，何苦以身试法哉？

【注释】①倥偬（kǒng zǒng）：事情纷繁迫促的样子。

【译文】胥吏惯用的伎俩，没有不是在官长新旧任交替的时候，趁长官事务繁忙没有空闲，因而营私舞弊。一旦碰到有心的人，他的舞弊行为立即就会暴露。即使偶尔没有被立即检查出来，而时间久了没有不显露的。如果有一件事不真实，那么众多的事情都会成为可疑的了，何苦要尝试着亲身去做触犯法律的事呢呢？

52.施汴，庐州人。为营田吏。恃势夺民田数十顷。其主退为耕夫，不能自理。数年，汴卒。其田主家生一牛，腹有白毛，方数寸。既长，稍斑驳。不逾年，生施汴二字，点画无缺。道士邵修嘿亲见之。

（《迪吉录》）

【译文】施汴是庐州人。担任屯田的官吏，倚仗权势侵夺了几十顷民田。被侵夺的田主因为失去了田地而成为农夫，不能自给自足。几年后施汴死了。那个田主家的母牛生了一头牛，牛肚子上长有白毛，大小有几寸。长大以后渐渐斑驳起来。不到一年，长出了"施汴"二字，一笔一画都不少。道士邵修默亲眼见过。

此与贷钱吏之为马，刘自然之为驴，报应相同。天道昭彰[1]，有债必还，有冤必报。身在公门者，当知世间无可占之便宜也。乡前辈卿季兑先生，为余言灌阳县有某，被一衙蠹阴谋诈害。至于妻鬻[2]子卖，田产均为所有。某犹羁图圄中。后渐知蠹之为谋，中心饮恨，常在狱中叹曰：吾此生不能报怨，蠹亦垂老死，誓当变蛇入其冢中，吮其脑以泄此怨耳。狱卒问得其故，为之恻然[3]。因与蠹交好，乃言于蠹，蠹遂懊悔，一日持酒肉入狱，与某饮，某既积怒，又恐其设害，不敢近。蠹再三告以懊悔之故。且言尔田地现在，愿即给还，子为代赎，妻可另娶，某初不之信，蠹于狱神前立誓，许为立券。狱卒从旁劝之。其怒气顿舒，遂彼此畅饮，某大醉而呕，有黑虫长半寸，其形如蛇。蠹益悔悟，遂设法保之出狱，一切悉如前约，两人竟保全无害云：然则轮回生死，虽属佛家常谈。而积怨既深，累世莫解，冤冤相报，亦事理之所必至，录中颇采及轮回之说，正以见胥吏作恶积怨之报，不于其生前，必于其身后耳。

【注释】①昭彰：彰显、明示。②鬻（yù）：卖。③恻然：悲伤的样子。

【译文】这个事和借钱的小吏变成马，刘自然变成驴的报应相同。老天能主持公道，善恶报应分明，有债必还，有冤必报。身在官衙中的人，应当知道世间没有什么可占的便宜。乡里的前辈卿季兑先生对我说，灌阳县有个人被衙门里的一个小人暗中谋划陷害，以至于被逼迫而把妻子儿女都卖了，田产都被他侵占了，最后那人还是被关到了牢狱中。那人后来渐渐得知是衙门里那个小人出的主意，心中忍含仇恨，常常在狱中感叹说："我这辈子没办法报仇了。衙门里的小人年龄大了也快老死了。我发誓死后要变成蛇钻到他坟里，吮吸他的脑子以发泄我的愤恨。"狱卒问出这其中的缘由，很同情他，又因为和衙门里的小人私交很好。于是对衙门里的小人谈了这件事。小人因此就懊悔了。一天他拿着酒肉到了监狱里，要和那个人一起喝酒。那个人原本就累积了愤怒，又担心被他设计谋害，不敢靠近。小人再三告诉他懊悔的原因，并且说："你的田地现在还在。我愿意马上归还给你。儿子我替你赎回来，妻子还可以另外再娶。"那人起初不相信他的话，小人在狱神面前发誓，答应立下字据。狱卒也从旁边解劝，他的怒气立刻消了，于是彼此畅饮。那人喝得酩酊大醉呕吐起来，吐出一条长半寸的黑虫，黑虫的形状像蛇。小人更加懊悔醒悟，于是想方设法把他保释出狱。一切都依照先前的约定，两个人最终保全，都没有受到伤害。这样的话，轮回生死，虽然属于佛家经常谈到的。然而累积的愤恨已经很深了，好几代也化解不了，那么冤冤相报，也是事理的必然结果。《迪吉录》里采用了不少轮回的说法，正可以看出胥吏作恶累积愤恨的报应，不在他生前，就一定在他死后了。

53.秀州书吏陆某，有囚当杖，受势家厚赂，阴诱官坐重法死。囚魂常随陆不去。每阴雨，囚辄前立。陆曰：汝且去，我自来。不数月，呕血死。（《感应事实》）

【译文】秀州书吏陆某，有个囚犯应当受杖责，他受了有势力人家厚重的贿赂，暗地里诱导长官把他判处重刑致死。后来囚犯的鬼魂常常跟随着陆某不肯离去。每逢阴天下雨，囚犯总是站在他面前。陆某说："你暂且离去，我随后自然就来。"没过几个月，陆某吐血而死。

原情定罪，出入轻重，丝毫不可假借。自奸吏受势家厚赂，便能增饰情罪，使当杖者竟至论死。官且为其所用，手段可谓高强矣。及至冤鬼相随，竟唯唯听命，平日巧猾伎俩，至此独无所用，岂非天夺其魄耶？试问所得之钱，至今尚能享受否也？临桂山峡村，有李某，窥邻人有买猪钱八百文。邻人扃①门外出，李入窃其钱。有幼子用床惊觉，李遂杀之。携钱远扬，穷日夜行，不过二、三十里，常觉幼子尾其后。抵饭店，店主具两人食。诘②之，则云适见进店，有一小子相随，何以不见。次日又行，觉满目昏沉，不能远去。自知冤魂不散，不得已转回。村众执以送官，一讯立承，竟抵罪。此事余所亲见者。然则冤鬼相随不去，前立索命，事理之所必有，未可以为幻也。

【注释】①扃（jiōng）：上闩，关门。②诘：询问，追问。

【译文】根据实际的案情定罪，符合与否，按罪判轻判重，丝毫不可以疏忽。自从奸邪的书吏接受了有势力的人家的厚重贿赂，就能改变犯罪情节的大小，使本应是杖责的罪行竟然到了被判处死罪的地步。官长尚且被他利用，手段可以说高明了。到了冤魂相随，竟也只能是唯命是从，平日的机巧狡猾伎俩，到这时没有任何用处。难道不是因为上天夺去了他的魂魄吗？试问他收取贿赂所得到的金钱，现在还能享用吗？临桂山峡村有个姓李的人，偷看到邻居有八百文用来买猪的钱。邻居锁门外出后，李某进去偷钱。邻居家有个幼小的孩子睡在床上被惊醒了，李某于是就把他杀了，带着邻居的钱弃家远逃。没日没夜地赶路，也不过跑了二三十里。他常觉得被他杀死小孩跟在他后面。到了饭店，饭店主人准备了两个人的饭。李某觉得奇怪，店主就说："刚才见您进店的时候有一个小孩跟着您。怎么不见了呢？"第二天又走，李某觉得满眼昏昏沉沉，不能走远了。他自知是因为冤魂不散，不得已转回去。村里人把他抓住扭送官府。一审讯立刻承认，终于认罪伏法。这事是我亲眼所见的。这样看来，冤鬼跟着他不肯离去，站在面前索命，这是事理一定会有的，不能简单地认为这只是幻觉。

54.米信夫，浙西人。为县吏，柔狡哗捷。里有大家兄弟二人，以父死纷争，因唆其弟以讼其兄，结合官吏，破其家而有之。兄弟抑郁而死。米繇由是富厚者二十余年。至元戊寅，遭谋逆讼，牵连到邑。见吏俨如其弟，抑令招承。罄其赀①没焉。忿而讼吏于府，见府吏俨如其兄，抑令招承。与其妻女子息八人，俱死于狱。（《迪吉录》）

在官法戒录

【注释】①赀（zī）：同"资"。假借为"资"。财货。

【译文】米信夫是浙西人。担任县吏，柔顺狡猾，虚夸敏捷。乡里有大户人家兄弟二人，因为父亲死了为家产而争夺不休。米信夫于是唆使弟弟告他哥哥。他和官吏相互勾结，使他们家破，把他们的家产据为己有。于是兄弟二人抑郁而死。米信夫由此富足了二十多年。到了元戊寅那年，遭遇谋反叛逆的官司，牵连到了县城。见到县吏俨然像那个死去的弟弟，逼迫他招认。花光了财产才了事。米信夫心怀不平向州衙门状告那个县吏，看到的府吏俨然像那个死去的哥哥，逼迫他招认。他和妻子女儿子孙八人，全死在狱中。

公门中人，往往遇事生波，乐于与讼。但求饱己之欲，岂知人之伤骨肉破身家，而己亦不免于奇祸也？凡见争构①，不行解劝，及拖延不结，故留讼端者，皆当以此类推。

【注释】争构：争吵，结怨。

【译文】衙门里的人，往往碰到事情就会推波助澜，乐于帮助打官司，只是为了满足自己的私欲。哪里知道伤害他人的骨肉破坏别人身家，自身也摆脱不了奇祸呢？大体上见到争吵结怨，不加劝解，以及拖延着不了结，故意留着争讼的余地，都应当按照这种情况加以推导。

55.夏原吉，为刑部尚书时，一吏持精微文书请押。因风吹，为墨所污。吏惧，肉袒①待罪。公曰：风也，汝何与焉？尔起。次日早朝毕，至便殿②，见帝请罪。曰：臣昨不谨，墨污精微文书。上命易之。公退，吏犹惧甚。公于怀中出所易者。吏大感悦。（《配命录》）

【注释】①肉袒：原指脱去上衣。常用来表示请罪或投降。②便殿：正殿以外的其他宫殿，常为皇帝宴息之处。或作"别殿"、"别宫"。

【译文】夏原吉担任刑部尚书时，一名胥吏拿着精微文书请求签字。因为起风，被墨汁弄脏。胥吏很害怕，脱掉上衣请罪。夏公说："这是起风的缘故，和你有什么关系？你起来。"第二天早朝过后，夏公到便殿向皇帝请罪。说："臣昨日不小心，用墨弄脏了精微文书。"皇上命令换一份。夏公退朝后，胥吏仍然十分害怕。夏公从怀里把换的一份拿出来，胥吏十分感激。

墨污精微文书，其事似大，然毕竟过出无心。夏公是以宽之。即不遇夏公，不免受责，亦自无大恶。倘若纳贿舞文，虽事较小，夏公亦未必宽也，身在公门，无心之过，原不能无。有心之恶，切不可有。择祸莫若轻，观过斯知仁，为吏者可以知所自处矣。

【译文】用墨弄脏了精微文书，这个事情看着似乎很大，然而过失毕竟是由于无心，夏公因此宽恕了他。即使没遇上夏公，不免受罚，也没有大恶。如果受贿舞文弄墨，即使事情较小，夏公也未必会宽恕他。身在衙门，无心的过错，原本无法避免。有心的恶行，切不可有。选择祸患不如选轻微的的。看到过失才能懂得仁。做官的人可以由此知道自己的立场原则了。

56.王文成公守仁,仕刑曹,典^①提牢厅事。往时狱吏,相沿取囚饭余豢^②豕。豕肥,则屠之分食。先生睹之恻然,恚^③曰: 夫囚以罪系者, 给粮饭之, 此朝廷好生浩荡恩也。若曹乃取以豢豕, 是率兽食人食矣。如朝廷德意何? 欲督过之。群吏跪伏请宽,且诿^④曰: 此相沿例也, 亦堂卿所知。先生即白白堂卿, 堂卿是其议。先生遂令屠豕, 割以分给诸囚。狱吏到今, 不复豢豕云。(《近古录》)

【注释】①典: 主持,主管。②豢(huàn): 喂养,特指喂养牲畜。③恚(huì): 恨, 怒。④诿: 推托,把责任推给别人。

【译文】王文成公名守仁,任刑曹,掌管提牢厅的事务。过去的狱吏沿袭旧例把囚犯剩下来的饭拿来喂猪。猪长肥了就杀掉分着吃了。先生看到后很痛心, 生气地说:"因为触犯律法而被关押的囚犯,给他们粮食吃,这是朝廷好生的大恩大德。你们这些人竟然拿去喂猪,这是《孟子》所说的'领着野兽吃人的粮食'了。把朝廷的恩德之意放到哪儿去了?"想要调查问罪。群吏跪伏在地请求宽免,并且推辞说:"这是以前沿袭下来的惯例呀,堂卿也是知道的。"先生即日告诉了堂卿,堂卿认为狱吏的说法没错。先生于是命令杀猪,割散了分给众多的囚犯。狱吏到现在也不再养猪了。

阳明先生,每以良心提醒人。以饭囚者饭豕,此良心上过不去之事也。推此则克扣囚粮,自肥身家者,其罪更甚,此心不可一刻安矣。

【译文】王阳明先生常常用良心提醒人。用喂犯人的饭喂猪,这是良心上过不去的事情。推导来说克扣犯人的粮食,养肥自身的人他的罪孽更重,他的良心一刻也不得安宁了。

57.史桂芳，为两浙运使，于钱粮入不增毫末，出不减毫末吏曰：从来无此旧规。公曰：有甚旧规。此心不可欺处，即旧规也。(《史公年谱》)

【译文】史桂芳担任两浙运使时，在钱财和粮食的管理上，收进物品时，不增加一毫末；出纳物品时，不减少一毫末。手下的官吏说："从来没有这样的旧规矩。"史桂芳说："有什么旧规啊。我这心里不能欺妄的地方就是旧规呀。"

自来剥民奉上之事，无不以旧规为名。官府有意厘剔，而吏胥必以旧规为解。故官吏之营私染指，无不从此二字生发也。不问旧规而问此心，其何说之辞。吏至此计亦穷矣。

【译文】自古以来剥削民众侍奉上级的事，没有不以"旧规"作为名号的。官府即使有意厘清剔除这样的事，而胥吏必定会以旧规作为对策。所以，胥吏营私舞弊，攫取不应当的利益，没有不从旧规这二个字开始的，不顾及旧规而顾及到良心，胥吏还能有什么说辞呢！胥吏在这时对策也就穷尽了。

58.正德间，陈良谟与同年数人，公交车北上。至王家营渡口，陈之家僮，与土人①争殴。陈薄责家僮，婉谕土人。座中一同年某，忽怒骂曰：咄，尔何人？敢集多人，上官船行劫，反诬我家人殴尔耶？缚而挞②之。其人叩头乞饶，乃放去。在座称其才能。某亦扬扬得意，语陈曰：兄何迂哉？今之为官者，才能智略耳。天理二字，却用不着。陈怃然③不答。某后为绍兴推官④，以浮躁削职，疽⑤发背死。(《配命录》)

【注释】①土人：世居本地的人。②挞(tà)：用鞭棍等打人。③怃然：

怅惘若失的样子。④推官：唐朝始置，节度使、观察使、团练使、防御使、采访处置使下皆设一员，位次于判官、掌书记，掌推勾狱讼之事。五代沿袭唐制。宋朝时三司下各部每部设一员，主管各案公事；开封府所属设左、右厅，每厅推官各一员，分日轮流审判案件；临安府设节度推官、观察推官各一员；诸州幕职中亦有节度、观察推官。金朝时推官始为地方正式职官，品秩为从六品或正七品。⑤疽：中医指一种毒疮。

【译文】正德年间，陈良谟与同年考取的几个人乘坐官车北上。到了王家营渡口，陈良谟的书僮和当地人争执殴打起来。陈良谟轻微地批评了家人，委婉地向当地人道歉作了解释。同座中同年考取的某人，忽然怒骂道："嗨！你是什么人？竟敢纠集许多人上官船抢劫，反而诬蔑我们的家人殴打你？"于是把那个当地人捆绑起来殴打。打得那人磕头乞求饶恕，才放他离开。在座的人都称赞某人的才能，某人也扬扬自得，对陈良谟说："老兄是多么迂腐啊！现在做官的人靠的是才能智谋。'天理'两个字，却是用不着的。"陈良谟茫然像失去了什么，没有答话。某人后来做了绍兴的推官，因为浮躁而被革职，背上生疮而死。

此人所为，即讼棍伎俩也。今之托身胥吏者，往往类此。且谓不如此，则与乡愚等，不见衙门手段。故事①入，衙门，几无公道。良善何以安生耶？

【注释】①故事：旧日的制度；例行的事。

【译文】这人的所作所为就是讼棍的鬼蜮伎俩。现在托身为官吏的人往往是这样。如果说不如此，那么就和乡野的蠢人一样了，不可能在衙门中做事。所以有官事到衙门里，几乎没有公道，善良的人怎么会得以安生呢？

59.嘉靖间，钱塘陆姓为郡吏，毛经历爱重之。陆有女，经历有子，约为婚。未几经历提问，落魄归时，欲娶女以行。而陆妻变计，觅他女代之，经历不知也。既归，而其子学日进，取科第，官至操江都院。移檄①郡中取陆。陆惊喜且惧。及至，操都偶他出，先入见夫人。夫人曰：我父切莫提前事。陆惶恐曰：何敢言，全赖夫人看顾也。操院归，礼意甚渥。赠三百金送回，且曰后尚有所遗。归而陆之亲女至。陆对所馈金，潸然②泪下曰：悲汝命薄耳。女亦悲不自胜，郁郁而亡。陆亦继亡。后有复来赠金者，竟以无人而返。夫兴衰靡定，岂可遽以眼前论人？方陆易女时，为避其衰，孰知乃避其兴乎？（《言行汇纂》）

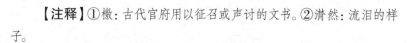

【注释】①檄：古代官府用以征召或声讨的文书。②潸然：流泪的样子。

【译文】嘉靖年间，钱塘有个姓陆的人做了郡吏。毛经历喜欢并看重他。陆有个女儿，毛经历有个儿子，两家约定了婚姻。不久，毛经历被停职接受审察，很失意，将要返归故里时，想让儿子娶了陆家女儿再走。而陆的妻子改变了打算，找了另外一个女子代替了自己的女儿。毛经历并不知道这其中的底细。回到故里后，毛经历的儿子学问天天长进，后来考中科举，官职做到操江都院，他发布檄文到钱塘郡中迎接陆。陆又惊又喜又害怕。等到了操江都院那儿，操江都院偶然外出。他先进去见了操江都院夫人。夫人说："父亲您务必不要提及以往的事。"陆很害怕他说："怎么敢说呢！全依赖夫人照顾我。"操江都院回到家，给陆很优厚的礼遇，赠给他三百两银子送他回家，并对他说："以后还会有东西赠送的。"回来后，陆的亲生女儿回到家中。陆面对操江都院所给的银子，伤心地流下眼泪，说道："我是悲痛你命薄呀。"女儿也悲痛不能自禁，郁闷而死。陆随后也死了。后来有再来赠送银子的人，竟因为没人接受而回去。兴盛与衰败没有一定的常规，怎么可以只凭借眼前的情况来看待别人呢？当初陆家用别人的女儿来替代自家的女儿时，是为了避开毛经历家的衰败，谁知道却是避开了他家的兴盛呢？

经历，命官也。而与郡吏联姻，其于郡吏，亦云厚矣。孰知郡吏尚欲负之，则此吏平昔之贪财势而忘道义，已概可见。其父欺心，其女自然薄命。即理即数，万事都如此也。

【译文】经历，是朝廷命官，却和郡吏约成婚姻，他的身份对于郡吏，也可以说是情谊深厚了。谁想到郡吏还是想背叛他，那么这个郡吏平日贪图财富而忘记道义，大略是可以想见的。作为父亲的，违背良心，女儿就自然薄命，对命理命数来说都符合，万事都是和这一样。

60.孙一谦，为南部司狱。旧例重囚米日一升，率为狱卒攘①去。又散时强弱不均，至有不得食者。囚初入狱，狱卒驱秽地。索钱不得，不与燥地，不通饮食，一谦严禁之。自定一秤，秤米计饭。日以卯②巳③时，持秤按籍，以次分给，其食甚均。见囚衣敝，时为浣补。狱卒无敢横索一钱者。（《臣鉴录》）

【注释】①攘：侵夺，偷窃。②卯：用于记时，卯时（早晨五点至七点）。③巳：用于记时，巳时（上午九点至十一点）。

【译文】孙一谦担任南部掌管监狱的官。按照旧例，重囚犯，每天可得米一升。这些米都被狱卒扣留去了。而分饭时，强弱不均匀，以至于有得不到饮食的。囚犯刚进监狱，狱卒把他驱赶到污秽的脏地方去，得不到索要的钱财，就不给囚犯干燥的地方，不分配饮食。孙一谦严令禁止这样的行为。他自己确定一杆称，秤米计算饮食。每天在卯、巳时，拿着秤，根据囚犯的人数，按照次序分给囚犯，饮食分得很平均。他见到囚犯衣服破了，经常为他们浣洗缝补。狱卒没人再敢强行索要一文钱。

银铛①犴狴②间，何等惨况！不加矜恤③，而复刻削为利，肆其欺陵，残忍极矣。孙君一一经理④，遽使地狱化为福堂。彼禁卒因此不能横索一钱，似乎失却便益⑤。少造许多罪孽，其得便益也多矣。

【注释】①银铛：铁索链相撞击的声音。②犴狴：古代乡亭的牢狱，引申为狱讼之事。③矜恤：矜怜抚恤。④经理：经营治理。⑤便益：方便、便利。

【译文】监狱中，是何等悲惨的境况。不给以怜悯、抚恤，却又苛刻剥削以谋取私利，肆意欺压凌辱，残忍到了极点。孙先生都一一经营治理，很快就使地狱变为天堂，那些狱卒因此不能强行索要一文钱。看上去狱卒似乎失去了一些不应得到利益，然而却因此少造了许多罪孽，实际上他们得到的便宜也是很多的了。

61.万历间一冯姓者，为选司胥役。以奸弊得重贿，为大冢宰①所知，参送刑部究拟。时选君以体面不雅，思力救之。冯犹未知，乃私自筹曰：必牵引本官，则问官有所碍，而大冢宰亦不得不从宽。乃供曰：贿所以进选君，某不过说事过钱人也。问官疑或有此，以语选君。选君怒，令从公严鞫②之。币贿果冯自得，妄扯本官以图脱漏也。竟拟重刑。（《感应篇注》）

【注释】①大冢宰：古代官名，西魏、北周大冢宰卿省称，明、清吏部尚书别称之一，来源于《周礼》。大冢宰与其他五官（地、春、夏、秋、冬）并列。②鞫（jū）：审问犯人。

【译文】明万历年间，一个姓冯的人做了选司的胥役。因为奸诈舞弊而得到巨额贿赂，这件事被大冢宰知道后弹劾了他，冯姓人被移送到刑部追究审查。当时选司长官认为此事不体面有伤大雅，想尽力搭救姓冯的。冯某却不知道这情况，于是私下里自己谋划："一定要牵连本司长官，那么审问我的官员就会碍于情面，而大冢宰也不得不从宽处理。"于是供认说："贿赂，是用来给选司的长官的，我不过是递话传钱撮合的人。"审问他的官员怀疑可能真的有这事，就把他的供词告诉了选司的长官。选司长官看了供词大怒，让秉公严格审问冯某。贿赂的钱币果然是冯自己贪得的，他是妄想牵扯进本司长官以求逃脱、漏网。最后，反而被判重刑。

冯吏牵引本官，使鞫者投鼠忌器[1]，有不得不宽之势，计亦巧矣。乃反增其罪，竟拟重刑，非有鬼神颠倒其间，由其良心已坏，自入陷阱也。吏苟事事不昧良心，必不致身捍法网，即不幸而获罪，亦必有可生之机耳。

【注释】[1]投鼠忌器：想掷打老鼠，却担心老鼠身旁的器物被击坏而不敢下手。语本《汉书·卷四十八·贾谊传》："里谚曰：'欲投鼠而忌器。'此善谕也。鼠近于器，尚惮不投，恐伤其器，况于贵臣之近主乎！"后比喻做事有所顾忌，不敢下手。《三国演义·第二十回》："云长问玄德曰：'操贼欺君罔上，我欲杀之，为国除害，兄何止我？'玄德曰：'投鼠忌器'，"。亦作"投鼠之忌"、"掷鼠忌器"。

【译文】姓冯的胥吏牵扯本司长官，妄想使审问者有所顾忌，进而造成不得不从宽处理的情势。他的打算也真是巧妙啊，没想到反而增加了他的罪行，最后被判重刑。这并不是有鬼神在其间颠倒形势，而是因为他的良心已经变坏，自己陷入陷阱。胥吏如果每件事都不欺昧良心，就必然不会使自己触犯法网。即使不幸触犯法网，也必然有可以求生的机会。

62.永福县吏薛某，专工吓诈。虚捏状词，能饰无理为有理，以此致富。一日延道士郑法林醮[1]。郑伏而起曰：上帝[2]批冢付火司，人

付水司。已而家产馨烬^③，薛渡江溺死，子以盗败，女为娼。(《感应事实》)

【注释】①醮(jiào)：道士设坛念经做法事。②上帝：天帝。古时指天上主宰一切的神。③烬：物体燃烧后剩下的东西。

【译文】永福一个县吏薛某，特别擅长恐吓欺诈，虚构捏造状词，能把无理粉饰成有理，因为这种手段而致富。一天，他请道士郑法林设坛念经做法事。郑法林伏在地上然后站起来说："天帝判定把你的家产交给火司，把你本人交给水司处理。"不久，薛某的家产全部被火烧毁，薛某在渡江时淹死。儿子偷盗被发现，女儿做了娼妓。

工于吓诈，又能饰无理为有理。其人心思必巧，文笔尚通者也。乃不用以彰明公道，而用于诈捏状词。才足济恶，遂致上干天怒，备极惨报。向使其天资愚鲁，或不充胥吏，其积恶召祸，当不至如是之甚也。故吏之聪明有才者，尤不可以不慎。

【译文】擅长恐吓欺诈，又能把无理的事粉饰成有理，这个人一定是一个心思敏捷机巧，文笔还通畅的人。他却不用来昭示显明公正的道理，而是用来虚构、捏造状词，才能足以积累作恶，所以才导致惹得上天发怒，受尽了悲惨的报应。假使当初他天资愚笨，或者不担任胥吏，那么他积累作恶招致灾祸，应当不至于这样厉害。所以聪明有才的胥吏，尤其不可以不慎重。

63.池州邵道，充郡皂隶^①。索取财物，满意则喜；不满意则拳殴之。官命行杖，极力施刑。毙杖下者，不可胜数。后得异病，手足窘束^②，遍体肿决，如板痕糜烂，痛不可言。因自呼曰：善恶终有报，桥南看邵道。卒至皮肉俱尽，仅余骨在。(《人生必读书》)

【注释】①皂隶：旧时衙门里的差役。②窘束：约束；拘谨。

【译文】池州邵道，担任郡衙中的差役。他向人索要财物，能让他满意的，他就高兴；不满意的，就用拳头殴打人家。长官命令他对犯人行杖时，他极尽全力施刑，死于他杖下的人不计其数。后来他得了怪病，手足好像被捆绑一样，遍身都见肿块裂口，像杖板打过的伤痕开始糜烂，疼痛的情形不能用言语表达。于是他自己呼喊道："善恶到最后终究有回报，不信桥南看邵道。"最后他的皮肉都烂掉了，只剩下了骨头。

衙门行杖之皂隶，视杖下之血肉淋漓，几同土石。若非自遭异病，遍体糜烂，不足以动其痛楚之心。天以此显报，即以此示警也，惜乎悔已晚矣。

【译文】衙门中施行杖刑的差役，看待杖下血肉模糊的身体如同土石一样。如果不是自己罹患怪病，遍身糜烂，是不足以触动他悲痛怜悯之心的。上天用这种方式来显示报应，也就以此来表示警告。可惜的是后悔已经晚了。

64.沙县旧官弊政，立宰牛税。寿州进士方震孺为沙县令，吏某以此银。方问故，吏曰：每杀一牛，入税若干。总计所得税，岁不下千金。方愀然①曰：吾何以千万物命，换千金税耶？吏复以衙门成例已久，去此则宰牛无所稽考②，不便更张为言。方怒，将吏重杖。并下令永禁如律。久之，牙侩③以牛病且死告。方勿与深求，第令埋之。由是沙之牛，得全活者甚多。

【注释】①愀然：形容神色变得严肃或不愉快。②稽考：考核，观察核查。③牙侩：居间买卖的人。亦称为"经纪"。

【译文】沙县以前的官员有一条弊政，那就是设立宰牛税。寿州进士方震孺担任沙县县令。属吏某人把宰牛税税银上呈。方震孺询问这其中的缘故。胥吏说："每杀一头牛，就会收取若干税银，总计所得税收，每年有不少于一千两银子。"方震孺严肃地说："我们怎么能用成千上万头牛的生命来换取千两银子的税呢？"胥吏回复说衙门形成这种惯例已经很久了，去掉这项税收，那么宰牛的事就没法查考，因此不便改换。方震孺很愤怒，重重地杖打了胥吏，并颁布条令永远禁止杀牛。过了很久，牙侩把有牛生病将要死了的情况报告给方震孺，方震孺没有答应他们的进一步请求，只是让埋葬了病牛，因此，沙县的牛得以保全活命的很多。

衙门有一种陋规，即吏胥有一种染指。遇有欲之官，则以本衙出息①为言。遇无欲之官，则又以不便更张为言，其实无非为自己染指起见。旧官设此，皆若辈怂恿成之。此所以谓之猾吏也，夫民间宰牛，官不查禁，及欲收税，名曰稽查，实为之主持，令其肆杀耳。杖其吏而革其税，猾吏之计，无可施矣。

【注释】①出息：利益、好处。

【译文】衙门有一种陋规，就是胥吏有通过不合法的手段获取公物的行为。胥吏遇到有贪欲的长官就说这原本就是衙门的好处；遇到没有贪欲的长官，就说不便更改。其实无非是以自己能够侵占公物为出发点，以前的长官制定这样的陋规，都是由于这些人怂恿导致的。这就是把他们叫做狡猾的胥吏的原因。民间宰牛，官府不但不查禁，反而想收税，名义上是"稽查"，实际上是使杀牛的人更加放肆地宰杀罢了。杖打这样的蓄力，革除这项税制，狡猾胥吏的对策就没有办法施行了。

65.章该居宅弘丽，因缺用典张吏金。张厚遗①牙侩，换作绝券。后该益窘，请求绝。出券视之，乃已绝矣。有牙侩押证。该仰天叹息。张父子同日失音死。（《感应事实》）

【注释】①遗（wèi）：给予；馈赠。

【译文】章该居住的房子宏大华丽，因为缺少费用，把它典押给姓张的胥吏换取银子。张胥吏给了中间的保人许多东西，把典押证券换成了一张绝券。后来章该更加困窘，请求断绝典押关系。拿出证券一看，典押关系已经断绝了，有牙侩的签押作证。章该仰天长叹。张胥吏父子在同一天不能说话而死。

张为吏书，伪作绝券，押证分明。是以章该有口不能分辨，但饮恨于心而已。而吏之父子，同日失音而死。其欲言而不能，与含冤者无异。天之示警，何其深切哉！

【译文】张某身为书吏，伪造绝券，保人签押证明清楚分明。因此章该有口不能分辨，只能在心里怨恨悲伤。而张胥吏父子，在同一天不能说话而死，他们的想说话而不能，和含冤的人没有什么不一样。上天的警示，是多么深切啊！

66.徐某富而狡，心涎一里邻房屋。邻饶不肯售。乃令人诱其子赌荡，遂至倾家。竟鬻屋于徐。后三子五孙俱病，梦其祖告曰：比邻某为祟也。徐惧，向城隍①禳②。有一丐者，立庙中大言曰：夜间殿旁，见有人诉徐某诱其子荡产。丐者亦不知设醮即徐某也，徐闻益惧，归而暴卒。

【注释】①城隍：有的地方又称城隍爷，是中国宗教文化中普遍崇祀的重要神祇之一，为儒教《周官》八神之一。也是中国民间和道教信奉的守护城池之神。城隍是冥界的地方官，职权相当于阳界的县长（是真正专门负责人一生福寿禄和恶罚明的官职，而且不是神，称呼为城隍、判官等）。②禳（ráng）：祈祷消除灾殃。

【译文】徐某富裕而又狡诈。他心里垂涎一户邻居的房屋，邻居无论如何不肯出卖。于是他就叫人引诱邻居的儿子赌博放荡，最终逼得邻居倾家荡产，竟然把房屋卖给徐某。后来徐某三个儿子五个孙子都生了病，梦见他的祖宗告诉说："是邻居某人作怪的缘故。"徐某很害怕，向城隍祭祀祈祷消除灾殃。有一个乞丐，站在庙中大声说："夜里在城隍殿旁，我看见有人状告徐某引诱他儿子赌博以致倾家荡产。"乞丐并不知道设立祭祀进行祈祷的人就是徐某。徐某听了乞丐的话更加恐惧，回到家里突然就死了。

所欲图者屋也，与其人原无仇怨。乃因其家富饶，遂诱其子赌荡，使有不得不鬻之势。及屋已售，而其家荡然无余，父子不能相保可知矣。此与占房屋而无害于人者不同，故其获报，至于子孙祟病，身亦暴亡。此种阴险，岂祈禳可免耶？愚亦甚矣！吏之因事陷害，破人身家，大抵如此。

【译文】所想图谋得到的是房屋。和房屋主人原本没有怨仇，只是依仗自家富饶，就引诱人家儿子赌博放荡，使人家处于不得不卖房屋的境地。等邻居房屋卖了，人家家中空荡荡的什么东西也没有，父子不能相互保全性命的情况，是可想而知的。这和侵占人家房屋而不残害人性命的情况不同，所以他得到的报应，到了子孙生怪病，自己突然死去的程度。这样的阴险，难道是祈祷消除灾殃就可以免除的吗？也是太愚蠢了。胥吏借着事由陷害别人，使人家破人亡，大都是这样。

67.青浦郊外有一贫民，卖得布银二两四钱。中路遗失，被同行一金姓拾得。金姓为青浦县差,贫民苦求不还。金反以催粮银在身为名,将贫民毒殴。贫民失银,合家生计无出。径住城隍庙哭诉神前。其夜金姓邻人,俱闻金家有锁链声。明晨,金不启门,邻人视之,金已跪床下死矣。原银犹在床侧也。(《丹桂籍》)

【译文】青浦效外有一个贫民,卖布得到二两四钱银子,中途丢了,被同行一个姓金的人拾到了。姓金的是青浦县的差役,贫民苦苦哀求归还丢失的银子,姓金的不但不还给他,反而以身上有催粮银为借口,把贫民毒打一顿。贫民丢了银子,全家生计没有着落。他径直到城隍庙神像前哭诉。当晚,姓金的邻居都听到金家有锁链的声音。第二天早晨,姓金的没开门,邻居撞开门一看,姓金的已经跪在床下死了。原来捡到的银子还在床边上。

拾金不还,人情多有。惟其身为县差,可以催粮银为名,遂尔肆其毒殴。谓非此无以见县差之威,岂知适所以厚其毒而速之死耶?噫!二两四钱,为数有限。而在贫民,已为一家性命所关。失而受殴,不敢诉官,而哭诉神前,情迫极矣。试观匍匐公庭者,类多奇穷极苦之人。我以为所得无几,而已绝贫民一家生计者,岂少耶?

【译文】捡到钱不还,是人之常情,这样的事经常发生。只因自己是县衙差役,可以以是催粮银为由头,就那样放肆地进行毒打,认为非此不足以显示自己县衙差役的威风。哪里知道这恰恰是给自己增加了毒害而很快死了的原因呀!唉!二两四钱银子,数量有限,可是对于贫民来说,已经是一家人性命攸关的事。丢了钱又受到殴打,不敢向官府告状,而在神像前哭诉,这是情势逼迫到了极点了。试看伏身在公堂上的人,大多属于极端穷苦的人。我私下认为,得到的东西没有多少,却断绝贫民一家生计的人,难道少吗?

68.广东小吏丁宗臣,赋性刻薄。见人贫穷,则非诮之。见人急难,更倾陷之。生平所为,毫无善行可称。五子,一聋,一跛,一瞎,一瘫,一两手反背,饮食需人。亲戚朋友,见宗臣皆以为不祥,不与为礼。晚年罢职,益困悴①,乞丐而死。(《配命录》)

【注释】①困悴:贫困愁苦。

【译文】广东有一个叫丁宗臣小胥吏,秉性刻薄。见到人贫穷,就非难讥诮他;见到人有危难,更是竭力倾轧陷害。他生平的所作所为,没有一点善行值得人称道。生的五个儿子:一个是聋子,一个是瘸子,一个是瞎子,一个是瘫子,一个是两手反长在背上,饮食需要别人帮忙。亲戚朋友看见丁宗臣都认为他是个不祥之人,不和他以礼相待。丁宗臣晚年免了职,更加穷困潦倒,最后做了乞丐而死。

此种性行,在乡里愚民,尚足为害。身充小吏,尤易肆恶。五子皆残疾,何相报之显而速也!今官衙中如此行径之胥役①,恐亦不少,乌得与之一说此等报应,以警其后也。

【注释】①胥役:同来服役。

【译文】这种性情德行,在乡村做一个愚民,都足以成为灾祸;自身担任小官吏,尤其容易肆意做恶。五个儿子都残疾,报应是多么显著而快速呀!现在官府衙门中像这等行径的胥吏役卒恐怕也不少,怎么跟他们说说这一类的报应,以警示他们后来的作为呢?

69.有一乡愚,误买贼衣,被捕擒获。带至古庙,吊打备施。哀告曰:我实不是贼,现有城中某,系我至戚,唤来可问也。捕唤某识认,某见贼情,恐有连累,坚不认亲,乡愚被拷而死。某至家,即见披发流血之鬼，呼号索命。曰：尔吝一言，见死不救，尔岂能免乎？我已告准阎罗①，与诸捕共质地下矣。某暴卒。

【注释】①阎罗：地狱中的鬼王。在佛经中他既是地狱的审判者，但同时也承受地狱的烧炙毒痛之苦。在中国民间更进一步发展成十阎罗王乃至十八阎罗王的信仰。或称为"阎摩"、"阎魔"、"阎魔王"、"阎罗王"、"阎君"、"阎王"、"阎王老子"、"阎王爷"、"琰魔王"。

【译文】有一个乡野愚民，失误买了小偷偷来的衣服。被捕快抓获，带到古庙里，吊挂、殴打各种手段都用上了。他哀求说："我确实不是小偷。现在城里有某人是我很近的亲戚，你们可以把他传唤来问问。"捕快把某人传唤来让他指认。某人见这事和小偷偷盗有关，恐怕连累到自己，坚决不肯指认与愚民是亲戚。于是乡间愚民被拷打致死。某人回到家，就看见一个披头散发流着鲜血的鬼呼喊着要他的命，说："你吝惜一句话，见死而不搭救，你怎能逃得掉呢？阎罗已经批准了我的诉告，和那些捕快一起在地下对质。"某人暴病而死。

止于惧累，不肯相救耳，尚且立遭冤报，甚矣害命之祸，速而且惨也。彼恶捕者，手毙良民，其刑祸不延及子孙不止。

【译文】只是因为害怕连累而不肯搭救，尚且立即遭到恶报，害人性命招致的灾祸，实在是太厉害了，而且快速悲惨。那些凶恶的捕快，亲手打死良家百姓，他们遭受的刑罚和灾祸不波及到他们的子孙是不会停止的。

70.湖广盛某，为县刑史。素性险恶，人号黑心。家富欲造堂楼，苦地窄，与邻张姓言，不允。盛密令大盗扳①张，张不能辩而死于狱，妻竟以地售之。楼成，得一子，六岁尚不能言。一日盛在楼中，其子匍訇而至。盛曰：吾为子孙计，故设此谋。今尔如此愚蠢，奈何？其子忽厉声作色曰：尔何苦如此，吾非张某耶？尔以无辜杀我，谋我之地，我来此，正图报耳。盛大惊倒地，七孔流血而死。其子费尽财产，亦死。（《丹桂籍》）

【注释】①扳（pān）：牵连。

【译文】湖广盛某担任县衙中的刑吏。平素性情阴险恶毒，人们送他外号叫"黑心"。家里富裕，想造一座堂楼，苦于地皮狭窄。他与姓张的邻居说了这情况，张某不答应出让地皮。盛某暗地里指使大盗扳扯牵连张某，张某不能申辩，死在狱中，他妻子最后没有办法把地皮卖给了刑吏盛某。堂楼建成后，盛某生了个儿子，到六岁时还不会说话，有一天，盛某在楼中，他儿子爬着到他面前。盛某说："我为子孙打算，所以设计了这个计谋，现在你这样愚蠢，又有什么办法呢？这时候他的儿子忽然声色俱厉的说道："你何苦这样做呢？我不就是张某吗？我没有罪你却陷害使我死于非命，图谋我的土地。我托身在你家，正是想要报仇啊！"盛某十分惊恐倒在地上，七窍流血而死。他的儿子花完了他家的财产，也就死了。

身在官衙，执掌刑狱。唆盗扳人，何啻顺风之呼。未几而被诬者以死，占地既得，楼亦遂成。就目前而论，可谓求得谋遂。岂知其所以报之者，即在膝前之子也。世之豪猾致富，而其子荡费不能守者，焉知非仇人之索债耶？

【译文】身在官府衙门，执掌刑狱，教唆大盗来扳扯牵连别人，如同顺丰呼喊这样简单，不久，被陷害的人死了。想占的地皮也得到了，楼堂不久也建成了。就目前来说，可以说是想要的东西得到了，阴谋实现了。哪里知道将要报应他的，就是在他膝前的儿子呢？世上强横奸猾的人富裕了，而他们的子孙放荡浪费不能守住家产，怎知道不是他们的仇人来讨债呢？

71.祝期生有口才，专一颠倒是非，尤好言人短处。虽端人正士，亦曲加诋毁，必败其名而后已。晚年忽病舌黄，发时必须刀刺，血出升余乃止。一岁常发五六次，哀号痛苦，寝食俱废，血枯而死。葬后，尸为群犬所食。（《配命录》）

【译文】祝期生有口才，专门颠倒是非黑白，尤其喜欢说别人的短处。即使是端庄正派人士，也会歪曲而加以诋毁，必定要败坏了人家的名声才肯罢休。等到祝期生晚年的时候，忽然得病舌头发黄。病发作时，必须用刀刺破舌头，血流出一升多才会停止。一年常发作五、六次。发病时，痛苦哀号，吃饭、睡觉都无法进行，最后他血流尽而死。埋葬后，他的尸体被一群狗吃了。

有口才而颠倒是非，好言人短，诋毁正人。至自刺其舌，血枯而死，相报亦云巧矣，可畏哉！

【译文】有口才却颠倒是非，喜欢说别人短处，诋毁正派人士，以至于自己刺破舌头血流尽而死。报应真可以说是来得巧妙啊。真是太可怕了！

72.山东莒城马长史，自恃有才，作恶多端。一日有星陨①于其家，光彩烨然，久之乃变为石。自是无日无讼狱口舌疾病等事。逾年，长史殁，家人离散。房产积蓄，荡然一空。其石周围数尺，色微紫，有纹如字，至今尚存。

【注释】①陨：坠落。

【译文】山东莒城有个姓马的长史，依仗自己有才能，作恶多端。一天，有颗陨石坠落在他家，光彩闪闪。过了一段时间，就成了一块石头。从此，长史家没有哪一天不发生诉讼、争吵、生病等等不幸的事。过了一年，长史死了，家人离散了，房产、积蓄空荡没有遗留。那块石头，方圆好几尺，颜色略微发紫，有像字一样的纹理，至今还在。

有济恶之才，而又身为长史，故能作恶多端。星陨化石，乖气①致异，不祥孰甚焉？

【注释】①乖气：邪恶之气；不祥之气。

【译文】有相互勾结加剧作恶的才能，又身为长史，所以能作恶多端。星星坠落化成石头，是邪气导致发生这样的怪事，还有比这更不吉利的事吗？

73.宜兴染坊孀妇陈氏，有姿容。木商洪敬，诱饵百端，终不可犯。夜将数木掷其家，明日以盗闻于官。又贿胥吏系累窘辱，以冀其从。妇家焚香恸①诉，未几商入山贩木，丛柯②中突出黑虎，啮商死。

【注释】①恸：极悲哀，大哭。②柯：草木的枝茎。

【译文】宜兴染坊寡妇陈氏，有几分姿色。木材商人洪敬对她百般诱惑，但是终究不能侵犯她。洪敬夜间把数根木材扔进寡妇家。第二天，他向官府状告说寡妇偷了他的木材。他还贿赂胥吏，对寡妇囚禁羞辱，以希望寡妇听从他的目的。寡妇家人焚着香悲恸地诉说冤屈。不久，商人进山贩木材，树丛中突然窜出一只黑色的老虎，把商人咬死了。

此何等事也，亦肯受贿，为其窘辱。见公门胥吏，无不可要之钱也。欲以长养子孙，断无此理。

【译文】这是什么样的事啊！胥吏竟也肯受贿，替他囚禁羞辱别人。对官府中的胥吏来说，真是没有什么不可以要的钱啊。想靠这些钱财长久地养育子孙，断断没有这个道理。

74.张奉素习刀笔，尤工剥民之术。凡官长至，辄教之虐取民财。官有其三，七归于己。巡按唐公捕之，以计逃去。时四野无云，忽为暴雷击死，五脏如刳①。（《丹桂籍》）

【注释】①刳：从中间破开再挖空。
【译文】张奉平素熟悉诉讼，尤其擅长剥削老百姓的办法。凡是长官到任，张奉就教他如何榨取老百姓的财物。榨取来的财物，长官占有三分，七分归他自己。巡按唐公逮捕他，他使用计谋逃脱。当时，四野没有云彩，他忽然被一个霹雳打死，五脏好像被挖空了一样。

胥吏剥民之术，惟愿官之多欲而尚刻。一中其计，予取予求，无不如志矣。上司纵有访闻，官必巧为掩护，黠吏之藏身甚固也。抑知王法可逃，天诛必不能贷①乎？

【注释】①贷：宽恕，饶恕。
【译文】胥吏剥削老百姓的办法，就是希望长官贪婪又崇尚苛刻。长官一旦依从了他的计谋，或者索取或者拿要，没有不得偿心愿的。上级部门纵然有所访查听闻，长官也必定为他巧妙掩饰。狡猾的胥吏藏身的方法十分稳固，哪里知道即使可以逃脱王法的制裁，上天的惩罚却一定不能免除呢？

75.归安陆居贞隅，令江右①大庾。庾有府吏，宠于太守。其父曾充隶，前令竟延作乡饮②介宾。公至，召隶，且令穿乡饮巾服来。至，剥其巾服入库。笞二十遣之。此时太守尚在郡也。自是郡邑乡饮。严肃，不敢滥赴。（《近古录》）

【注释】①江右：江西省的别称，古时在地理上以西为右，江西以此得名。②乡饮：乡饮酒礼。引证解释古代嘉礼之一。指乡饮酒礼。

【译文】归安陆居贞隅，担任了江右大庾的县令。大庾有个府吏，受郡太守宠爱。府吏府吏的父亲曾经担任过衙役，以前的县令竟然请他作乡饮介宾。陆公来了以后，召见衙役，并且让他穿着乡饮的穿戴来。衙役来后，陆公让人剥掉他乡饮的穿戴收到库里，杖责了他二十板子后把他打发走了。这时，郡太守还在郡中。从此，郡县中的乡饮行为规矩了，没有人敢再四处招摇。

盛典滥邀，求荣反辱。即使官长姑容，难免乡间①耻笑。何如力行善事，积福于子孙。将不求荣而荣自至，有过于巾服者欤?

【注释】①乡间：亦作"鄉间"。古以二十五家为间，一万二千五百家为乡，因以"乡间"泛指民众聚居之处。

【译文】穿着盛典华丽的服装到处游荡，想要得到荣光却反受耻辱。即使有长官姑且纵容，也难免被百姓耻笑。哪里比得上努力行善，为子孙积累福分呢，将会不求荣耀而荣耀自然会来到，甚至比华丽的服装更荣耀啊!

76.金忠于人有片善，必称之。虽素与公异者，其人有他善，未尝不称也。一里人为吏，数窘辱公。及公为尚书，其人以吏满来京师，惧

不为容，公荐用之。或曰：彼不与公有憾乎？曰：顾其才可用，奈何以私故掩人之长？（《言行汇纂》）

【译文】金忠对别人，只要别人有一点儿善行就一定称赞。即使平素和金忠公意见不合的人，如果那人在某方面有善行，也没有不称赞的。他乡里的一个人做胥吏的时候，多次羞辱金忠公。等到金忠公做了尚书，那人因为吏役期满来到京城接受考核，害怕部位金忠公所容，但是金忠公推荐并任用了他。有人说："那个人不是与你有过过节吗？"金忠公说："我看他的才能还可以发挥，怎么可以因为私人过节的缘故埋没了人家的长处呢？"

金公之公而且厚如此，平时决无非理过情之举。为吏者奈何辄窘辱之也？大抵吏胥狐假虎威，不分贵贱善恶，概以盛气凌人。视为地位固然，恬不知非。不但敛怨非宜，其薄恶亦太甚矣。阅此能不憬然①？

【注释】①憬然：醒悟的样子。

【译文】金公公正而且厚道像这样，平时决没有不合情理的举动，可是做胥吏的为什么总是羞辱他呢？大概是胥吏狐假虎威，不分贵贱善恶，都是盛气凌人的态度，把这看作是自己所处地位的必然结果。他们一点也不知道什么是错误，不但和人结怨是不应该的，他们的堕落的习性也太过分了。看了这则故事，能不幡然醒悟吗？

77.保靖州杨大、王周、钱火儿三人，同一駥①懦汉，避雨崖下。俄而②虎至前，三人共推駥懦汉出，以当虎。不意崖忽崩，虎惊而去。駥懦汉反得免害，而三人俱被压死。（《丹桂籍》）

【注释】①駥：(兽)快跑的样子。②俄而：不久；顷刻。也作"俄尔"。

【译文】保靖州扬大、王周、钱火儿三人，和一个呆傻软弱的人在石崖下避雨。一会儿，来了一只老虎。三个人一起把那个呆傻软弱的人推出石崖下来阻挡老虎。没想到石崖忽然崩塌，老虎受惊跑了，那呆傻软弱的人反而因为被推出石崖下而免除危害，那三个人却都被压死了。

衙门中便宜之事，巧猾者踞为己有。至于劳苦之事，駑懦者当之，而巧猾者最善狡脱。然利即害之所伏，究竟巧猾之得祸，更甚于駑懦，避虎之喻，何其切也！

【译文】衙门里有好处的事，都被机巧狡猾的人据为己有。至于劳苦事，都是呆傻软弱的人承担，而狡猾的人却最擅长用诡计逃脱。然而利益存在的地方，灾祸也就隐藏在那儿。最终狡猾的人得到的灾祸，比呆傻软弱的人更加厉害。用躲避老虎的事作比喻，是多么贴切啊！

78.建州吏林达，屡侵人所有。里中有葬父者。筑坟一区，风水最吉。达造伪券，称其父未死时，将此坟卖我，遂以己父迁葬其中，里人争之不得。葬毕，达梦其父曰：福田在心，不在风水上。安有伪冒欺人，夺人所葬，而享福利者？今反因此绝嗣矣。达与合家俱病死。

【译文】建州胥吏林达多次侵占别人的财产。乡里中有个埋葬父亲的人，修筑坟地的地方，风水最为吉利。林达伪造了一张契约，说乡里人的父亲生前将这块坟地卖给了他。于是林达就把自己父亲的尸骨迁葬到这块坟地，乡里人和他争辩最终也没有要回坟地。林达埋葬完了父亲的尸骨后，梦见他父亲说："福气存在的地方在良心，而不是在风水上。怎么会有伪造契约欺骗别人，侵占别人埋葬的坟地，而享受福气，得到好处的人呢？咱家现在反而因为你的行为绝后了。"林达和全家都病死了。

伪冒占地，里人争之不得。无非以林达倚恃官衙，善于舞弊之故。达方自以为得力于吏胥，乡人亦艳羡吏胥之有势。不知此正厚其毒，以待其自取绝灭也。向使告争理屈，不过占葬不遂而止。何至于此耶？倚官势而盗葬者，可以省矣。

【译文】林达伪造契约侵占坟地，乡里人和他争辩没有要回坟地，不过是因为他倚仗身在官府衙门，善于营私舞弊的缘故。林达正自以为得力于胥吏的身份，乡里其他人也都羡慕胥吏有势力。哪里知道这正给胥吏自己增加了祸害，以等待他自取灭亡呢？假使当初打官司林达理屈辞穷，只不过是占不成坟地罢了，怎么会到绝后这样的地步呢？依仗官府势力而强占别人坟地的人，应该可以醒悟了。

79.卢纮任江南粮道。偶卧病，适属邑解银二百四十两，暂付管粮吏张瑞昌收。随奉遣他往，比归则银失矣。询守宅人，皆谓尝启户而入者，张仆吴勤也。独卧于户侧者，曹仆陈美也。付捕快拷讯，俱不承。张诉之于城隍，及南庄五仙。一日同房吏曹璘方伏枕，忽厉声曰，呼瑞昌来。张至，谓曰：银是曹璘仆陆贤盗去。欲以授伊父，以百两置大门内僻处。适璘父出，贤仓皇却走。时有菜佣吴茂，歇凉户外。窃窥，乘间挈以归。讵意非其所有，甫至家，母暴卒，子复痘殇。未几，茂亦疫死。总以取不义之财，故死亡相继也。其五十两一封，被窃见者分散，已不可追。其九十两，今在楼下床底。陆贤盗银，曹璘不知。即张瑞昌失银，亦因前世欠伊银一百二十两。今失去一百五十两，多三十两。俱令瑞昌担承。若再追赔，恐冤冤相报，无已时矣。曹醒，不知所云。众挟曹归，索之床下，果然。（《四照堂集》）

【译文】卢纮担任江南粮道时，偶然生病躺在床上。恰逢自己管辖的县送来二百四十两银子，就暂时交给管粮的小吏张瑞昌收藏保管。随后他奉差遣去别处。等到回来时，银子就不见了。他询问守护宅子的人，都说，曾经开门进去过的人是张瑞昌的仆人吴勤，，曾经在门旁独自睡过觉是曹璘的仆人陈美。于是把他们二人交给捕快拷问，他们都不承认。张瑞昌把这件事到城隍和南庄五仙面前诉说了。某一天，同房吏曹璘正睡觉，忽然厉声说道："把张瑞昌叫来。"张瑞昌来了。曹璘对张瑞昌说："银子是曹璘的仆人陆贤偷走的，想把银子交给他父亲。陆贤把一百两银子放在大门里一个偏僻的地方，适逢曹璘父亲出门，陆贤就仓皇退走了。当时有个种菜的佣人叫吴茂，在门外歇息纳凉，暗地里偷看到了，乘机把钱拿回了家。哪里知道这不是他该得到的东西。刚到家中，母亲就暴病而死。儿子又生痘而夭折。不久，吴茂也染上疫病死了。都是因为拿取了不义之财，所以家中人口死亡接连不断。有五十两一封的被偷看见的人分掉了，已经追不回来了。另外九十两，现在在楼下的床底。陆贤偷银子这事，曹璘不知道。就是张瑞昌丢银子这事，也是因为前生欠他银子一百二十两。现在丢了一百五十两，多丢三十两，都让张瑞昌自己承担。如果再追究赔偿，恐怕冤冤相报，没有完结的时候。"曹璘醒后不知道自己说了什么，众人搀扶着他回家，在床下搜索，果然找到剩下的九十两银子。

观此知取非其有，殃祸立至也。前生欠负，丝毫必偿也。人间暧昧①之事，官虽不知，神则鉴察也。一事而可以为三戒焉。作吏者以此类推，则欺人之事弗为，而妄取之心可息矣。

【注释】①暧昧：含混不清、幽暗不明。
【译文】看了这个故事，就会知道拿取了不是自己的东西，灾殃祸害就会立刻降临。前世欠下的债，一丝一毫也必须偿还。人间含混不清的事，官府虽然不知道，神灵也一定会明鉴详察。这一件事可以作为三条警戒啊。如果作官的人能以此类推，那么欺侮人的事就不会做了，而妄图不是自己东西的想法也就可以消除了。

图书在版编目（CIP）数据

五种遗规 /(清) 陈宏谋撰；中华文化讲堂注译.
-- 北京：团结出版社, 2018.3
（谦德国学文库）
ISBN 978-7-5126-6037-3

Ⅰ.①五… Ⅱ.①陈… ②中… Ⅲ.①道德规范—中
国—古代②《五种遗规》—注释③《五种遗规》—译文
Ⅳ.①B82-092

中国版本图书馆CIP数据核字(2018)第008883号

出版：团结出版社
　（北京市东城区东皇城根南街84号　邮编：100006）
电话：(010) 65228880　　65244790　（传真）
网址：www.tjpress.com
Email：65244790@163.com
经销：全国新华书店
印刷：北京市昌平新兴胶印厂

开本：145×210　1/32
印张：58
字数：950千字
版次：2019年1月　第1版
印次：2019年1月　第1次印刷

书号：978-7-5126-6037-3
定价：198.00元（全5册）